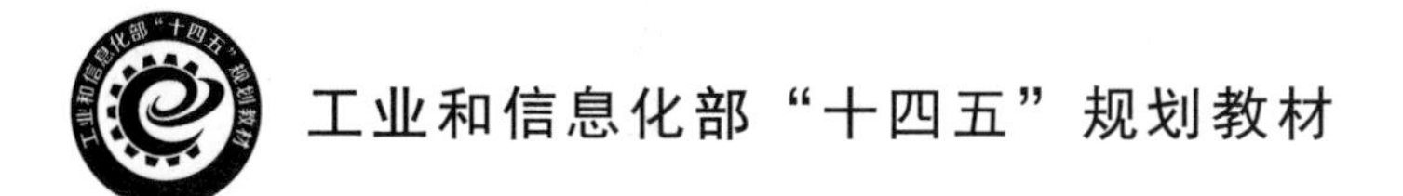

传感器与智能检测技术

沈燕卿 主 编
庹 奎 王 丽 邱 宇 副主编
窦作成 杨 乐 邓 皓 庄建兵 参 编

電子工業出版社
Publishing House of Electronics Industry
北京 · BEIJING

内 容 简 介

本书为工业和信息化部“十四五”规划教材。

本书通过精选内容、归类编排的方法增强传感器课程教学的系统性，在编写过程中力求突出共性基础，以传感器功用为主线，着眼于传感器的选型、装调、测量数据分析等解决智能制造业中信息采集与转换等实际问题的知识和技能。

全书分为 7 个项目，采用模块化、任务式编排，分别介绍传感器与智能检测技术基础，典型物理传感器、化学传感器和生物传感器，着重介绍典型传感器的工作原理、特性及其在工程中的应用。

本书主要适宜作为高职、中职、职业本科院校自动化类、电气类、机电类、电子类等专业的教材，也可作为相关工程技术人员的培训教材及自学参考书。

图书在版编目（CIP）数据

传感器与智能检测技术 / 沈燕卿主编. —北京：电子工业出版社，2023.7
ISBN 978-7-121-45759-3

Ⅰ. ①传… Ⅱ. ①沈… Ⅲ. ①传感器－高等学校－教材②自动检测－高等学校－教材 Ⅳ. ①TP212 ②TP274

中国国家版本馆 CIP 数据核字（2023）第 103768 号

责任编辑：王昭松　　特约编辑：田学清
印　　刷：三河市双峰印刷装订有限公司
装　　订：三河市双峰印刷装订有限公司
出版发行：电子工业出版社
　　　　　北京市海淀区万寿路 173 信箱　　邮编：100036
开　　本：787×1 092　1/16　印张：17.5　字数：448 千字
版　　次：2023 年 7 月第 1 版
印　　次：2025 年 2 月第 3 次印刷
定　　价：58.00 元

凡所购买电子工业出版社图书有缺损问题，请向购买书店调换。若书店售缺，请与本社发行部联系，联系及邮购电话：（010）88254888，88258888。

质量投诉请发邮件至 zlts@phei.com.cn，盗版侵权举报请发邮件至 dbqq@phei.com.cn。

本书咨询联系方式：（010）88254015，wangzs@phei.com.cn，QQ83169290。

PREFACE
前言

党的二十大报告提出，“教育、科技、人才是全面建设社会主义现代化国家的基础性、战略性支撑。必须坚持科技是第一生产力、人才是第一资源、创新是第一动力，深入实施科教兴国战略、人才强国战略、创新驱动发展战略，开辟发展新领域新赛道，不断塑造发展新动能新优势。”

传感器是机器系统的“感官”，其应用涉及机械制造、工业过程控制、汽车电子、通信电子、消费电子、起居生活、生物医疗等国民经济的各个领域。传感器技术是现代信息技术的三大支柱之一，是现代科学技术的基础和关键。

本书根据高等职业院校装备制造大类的自动化类、机电设备类等专业的教学标准，参照“检测技术”“传感器技术”等课程的教学大纲，基于产教融合、校企合作的职教理念，通过开展广泛的行业、企业调研，结合编者多年的教学和工程实践经验编写而成，由中国特色高水平高职学校与多个智能制造领域头部企业合作完成。

针对传感器种类繁多、原理复杂、特性各异的状况，本书通过精选内容、归类编排的方法增强传感器课程教学的系统性，在编写过程中力求突出共性基础，以传感器功用为主线，着眼于传感器的选型、装调、测量数据分析等解决智能制造业中信息采集与转换等实际问题的知识和技能。

全书由 7 个项目组成，采用模块化、任务式编排，项目 1 介绍了传感器的基本特性与技术指标、安装与调试、测量数据处理等基础知识；项目 2～项目 6 重点介绍了典型物理传感器、化学传感器和生物传感器的工作原理、特性及其在工程中的典型应用，每个项目均设置了典型传感器的应用及特性测试环节，使学生在掌握常用传感器的特性、装调、数据分析和维护等工程应用技能的同时，学会利用传感器技术解决工程实际问题的思路及方法；项目 7 介绍了传感器在智能家居、现代汽车、机器人等领域的应用。

每个项目选材力求通俗、简明、实用、可操作性强，每个项目后面均有习题，以期学生通过这些习题对所学的知识和技能进行巩固、加深理解；同时还有部分知识拓展应用题，要求学生灵活运用所学的知识和查找网络资源来解决实际工程问题，引导学生思考、自学和讨论，提升学生的工程实践能力。

基于“双高计划”装备制造类专业群的数字资源课程建设，本书将提供丰富的配套数字化教学资料，包括电子课件、微课、在线试题、实验指导书等，并于智慧职教等互联网平台开展课程信息化教学，充分满足教师、学生、企业和社会学习者等不同对象、不同阶段、不同场合的学习需求。

本书由重庆工业职业技术学院的沈燕卿担任主编，重庆华数机器人有限公司的庹奎和重庆工业职业技术学院的王丽、邱宇担任副主编，重庆工业职业技术学院的窦作成、杨乐、邓皓和联合汽车电子有限公司的庄建兵参编本书。其中，沈燕卿负责项目 1、项目 2、项目 5 内容的编写及统稿，王丽、窦作成、杨乐编写了项目 3、项目 6，邱宇、邓皓编写了项目 4，庹奎、庄建兵编写了项目 7 并负责全书工程应用及测试案例的选择与审核。感谢重庆工业职业技术学院的张晓琴教授、郭艳萍教授，中国四联仪器仪表集团有限公司的刘裴高级工程师，联合汽车电子有限公司的陈实高级工程师等的大力支持。

由于编者水平有限，书中若有疏漏和不妥之处，敬请广大读者提出宝贵意见，以利于本书在今后做进一步完善。

CONTENTS
目录

项目 1

传感器与智能检测技术基础

以传感器为核心的检测系统就像人的神经和感官一样，源源不断地向人类提供宏观与微观世界的种种信息，成为人们认识自然、改造自然的有力工具。传感器是打开自然科学中未知宝库的一把钥匙，没有传感器，就没有现代科学技术。在本项目中，我们将学习检测仪表与传感器、传感器的基本特性及技术指标、测量误差分析和数据处理、典型转换电路、安装与调试等内容。

任务 1.1 传感器技术概述

检测是指按照规定程序，由确定给定产品的一种或多种特性，进行处理或提供服务所组成的技术操作（GB/T 27025—2019、ISO/IEC 17025：2005），是一种利用各种物理、化学或生物效应，选择合适的方法与装置，将生产、生活、科研等各方面的有关信息通过检查与测量的方法，赋予定性或定量结果的过程。在本任务中，我们将学习检测仪表与传感器、自动检测与控制系统组成等内容。

知识目标：

（1）掌握检测、检测仪表的概念及传感器的作用。

（2）结合工程案例，能说明自动检测与控制系统的组成、结构和工作原理。

（3）了解传感器技术的地位、作用和发展趋势。

技能目标：

（1）具备查阅传感器及其相关知识的能力。

（2）能结合系统框图分析自动检测与控制系统的工作原理。

1.1.1 检测仪表与传感器

检测仪表是能确定所感受的被测量大小的仪表，它可以是传感器、变送器或自身兼有检出元件和显示装置的仪表。根据《传感器通用术语》（GB/T 7665—2005）

可知，传感器（Sensor/Transducer）是能感受被测量并按照一定的规律转换成可用输出信号的器件或装置。当输出为规定的标准信号时，则称为变送器（Transmitter）。标准信号，是指变化范围的上下限已经标准化的信号。

传感器可以独立存在，也可以与其他设备以一体方式呈现，是系统感知与获取信息的窗口。无论是在现代生活、生产活动中，还是在工业监控和科学研究等领域，都离不开检测与传感器这个重要环节。若没有传感器对原始的各种参数进行精确且可靠的自动检测，那么信号转换、信息处理、数据显示、最优控制等，都是无法进行和实现的。

1.1.2　传感器技术的地位及应用

传感器技术是现代科技的前沿技术，是现代信息技术的三大支柱之一，其水平的高低是衡量一个国家科技发展水平的重要标准。在利用信息的过程中，首先要解决获取准确可靠的信息的问题，而传感器是获取信息的主要途径和手段。传感器产业是国内外公认的具有发展前途的高技术产业，它以技术含量高、经济效益好、渗透能力强、市场前景广等特点被世人瞩目。

随着现代科学技术的高速发展和人们生活水平的迅速提高，传感器技术受到越来越多的国家的普遍重视，它的应用已渗透到机械制造、工业过程控制、汽车电子、通信电子、消费电子、起居生活、生物医疗等国民经济的各个领域。

（1）在环境监测方面的应用。

随着各国经济的迅速发展，环境污染问题日益凸显，保护环境并实现可持续发展逐渐成为当今的热门话题。人们迫切希望拥有一种能对大气、水质等进行连续、快速、在线监测的仪器，而环境质量传感器满足了人们的需求。目前，已有相当一部分传感器应用于环境监测，如对海岛鸟类生活规律的观测、对气象现象的观测、对森林火警的观测、洪灾预警等。

（2）在工业监测和控制中的应用。

在工业生产过程中，必须对温度、压力、流量、液位和气体成分等参数进行检测，从而实现对工作状态的监控，形成稳定、可靠、响应快速的生产制造环境，降低生产运营成本，提高产品的质量，提升生产效率，进而提升企业的综合竞争力。如果没有传感器，现代工业生产的自动化和智能化程度将会大大降低。

以汽车工业为例，随着人们生活水平的提高，汽车已逐渐走进千家万户，汽车的安全、舒适、节能、环保和智能化是其发展趋势。汽车上装有大量的传感器，它们在汽车中充当其感官，主要分布在发动机控制系统、底盘控制系统和车身控制系统中，通过对车辆行驶距离、发动机转速、燃料剩余量等汽车工作状态信息进行检测，形成了气囊系统、防盗系统、防滑控制系统、防抱死装置、电子变速装置等，为车辆的正常运行和人员安全提供保障。

（3）在智慧人居系统中的应用。

智慧人居是智能家居发展的新形态，代表了人与空间的智慧演进过程。随着物联网和人工智能技术的发展，各种特色智能终端通过系统集成，实现了互联、互通、互控，智能家居逐渐走进千家万户。智慧人居系统通常包括智能门锁、智能安防、智能窗帘、智能灯光、智能影音、智能新风、智能关怀、AI 交互等系统。比如，通过布置于房间内的温度、湿度、光照、空气成分等无线传感器，智慧人居系统可感知居室不同部分的微观状况，从而对空调、门窗以及其他家电进行控制，提供给人们安全、舒适的居住环境；通过布置于建筑物内的图像、声音、气体、温度、压力、辐射等传感器，系统可及时发现异常事件，并自动启动报警等应急措施。

（4）在现代医学领域的应用。

人体生理信息有电信息和非电信息两大类；从分布来说，人体生理信息有体内的（如血压等各类压力），也有体表的（如心电等各类生物电）和体外的（如红外、生物磁等）。医学传感器作为获取生命体征信息的“电五官”，需要测取人体的温度、血压、呼吸信号、心脑电波等来辅助医生或系统判断人体状态，它的作用日益显著，并得到了广泛应用。例如，在图像处理、临床化学检验、生命体征参数的监护监测，以及呼吸、神经、心血管疾病的诊断与治疗等方面，医学传感器已无处不在。

（5）在科学技术方面的应用。

科学技术的不断发展，产生了许多新的学科领域，无论是宏观的宇宙，还是微观的粒子世界，对许多未知现象和规律的研究均需获取大量人类感官无法感知的信息，没有相应的传感器是不可能实现的。

1.1.3 传感器的作用

传感器技术学科是一门综合性很强的学科，它利用传感器敏感材料的力、热、声、电、光、磁等物理“效应”和“现象”，以研究传感器的材料、设计、制作和应用为主要内容，综合了物理学、微电子学、化学、材料学、生物学等各学科的知识，涉及知识面广，且与生产、科研实践联系紧密。传感器的种类繁多，常见的有温度传感器、湿度传感器、压力传感器，以及近年来兴起的智能传感器、图像传感器等。

人体与机器系统的比较如图 1.1 所示。在人体系统中，人的体力和脑力劳动通过感觉器官接收外界信息，将这些信息传送给大脑，大脑对信息分析处理后传递控制信息给肌体；在机器系统中，传感器就相当于人体的感觉器官，可用于感受有关外界环境及自身状态的各种物理量、化学量或生物量（如力、位移、速度、位置等）的状态信息，并将这些信息转换成电参数等，然后通过相应的变换、放大、调制与解调、滤波、运算等数据处理装置将有用的信息提取出来，由执行机构对信息进行显示、存储或控制等。

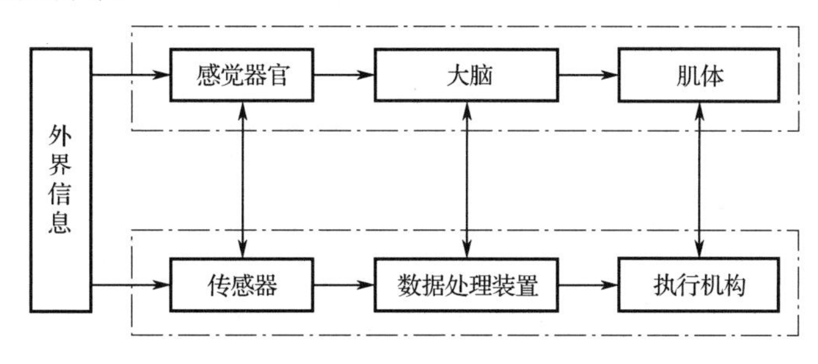

图 1.1　人体与机器系统的比较

具体而言，传感器的作用主要有以下两个方面。

（1）信息数据的采集。传感器能感受到规定的被测量信息。典型的应用场合如下。

√ 目标物的存在状态检测：传感器感应其存在状态并将信息转换为数据输出。

√ 系统或装置的运行状态检测：传感器检测其运行状态并输出信息，发现异常情况时，发出警告信号并启动保护电路工作。

√ 内部控制信息的采集：传感器检测控制系统处于某种状态的信息，并由此控制系统的状态，或者跟踪系统变化的目标值。基于传感器采集的信息，操作人员或智能管理系统可实现对生产系统或装置的正常运行与安全的管理。此外，产品质量检测、物体的缺陷或异常诊断、产品制造与销售中所需的计量等，都需由传感器的信息采集来完成。

（2）信息数据的转换。传感器能将感受到的信息，按一定规律转换成电信号或其他所需形式的信息输出，以满足信息的传输、处理、存储、显示、记录和控制等要求。典型的应用如下。

√ 将以文字、符号、代码、图形等多种形式记录在纸或胶片上的信号数据转换成计算机、传真机等易处理的信号数据。

√ 读出各种媒体上的信息并进行转换，如读出磁盘与光盘中的信息的磁头就是一种传感器。

1.1.4　自动检测与控制系统

传感器是实现自动检测与控制的首要环节，它的出现和不断更新，让物体有了触觉、味觉、嗅觉、视觉等感官，让物体更形象，让感知更生动。实现上述功能的传感器、相应的信号处理电路、显示存储装置、控制器、执行器和对象（被控设备或过程），构成了自动检测与控制系统。典型的单闭环负反馈控制系统结构如图 1.2 所示。

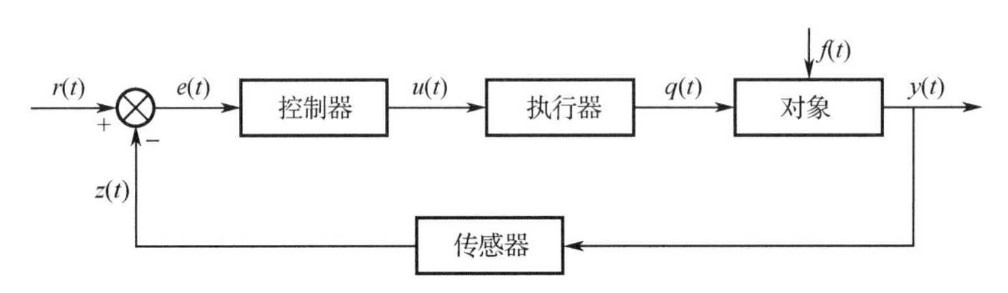

图 1.2　典型的单闭环负反馈控制系统结构

其中，$r(t)$为给定信号；$z(t)$是反馈信号，来自传感器的关于被控参数 $y(t)$的测量值；$e(t)$为绝对误差，$e(t)=r(t)-z(t)$；$u(t)$是控制信号，是关于绝对误差 $e(t)$的函数，通常采用 PID 控制；$q(t)$为控制参数；$y(t)$是被控参数，反映对象的被控质量或效果；连线箭头“→”表示信号作用方向或介质流量的流向。

对象即被控设备或过程，又称系统或过程，指从被控参数检测点至调节阀之间的管道或设备。扰动作用于过程且使被控参数变化，根据扰动的来源，其分为内部扰动和外部扰动。其中，内部扰动来自控制参数 $q(t)$的作用；外部扰动 $f(t)$会使控制值偏离给定值。

以空调温度控制为例，该系统主要由温度控制器、装在回风管内的温度传感器、冷热电动调节二通阀门及驱动器等组成。装在回风管内的温度传感器检测获得环境

温度 $z(t)$，控制器把环境温度 $z(t)$与设定的温度 $r(t)$相比较，并根据比较的结果 $e(t)$输出相应的控制信号 $u(t)$来控制冷热电动调节二通阀门的动作，从而使送风温度保持在所需要的范围内。

传感器是实现自动检测与控制的关键环节，传感器技术也是机器系统不可缺少的关键技术之一，其水平的高低在很大程度上影响和决定着系统的功能；其水平越高，系统的自动化和智能化程度就越高。在一套完整的机器系统中，如果不能利用传感器技术对被控对象的各项参数进行及时准确的检测并转换成易于传输和处理的信号，我们所需要的用于系统控制的信息就无法获得，整个系统就无法正常有效地工作。

1.1.5 传感器技术发展的历史、现状及发展趋势

1.1.5.1 传感器技术发展的历史

传感器技术的发展大体可分为三代。

第一代是结构型传感器，它利用结构参量变化来感受和转化信号。例如，电阻应变式传感器，它利用金属材料发生弹性形变时电阻的变化来反映力或压力等相关被测量的作用。

第二代是 20 世纪 70 年代发展起来的固体型传感器，这种传感器由半导体、电介质、磁性材料等固体元件构成，是利用材料的某些特性制成的。例如，利用热电效应制成热电偶传感器，利用霍尔效应制成霍尔传感器，利用光电效应制成光敏（光电）传感器。

第三代传感器是自 20 世纪 80 年代发展起来的智能型传感器，它是微型计算机技术与检测技术相结合的产物，使传感器具有一定的人工智能，如对外界信息具有一定的检测、自诊断、数据处理及自适应能力等。

1.1.5.2 传感器技术发展的现状

自 20 世纪 80 年代初，美、日、德、法、英等国家相继确立了加速传感器技术发展的方针，视之为涉及科技进步、经济发展和国家安全的关键技术，纷纷将其列入长远发展规划和重点计划之中，并采取严格的保密规定进行技术封锁和控制。尽管我国现在的传感器制造行业取得了长足进步，但与发达国家相比仍存在明显差距。这种差距表现在计算、模拟和设计方法，微机械加工技术与设备，封装技术与设备，可靠性技术研究等方面。当前，美国、日本、德国占据了全球传感器市场近七成份额，而我国仅占到 11%左右。

近年来，国家陆续发布相关政策文件，对传感器产业的发展提出明确要求，即着力研发拥有自主知识产权的高端智能传感器，助力工业互联网平台建设，为实现智能制造打下坚实基础。

从应用领域来看，工业、汽车电子、通信电子、消费电子四个领域是传感器最大的市场。国内工业和汽车电子领域的传感器占比约为 42%，而发展最快的是汽车电子和通信电子应用市场。

智能汽车和无人驾驶技术是驱动微机电系统（Micro-Electro-Mechanical System,

MEMS）传感器发展的重要动力。在智能汽车时代，将会使用大量的MEMS运动传感器实现主动安全技术；语音将成为人与智能汽车的重要交互方式，MEMS麦克风将迎来发展新机遇。自动驾驶技术的兴起，进一步推动了MEMS传感器进入汽车领域。

此外，MEMS传感器也是智能工厂的“心脏”，从这个层面上讲，它是工业机器人变得“神通广大”的利器。它让产品生产流程持续运行，并让工作人员远离生产线和设备，保证人身安全和健康。

1.1.5.3 传感器技术的发展趋势

随着物联网、云计算、大数据、人工智能、机器人、3D打印等新技术的不断涌现，21世纪的工业将以崭新的姿态向前发展。智能制造已成为未来制造业变革的方向，也是各国提升国力、抢占世界经济先机的必由之路。要实现智能制造，要万物互联，就需要传感器。近几十年来，传感器技术的内涵发展主要体现在两个方面：一是引入差动技术、平均技术、补偿修正技术、隔离抗干扰抑制技术、稳定性处理技术等，提高与改善传感器的技术指标；二是利用原有或新发现的原理、材料和工艺等，开发新型传感器。传感器技术在新效应、新材料、新工艺方面的发展，具体如下。

（1）新效应（New Effect）。传感器的工作机理通常基于各种效应和定律，目前应用的效应很多，如压电效应、压阻效应等，还有一些效应是人们未知的。发现新效应，并以此研制出具有新原理的新型物性型传感器，是发展高性能、多功能、低成本和小型化传感器的重要途径。

结构型传感器发展得较早，目前日趋成熟。通常而言，结构型传感器具有结构复杂、体积偏大、价格偏高等不足；物性型传感器则大致与之相反，具有不少诱人的优点。当前世界各国都在物性型传感器方面投入了大量人力、物力加强研究，它已成为一个值得注意的发展动向。

（2）新材料（New Material）。传感器材料是传感器技术的基础，也是传感器技术升级的重要支撑。在敏感材料中，陶瓷材料、有机材料发展很快，可采用不同的配方混合原料，在精密调配化学成分的基础上，经过高准确度成型烧结，得到对某一种或某几种气体具有识别功能的敏感材料，用于制成新型气体传感器。石墨烯传感器是由石墨烯制成的用途广泛的高光敏度传感器，由于使用了“滞留光线”的纳米结构，能够用比传统传感器更长的时间来捕获产生光线的电子微粒，从而产生更强的电信号，并将这种电信号转换成图像。此外，高分子有机敏感材料是近几年人们极为关注的具有应用潜力的新型材料，可制成热敏、光敏、气敏、湿敏、力敏、离子敏和生物敏等传感器。随着科学技术的不断进步，将有更多的新型材料诞生。

（3）新工艺（New Technology）。新工艺的含义范围很广，这里主要指与发展新型传感器联系特别密切的微细加工技术。该技术又称微机电系统技术，是近年来随着集成电路工艺发展起来的，它是离子束、电子束、分子束、激光束和化学刻蚀等用于微电子加工的技术，目前已越来越多地用于传感器领域。例如，利用半导体技术制造出压阻式传感器，利用薄膜工艺制造出快速响应的气敏传感器、湿敏传感器，利用各向异性腐蚀技术制作出全硅谐振式压力传感器。

从传感器发展的外延表现来看，随着新效应、新材料、新工艺等的发现和发展，传感器系统正向着微型化、集成化、网络化和智能化的方向发展，从而实现传感器的节能降耗，提高其敏感性、选择性、响应速度、动态范围、准确度、稳定性，以及在恶劣环境条件下工作的能力。

（1）微型化（Micromation）。计算机辅助设计技术和微机电系统技术的发展使传感器的研发与制造进入微型化时代。在当前技术水平下，微切削加工技术已经可以生产出具有不同层次的3D微型结构，从而生产出体积非常微小的微型传感器敏感元件，如毒气传感器、离子传感器、光电探测器等以硅为主要构成材料的传感器都装有极小的敏感元件。

终端设备的小型化、种类多样化进一步推动了微电子加工技术特别是纳米加工技术的快速发展，NEMS（Nano-Electro-Mechanical System）技术应运而生。MEMS/NEMS技术的广泛应用，将会促使微米甚至纳米级别的微型器件出现，在促进传感器微型化、降低其运行功耗的同时，推动传感器向集成化、智能化方向发展。

（2）集成化（Integration）。集成化是指在单个传感器上集成多种相似或完全不同的功能，并产生稳定可靠的信号输出。基于MEMS技术，可将同一功能的多个元件并列化，即将同一类型的传感元件用集成工艺在同一平面上排列起来，如CCD图像传感器；亦可将传感器与放大、运算及温度补偿等环节一体化，组装成一个器件，即实现多功能一体化，例如，集成压力传感器就是将硅膜片、压阻电桥、放大器和温度补偿电阻集成为一个器件制成的，称为热敏晶闸管器件。

在通常情况下，一个传感器只能用来探测一种物理量，但在许多应用领域中，以智能化压力传感器为例，为了能够准确地反映客观事物和环境，往往需要同时测量温度、湿度和压力等多个物理量。由若干种敏感元件组成的多功能传感器是一种体积小巧且多种功能兼备的新一代探测系统，它可以借助敏感元件不同的物理结构、化学物质及表征方式，用单独一个传感器系统来同时实现多种传感器的功能，同时还可对这些参数的测量结果进行综合处理和评价，进而反映被测系统的整体状态。

多功能传感器无疑是当前传感器技术发展中一个全新的研究方向，目前有许多学者正在积极从事于该领域的研究工作。有的将某些类型的传感器进行适当组合而使之成为新的传感器，如用来测量压差和静压的组合传感器。又如，为了能够以较高的灵敏度和较小的粒度同时探测多种信号，微型数字式三端口传感器可以同时采用热敏元件、光敏元件和磁敏元件，这种组配方式的传感器不但能够输出模拟信号，而且能够输出频率信号和数字信号。

从实用的角度考虑，多功能传感器中应用较多的是各种类型的多功能触觉传感器，譬如，哈尔滨工业大学和香港城市大学联合团队提出了一种基于压电薄膜的、具有行列式电极结构的触觉传感器阵列，可以实时感测和区分各种外部刺激的大小、位置和模式，包括轻微触碰、按压和弯曲。

（3）网络化（Networking）。传感器网络是当前国际上备受关注的新兴前沿研究热点领域之一。传感器网络综合了传感器技术、嵌入式计算技术、现代网络及无线通信技术、分布式信息处理技术等，能够通过各类集成化的微型传感器协作，实时地监测、感知和采集各种环境或监测对象的信息，并通过嵌入式系统对信息进行处理，然后通过随机自组织无线通信网络以多中继方式将所感知的信息传送到用户终端，真正实现“无处不在的计算”理念。传感器网络的研究采用系统发展模式，因而必须将现代的先进微电子技术、微细加工技术、SOC（System On Chip）设计技术、纳米材料技术、现代信息通信技术、计算机网络技术等融合，特别是要实现传感器网络特有的超低功耗系统设计。如果把传感器网络按其功能抽象成五个层次，则包括基础层（传感器集合）、网络层（通信网络）、中间件层、数据处理和管理层及应用开发层。其中，基础层以研究新型传感器和传感系统为核心，包括应用新的传感原理、使用新的材料及采用新的结构设计等。

（4）智能化（Intelligent）。智能传感器是指那些装有微处理器的，不但能够进行信息处理和信息存储，而且能够进行逻辑思考和结论判断的传感器，如对非线性信号进行线性化处理，借助软件滤波器对数字信号进行滤波，通过对环境等的检测实施自诊断和自校正等。

智能传感器以微机等数据处理装置为核心，其主要组成部分包括主传感器、辅助传感器及微型机的硬件设备等。例如，智能化压力传感器，主传感器为压力传感器，用来探测压力参数；辅助传感器通常为温度传感器和环境压力传感器，用来测量环境的温度和压力变化；硬件设备除了能够对传感器的弱输出信号进行放大、处理和存储，还执行与计算机之间的通信联络。采用智能化技术后，可以方便地调节和校正由于温度、压力的变化而导致的测量误差。

借助于半导体集成化技术把传感器部分与信号预处理电路、输入/输出接口、微处理器等制作在同一块芯片上，就制成了大规模集成智能传感器。可以说，智能传感器是传感器技术与大规模集成电路技术相结合的产物，它的实现取决于传感器技术与半导体集成化工艺水平的提高与发展。这类传感器具有多功能、高性能、体积小、适宜大批量生产和使用方便等优点。

目前，智能传感器技术正处于蓬勃发展时期，多用于压力、力、振动冲击加速度、流量、温/湿度的测量，如霍尼韦尔公司的ST3000系列智能变送器和斯特曼公司的二维加速度传感器等。与此同时，基于模糊理论和神经网络技术的智能传感器系统的研究也日益受到相关研究人员的重视。

随着CAD技术、MEMS技术、信息理论及数据分析算法的发展，未来的传感器系统必将变得更加微型化、集成化、网络化和智能化。除此之外，微功耗传感器和无源传感器，以及用于地震灾害、海啸灾害检测和预警的传感器也是未来的发展方向。

任务1.2 传感器的概念及命名

走到便利店门前，大门自动打开；想知道明天会不会有台风，看一下天气预报就能知道台风走到了哪里；想解锁手机，无须输入密码，用指纹或者脸部就能轻松解锁……这些我们生活中早已习以为常的小事情，它们都是智能化的体现。而这些智能化，都离不开一个关键的器件——传感器。

人可以通过耳、目、鼻、唇、舌了解这个世界，而传感器就相当于机器的五官，能够让机器感知这个世界。传感器直接与被测对象发生联系，采集并获取被测对象的信息，以满足信息的传输、处理、存储、显示、记录和控制等要求。它是实现自动检测与控制的首要环节。在本任务中，我们将学习传感器的定义及典型组成、输出与仪器仪表分类、命名及表示等内容。

知识目标：

（1）能说明传感器的定义、典型组成及作用。

（2）结合实际应用，能总结归纳传感器的分类、命名及表示。

（3）能说明传感器与检测仪器的联系与区别。

技能目标：

具备识别传感器代号和图形表示的技能。

传感器的定义及典型组成

1.2.1 传感器的定义及典型组成

根据《传感器通用术语》（GB/T 7665—2005）可知，传感器是能感受被测量并按照一定的规律转换成可用输出信号的器件或装置。当输出为规定的标准信号时，则称为变送器。从广义传感器角度而言，其输出的可用信号包括机械指示信号、电信号、气压信号、光信号、颜色、声音、字符等；从狭义传感器（一般意义上的传感器）角度而言，其输出主要指电信号。

传感器通常由敏感元件、转换元件和转换电路三部分组成，其组成如图1.3所示。

图1.3　传感器的组成

其中，敏感元件是感受或响应被测量的变化量（包括物理量、化学量、生物量等，大多为非电量），并输出与被测量成确定关系的其他更易于转换的非电量的元件。例如，在电位器式压力传感器中，弹簧管等弹性敏感元件将压力转换为位移，且压力与位移之间保持一定的函数关系。

转换元件也称为传感元件。通常它不直接感受被测量，而是将敏感元件的输出量转换为电阻、电容、电感等电参量再输出。例如，电位器式压力传感器中的电位器将弹性敏感元件的位移变化转换成电阻的变化。

转换电路也称为信号处理电路，将转换元件输出的电参量转换成电压、电流或频率等电信号。典型的转换电路有电桥、放大器、振荡器、电荷放大器等。

需要指出的是，并不是所有的传感器都必须同时包括敏感元件、转换元件和转换电路三部分。如果敏感元件直接输出的是电参量，它就同时兼为转换元件，如热电阻等；在特殊情况下，如热电偶等，它能将被测温度变化直接转换为电压输出，此时它就兼具转换元件和部分转换电路的功能。

1.2.2 传感器的输出与仪器仪表

新的国家标准规定传感器的标准输出电流为4～20mA，标准输出电压为1～5V（旧国标中为0～10mA和0～2V）。当传感器的输出为规定的标准信号时，其被称为变送器。

在传感器网络通信中，当前广泛采用可寻址远程传感器高速通道（Highway Addressable Remote Transducer，HART）协议。这是一种适用于智能传感器的通信协议，与目前使用4～20mA模拟信号的系统完全兼容，模拟信号和数字信号可以同时进行通信，从而使不同生产厂家的产品具有通用性。

在工程中，往往按换能次数来定性地称呼测量仪表，能量转换一次的称为一次仪表，转换两次及以上的称为二次仪表。以热电偶测量温度为例，热电偶本身将热能转换成电能，故称一次仪表；若再将电能用电位计（或毫伏计）转换成指针移动的机械能，则进行了第二次能量转换，就称为二次仪表。

一次仪表通常带有敏感元件，用以感受被测介质参数的变化；或具有标尺，指示读数；或没有标尺，本身不指示读数。一次仪表通常直接安装在工艺管道或设备上，或者安装在测量点附近但与被测介质有接触，是一种测量并显示过程工艺参数或者发送参数信号至二次仪表的仪表。

二次仪表常安装在仪表盘上，是一种接收由变送器、转换器、传感器（包括热电偶、热电阻）等送来的电或气信号，并指示、记录或计算来自一次仪表所检测的过程工艺参数值的仪表。二次仪表接收的标准信号一般有三种：气动信号（20～100kPa 或 0.02～0.1MPa）；Ⅱ型电动单元仪表信号（0～10mA，DC）；Ⅲ型电动单元仪表信号（4～20mA，DC）。也有个别的仪表不用标准信号，一次仪表发出电信号，二次仪表直接指示，如远传压力表等。

在工程中，根据距离测量现场的远近，检测仪表又可分为就地仪表和远传仪表。就地仪表就是与化工设备就近在工艺区域内安装的仪表，典型例子是压力表、玻璃管液位计等；远传仪表就是安装在现场能够将现场信号以电或者气的形式从现场变送远传至控制室的仪表，比如一体化的压力变送器等。现在很多传统意义上的就地仪表也具有了远传功能，既可用于现场指示工艺参数，又可用于信号的远距离传输。

1.2.3 传感器的分类

扫码看微课

传感器的分类及表示

传感器的种类很多，常见的分类方法有两种：一种是按被测量进行分类；另一种是按传感器的工作原理进行分类。此外，还可以按转换能量供给形式、工作机理、输出信号类型、材料类型、制造工艺进行分类。

（1）按被测量进行分类。传感器按被测量进行分类如表 1.1 所示。根据被测量的不同，传感器可分为位移传感器、速度传感器、加速度传感器、力传感器等。采用这种分类方法表明了传感器的用途，便于使用者选用。

表 1.1 传感器按被测量进行分类

传感器名称	基本被测量		派生被测量
位移传感器	位 移	线位移	长度、厚度、应变、振动、磨损、不平度
		角位移	旋转角、偏转角、角振动
速度传感器	速 度	线速度	流速、流量、动量
		角速度	转速、角振动
加速度传感器	加速度	线加速度	振动、冲击
		角加速度	角振动、扭矩、转动惯量
力传感器	力	压力	静态压力、动态压力、表压、差压、绝压、微型压力
		力矩	扭矩、转矩
时间传感器	时间		频率、周期、计数

续表

传感器名称	基本被测量	派生被测量
热传感器	温度	热流、热容、热导率、比热容
磁传感器	磁场强度	磁通量、磁感应强度、磁场梯度
光传感器	光照度	光通量、光谱、颜色、位置
电传感器	电学量（电压、电流、电荷量）	功率、能量
声传感器	声压	声强、声功率、声场均匀度
湿度传感器	湿度	绝对湿度、露点温度、混合比

（2）按传感器的工作原理进行分类。根据工作原理的不同，国标制定的传感器分类体系表将传感器分为物理传感器、化学传感器、生物传感器三大类。其中，物理传感器是利用被测量物质的某些物理性质发生明显变化的特性制成的，如压电效应，磁致伸缩现象，离化、极化、热电、光电、磁电等效应，被测信号量的微小变化都将转换成电信号。化学传感器是以化学吸附、电化学反应等现象为因果关系，利用能把化学物质的成分、浓度等化学量转化成电学量的敏感元件制成的。生物传感器是利用各种生物或生物物质的特性制成的，用以检测与识别生物体内化学成分的传感器。这种分类方法表明了传感器的工作原理，有利于传感器的设计和应用。例如，电感式传感器能将被测量转换成电感值的变化。

大多数传感器是以物理原理为基础制成的。化学传感器的技术问题较多，如可靠性问题、规模生产的可能性问题、价格问题等，解决了这类难题，化学传感器的应用将会有巨大增长。常见物理传感器的工作原理及应用领域如表 1.2 所示。

表 1.2　常见物理传感器的工作原理及应用领域

传感器分类		转换原理	传感器名称	典型应用
转换形式	中间参量			
电参数	电阻	移动电位器触点改变电阻	电位器式传感器	位移
		应变效应	电阻丝应变传感器、半导体应变传感器	微应变、力、负荷
		热效应	热丝式传感器	气流速度、液体流量
			电阻式温度传感器	温度、辐射热
		光电导效应	光敏电阻传感器	光强
		湿敏效应	电阻式湿敏传感器	湿度
	电容	变几何尺寸	电容式传感器	力、压力、负荷、位移
		变介电常数		液位、厚度、含水量
	电感	改变磁路几何尺寸、导磁体位置	自感式传感器	位移
		电涡流效应	电涡流传感器	位移、厚度、转速
		压磁效应	压磁传感器	力、压力
		改变互感	差动变压器式传感器	位移
			自整角机	角位移
			旋转变压器	位移

续表

传感器分类		转换原理	传感器名称	典型应用
转换形式	中间参量			
电参数	频率	改变谐振回路中的固有参数	振弦式传感器	压力、力
			振筒式传感器	气压
			石英谐振传感器	力、温度等
	计数	莫尔条纹	光栅传感器	大角位移、大直线位移
		互感随位置变化	感应同步器	
		磁电转换	磁栅传感器	
	数字	光电效应、磁电效应	角度编码器	大角位移
电能量	电动势	热电效应	热电偶传感器	温度
		霍尔效应	霍尔传感器	磁通、电流
		电磁感应	电磁感应式传感器	速度、加速度
		光电效应	光学量传感器	光强、光照度
	电荷	辐射电离	电离式传感器	离子数量、放射性强度
		压电效应	压电式传感器	动态力、加速度

在工程应用中，我们通常把工作原理和用途结合起来命名传感器，如电容式压力传感器、电感式位移传感器等。

（3）按转换能量供给形式进行分类。传感器按转化能量供给形式可分为能量变换型（发电型）传感器和能量控制型（参量型）传感器两种。能量变换型传感器在进行信号转换时不需额外提供能量，就可将输入信号能量变换为另一种形式的能量输出，如热电偶传感器、压电式传感器等；能量控制型传感器在进行信号转换时，需要先供给传感器能量，并将检测到的能量变化作为输出信号，如电阻应变式传感器、光电管等。

（4）按工作机理进行分类。传感器按工作机理可分为结构型传感器和物性型传感器两种。结构型传感器利用机械构件（如金属膜片等）的变形检测被测量，即被测量变化引起了传感器结构发生改变，从而引起输出电量变化。例如，当外加压力变化时，电容式压力传感器的电容极板发生位移，结构改变引起电容值变化，在转换电路的作用下其输出电压随之发生变化。物性型传感器利用材料的物理特性及其各种物理、化学效应检测被测量，一般没有可动结构部分，具有响应快、易小型化等特点。例如，当外界作用力发生改变时，压电片基于压电效应产生电荷，在转换电路的作用下，压电式传感器的输出电压发生改变。

（5）按输出信号类型进行分类。按输出信号类型可将传感器分为模拟式传感器、数字式传感器和开关式传感器。模拟式传感器是输出信号为模拟量的传感器；数字式传感器是输出信号为数字量或数字编码的传感器；当一个被测量的信号达到某个特定的阈值时，开关式传感器相应地输出一个设定的低电平或高电平信号。

（6）按材料类型进行分类。在外界因素的作用下，所有材料都会做出具有特征性的反应。通常利用那些对外界作用最敏感的材料，即那些具有功能特性的材料来制作传感器的敏感元件。例如，所用材料可分为金属、聚合物、陶瓷、混合物等；

按材料的物理性质分为导体、绝缘体、半导体、磁性材料等；按材料的晶体结构分为单晶材料、多晶材料、非晶材料等。

（7）按制造工艺进行分类。按照制造工艺的不同，可以将传感器分为集成传感器、薄膜传感器、厚膜传感器、陶瓷传感器等。其中，集成传感器是用标准的生产硅基半导体集成电路的工艺技术制造的，通常还将敏感元件连同转换电路集成在一起；薄膜传感器则是通过沉积在介质衬底（基板）上的相应敏感材料的薄膜制成的，使用混合工艺时，同样可将部分电路制造在此基板上；厚膜传感器是利用相应材料的浆料，涂覆在陶瓷基片上制成的，基片通常是由 Al_2O_3 制成的，然后进行热处理，使厚膜成型；陶瓷传感器采用标准的陶瓷工艺或其某种变种工艺（溶胶-凝胶等）生产，完成适当的预备性操作之后，已成型的元件在高温中进行烧结。

1.2.4 传感器的命名及表示

国标《传感器命名法及代码》（GB/T 7666—2005）规定了传感器的命名方法、代号标记方法，该标准适用于传感器的生产、科学研究、教学及其他有关领域。

1.2.4.1 传感器的命名方法

在有关传感器的统计表格、图书索引、检索及计算机汉字处理等特殊场合，传感器产品的名称应由主题词加四级修饰语构成。主题词为传感器；第一级修饰语为被测量，包括修饰被测量的定语；第二级修饰语为转换原理，一般可后续以“式”字；第三级修饰语为特征描述，指必须强调的传感器结构、性能、材料特征、敏感元件及其他必要的性能特征，一般可后续以“型”字；第四级修饰语为主要技术指标，比如量程、测量范围、准确度等。例如“传感器，加速度，压电式，±20g”“传感器，差压，谐振式，智能型，35kPa”等。

在技术文件、产品样本、学术论文、教材及书刊的陈述句子中，产品名称应采用与命名法相反的顺序，如“±20g 压电式加速度传感器”“35kPa 智能型谐振式差压传感器”等。

当对传感器的产品命名时，除第一级修饰语外，其他各级修饰语可视产品的具体情况任选或省略，如“订购 100mm 位移传感器 10 只”。

1.2.4.2 传感器的代号标记方法

根据国标规定，传感器的代号由大写汉语拼音字母（或国际通用标志）和阿拉伯数字构成。传感器的完整代号应依次包括以下四部分：主称、被测量、转换原理、序号。其中，主称（传感器），用汉语拼音字母“C”标记。被测量用一个或两个汉语拼音的第一个大写字母标记，当这组代号与该部分的另一个代号重复时，则用其汉语拼音的第二个大写字母作代号，以此类推；若有国际通用标志，则应采用国际通用标志。转换原理用一个或两个汉语拼音的第一个大写字母标记，有重复时同样用后续拼音字母替换。序号用阿拉伯数字标记，可表征产品设计特征、性能参数、产品系列等，具体内涵可由传感器生产厂家自行决定；若产品性能参数不变，仅在局部有改动或变动时，其序号可在原序号后面顺序地加注大写字母 A、B、C 等（其中 I、Q 不用）。如某霍尔式电流传感器代号为 CDL-HE-1200，某电容式加速度传感器代号为 CA-DR-5。

1.2.4.3 传感器的编码方法及代码

国标《传感器分类与代码 第 1 部分：物理量传感器》（GB/T 36378.1—2018）给出了物理传感器的分类方法、编码方法、具体的代码及说明，其代码采用组合码，由 3 段共 11 位数字组成。电阻应变式扭矩传感器的代码说明如表 1.3 所示。传感器代码第 1 段 1 位数字表示传感器类型（“1” 表示物理传感器）；第 2 段 6 位数字表示被测量，代码第 2、3 位表示被测量的类别，第 4、5 位表示具体的被测量，第 6、7 位表示被测量的详细划分；第 3 段 4 位数字表示转换原理，代码第 8、9 位表示转换原理的类别，第 10、11 位表示具体的转换原理，此第 3 段可以为空（取值为“0000”）。例如，10106010102 表示电阻应变式扭矩传感器。

表 1.3 电阻应变式扭矩传感器的代码说明

1	01	06	01	01	02
第 1 位数字表示传感器类型	第 2～7 位数字表示被测量			第 8～11 位数字表示转换原理	
1 表示物理传感器	第 2、3 位表示被测量的类别，01 表示力学量	第 4、5 位表示具体的被测量，06 表示力矩	第 6、7 位表示被测量的详细划分，01 表示扭矩	第 8、9 位表示转换原理的类别，01 表示电阻式	第 10、11 位表示具体的转换原理，02 表示应变式

1.2.4.4 传感器的图形表示方法

国标《传感器图用图形符号》（GB/T 14479—1993）规定了传感器的图用图形符号和表示规则，适用于传感器电气测量、控制系统图设计及有关技术文件。传感器的图形表示示例如图 1.4 所示。传感器的一般符号由符号要素正三角形和正方形构成，其中，三角形轮廓符号表示敏感元件，内填表示被测量的限定符号，如图 1.4（a）所示的电容式压力传感器；正方形轮廓符号表示转换元件，内填表示转换原理的限定符号。在无须强调具体的转换原理时，传感器的图形符号也可以简化形式，在正方形符号中用斜线分隔符表示内在能量转换功能，如图 1.4（b）所示的力矩传感器。

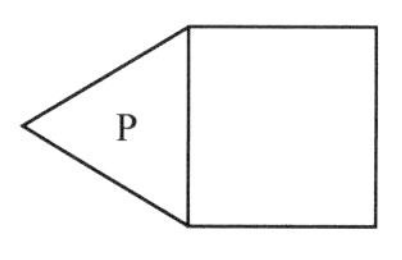

（a）电容式压力传感器

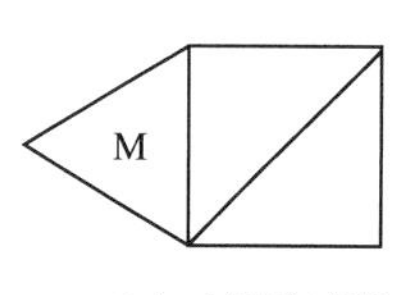

（b）力矩传感器

图 1.4 传感器的图形表示示例

经主管部门认可，特殊传感器的图形符号可考虑引入文字符号或自定义的图形来表示。

任务 1.3 传感器的基本特性及技术指标

扫码看微课

传感器的基本特性

传感器的基本特性是关于传感器的输入与输出的关系特性，是传感器内部结构参数作用关系的外部表现。传感器的技术指标通常包括静态特性技术指标、稳定性及可靠性技术指标、动态特性技术指标等。

对于一个理想传感器，它应具备以下三个特点：传感器只敏感特定输入量，输出只对应特定输入；传感器的输出量与输入量呈唯一、稳定的对应关系，最好为线性关系；传感器的输出量可实时反映输入量的变化。但是在实际应用中，传感器在特定的、具体的环境中使用，其结构、元器件、电路系统、温度、供电、电磁场、冲击振动等各种环境因素均可能影响传感器的整体性能，导致其不能实现信号（或能量）的无失真转换，因此我们需要考查传感器的工作特性并通过特定技术指标评价其性能，进而实现传感器的正确选型和应用。

知识目标：

（1）能识记和总结归纳传感器的静、动态特性技术指标，并应用技术指标判断传感器性能。

（2）能描述和说明传感器的稳定性及可靠性技术指标，并应用技术指标判断传感器性能。

技能目标：

（1）具备阅读和总结归纳与传感器相关的国家标准及行业规范的能力。

（2）结合传感器的性能指标，能根据工程需求进行传感器选型。

（3）能够规范编写传感器的相关技术文档。

扫码看微课

传感器的静态特性技术指标

1.3.1 传感器的静态特性技术指标

传感器的静态特性是指被测量的值处于稳定状态时传感器的输出与输入的关系。表征传感器静态特性的主要参数有线性度、灵敏度、重复性、迟滞等。

（1）线性度。输入与输出之间呈线性比例关系，称为线性关系。线性是传感器的理想输入输出特性。然而理想线性关系的传感器极少，实际上的传感器大多具有非线性关系。由于实际静态特性曲线不是直线，在处理中把它当作直线进行线性化，由此产生的误差称为线性化误差。在实际应用中，通常用实际特性曲线与理想曲线（拟合直线）之间的最大偏差 $\Delta L_{\max}$ 和满量程输出值 Y_{FS} 之比来表示线性度 γ_L，即

$$\gamma_L = \frac{\Delta L_{\max}}{Y_{FS}} \times 100\% = \frac{\Delta L_{\max}}{y_{\max} - y_{\min}} \times 100\% \tag{1.1}$$

线性度应尽可能小。传感器都有一定的线性工作范围，范围越宽，量程越大。

（2）灵敏度、信噪比及误码率。选用传感器首先要考虑的是灵敏度。如果达不到测量所要求的灵敏度，传感器的输出将不能反映被测参数的实际状态，检测将失去意义。

灵敏度表示单位输入量的变化所引起传感器输出量的变化，反映了仪表对被测参数变化的灵敏程度，即对被测量变化的反应能力。在稳态下，灵敏度可表示为输出变化增量 Δy 对输入变化增量 Δx 的比值：

$$S = \mathrm{d}y/\mathrm{d}x \approx \Delta y/\Delta x \tag{1.2}$$

图 1.5 所示为传感器实际特性曲线和理论特性直线。实际特性曲线以输入量 x 为横坐标，输出量 y 为纵坐标，其输出量和输入量与时间无关。

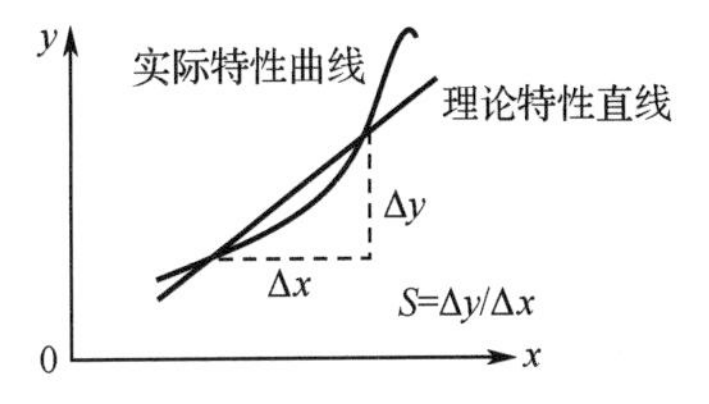

图 1.5 传感器实际特性曲线和理论特性直线

S 为常数时，特性曲线是一条直线，表明不同输入值时传感器的灵敏度不变，是线性检测装置；S 不为常数时，特性曲线是一条曲线，表明不同输入值对应的灵敏度不同。

灵敏度高的传感器不一定是最好的传感器。灵敏度越高，传感器越易受环境、自身等的噪声影响，测量范围相对越窄，稳定性越差，因此要合理选择灵敏度，必

须用信号与噪声的相互关系来全面衡量传感器的使用性能。

在信号传输中，通常模拟信号用信噪比、数字信号用误码率来衡量传感器的抗干扰性能。

传感器输出信号中信号的平均功率和噪声的平均功率之比，称为信噪比（Signal to Noise Ratio，SNR），即

$$SNR = P_S/P_N \tag{1.3}$$

信噪比的计量单位是 dB。若信噪比小，则信号与噪声就难以被识别或处理。一般情况下，信噪比要求大于 10dB。传感器的信噪比越大，其输出越不易受外界干扰。

误码率（Error Rate，ER）是衡量数据在规定时间内传输精确性的指标，表示码元被错误接收的概率，即所接收的码元中出现的误码数占传输总码数的比例。

$$ER=传输中的误码数/所传输的总码数\times100\% \tag{1.4}$$

通常数传电台的误码率应为 $ER\leqslant10^{-6}$。另外，也有将误码率定义为用来衡量误码出现的频率。IEEE 802.3 标准为 1000Base-T 网络制定的可接受的最高限度误码率为 10^{-10}。这个误码率标准是针对脉冲振幅调制（PAM-5）编码而设定的，也就是千兆以太网的编码方式。

总体而言，灵敏度一般越高越好，即被测量有微小变化而输出量有较大变化，有利于信号处理。但灵敏度很高时，与被测量无关的噪声也会同时被检测到，并通过传感器输出，从而干扰被测信号，影响检测系统稳定性。

传感器的灵敏度是有方向性的。当被测量是单向量，而且对其方向性要求较高时，应选择其他方向灵敏度小的传感器；如果被测量是多维向量，则要求传感器的交叉灵敏度越小越好。

（3）分辨力和阈值。传感器能检测到输入量最小变化量的能力称为分辨力。对于某些传感器，如电位器式传感器，当输入量连续变化时，输出量只做阶梯变化，则分辨力就是输出量的每个“阶梯”所代表的输入量的大小。对于数字式仪表，如果没有其他附加说明，分辨力就是指仪表指示值的最后一位数字所代表的值，例如，某温度传感器的分辨力为 0.1℃。当被测量的变化量小于分辨力时，数字式仪表的最后一位数不变，仍指示原值。分辨力以满量程输出的百分数表示时，称为分辨率。分辨率常以百分比或几分之一表示，是量纲为 1 的数。

阈值是指能使传感器的输出端产生可测变化量的最小被测输入量值，即零点附近的分辨力。有的传感器在零位附近有严重的非线性，形成“死区”，则将死区的大小作为阈值；在更多情况下，阈值主要取决于传感器噪声的大小，因而有的传感器只给出噪声电平。

（4）测量范围与量程。传感器所能测量到的最小输入量与最大输入量之间的范围称为传感器的测量范围。传感器测量范围的上限值与下限值的代数差，称为量程。

传感器量程的选择视具体情况而定，要考虑诸多方面的因素，确保传感器的安全和寿命。以电子秤/称重传感器为例，一般应使传感器工作在其 30%～70%量程内，但对于一些在使用过程中存在较大冲击力的衡器，如动态轨道衡、动态汽车衡、钢材秤等，在选用传感器时，一般要扩大其量程，使传感器工作在其量程的 20%～30%，以保证传感器的使用安全和寿命。

（5）准确度与准确度等级。准确度俗称精度（该称法已被取消），是评价仪表质量优劣的重要指标之一。它表征随机误差趋于零时获得的测量结果与真值的一致程度，取决于系统误差的大小。

在工业测量中，为了便于表示检测仪表的质量，通常用准确度等级来表示仪表测量所能达到的准确程度。准确度等级 c_A 是指检测装置在符合一定的计量要求情况下，保持其误差在规定的极限范围内的等别、级别，其计算式为

$$c_A = \left|\frac{e_{max}}{X_{FS}}\right| \times 100 = \left|\frac{e_{max}}{A_{max} - A_{min}}\right| \times 100 = \max(|r_m|) \times 100 \tag{1.5}$$

式中，e_{max} 为最大测量误差；X_{FS} 为仪表满量程；A_{max} 和 A_{min} 分别为仪表按规定准确度进行测量的被测量的最大值和最小值，即测量范围的上限值和下限值。

为了便于量值传递，国家统一规定了仪表的准确度等级系列。目前我国生产的仪表常用的准确度等级有 0.005、0.02、0.05、0.1、0.2、0.4、0.5、1.0、1.5、2.5、4.0 等。根据国标GB/T 13283—2008 可知，工业过程测量和控制所用检测仪表和显示仪表的准确度等级共有 16 个：0.01、0.02、(0.03)、0.05、0.1、0.2、(0.25)、(0.3)、(0.4)、0.5、1.0、1.5、(2.0)、2.5、4.0、5.0，其中括号里的 5 个不推荐使用。科学实验所用仪表的准确度等级在 0.05 级以上；工业检测所用仪表的准确度等级多为 0.1～4.0 级，其中校验所用标准表的准确度等级多为 0.1 或 0.2 级，现场所用仪表的准确度等级多为 0.5～4.0 级。

（6）精密度。精密度是指在一定测量条件下，进行等准确度测量所得的测量值和随机误差的分散程度，取决于测量时随机误差的大小。因绝大多数随机误差服从正态分布，因此工程上通常采用测量列标准差 σ 来反映测量的精密度。

对于有限次等准确度测量 $x_i(i=1,2,\cdots,n)$，对标准差 σ 做出估计 s，即贝塞尔公式为

$$\sigma \approx s = \sqrt{\frac{1}{n-1}\sum_{i=1}^{n}(x_i - \bar{x})^2} \tag{1.6}$$

式中，$\bar{x}$ 为多次测量的平均值，$\bar{x} = \frac{1}{n}\sum_{i=1}^{n} x_i$。

（7）重复性。重复性与迟滞曲线如图 1.6 所示。重复性是指传感器在输入量按同一方向做全量程连续多次变化时，所得特性曲线不一致的程度。由于传感器内部和外部不可避免地存在各种各样的随机干扰，所以传感器的最终测量结果表现为随机变量的特性，因此传感器的重复性表征了传感器测量结果的分散性和随机性。重复性误差，也称为重复误差、再现误差等，常用标准差 σ 和输出满量程 Y_{FS} 之比来表示，即

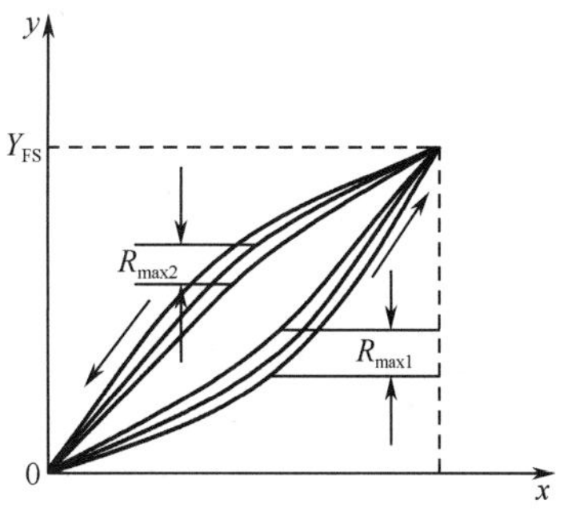

图 1.6　重复性与迟滞曲线

$$\gamma_R = \pm\frac{(2\sim3)\sigma}{Y_{FS}} \times 100\% \tag{1.7}$$

也可用正、反行程中最大重复差值 ΔR_{max} 计算，即

$$\gamma_R = \pm\frac{\Delta R_{max}}{Y_{FS}} \times 100\% = \pm\frac{\max(R_{max1}, R_{max2})}{Y_{FS}} \times 100\% \tag{1.8}$$

（8）迟滞。传感器在输入量由小到大（正行程）及输入量由大到小（反行程）

变化期间，其输入输出特性曲线不重合的现象称为迟滞。迟滞可表示为在全部测量范围内的差值 e_H 的最大值和输出满量程 Y_{FS} 之比，即

$$\gamma_H = \frac{\max(e_H)}{Y_{FS}} \times 100\% \tag{1.9}$$

迟滞描述的是传感器正向特性和反向特性的不一致程度。迟滞产生的主要原因是仪表传动机构的间隙、运动部件的摩擦、弹性元件滞后或电滞后等。选用传感器时，要尽量选用迟滞小的传感器。

（9）电磁兼容性。电磁兼容性包括两方面的要求：一方面是指设备在正常运行过程中对所在环境产生的电磁干扰不能超过一定的限值；另一方面是指设备对所在环境中存在的电磁干扰具有一定程度的抗扰能力。

扫码看微课

传感器的稳定性及可靠性技术指标

1.3.2 传感器的稳定性及可靠性技术指标

（1）稳定性。稳定性表示传感器经长期使用后输出特性不发生变化的能力。实际上，随着时间的推移，大多数传感器的特性都会发生改变。

在输入量不变的情况下，传感器输出量随着时间变化，此现象称为漂移。产生漂移的原因：一是传感器的自身结构参数；二是周围环境的温度、气压、湿度、振动、电源电压及频率等因素。环境影响因素中对传感器影响最大的是温度。

漂移包括零点漂移和灵敏度漂移。零点漂移是指传感器在长时间工作的情况下，输入量不变（x=0）而输出量发生变化的现象。灵敏度漂移是指灵敏度随时间而产生变化的现象。

漂移又可分为时间漂移和温度漂移，即时漂和温漂。时漂是指在规定的条件下，零点或灵敏度随时间而变化；温漂是指由周围温度变化所引起的零点或灵敏度的变化。

目前，很多传感器材料采用灵敏度高且信号易处理的半导体。然而，半导体对温度最敏感，实际应用时要特别注意。此外，除传感器本身的温漂外，还有安装传感器的机构的温漂，以及电子电路的温漂。

在实际使用中，要根据环境条件选择合适的传感器，同时要创造和保持良好的工作环境，使传感器工作在不需要经常更换和校正的情况下。

（2）可靠性。元器件、装置失去规定的功能称为失效。可靠性是指元器件、装置在规定的时间、条件下，具有规定功能的概率。可靠性的定义着重强调故障概率、性能要求、使用条件和工作时间四个方面。

故障概率：元器件、装置的特性变化具有随机性，只能根据大量实验和实际应用进行统计分析。

性能要求：指技术判据。性能变化是绝对的，关键是允许变化范围的大小。

使用条件：包括环境条件（如温度、湿度、振动、冲击等）和工作状态（如负载的轻重）。

工作时间：其他条件不变，时间越长，可靠性越低。

可靠性的衡量指标通常有可靠度、失效率、失效密度、故障率等。

在实际使用中，工业上通常引入“老化试验”以提高传感器的可靠性。老化试验（测试）项目是指对模拟产品在现实使用条件下涉及的各种因素使产品产生老化的情况进行相应因素加强试验的过程，常见的老化主要有光照老化、湿热老化、热风老化等。

1.3.3 传感器的动态特性技术指标

扫码看微课

传感器的动态特性技术指标

动态特性是指当检测系统的输入为随时间变化的信号时，系统的输出与输入之间的关系，它反映传感器对随时间变化的激励（输入）的响应（输出）特性。通常要求传感器不仅能精确地显示被测量的大小，而且还能复现被测量随时间变化的规律，这也是传感器的重要特性之一。传感器常见的动态输入形式有正弦、阶跃、脉冲和任意输入，其中经常使用的是前两种。动态特性研究可以从时域和频域两个方面采用瞬态响应法（阶跃输入信号）和频率响应法（正弦输入信号）来分析，相应的有时域（阶跃响应）性能指标和频域（频率特性）性能指标两类。

（1）时域性能指标。对于阶跃输入信号，传感器的响应称为阶跃响应或瞬态响应，它是指传感器在瞬变的非周期信号作用下的响应特性。这对传感器来说是一种最严峻的状态，如果传感器能复现这种信号，那么就能很容易地复现其他种类的输入信号，其动态性能指标也必定能达到测量要求。

虽然传感器的种类和形式很多，但它们一般可以简化为一阶或二阶环节的传感器（高阶可以分解成若干个低阶环节），因此一阶和二阶传感器是最基本的。

零阶传感器，其输入、输出间的关系可用线性方程进行描述，它的动态特性指标就是静态特性指标。在实际应用中，有的高阶传感器在输入变化缓慢、频率不高时，都可以近似为零阶传感器处理。

一阶传感器的动态特性指标有静态灵敏度 s 和时间常数 τ。时间常数 τ 指一阶传感器的输出上升到稳态值的63.2%所需的时间，表征传感器响应速度的快慢。一阶传感器的时间常数 τ 越小越好。时间常数 τ 越小，系统的频率特性就越好。典型的一阶传感器有热电偶传感器、液柱式温度计等。

二阶传感器阶跃响应曲线如图 1.7 所示。在阶跃输入信号作用下，二阶传感器的动态特性指标有上升时间 t_r、响应时间 t_s、峰值时间 t_p、超调量 σ 等。上升时间 t_r 指传感器的输出由稳态值的10%变化到稳态值的90%所用的时间；响应时间 t_s 指系统从阶跃输入开始到输出值进入稳态值所规定的范围内所需要的时间；峰值时间 t_p 指阶跃响应曲线到达第一个峰值所需的时间；超调量 σ 指传感器的输出超过稳态值的最大值 M_p 相对于稳态值的百分比。典型的二阶传感器有磁电式传感器、压电式传感器等。

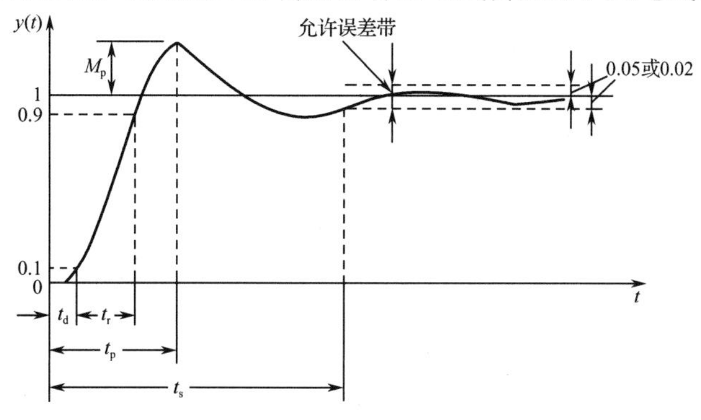

图 1.7　二阶传感器阶跃响应曲线

（2）频域性能指标。频率响应又称稳态响应，是指传感器在振幅稳定不变的正弦输入信号作用下的响应特性。根据用于表示输出的参数不同，传感器的频域特性

可分为幅频特性和相频特性。输出信号与输入信号之间的频率响应函数为 $H(\mathrm{j}\omega)=\dfrac{Y(\mathrm{j}\omega)}{X(\mathrm{j}\omega)}=A(\mathrm{j}\omega)\angle\phi(\mathrm{j}\omega)$，其模 $A(\mathrm{j}\omega)=|H(\mathrm{j}\omega)|$ 的特性就是幅频特性，幅角 $\phi(\mathrm{j}\omega)=\arctan[\mathrm{Im}(\mathrm{j}\omega)/\mathrm{Re}(\mathrm{j}\omega)]$ 的特性为相频特性。

幅频特性 $A(\mathrm{j}\omega)$反映了系统的动态灵敏度，即当输入信号频率变化时，系统输出信号 y 的幅值与输入信号 x 的幅值之比。传感器只有在特性曲线平直区才能工作，否则就会产生误差，即频率失真。典型的幅频特性指标有固有频率 ω_{n}、阻尼比 ζ、频带等。固有频率为由传感器材料、结构决定的频率，是可使传感器产生共振现象的频率；频带指对数幅频特性曲线上幅值衰减 3dB 时所对应的频率范围。

相频特性 $\phi(\omega)$反映了传感器的输出相位和输入信号频率的关系。

零阶传感器的输出与输入呈确定的比例关系，不受时间影响，幅角等于零，动态特性理想。

在动态检测中，输出量的变化不仅受被测对象动态特性的影响，也受检测装置动态特性的影响。动态测量时，要求传感器能迅速、准确和无失真地再现被测信号随时间变化的波形，使输出与输入随时间的变化一致，即良好的动态特性。实际上，传感器的响应总有一定延迟，延迟时间越短越好。传感器的频率响应好，可测的信号频率范围就宽。

一般而言，物性型传感器（基于光电效应、压电效应等工作）响应快，工作频率范围宽；结构型传感器（如电感、电容、磁电等类型）受结构、惯性、固有频率等影响，工作频率范围相对要窄。在动态测量中，应考虑信号的特点（稳态、瞬态、随机等）和传感器的响应特性，以免产生过大的误差。

1.3.4 传感器的其他技术指标

传感器的静、动态特性和可靠性并不能完全描述传感器的性能，在选用时，还应考虑电源特性、环境特性等与传感器及被测量有关的一些其他特性。传感器的其他特性指标如表 1.4 所示。

表 1.4 传感器的其他特性指标

待测量	输出特性	电源特性	环境特性	其他特性
间隔 目标精确度 分辨率 稳定度 带宽 响应时间 输出阻抗 干扰量 变更量	本底噪声 信号类型（模拟式、数字式或开关式） 阻抗 接线方式	电压 电流 有效功率 频率（交流电源） 稳定度	环境温度 热冲击 温度循环 湿度 振动、冲击 化学试剂 爆炸危险 灰尘 电磁环境 静电放电 电离辐射 传输距离	互换性 过载保护 购置费用 质量、尺寸 适用性 电缆敷设要求 连接器类型 装配要求 安装时间 出现故障时的状态 校准和测试费用 维护费用 更换费用

在实际测量工作中，要根据被测量的特点和传感器的使用条件合理选择传感器类型，主要应考虑以下一些具体问题：量程的大小；被测位置对传感器体积的要求；测量方式为接触式还是非接触式；信号的引出方法采用有线还是无线；传感器的来源、价格能否承受。在确定选用何种类型的传感器之后，再考虑传感器的具体性能指标。

在使用传感器时，除关注传感器特性外，测量方法也应适合于应用。例如，流量计的插入会引起流量测量误差。

任务 1.4 测量误差与测量结果表示

测量的目的在于获取被测量的真实量值，但受种种因素的影响，测量结果总是与被测量的真实量值不一致，即存在测量误差。

《易》曰："君子慎始，差若毫厘，缪以千里"。误差的存在使我们对客观事物的认识受到不同程度的歪曲，若不能正确认识并修正，就会产生巨大的偏差，因此必须进行误差分析。为了减小和消除测量误差对测量结果的影响，我们需要研究和理解真值、测量误差、测量不确定度及测量结果的表示。

知识目标：

（1）掌握真值与误差的概念、分类及计算方法。

（2）能说明测量结果的定量和定性表示方法。

技能目标：

（1）具备阅读和总结归纳与传感器相关的国家标准及行业规范的能力。

（2）能够根据国标完成测量结果的规范表示。

真值与测量误差

1.4.1 真值

真值是指在一定的时间和空间条件下，能够准确反映某一被测量真实状态和属性的量值。它通常分为理论真值、约定真值和相对真值。

（1）理论真值。理论真值是在理想情况下表征某一被测量真实状态和属性的量值。理论真值是客观存在的，或者是根据一定的理论所定义的。例如，三角形的三个内角之和为 180°。

由于测量误差的普遍存在，一般情况下，被测量的理论真值是不可能通过测量得到的，但却是实际存在的，所以在计算误差时，一般用约定真值或相对真值来代替理论真值。

（2）约定真值。约定真值就是指人们为了达到某种目的，按照约定的办法所确定的量值。约定真值是人们定义的、得到国际上公认的某个物理量的标准量值。

获得约定真值的方法通常有以下几种：由计量基准、标准复现新赋予该特定量的值；采用权威组织推荐的值，如由国际数据委员会（CODATA）推荐的真空光速、阿伏伽德罗常数等；用某量的多次测量结果的算术平均值来确定该量的约定真值。

（3）相对真值。相对真值是指由某一行业或领域内的权威机构严格按标准方法获得的测量值，如中国食品药品检定研究院派发的标准参考物质，应用范围有一定的局限性。工程上，当上一级标准仪器的误差小于或等于下一级检测仪表的 1/3（一般测量）或 1/10（精密测量）时，可认为前者所测结果是后者的相对真值。相对真值在误差测量中的应用最为广泛。

1.4.2 测量误差的概念及分类

在测量过程中，实验原理和实验方法的不完善，所采用的测量装置性能指标的局限，环境中存在着各种干扰因素，以及操作人员技术水平的限制等，都将使测量值与被测量的真实量值之间存在差异。测量结果与被测量的真实量值之间的差异，称为测量误差，简称误差。误差的存在具有必然性和普遍性。

测量误差的来源很多，根据研究目的的不同，测量误差可从不同的角度进行分类。

1.4.2.1 绝对误差和相对误差

按照表示方法的不同，误差可分为绝对误差和相对误差。

（1）绝对误差。绝对误差 e 的定义为被测量的测量值 A_x 与真值 A_o 之差，即

$$e = A_x - A_o \tag{1.10}$$

绝对误差具有与被测量相同的单位，其值可为正，亦可为负。

在用于仪表校准和对测量结果进行修正时，常使用修正值。修正值用来对测量值进行修正，修正值 C 定义为

$$C = A_o - A_x = -e \tag{1.11}$$

修正值的值为绝对误差的负值。测量值加上修正值等于实际值，通过修正可以得到更准确的测量结果。

采用绝对误差来表示测量误差往往不能确切地表明测量质量的好坏。例如，某温度传感器工作时的绝对误差 $e=\pm1$℃，如果用于炼钢炉的钢水温度测量，就是非常理想的情况了；但如果用于人的体温测量，这是不合适的。

（2）相对误差。相对误差能够较确切地表明测量的精确程度。相对误差通常可分为实际相对误差、示值相对误差和满度（引用）相对误差等。

① 实际相对误差 r_A 用绝对误差 e 和被测量真值 A_o 之比来表示，即

$$\gamma_A = \frac{e}{A_o} \times 100\% \tag{1.12}$$

② 示值（标称）相对误差 r_x 用绝对误差和被测量的测量值之比来表示，即

$$\gamma_x = \frac{e}{A_x} \times 100\% \tag{1.13}$$

③ 满度相对误差 r_m，又称引用误差，用绝对误差和仪表的量程之比来表示，即

$$\gamma_m = \frac{e}{A_{max} - A_{min}} \times 100\% \tag{1.14}$$

测量装置在测量范围内的最大引用误差，称为引用误差限或满度相对误差限，它等于测量装置测量范围内最大的绝对误差与量程之比的绝对值。

测量装置应保证在规定的使用条件下，其引用误差限不超过某个规定值，这个规定值称为仪表的允许误差。允许误差可用引用误差的形式表示。允许误差去掉百分号、正负号后的数字称为仪表的准确度等级，如 0.1、0.2、0.5 等。允许误差能够很好地表征测量装置的测量精确程度，它是测量装置最主要的质量指标之一。

1.4.2.2 粗大误差、系统误差和随机误差

根据测量误差的性质和表现形式的不同，误差可分为粗大误差、系统误差和随机误差。

（1）粗大误差。明显地偏离被测量真值的测量值所对应的误差，称为粗大误差。粗大误差根据产生的原因主要分为人为误差和环境误差等。

人为误差指由于测量操作人员的操作经验、知识水平、素质条件的差异，操作人员的责任感不强、操作不规范和疏忽大意等原因产生的测量误差。

任何测量都有一定的环境条件，如温度、湿度、大气压、机械振动、电源波动、电磁干扰等。测量时，由于实际的环境条件与所使用的测量装置要求的环境条件不一致，就会产生测量误差，这种测量误差就是环境误差。

（2）系统误差。在相同的条件下，对同一被测量进行多次重复测量时，所出现的数值大小和符号都保持不变的误差，或者在条件改变时，按某一确定规律变化的误差，称为系统误差。系统误差的主要特性是规律性。

系统误差通常包括定义误差、理论和方法误差、仪器误差、安装误差、操作误差及部分环境误差。

（3）随机误差。在相同的条件下，对同一被测量进行多次重复测量时，所出现的数值大小和符号都以不可预知的方式变化的误差，称为随机误差。随机误差的主要特性是随机性。

在实际测量中，系统误差和随机误差之间不存在明显的界限，两者在一定条件下可以相互转化。某项具体误差，在一定条件下为随机误差，而在另一条件下可为系统误差，反之亦然。

1.4.2.3 基本误差和附加误差

任何测量装置都有一个正常的使用环境要求，这就是测量装置的规定使用条件。根据测量装置实际工作的条件不同，测量所产生的误差可分为基本误差和附加误差。

（1）基本误差。测量装置在规定使用条件下工作时所产生的误差，称为基本误差，又称固有误差。

（2）附加误差。在实际工作中，由于外界条件变动，使测量装置不在规定使用条件下工作，这将产生额外的误差，这个额外的误差称为附加误差。

1.4.2.4 静态误差和动态误差

根据被测量随时间变化的速度不同，误差可分为静态误差和动态误差。

（1）静态误差。在测量过程中，被测量稳定不变，所产生的误差称为静态误差。

（2）动态误差。在测量过程中，被测量随时间发生变化，所产生的误差称为动态误差。

在实际的测量过程中，被测量往往是在不断地变化的。当被测量随时间的变化很缓慢时，这时所产生的误差也可认为是静态误差。

1.4.3 测量结果的定性表示

为了定性地描述测量结果与真值的接近程度和各个测量值分布的密集程度，实

际应用中通常引入准确度、精密度和精确度这三个概念。

1.4.3.1 准确度

准确度表征了测量值和被测量真值的接近程度，反映了测量结果中系统误差的大小程度。准确度越高，表征测量值越接近真值，系统误差越小。

1.4.3.2 精密度

精密度表征了多次重复对同一被测量进行测量时，各个测量值分布的密集程度。精密度越高，表征各测量值彼此越接近，即越密集。精密度反映了测量结果中随机误差的大小程度，精密度越高，则表示随机误差越小。

1.4.3.3 精确度

测量的精确度是准确度和精密度的综合，反映了系统误差和随机误差对测量结果的综合影响。精确度高，表征准确度和精密度都高，即测量结果中的系统误差和随机误差都小。

对于具体的测量，精密度高的准确度不一定高；准确度高的，精密度也不一定高；但是精确度高的，精密度和准确度都高。

下面以图 1.8 所示的射击打靶结果为例来阐释准确度、精密度和精确度的概念。在图 1.8 中，每个圆圈代表弹着点，相当于测量值；圆心位置代表靶心，相当于被测量真值。图 1.8（a）所示的弹着点分散，但比较接近靶心，相当于测量值分散性大，但比较接近被测量真值，表明随机误差大，精密度低；系统误差小，准确度高。图 1.8（b）所示的弹着点密集，但偏离靶心较远，相当于测量值密集，但偏离被测量真值较大，表明随机误差小，测量精密度高；系统误差大，准确度低。图 1.8（c）所示的弹着点密集且比较接近靶心，相当于测量值密集且比较接近被测量真值，表明系统误差和随机误差都小，精确度高。

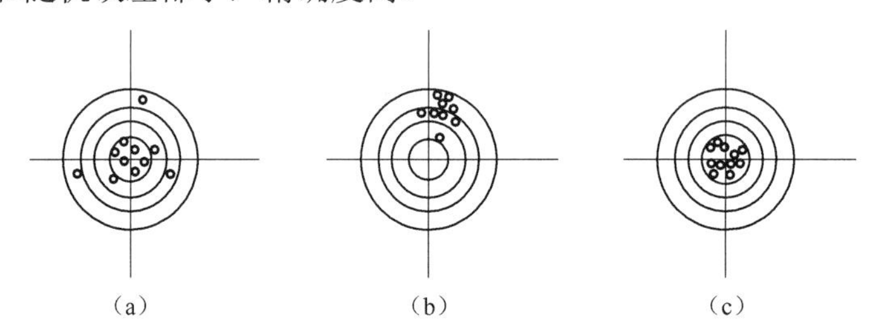

图 1.8　射击打靶结果

在应用准确度、精密度和精确度时，应注意：它们都是定性的概念，不能用数值做定量表示。

1.4.4 测量结果的定量表示

不确定度指利用可获得的信息，表征赋予被测量量值分散性的非负参数，包括标准不确定度和扩展不确定度。不确定度是一种表征被测量值所处范围的评定，真值以一定置信概率落在测量平均值附近的一个范围内。

国标《测量不确定度评定和表示》（GB/T 27418—2017）规定了测量不确定度评

定和表示的通用规则，适用于从生产车间到基础研究等很多领域的各种仪器仪表测量准确度水平的测量。测量不确定度一般由若干分量组成。其中一些分量可根据一系列测量值的统计分布，按测量不确定度的 A 类评定进行评定，并可用标准差表征；而另一些分量则可根据经验或其他信息所获得的概率密度函数，按测量不确定度的 B 类评定进行评定，也用标准差表征。

1.4.4.1 标准不确定度

标准不确定度是以标准差表示的测量不确定度，包括 A 类标准不确定度、B 类标准不确定度和合成不确定度三种类型。

（1）A 类标准不确定度 u_A。它指对在规定测量条件下测得的量值用统计分析的方法进行的测量不确定度分量的评定，即

$$u_A=\sigma_{\bar{x}}=\frac{\sigma_x}{\sqrt{n}}\approx s_{\bar{x}}=\sqrt{\sum(x_i-\bar{x})^2/[n(n-1)]} \tag{1.15}$$

式中，$\bar{x}$ 是多次测量值 $x_i(i=1, 2, \cdots, n)$的平均值，$\bar{x}=\sum_{i=1}^{n}x_i/n$ 。

（2）B 类标准不确定度 u_B。它指用不同于测量 A 类标准不确定度评定的方法对测量不确定度分量进行的评定。

B 类标准不确定度在测量范围内无法用统计方法评定，一般可根据经验或其他有关信息（如测定数据、说明书中的技术指标、检定证书提供的数据、手册中的参考数据）进行估计，判断被测量的可能值区间。对于多次测量，假设被测量值的概率分布，根据概率分布和要求的概率 p 确定置信因子 k，则 B 类标准不确定度可由 $u_B=a/k$ 确定。其中，a 是被测量可能值区间的半宽度。

（3）合成不确定度 u_C。在很多情况下，被测量 Z 不能直接测得，而是由 N 个其他量 $X_1,X_2,\cdots,X_N$ 通过函数关系 f 来确定，即

$$Z=f(X_1,X_2,\cdots,X_N) \tag{1.16}$$

此时，合成不确定度 u_C 指根据一个测量模型中各输入量 X_i 的标准测量不确定度获得的被测量 Z 的标准测量不确定度 $u_C(z)$。当 z 是被测量 Z 的估计值即测量结果时，若输入量独立不相关，则 z 的标准不确定度由输入量的估计值 $x_1, x_2, \cdots, x_N$ 的标准不确定度 $u(x_i)(i=1, 2, \cdots, N)$经适当合成得到，即

$$u_C(z)=\sqrt{\sum_{i=1}^{N}\left[\frac{\partial f}{\partial x_i}u(x_i)\right]^2} \tag{1.17}$$

式中，f 是式（1.16）给出的函数；每个 $u(x_i)$是按 A 类或 B 类所评定的标准不确度；$\partial f/\partial x_i$ 是在 $X_i=x_i$ 时输出的偏导值，它通过计算或实验确定。合成不确定度 $u_C(z)$是一个估计标准差，表征可合理赋予被测量 Z 的值的分散性。

对于大多数工程测量，由于对测量没有要求给出误差的确切值，因此一般只进行单次测量。对于部分精确测量，根据实际需要对测量结果的精确度要求不是很高，且一定测量条件下的标准差已知，往往也只进行单次测量。工程上通常用测量极限误差 3σ 作为总不确定度（合成不确定度）；若均方根误差 σ 未知，则用仪器误差 e_Y 作为总不确定度（合成不确定度）。

1.4.4.2 扩展不确定度

尽管合成不确定度 u_C 可以广泛用于表示测量结果的不确定度，但在某些商业、工业和法规的应用中，以及涉及健康和安全时，常有必要提供不确定度度量，也就是给出测量结果值的区间，并期望该区间包含了能合理赋予被测量值分布的大部分。因此扩展不确定度 U 由合成不确定度 u_C 乘以置信因子 k 得到，即 $U = ku_C$。如表 1.5 和表 1.6 所示，当被测量服从不同概率分布时，置信因子 k 选取不同值，一般大于 1。

表 1.5 正态分布置信因子 k 与概率 p 的关系

k	1.00	1.64	1.96	2.00	2.58	3.00
p	0.683	0.90	0.95	0.9545	0.99	0.9973

表 1.6 几种概率分布的置信因子 k 值

概率分布	均匀	反正弦	三角	梯形	注：β 为梯形上底半宽与下底半宽之比，$0<\beta<1$
k	$\sqrt{3}$	$\sqrt{2}$	$\sqrt{6}$	$\sqrt{6}/\sqrt{1+\beta^2}$	

1.4.4.3 测量结果的报告和表示

若用不确定度表征测量结果的可靠程度，则测量结果通常可写成下列标准形式

$$X = (\bar{x} \pm u) \tag{1.18}$$

式中，$\bar{x}$ 为多次测量的平均值（单次测量时用测量值代替）；u 为测量不确定度（标准不确定度或扩展不确定度）。意味着被测量 X 的最佳估计值为 $\bar{x}$，被测量的真值 X 以置信概率 p（一般取 0.95）落在区间 $[\bar{x}-u, \bar{x}+u]$ 内。

在测量结果中，测量值与不确定度的取位与舍入规则包括以下三点。

（1）不确定度一般保留 1～2 位数字，当首位数字等于或大于 3 时，取 1 位；小于 3 时，则取 2 位，其后面的数字采用进位法舍去。相对不确定度的取位也采用相同规则。

（2）对于不确定度的尾数一律只进不舍，主要考虑的是不要估计不足。例如，算得不确定度为 0.32mm，可以化为 0.4mm。

（3）测得值取几位，由不确定度位数来决定，即测量值的保留位数要与不确定度的保留位数相对应，后面的尾数则采用“四舍六入五凑偶”的原则取舍。例如测量结果为 $x = (46.18 \pm 0.25) \times 10^{-3}\text{m}$。

任务 1.5 测量误差分析和数据处理

求真是务实的前提，务实是求真的基础，求真与务实互相联系，互动发展。弘扬求真务实精神，是坚持辩证唯物主义和历史唯物主义的必然要求。受人为、环境、仪器等因素的影响，被测量的真值和测量所得值间总存在一定的差异，为使测量值尽可能地接近于真实值，需要进行误差分析。

此外，一般原始的测试技术参差不齐，需运用数学方法加以精选、加工，以求获得可靠、真正反映事物内在本质的结论，这就要进行数据处理。

由此可见，我们将引入误差分析和数据处理来提升科学实验和科学测试结果的

质量和水平。

知识目标：

（1）能陈述随机误差的统计特征和正态分布的概念。

（2）能归纳和应用随机误差、粗大误差和系统误差的发现和处理方法。

（3）能描述和应用直接测量数据的处理方法。

技能目标：

（1）具备利用数据统计方法处理传感器测量数据的能力。

（2）能够进行基于误差的分析计算及其相关的检测仪表选型。

（3）能够规范编写传感器测量的相关技术文档。

1.5.1 随机误差的统计特征和正态分布

单个随机误差的出现具有随机性。但是，当重复测量次数足够多时，随机误差的出现遵循统计规律，可借助概率论和数理统计的原理对随机误差进行处理，做出恰当的评价，并设法减小随机误差对测量结果的影响。

1.5.1.1 随机误差的统计特征

对同一个被测量进行多次等准确度的重复测量时，可得到一系列不同的测量值，通常把进行多次测量得到的一组数据称为测量列。若测量列不包含系统误差和粗大误差，则该测量列及其随机误差具有一定的统计特征。

实践表明，在绝大多数情况下，测量值及随机误差是服从或近似服从正态分布的。

1.5.1.2 随机误差与正态分布

当随机变量或随机误差 δ 服从正态分布时，它的概率密度函数 $f(\delta)$为

$$f(\delta)=\frac{1}{\sigma\sqrt{2\pi}}\mathrm{e}^{-\delta^2/(2\sigma^2)} \tag{1.19}$$

式中，σ 称为标准差，代表数据集离散性大小或波动性大小。

按正态分布概率密度函数所得的曲线称为正态分布曲线，随机误差的正态分布曲线如图 1.9 所示，它具有四个基本特征。

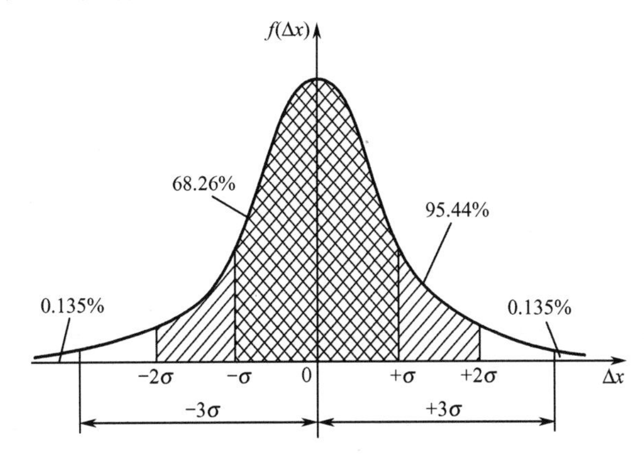

图 1.9 随机误差的正态分布曲线

（1）对称性：随机误差可正可负，绝对值相等的正、负误差出现的概率相等，

其概率密度分布曲线以纵轴为对称轴。

（2）单峰性：又称集中性，大量重复测量所得的数值，均集中于均值附近；绝对值小的误差比绝对值大的误差出现的概率要大，误差值越小出现的概率越大，其概率密度分布曲线在 $\delta=0$ 处有一峰值。

（3）有界性：若误差 $|\delta| \to \infty$，则误差出现的概率趋于零。可见，在一定的测量条件下，误差的绝对值一般不会超过一定的界限。

（4）抵偿性：正误差和负误差可相互抵消，随着测量次数 $n \to \infty$，随机误差的代数和趋于零，即 $\lim\limits_{n\to\infty}\sum\limits_{i=1}^{n}\delta_i = 0$。

应该指出，随机误差的上述统计特征是在造成随机误差的随机影响因素很多，且测量次数足够多的情况下归纳出来的，但并不是所有的随机误差都具有上述特征。当造成随机误差的随机影响因素不多，或某种随机影响因素的影响特别显著时，随机误差可能不呈现上述特征。

1.5.2 随机误差和测量值的数字特征

测量值和随机误差都是随机变量，有关随机变量的一些概念和处理方法可直接用于对测量值和随机误差的分析和处理。

1.5.2.1 算术平均值

n 次等准确度测量获得的测量值 x_i 的算术平均值 $\bar{x}$ 为

$$\bar{x} = \frac{1}{n}\sum_{i=1}^{n} x_i \tag{1.20}$$

根据误差的抵偿性可知，当测量次数 $n \to \infty$ 时，测量值的算术平均值会收敛于被测量的真值，即 $\lim\limits_{n\to\infty}\bar{x} = \mu$。

在实际测量中，进行无限次测量是不可能的，只能进行有限次测量。只要测量次数足够多，随着测量次数的增加，算术平均值就趋于真值，因此我们可以认为测量值的算术平均值是最接近于真值的近似值。

1.5.2.2 残余误差

测量值与算术平均值的差称为残余误差 v_i，简称残差，即

$$v_i = x_i - \bar{x}, \quad i = 1,2,\cdots,n \tag{1.21}$$

残余误差具有抵偿性，即 $\lim\limits_{n\to\infty}\sum\limits_{i=1}^{n} v_i = 0$。

1.5.2.3 测量列的方差、标准差

对一被测量进行无限多次等准确度测量，各次测量的测量值组成无限测量列。其方差用 σ^2 表示，有

$$\sigma^2 = \lim_{n\to\infty}\frac{\sum\limits_{i=1}^{n}(x_i - \mu)^2}{n} = \lim_{n\to\infty}\frac{\sum\limits_{i=1}^{n}\delta_i^2}{n} \tag{1.22}$$

无限测量列的标准差，又称均方根偏差，其计算式为

$$\sigma = \lim_{n \to \infty} \sqrt{\frac{1}{n} \sum_{i=1}^{n} (x_i - \mu)^2} \tag{1.23}$$

测量列的标准差表征了测量值和随机误差的分散程度，它决定了测量值和随机误差概率密度分布曲线的形状。概率密度分布曲线如图 1.10 所示，标准差 σ 的数值愈小，概率密度分布曲线的形状愈陡峭，说明测量值和随机误差的分散性小，测量的精密度高；反之，σ 的数值愈大，概率密度分布曲线的形状愈平坦，说明测量值和随机误差的分散性大，测量的精密度低。

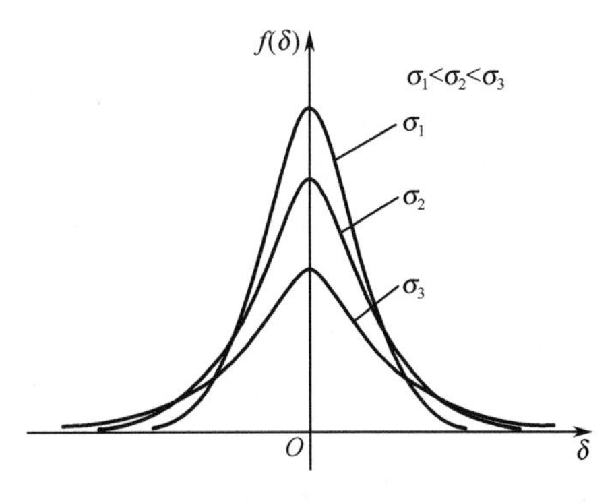

图 1.10　概率密度分布曲线

在实际测量中，我们只能进行有限次测量，也不可能得到被测量的真值 μ_i，因此不能求出测量列的标准差。

对于有限次等准确度测量，可用算术平均值 $\bar{x}$ 来代替真值 μ，对测量列的标准差 σ 做出估计 s，即贝塞尔公式

$$\sigma \approx s = \sqrt{\frac{1}{n-1} \sum_{i=1}^{n} (x_i - \bar{x})^2} = \sqrt{\frac{1}{n-1} \sum_{i=1}^{n} v_i^2} \tag{1.24}$$

1.5.2.4　测量列算术平均值的标准差

有限次等准确度测量以测量列算术平均值作为真值的最佳估计值，也就是以测量列算术平均值作为测量结果。若对某一个量进行 n 次重复测量，则可以得到一个测量列，求出其算术平均值 $\bar{x}$。如果重复上述过程 m 次，就可以得到 m 个测量列，求出 m 个算术平均值 $\overline{x_1}, \overline{x_2}, \cdots, \overline{x_m}$。由于随机误差的存在，这 m 个算术平均值都不可能完全相同。它们围绕着被测量的真值有一定的分散性，因此有必要研究测量列算术平均值的标准差。

可以证明，测量列算术平均值标准差 $\sigma_{\bar{x}}$ 为

$$\sigma_{\bar{x}} = \sigma / \sqrt{n} \tag{1.25}$$

在实际测量中往往只能得到 σ 的估计值 s，因此只能用 s 代替 σ 来计算 $\sigma_{\bar{x}}$，因而只能得到 $\sigma_{\bar{x}}$ 的估计值 $s_{\bar{x}}$，即

$$\sigma_{\bar{x}} \approx s_{\bar{x}} = \frac{s}{\sqrt{n}} = \sqrt{\frac{1}{n(n-1)} \sum_{i=1}^{n} (x_i - \bar{x})^2} = \sqrt{\frac{1}{n(n-1)} \sum_{i=1}^{n} v_i^2} \tag{1.26}$$

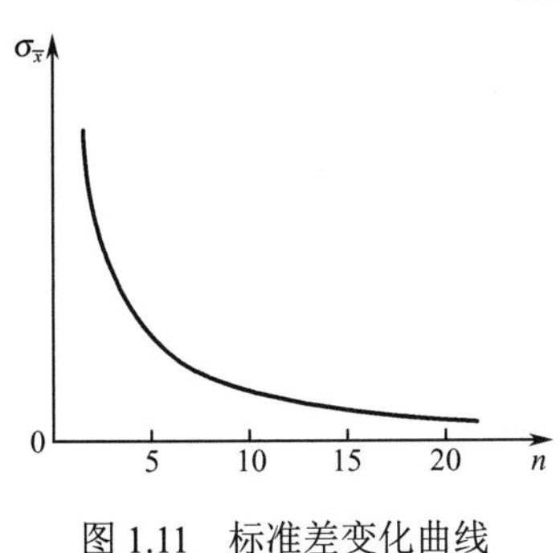

图 1.11　标准差变化曲线

由式（1.26）可知，由于算术平均值的标准差 $\sigma_{\bar{x}}$ 与测量次数 n 的平方根 $\sqrt{n}$ 成反比，因此 $\sigma_{\bar{x}}$ 随着 n 增大而减小的速度越来越小。标准差变化曲线如图 1.11 所示。当 $n>10$ 后，n 再增加时，$\sigma_{\bar{x}}$ 的减小效果已不明显。同时，当测量次数过多时也不能保证测量条件不改变；另外，测量次数增加以后，计算量和时间也增加了。鉴于以上原因，一般等准确度测量的测量次数 n 略大于 10 即可。

1.5.2.5　置信度和极限误差

（1）置信概率和置信区间。在一组等准确度的测量值中，大小为 x 的测量值落入指定区间$[x_a, x_b]$内的概率称为置信概率，而该指定区间$[x_a, x_b]$称为置信区间。

对于服从正态分布的随机误差，当概率密度函数确定后，其概率密度分布曲线也就确定了。若给定一个概率值 $p(0<p<1)$，则能确定一个对称的误差区间$(-a, a)$，满足 $P\{-a\leqslant\delta\leqslant a\}=p$。误差区间$(-a, a)$称为置信区间，所对应的概率值 p 称为置信概率。置信区间表征随机误差的变化范围，置信概率表征随机误差出现的可能程度。置信区间越宽，相应的置信概率就越大。置信区间和置信概率共同表明了随机误差的可信赖程度。把置信区间和置信概率两者结合起来，统称为置信度。

（2）单次测量的极限误差。单次测量的极限误差定义为在给定的置信概率条件下，误差出现的极限范围。显然，置信区间取得宽，置信概率就大，反之则小。正态分布曲线与置信概率如图 1.12 所示，当置信区域为$\pm\sigma$时，测量值落入区间$(\mu-\sigma, \mu+\sigma)$内的概率 p 为 68.2%，也就是说，进行 100 次测量，大约有 68 次的值是落在指定区间范围内的；当置信区域为$\pm2\sigma$时，对应概率为 95.4%；当置信区域为$\pm3\sigma$时，对应概率为 99.6%。因此可认为绝对值大于 3σ 的误差几乎不可能出现，所以通常把 3σ 的误差称为单次测量极限误差，常用 δ_{lim} 表示。

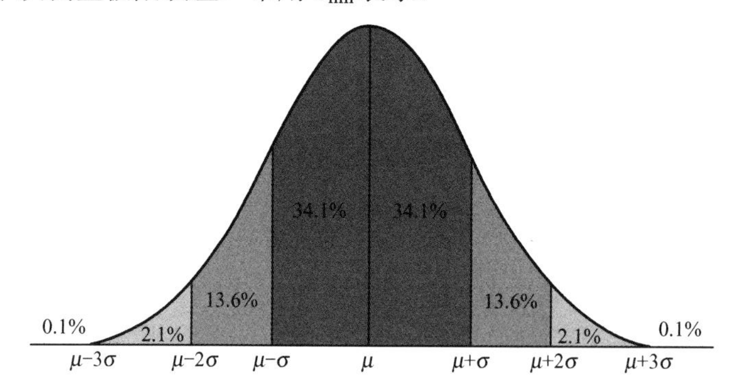

图 1.12　正态分布曲线与置信概率

随机误差与粗大误差的处理

1.5.3　随机误差的处理

减小随机误差的方法主要是平滑法和滤波法。除硬件模拟滤波器以外，智能仪器还可借助内置处理器进行数字滤波。数字滤波法具有以下几个主要优点。

（1）数字滤波只是一个计算过程，基本没有元器件品质劣化的问题；不受环境温度的影响；不存在阻抗匹配、非一致性等问题；可靠性高，可以达到很高的准确度。

（2）有些滤波特性，硬件模拟滤波器无法或难以实现，而对于数字滤波器则不成问题。

（3）只要适当改变数字滤波程序的有关参数，就能方便地改变滤波特性，因此数字滤波方便灵活，适应性强。

针对噪声情况的不同，减小随机误差应采用不同的数字滤波法，常见的有算术平均滤波法、加权平均滤波法、限幅滤波法、中值滤波法等。

1.5.3.1 克服偶然误差的数字滤波法

由外部环境偶然因素引起的突变性扰动，或仪器内部不稳定引起误码等导致的尖脉冲干扰，都属于偶然误差。判别或消除偶然误差是仪器数据处理的第一步，通常采用简单的非线性滤波法。

（1）限幅滤波法。该法又称程序判别法，通过程序判断被测信号的变化幅度，从而消除缓变信号中的尖脉冲干扰。具体方法是，依赖已有的时域采样结果，将本次采样值与上次采样值进行比较，若它们的差值超出允许范围，则认为本次采样值受到了干扰，应予剔除。

（2）中值滤波法。中值滤波器是一种典型的非线性滤波器，它运算简单，在滤除脉冲噪声的同时可以很好地保护信号的细节信息。中值滤波法是指对某一被测参数连续采样 n 次（一般 n 应为奇数），将这些采样值按照大小排序，选取中间值为本次采样值（即所谓的排序法）。对于温度、管道压力、液位等变化缓慢的被测参数，中值滤波法一般能收到良好的滤波效果。

1.5.3.2 抑制小幅度高频噪声的平均滤波法

电子器件的热噪声、A/D 量化噪声等都属于小幅度的高频噪声。通常采用具有低通特性的 FIR 滤波器滤除高频噪声，平均滤波法包括算数平均滤波法和加权平均滤波法。

（1）算数平均滤波法。FIR 滤波器各个抽头的加权系数相同，滤波器输出的是 N 个连续采样值的算术平均值。N 值越大，消噪效果越好，但是灵敏度（时间分辨率）下降，只适用于对缓变信号进行处理。例如，视频监控摄像机所采用的帧累积技术。

（2）加权平均滤波法。具体方法是，增加最新采样数据在取平均过程中的比重，以提高当前采样值的灵敏度，不同时刻的数据权值不同。越接近当前时刻的数据，权值越大，FIR 滤波器的抽头系数 C_i 不再是常数。

1.5.3.3 复合滤波法

在实际应用中，有时既要消除大幅度的脉冲干扰，又要进行数据平滑。因此常把两种以上的方法结合起来使用，形成复合滤波法。例如，去极值平均滤波法是先用中值滤波法滤除采样值中的脉冲性干扰，然后把剩余的各采样值进行平均滤波。连续采样 N 次，剔除其中的一个最大值和一个最小值，再求余下 $N-2$ 个采样的平均值。显然，这种方法既能抑制随机干扰，又能滤除明显的脉冲干扰。

1.5.4 粗大误差的发现和处理

粗大误差的产生，有测量操作人员的主观原因，如读错数、记错数、计算错误等，也有客观外界条件的原因，如外界环境的突然变化等。含有粗大误差的测量值称为坏值，测量列或样本数据中如果混有坏值，必然会歪曲测量结果。

为了避免或消除测量中产生的粗大误差，首先要保证测量条件的稳定，增强测量人员的责任心并以严谨的作风对待测量任务。

对粗大误差的处理原则：若在实验进行中发现异常数据，应立即停止实验，分析原因并及时纠正错误；若在实验结束后发现异常数据，应先找出原因，再对数据进行取舍。

1.5.4.1 坏值判别准则

对于坏值的判断一般有两种方法：物理判别法和统计判别法。物理判别法基于人们对客观事物已有的认识，判别由于外界干扰、人为误差等原因造成的实测数据值偏离正常结果，在实验过程中随时判别，随时剔除。

当物理识别不易判断时，一般采用统计识别法，它是建立在数理统计原理基础上的。常用的坏值判别准则有拉依达准则和格拉布斯准则，还有如狄克松准则、肖维勒准则、t 检验法、F 检验法等。这些坏值判别准则都是在某些特定条件下建立的，都有一定的局限性，因此不是绝对可靠的。下面介绍三个最常用的坏值判别准则。

（1）拉依达准则。拉依达准则又称 3σ 准则，它的理论基础是正态分布理论。如 1.5.2 节所述，绝对值大于 3σ 的误差概率仅为 0.3%，因此凡残余误差 v_i 大于三倍标准差（3σ）的误差就可认为是粗大误差，相应的测量值 x_i 就是坏值，应予以剔除。其数学表达式为

$$v_i = |x_i - \overline{x}| > 3\sigma \tag{1.27}$$

式中，$\overline{x}$ 为包括坏值在内的全部测量值的算术平均值；σ 为测量列的标准差，可用估计值 s 来代替。

拉依达准则方法简单，它不需要查表，便于应用，但在理论上不够严谨，不能检验样本量较小的情况，此时通常采用格拉布斯准则。

（2）格拉布斯准则。格拉布斯准则同样以误差服从正态分布为前提，凡残余误差 v_i 大于格拉布斯鉴别值$[G(n, P_\alpha)]\sigma$ 的误差就是粗大误差，相应的测量值 x_i 就是坏值，应予以剔除。其数学表达式为

$$v_i = |x_i - \overline{x}| > [G(n, P_\alpha)]\sigma \tag{1.28}$$

式中，$G(n, P_\alpha)$为格拉布斯临界系数，如表 1.7 所示，其值取决于测量次数 n 和取定的置信概率 P_α。

表 1.7 格拉布斯临界系数 $G(n, P_\alpha)$

n		3	4	5	6	7	8	9	10	11	12	13	14	15	16
P_α	0.95	1.15	1.46	1.67	1.82	1.94	2.03	2.11	2.18	2.23	2.28	2.33	2.37	2.41	2.44
	0.99	1.16	1.49	1.75	1.94	2.10	2.22	2.32	2.41	2.48	2.55	2.61	2.66	2.70	2.75
n		17	18	19	20	21	22	23	24	25	30	35	40	50	100
P_α	0.95	2.48	2.50	2.53	2.56	2.58	2.60	2.62	2.64	2.66	2.74	2.81	2.87	2.96	3.17
	0.99	2.78	2.82	2.85	2.88	2.91	2.94	2.96	2.99	3.01	3.10	3.18	3.27	3.34	3.59

格拉布斯准则在理论上比较严谨，它不仅考虑了测量次数的影响，而且还考虑了标准差本身存在误差的影响，被认为是较为科学和合理的，可靠性高，适用于测量次数比较少而要求较高的测量列。格拉布斯准则的计算量较大。

（3）肖维勒准则。凡残余误差大于肖维勒鉴别值$[Z_c(n)]\sigma$ 的误差就是粗大误差，相应的测量值就是坏值，应予以剔除。其数学表达式为

$$v_i = |x_i - \overline{x}| > [Z_c(n)]\sigma \tag{1.29}$$

式中，$Z_c(n)$为肖维勒临界系数，它与测量次数 n 有关，如表 1.8 所示。

表 1.8　肖维勒临界系数 $Z_c(n)$

n	3	4	5	6	7	8	9	10	11	12
$Z_c(n)$	1.38	1.54	1.65	1.73	1.80	1.86	1.92	1.96	2.00	2.03
n	13	14	15	16	18	20	25	30	40	50
$Z_c(n)$	2.07	2.10	2.13	2.15	2.20	2.24	2.33	2.39	2.49	2.58

肖维勒准则的理论基础也是正态分布理论，但较拉依达准则细化，准确性较高。肖维勒准则的可靠性和准确性没有格拉布斯准则高，但比格拉布斯准则简单。

1.5.4.2　坏值的判别与剔除

应用上述坏值判别准则，每次只能剔除一个最大的坏值，剔除坏值后需重新计算测量列的算术平均值和标准差，再进行判别，直至无坏值为止。

1.5.5　系统误差的发现和处理

扫码看微课

系统误差的处理

如 1.4.2 节所述，系统误差是按一定规律变化的误差，主要包括定义误差、理论和方法误差、仪器误差、安装误差、操作误差及部分环境误差等。系统误差的产生原因是比较复杂的，它可能是一个原因在起作用，也可能是多个原因同时在起作用。

分析产生系统误差的根源，一般可从以下五个方面着手：所采用的测量装置是否准确可靠；所应用的测量方法是否完善；测量装置的安装、调整、放置等是否正确合理；测量装置的工作环境条件是否符合规定条件；测量操作人员的操作是否正确。

目前还未有一种能查明所有系统误差的方法，因而只能根据已有的经验，归纳和总结出一些发现系统误差的一般方法。

按系统误差出现的特点及对测量结果的影响，系统误差可分为恒定系统误差和可变系统误差两类。

1.5.5.1　系统误差的发现和判定

（1）恒定系统误差的发现。在测量过程中，恒定系统误差的大小和符号是不变的。比如，某量块的公称尺寸为 10mm，实际尺寸为 10.001mm，误差为 0.001mm，若按公称尺寸使用，则始终会存在 0.001mm 的系统误差。

恒定系统误差的发现方法有对比检定法（单组测量）、均值与标准差比较法（多组测量）、t 检验法（多组测量）、秩和校验法（多组测量）等。

（2）可变系统误差的发现。在测量过程中，可变系统误差的大小和方向随测量的某一个或几个因素按确定的函数规律变化。由于它对算术平均值和残差均产生影响，所以应在处理测量数据的过程中，同时设法找出该误差的变化规律，进而消除其对测量结果的影响。

可变系统误差的发现方法有残余误差观察法、残余误差校核法、统计准则校验法等。

1.5.5.2　消除或削弱系统误差的方法

（1）从产生系统误差的根源上消除系统误差。这是最根本的方法。在测量之前，测量人员要详细检查测量装置，正确安装测量装置，并把测量装置调整到最佳状态。

在测量过程中，应防止外界干扰的影响，尽可能减少产生系统误差的环节，如选择好观测位置以消除视差，在环境条件较稳定时进行测量等。

（2）在测量结果中利用修正值消除系统误差。对于已知的恒定系统误差，通过对测量装置的标定，事先求出修正值，在实际测量时，将测量值加上相应的修正值就可以得到被测量的实际值，以消除或减小系统误差。对于可变系统误差，设法找出系统误差的变化规律，给出修正曲线或修正公式，在实际测量时，用修正曲线或修正公式对测量结果进行修正。此种方法不能完全消除系统误差，因为修正值也存在一定的小误差，但系统误差可以被大大削弱。

（3）采用能消除系统误差的典型测量方法。找出系统误差的变化规律后，在测量过程中采用某些能消除或减小系统误差的方法进行测量，可以避免或减小系统误差引入测量结果。

1.5.6 直接测量数据的处理

在对被测量进行等准确度测量后，为了得到合理的测量结果，应按前述的方法对各种误差进行分析处理。

等准确度测量的数据处理可按以下步骤进行：

（1）计算测量列的算术平均值 $\bar{x}$ 。

（2）计算各测量值的残余误差 v_i。

（3）计算测量列的标准差 σ 估计值 s，$\sigma \approx s = \sqrt{\dfrac{1}{n-1}\sum_{i=1}^{n}(x_i - \bar{x})^2} = \sqrt{\dfrac{1}{n-1}\sum_{i=1}^{n} v_i^2}$ 。

（4）判别是否存在系统误差。利用系统误差判定方法判定测量结果中是否存在系统误差。若存在系统误差则应对测量值进行修正，若无修正值，则设法消除产生系统误差的根源或改进测量方法，重新进行测量。

（5）判别是否存在粗大误差。利用坏值判别准则判定是否存在坏值，若有坏值，应将坏值剔除，重新计算算术平均值和标准偏差。

（6）计算算术平均值的标准差 $s_{\bar{x}}$ 。

（7）取定置信概率 p，确定置信因子 k，计算不确定度 u。

（8）写出测量结果表达式

$$X = \bar{x} \pm u$$

例 1.1 多次重复测量某工件的厚度，得测量列：39.44mm、39.27mm、39.94mm、39.44mm、38.91mm、39.69mm、39.48mm、40.56mm、39.78mm、39.68mm、39.35mm、39.71mm、39.46mm、40.12mm、39.76mm、39.39mm，试判别该测量列是否存在坏值，若有坏值，则将其剔除。

解： 应用格拉布斯准则来判别数据中是否存在粗大误差。例 1.1 数据运算表如表 1.9 所示。

表 1.9 例 1.1 数据运算表

i	x_i	v_i	v_i^2	v_i'	$v_i'^2$
1	39.44	−0.184	0.033856	−0.121	0.014641
2	39.27	−0.354	0.125316	−0.291	0.084681

续表

i	x_i	v_i	v_i^2	v_i'	$v_i'^2$
3	39.94	+0.316	0.099856	+0.379	0.143641
4	39.44	−0.184	0.033856	−0.121	0.014641
5	38.91	−0.714	0.509796	−0.651	0.423801
6	39.69	+0.066	0.004356	+0.129	0.016641
7	39.48	−0.144	0.020736	−0.081	0.006561
8	40.56	+0.936	0.876096	—	—
9	39.78	+0.156	0.024336	+0.219	0.047961
10	39.68	+0.056	0.003136	+0.119	0.014161
11	39.35	−0.274	0.075076	−0.211	0.044521
12	39.71	+0.086	0.007396	+0.149	0.022201
13	39.46	−0.164	0.026896	−0.101	0.010201
14	40.12	+0.496	0.246016	+0.559	0.312481
15	39.76	+0.136	0.018496	+0.199	0.039601
16	39.39	−0.234	0.054756	−0.171	0.029241
Σ	633.98	−0.004	2.159976		1.224975

（1）计算算术平均值

$$\sum_{i=1}^{n} x_i / n = 633.98/16 \approx 39.624$$

（2）计算各测量值的残余误差 v_i 及 v_i^2，如表 1.9 所示。

（3）计算标准差

$$s = \sqrt{\sum_{i=1}^{n} v_i^2 / (n-1)} = \sqrt{\frac{2.159976}{16-1}} \approx 0.38$$

（4）取定置信概率 P_α=0.95，根据测量次数 n=16 查出相应的格拉布斯临界系数 $G(n, P_\alpha) = 2.44$，计算格拉布斯鉴别值

$$[G(n, P_\alpha)]s = 2.44 \times 0.38 \approx 0.93$$

（5）将各测量值绝对值最大的残余误差与格拉布斯鉴别值相比较，有 $|v_8| = 0.936 > 0.93$，故可判定 v_8 为粗大误差，即 x_8 为坏值应予以剔除。

（6）剔除 x_8 后，重新计算测量列的算术平均值

$$\sum_{i=1}^{n} x_i / n = 593.42/15 \approx 39.561$$

（7）重新计算各测量值的残余误差 v_i' 及 $v_i'^2$，并填入表 1.9 中。

（8）重新计算标准差

$$s' = \sqrt{\sum_{i=1}^{n} v_i'^2 / (n-1)} = \sqrt{\frac{1.224975}{15-1}} \approx 0.296$$

（9）取定置信概率 P_α=0.95，根据测量次数 n=15 查出相应的格拉布斯临界系数 $G(n, P_\alpha)$=2.41，计算格拉布斯鉴别值

$$[G(n, P_\alpha)]s = 2.41 \times 0.296 \approx 0.71$$

（10）将各测量值的残余误差的绝对值与格拉布斯鉴别值相比较，所有残余误差

v_i 的绝对值均小于格拉布斯鉴别值，故已无坏值。

至此，判别结束，全部测量值中仅有 x_8 为坏值，予以剔除。

应用肖维勒准则判别的过程与上面类似。

任务 1.6 传感器的典型转换电路

受传感器工作原理、特性上的局限性及环境等因素的影响，传感器输出的信号通常都很微弱，且其输出阻抗较大，很容易被噪声或其他测量仪器干扰，所以传感器输出的信号一般不能被直接利用，需要进行调理，以满足测量仪器所需要的信号。

在检测装置中，传感器的转换电路把来自敏感（传感）元件的信号转换为易于由后续控制器、执行器等装置处理的电压、电流、频率等信号。转换电路的种类和构成通常由传感器所需要转换的信号类型及环境影响因素等决定。在本任务中，我们将学习传感器中常用的电桥电路、放大电路、滤波器、振荡电路、调制与解调电路等转换电路。

知识目标：

（1）能陈述常见的传感器转换电路的原理、结构和工作原理。

（2）能说明电桥电路、放大电路、滤波器、振荡电路、调制与解调电路等转换电路的基本原理和应用场景。

技能目标：

（1）知道电子仪器仪表装配工国家职业标准。

（2）能够设计和搭建适用于特定传感器的转换电路。

（3）能够根据工程需求，使用测试设备和仪器进行转换电路的调试、校准和优化。

1.6.1 电桥电路

基于不同的结构形式，电桥电路可将传感器工作过程中和被测参数相关的电阻、电感、电容等电参数转化为电压或电流信号输出。

1.6.1.1 直流电桥

电桥电路如图 1.13 所示，设电源 E 为理想电源，其内阻为零，可求出电桥 BD 端输出 U_g 与电桥各参数之间的关系为

$$U_g = E\times\frac{R_1R_4-R_2R_3}{(R_1+R_2)(R_3+R_4)} \tag{1.30}$$

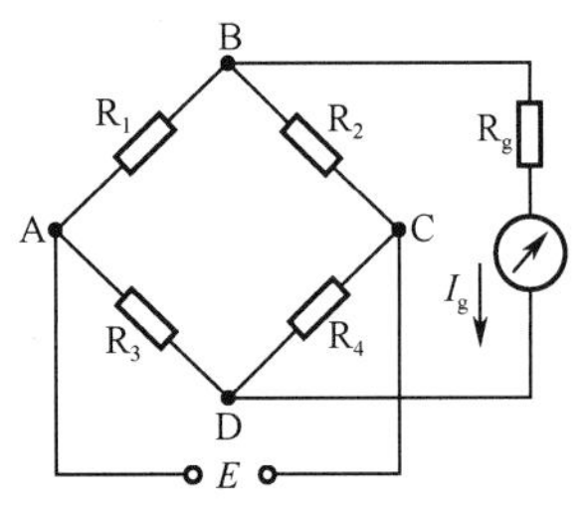

图 1.13 电桥电路

电桥电路的平衡条件（$E\neq 0, U_g=0$）为

$$R_1/R_2 = R_3/R_4 \tag{1.31}$$

当电桥各桥臂均有相应的电阻增量 ΔR_1、ΔR_2、ΔR_3、ΔR_4 时，BD 端输出为

$$U_g = E\times\frac{(R_1+\Delta R_1)(R_4+\Delta R_4)-(R_2+\Delta R_2)(R_3+\Delta R_3)}{(R_1+\Delta R_1+R_2+\Delta R_2)(R_3+\Delta R_3+R_4+\Delta R_4)} \tag{1.32}$$

当 $R_1=R_2=R_3=R_4=R$ 时，电路称为等臂电桥，此时电桥输出可写为

$$U_g = E\times\frac{R(\Delta R_1-\Delta R_2-\Delta R_3+\Delta R_4)+\Delta R_1\Delta R_4-\Delta R_2\Delta R_3}{(2R+\Delta R_1+\Delta R_2)(2R+\Delta R_3+\Delta R_4)} \tag{1.33}$$

一般情况下，ΔR_i（i=1, 2, 3, 4）很小，即 $R \gg \Delta R_i$，故可以略去上式中的高阶微量，如果各桥臂电阻的灵敏度 K 相同，可利用 $\dfrac{\Delta R}{R} = K\varepsilon$ 得到

$$U_{\mathrm{g}} = \frac{E}{4}\left(\frac{\Delta R_1}{R} - \frac{\Delta R_2}{R} - \frac{\Delta R_3}{R} + \frac{\Delta R_4}{R}\right) = \frac{EK}{4}(\varepsilon_1 - \varepsilon_2 - \varepsilon_3 + \varepsilon_4) \tag{1.34}$$

直流电桥的典型结构形式有单臂电桥、双臂电桥和四臂全桥，其灵敏度依次递增为 $E/4$、$E/2$ 和 E。

直流电桥的优点：所需的高稳定直流电源较易获得；电桥输出电压是直流，可以用直流仪表测量；对从传感器到测量仪表的连接导线要求较低，电桥的平衡电路简单。直流电桥的缺点主要是，直流放大器比较复杂，易受零点漂移和接地电位的影响。因此，在应变电阻电桥中，一般采用交流供电，而非直流。

1.6.1.2　交流电桥

交流电桥是在直流电桥的结构上发展而来的，电桥的四个臂 $\tilde{Z}_1$、$\tilde{Z}_2$、$\tilde{Z}_3$、$\tilde{Z}_4$ 通常是复阻抗（可以是电阻、电容、电感或它们的组合），ab 间接交流电源 E，cd 间接交流平衡指示器 G。

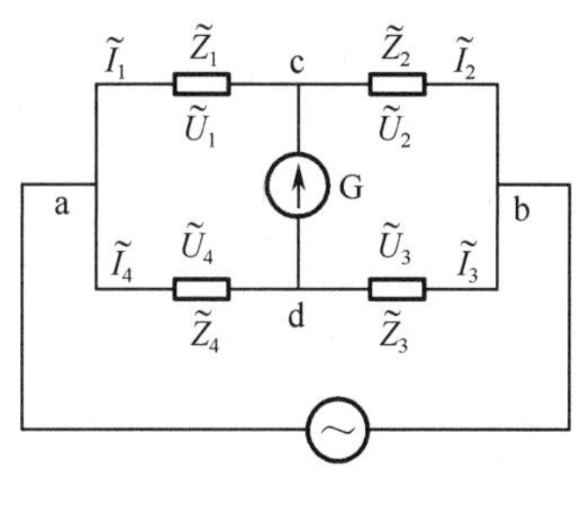

图 1.14　交流电桥

电桥平衡时，c、d 两点等电位，由此得到交流电桥的平衡条件：

$$\tilde{Z}_1\tilde{Z}_3 = \tilde{Z}_2\tilde{Z}_4 \tag{1.35}$$

当处于平衡点时，需要设计交流电桥使式（1.35）成立。一般来说，$\tilde{Z}_X$ 包含两个未知分量，实际上按复阻抗形式给出的平衡条件相当于两个实数平衡条件，电桥平衡时它们应同时得到满足，这意味着要测量被测参数带来的变化 $\tilde{Z}_X$（可为桥臂任一阻抗），电桥各桥臂阻抗参数至少要有两个可调，而且各桥臂必须按电桥的两个平衡条件做适当配置。

常用的交流电桥有电容电桥、电感电桥、相敏整流电桥等。其中，电容电桥主要用来测量电容器的电容量及损耗角，利用已知电容测量未知电容；电感电桥是利用已知电感或电容来测量未知电感的电桥。

1.6.2　放大电路

在传感器电路中，放大电路通常用于实现前级电路微弱信号的放大、产生特定周期/频率的波形等。

1.6.2.1　基本放大电路

放大电路在放大信号时，总有两个电极作为信号的输入端，同时也应有两个电极作为输出端。根据半导体三极管（BJT）三个电极与输入、输出端子的连接方式，基本放大电路可归纳为三种：共发射极放大电路、共基极放大电路及共集电极放大电路。

其中，共发射极放大电路如图 1.15（a）所示，共发射极放大电路的信号由基极进入，集电极输出。它既具有电流放大特性，也具有电压放大特性，电压增益 $\dot{A}_{\mathrm{V}} = \dfrac{u_{\mathrm{o}}}{u_{\mathrm{i}}} = \dfrac{-\beta(R_{\mathrm{c}}//R_{\mathrm{L}})i_{\mathrm{b}}}{i_{\mathrm{b}}r_{\mathrm{be}}} = -\dfrac{\beta(R_{\mathrm{c}}//R_{\mathrm{L}})}{r_{\mathrm{be}}}$，属于反相放大电路，在三种电路中，输出电阻

较大，通频带是三种电路中最小的，适用于低频电路，常用作低频电压放大的单元电路或多级放大电路的中间级。

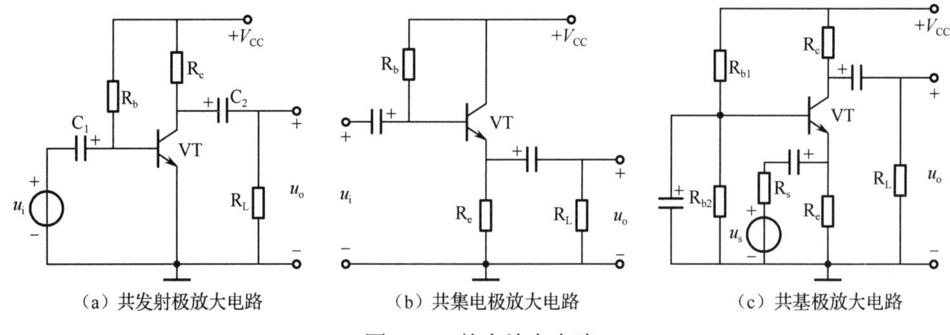

（a）共发射极放大电路　（b）共集电极放大电路　（c）共基极放大电路

图 1.15　基本放大电路

共集电极放大电路如图 1.15（b）所示，共集电极放大电路的信号从基极输入、发射级输出，又称射极输出器。其电压增益接近于 1；没有电压放大作用，只有电流放大作用（$I_c = \beta I_b$），属于同相放大电路，是三种电路中输入电阻最大、输出电阻最小的电路，具有电压跟随的特点，频率特性较好，常用作电压放大电路的输入级、输出级和缓冲级。

共基极放大电路如图 1.15（c）所示，共基极放大电路的信号由发射级输入、集电极输出。它没有电流放大作用，只有电压放大作用，电压增益 $\dot{A}_V = -\beta(R_L // R_c)/r_{be}$，且具有电流跟随作用，输入电阻最小，电压放大倍数、输出电阻与共发射极放大电路相当，属同相放大电路，是三种电路中高频特性最好的电路，常用于高频或宽频带低输入阻抗的场合。

1.6.2.2　集成运算放大器

集成运算放大器由多级直接耦合放大电路组成，是一种具有高电压放大倍数、带深度负反馈的直接耦合放大器，其输入网络和反馈网络由线性或非线性元件组成，可对输入信号进行多种数学运算和处理。

集成运算放大器是一种具有高电压放大倍数的直接耦合放大器，主要由输入、中间、输出三部分组成。输入部分是差动放大电路，有同相和反相两个输入端；前者的电压变化和输出端的电压变化方向一致，后者则相反。中间部分提供高电压放大倍数，经输出部分传到负载。集成运算放大电路如图 1.16 所示，常见的集成运算放大器有直流同相比例放大器[$u_o = \left(1+\frac{R_F}{R_1}u_i\right)$]、直流反相比例放大器（$u_o = -\frac{R_F}{R_1}u_i$）、交流放大器[$u_o = \left(1+\frac{R_F}{R_1}\right)u_i$]、加/减法运放电路等。

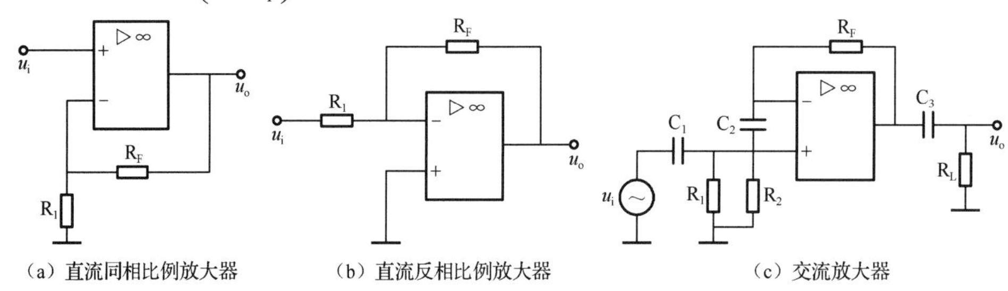

（a）直流同相比例放大器　（b）直流反相比例放大器　（c）交流放大器

图 1.16　集成运算放大电路

1.6.3 滤波器

滤波器是一种选频装置，可以使信号中特定的频率成分通过，而极大地衰减其他频率成分。利用滤波器的这种选频作用，可以滤除干扰噪声或进行频谱分析。

1.6.3.1 滤波器分类

滤波器的分类有多种。根据选频作用不同，滤波器可分为低通滤波器、高通滤波器、带通滤波器、带阻滤波器等。其中，低通滤波器和高通滤波器是滤波器的两种最基本的形式，其他的滤波器都可以分解为这两种类型的滤波器，例如，低通滤波器与高通滤波器的串联为带通滤波器，低通滤波器与高通滤波器的并联为带阻滤波器。

1.6.3.2 模拟滤波器的应用

模拟滤波器在测量系统或专用仪器仪表中是一种常用的变换装置。例如，带通滤波器用作频谱分析仪中的选频装置；低通滤波器用作数字信号分析系统中的抗频混滤波装置；高通滤波器用于在声发射检测仪中剔除低频干扰噪声；带阻滤波器用作电涡流测振仪中的陷波器等。

1.6.4 振荡电路

振荡电路用于把电阻、电感、电容等传感器测量过程的中间电参数转变为频率形式的电信号输出。本节仅介绍传感器转换电路中最为常见的正弦波振荡器。

1.6.4.1 RC 振荡电路

采用 RC 选频网络构成的振荡电路称为 RC 振荡电路。图 1.17 所示为文氏电桥振荡器。对于 RC 振荡电路来说，增大电阻 R 即可降低振荡频率，而增大电阻是无须增加成本的。要提高其振荡频率，必须减小 R 和 C 的值，放大器的输出电阻和晶体管的极间电容将影响其选频特性，导致输出频率不稳定。因此 RC 振荡电路适用于低频振荡，一般用于产生 1Hz～1MHz 的低频信号（一般在 200kHz 以下）。

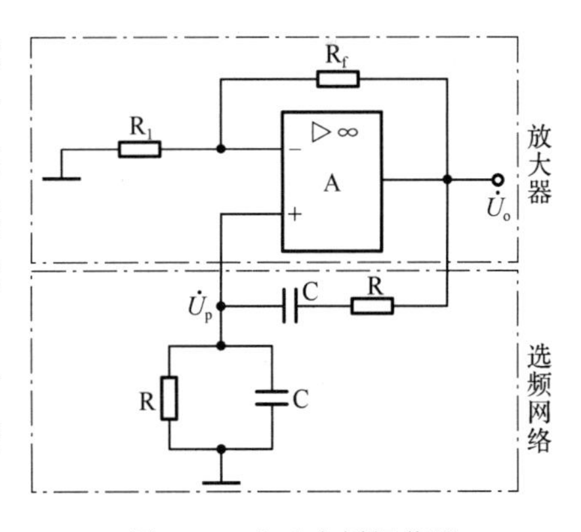

图 1.17 文氏电桥振荡器

1.6.4.2 LC 振荡电路

LC 振荡电路既可以用于产生特定频率的信号，也可以用于从复杂的信号中分离出特定频率的信号。

LC 正弦波振荡电路与 RC 正弦波振荡电路的组成在本质上是相同的，只是选频网络由电感 L 和电容 C 并联构成，可以产生高频振荡 $f_0=\dfrac{1}{2\pi\sqrt{LC}}$。由于高频运放价格较高，所以一般用分离元件组成放大电路。

当 $f=f_0$ 时，电压放大倍数最大，且无附加相移，因此具有选频特性。LC 正弦波

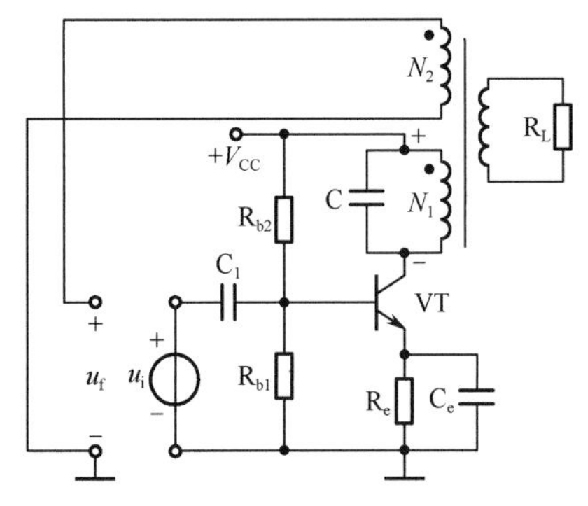

图 1.18　LC 正弦波振荡电路

振荡电路如图 1.18 所示。若在电路中引入正反馈 u_f，并能用反馈电压 u_f 取代输入电压 u_i，则电路就成为正弦波振荡电路。

根据在电路中引入反馈 u_f 的方式不同，有变压器反馈式、电感反馈式、电容反馈式三种类型。

1.6.4.3　石英晶体正弦波振荡电路

石英晶体等压电片具有压电效应和逆压电效应。当交变电压频率为一固有频率（谐振频率）时，振幅最大，称为压电振荡。机械振动的固有频率与晶片尺寸有关，一般 LC 选频网络的 Q（品质因数）为几百，石英晶体的 Q 可达 10^4～10^6；前者的 $\Delta f/f$ 为 10^{-5}，后者可达 10^{-11}～10^{-10}。因此对于振荡频率的稳定性要求高的电路，应选用石英晶体作选频网络。晶体振荡器是将晶片作为一个电感元件来使用的，并联型石英晶体正弦波振荡电路［见图 1.19（a）］的振荡频率等于石英晶体的并联谐振频率。图 1.19（b）所示为串联型石英晶体正弦波振荡电路，只有在石英晶体呈纯阻性，即产生串联谐振时，反馈电压才与输入电压同相，电路才满足正弦波振荡的相位平衡条件。此时电路的振荡频率为石英晶体的串联谐振频率 f_S。调整 R_f 的阻值，可使电路满足正弦波振荡的幅值平衡条件。

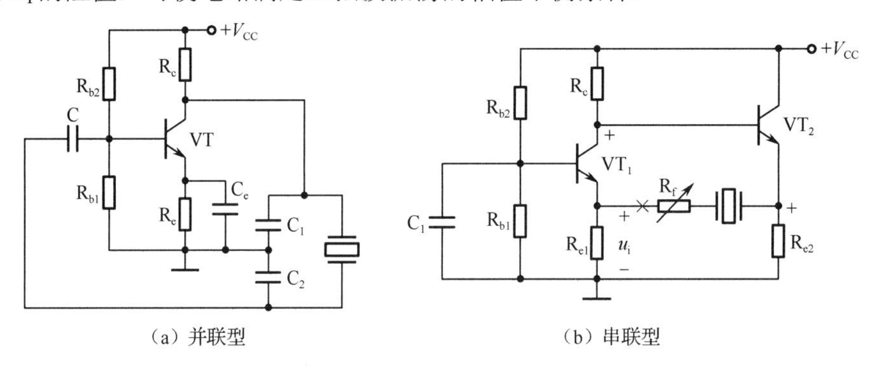

图 1.19　石英晶体正弦波振荡电路

1.6.5　调制与解调电路

调制是工程测试信号在传输过程中常用的一种调理方法，主要是为了解决微弱缓变信号的放大及信号的传输问题。

具体而言，调制是指用被传送的低频信号去控制高频信号（载波）的参数（幅度、频率、相位），实现低频信号搬移到高频段；解调是调制的反过程，即把低频信号从高频段搬移下来，还原被传送的低频信号。

在实际应用中，无论是模拟信号还是数字信号，通常有三种最基本的调制方法：调幅（Amplitude Modulation，AM）、调频（Frequency Modulation，FM）和调相（Phase Modulation，PM）；在数字信号调试中，又称为 ASK（Amplitude Shift Keying）、FSK（Frequency Shift Keying）和 PSK（Phase Shift Keying）。其他各种调制方法都是以上方法的改进或组合，例如，正交振幅调制（QAM）就是调幅和调相的组合；最小频移键控（MSK）是 FSK 的改进；高斯滤波最小频移键控（GMSK）是 MSK 的一种改进，在 MSK 调制器之前插入了高斯低通预调制滤波器，从而可以提高频谱利用率和通信质量；正交频分复用（OFDM）技术则可以看成对多载波的一种调制方法。

1.6.5.1　调幅及其解调

调幅是将一个高频正弦信号（或称载波）与测试信号相乘，使载波信号幅值 A 随测试信号 $x(t)$的变化而变化。解调是利用检波、滤波或其他技术从调幅波中恢复出缓变信号的过程。调幅和解调过程及效果如图 1.20 所示。

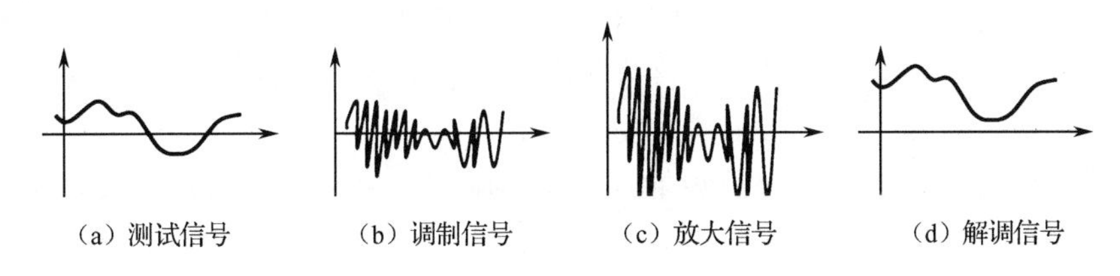

图 1.20　调幅和解调过程及效果

1.6.5.2　调频及其解调

调频是利用信号 $x(t)$的幅值调制载波的频率 f，或者说，调频波是一种随信号 $x(t)$的电压幅值而变化的疏密度不同的等幅波。

此法抗干扰能力强，这是因为调频信号所携带的信息包含在频率变化之中，并非振幅之中，而干扰波的干扰作用则主要表现在振幅之中。它的缺点主要是占用的频带宽度大、复杂。调频波通常要求很宽的频带，甚至为调幅所要求带宽的 20 倍；调频系统较之调幅系统更复杂，因为频率调制是一种非线性调制。

1.6.5.3　调相及其解调

载波的相位对其参考相位的偏离值随调制信号的瞬时值呈比例变化的调制方式，称为相位调制，或称调相。

调相和调频有密切的关系。调相时，同时有调频伴随发生；调频时，也同时有调相伴随发生，不过两者的变化规律不同。实际使用时很少采用调相方式，它主要用来作为得到调频的一种方法。调相，即载波的初始相位随着基带数字信号而变化，例如，数字信号 1 对应相位 180°，数字信号 0 对应相位 0°。这种调相的方法又叫相移键控（PSK），其特点是抗干扰能力强，但信号实现的技术比较复杂。

任务 1.7　传感器的安装与调试

虽然传感器大多属于电子器件，但与一般的器件有所不同，其不同的安装方式和使用方法都会影响传感器性能。在本任务中，我们将学习传感器的输出形式、连接、标定与校准、通信等内容。

知识目标：

（1）能描述传感器的输出形式与通信方式。

（2）能归纳、比较和应用传感器的各种连接类型和连接方法。

（3）能归纳和应用传感器的标定与校准方法。

技能目标：

（1）具备查阅和实施电子仪器仪表装配工和维修电工国家职业标准的能力。

（2）具备根据工程需求完成传感器安装、接线、标定与校准的能力。

（3）能正确使用万用表等工具和仪器仪表。

（4）能根据技术规范要求正确进行仪表维修表单记录和归档管理。

传感器的输出与连接

1.7.1 传感器的输出形式

根据信号的输出类型不同，传感器的输出有模拟量、数字量和开关量之分。基于被测量与传感器输出量间的关系，传感器的输出有增量码信号、绝对码信号及开关信号。

增量码信号的特点是，被测量值与传感器输出信号的变化周期数成正比，即输出量值的大小由信号变化的周期数的增量决定。一般光栅位移传感器、磁栅位移传感器、激光位移传感器等采用干涉法等测量位移时，传感器输出的信号为增量码信号。

绝对码信号是一种与被测量的状态相对应的信号。比如码盘，它的每一个角度方位对应于一组编码，这种编码称为绝对码。绝对码信号有很强的抗干扰能力，状态和编码一一对应。

开关信号只有 0 和 1 两种状态，可视为绝对码只有一位编码时的特例。如行程开关、光电开关等传感器的输出就是开关信号。此类传感器的负载可以是信号灯、小型继电器线圈、可编程控制器（PLC）的数字量输入模块等。

1.7.2 传感器的连接

从接线形式的角度，传感器的输出有 NPN（NPN 三线、NPN 四线）、PNP（PNP 三线、PNP 四线）、DC/AC 二线、AC 五线（带继电器）、接插件型等几种连接方式。

当传感器的输出为开关量时，通常又有常开（NO）型、常闭（NC）型或复合（NO+NC）型的区分。传感器未动作时，其输出线有信号，这个信号是高电平还是低电平，取决于传感器的连接方式。传感器工作电源不定，一般为直流 5～30V（大多为 5V、12V 或 24V）或交流 90～250V（通常为 220V 或 110V）。

当传感器的输出为模拟量或数字量以反映被测量的状态时，一般只采用三线制接法；当输出为开关量时，传感器有二、三、四、五线制等多种接法。

1.7.2.1 开关量传感器的接线

（1）DC/AC 二线制。DC/AC 二线制的接线方式如图 1.21 所示，传感器的输出与负载串联后接到电源即可。DC 电源产品需要区分电源正负极，红（棕）线接电源正极，蓝（黑）线接电源负极（0V），AC 电源产品则不需要。

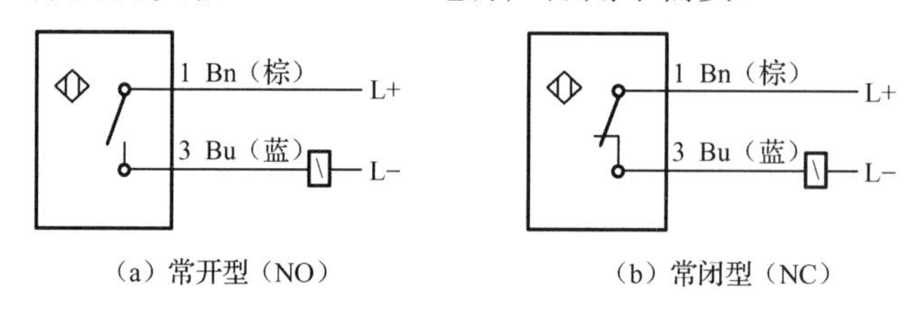

（a）常开型（NO）　（b）常闭型（NC）

图 1.21　DC/AC 二线制的接线方式

二线制接近开关受工作条件的限制，导通时开关本身产生一定压降，截止时又有一定的剩余漏电流流过，选用时应考虑该情况。

（2）NPN 形式。如图 1.22 所示，NPN 形式传感器的输出连负载后接电源正极。其棕（Bn）线要接正，蓝（Bu）线要接负，黑（Bk）线为信号线。图 1.22（a）所示为 NPN 三线制（NO），在初始未动作时，传感器的输出与正极处于等电位，故输出为高电平；当动作时（如有物体靠近），黑线和蓝线接通，传感器的输出与负极（一般为 0V）等电位，故输出为低电平。如图 1.22（b）所示的 NPN 三线制（NC）传感器的输出变化则相反。

图 1.22（c）所示的 NPN 四线制（NO+NC）在三线制基础上实现了常开（NO）和常闭（NC）双信号端，可为客户减少成本。

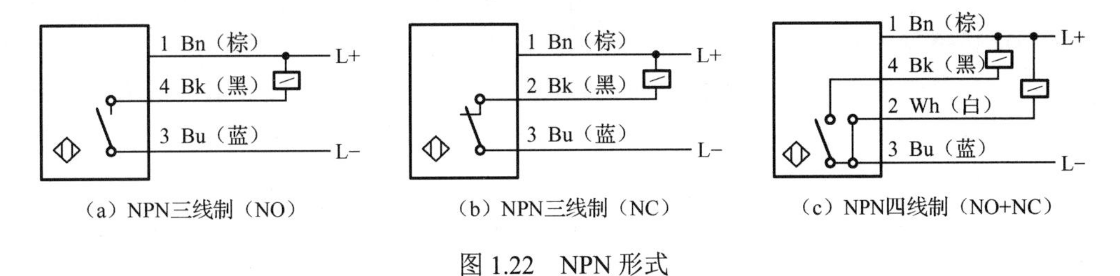

（a）NPN三线制（NO）　（b）NPN三线制（NC）　（c）NPN四线制（NO+NC）

图 1.22　NPN 形式

相对于二线制传感器，三线制传感器虽多了一根线，但不受剩余漏电流之类不利因素的困扰，因此工作时更为稳定可靠。

（3）PNP 形式。如图 1.23 所示，PNP 形式传感器的输出连负载后接电源负极。其棕（Bn）线要接正，蓝（Bu）线要接负，黑（Bk）线为信号线。图 1.23（a）所示为 PNP 三线制（NO），在初始未动作时，传感器的输出与负极（一般为 0V）处于等电位，故输出为低电平；当动作时（如有物体靠近），棕线和黑线接通，传感器的输出与正极等电位，故输出为高电平。如图 1.23（b）所示的 PNP 三线制（NC）传感器的输出变化则相反。

如图 1.23（c）所示的 PNP 四线制（NO+NC）在三线制基础上实现了常开（NO）和常闭（NC）双信号端，可为客户减少传感器数量和购置成本。

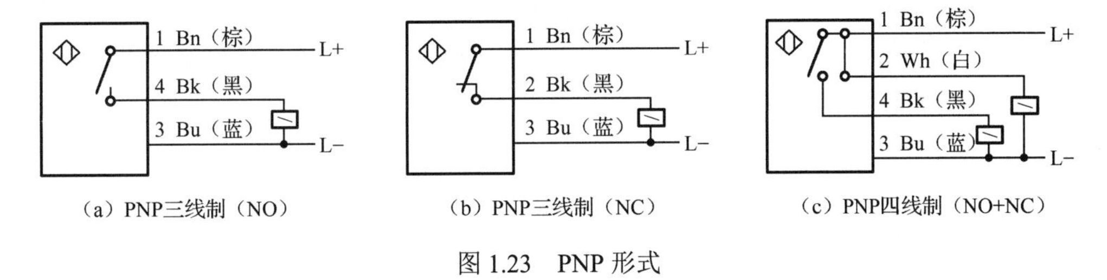

（a）PNP三线制（NO）　（b）PNP三线制（NC）　（c）PNP四线制（NO+NC）

图 1.23　PNP 形式

1.7.2.2　模拟量传感器和数字量传感器的接线

模拟量输出型如图 1.24 所示。模拟量传感器和数字量传感器的接线和 PNP 形式的基本一致，其输出接负载后连接电源负极（地），此时负载端的输入电压一般为 1～5V 或 0～10V。当传感器输出为模拟电流量时，部分采用图 1.21 所示的二线制接法。

（1）电流输出型传感器。当传感器的输出信号为电流信号时，通常在采样时需转换为电压信号，这时在传感器的输出端与 0V 之间应配接测量电阻。测量电阻的选取受到传感器供电电源电压大小和被测信号大小的限制，不能随意选取。

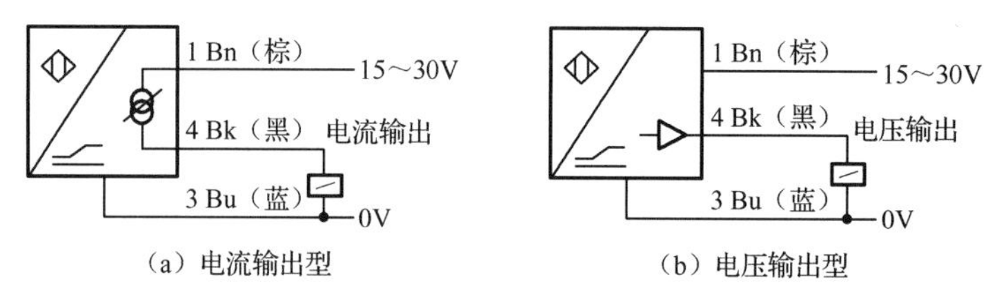

（a）电流输出型　　（b）电压输出型

图 1.24　模拟量输出型

在相同供电电源电压下，测量电阻值的大小会影响传感器所能测量原始信号的范围，电阻值越小，被测信号越大，测量范围越大；电阻值越大，被测信号越小，测量范围越小。但是，需要注意的是，有些传感器的测量电阻值不能无限减小，否则会损坏传感器。

通常在规格书中，厂家都会标明测量电阻的范围数，包括最小值和最大值。这个电阻的取值只要是在规格书中规定的范围内，传感器都可以正常工作，满足规格书中承诺的参数指标。

（2）电压输出型传感器。当传感器的输出信号为电压信号时，为了保证负载电阻的接入不影响传感器输出电压值的衰减，对负载电阻值有最小值的限制。

在规格书中厂家会标明负载电阻的大小，通常为千欧级。所以在传感器的输出端接入后级电路时，要保证等效电阻值大于允许的负载电阻值。否则，传感器的输出值会减小。

1.7.2.3　继电器输出型传感器的接线

继电器输出型传感器又称 AC 五线制传感器，如图 1.25 所示。AC 五线制传感器的棕（红）、蓝线接交流电源，其余白、黑、灰三线是一组继电器的输出触点。

1.7.2.4　其他类型传感器的接线

除以上类型外，传感器的输出端还有 pin 针式、接插件型等。当传感器的二次侧采用 PCB 焊接的 pin 针式时，要按照规格书所示的 pin 针序号来布板。接插件型如图 1.26 所示，当传感器的二次侧采用接插件的形式时，规格书中会提供接插件的型号与规格，以及各个接插件所对应的作用。建议用专用工具来压接好端子和导线，避免短路或接触不良。

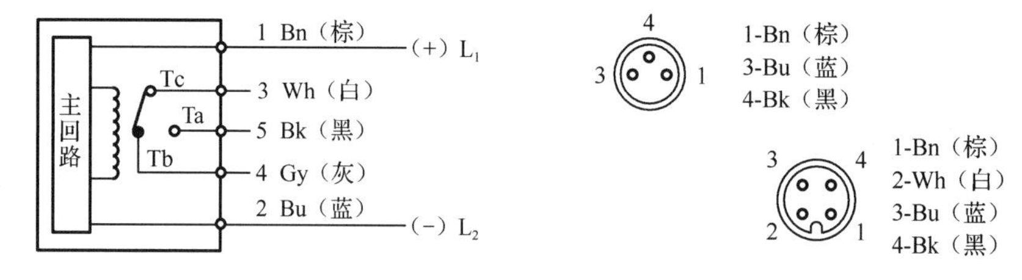

图 1.25　AC 五线制传感器　　图 1.26　接插件型

1.7.3　传感器的标定与校准

利用标准设备对传感器进行标度的过程称为标定。校准在某种程度上说也是一种标定，它是指传感器在经过一段时间的储存或使用后，需要对其进行复测，以检测传感器的基本性能是否发生变化，必要时需进行修正。下面以压电式压力传感器为例介绍标定、校准过程。

1.7.3.1 标定的基本方法

标定的基本方法是，利用标准设备产生已知的被测量作为输入量输入待标定的传感器，然后将得到的传感器的输出量与输入的标准量做比较，从而得到一系列的标定数据或曲线。例如，利用标准设备产生已知大小的标准压力，输入压电式压力传感器后，得到相应的输出信号，这样就可以得到其标定曲线，根据标定曲线确定拟合直线，可作为测量的依据。压电式压力传感器的标定与拟合如图 1.27 所示。

有时，输入的标准量是由标准传感器检测而得到的，这时的标定实质上是待标定传感器与标准传感器之间的比较。传感器的标定与拟合如图 1.28 所示。输入量发生器产生的输入信号同时作用在标准传感器和待标定传感器上，根据标准传感器的输出信号可确定输入信号的大小，再测出待标定传感器的输出信号，就可得到其标定曲线。

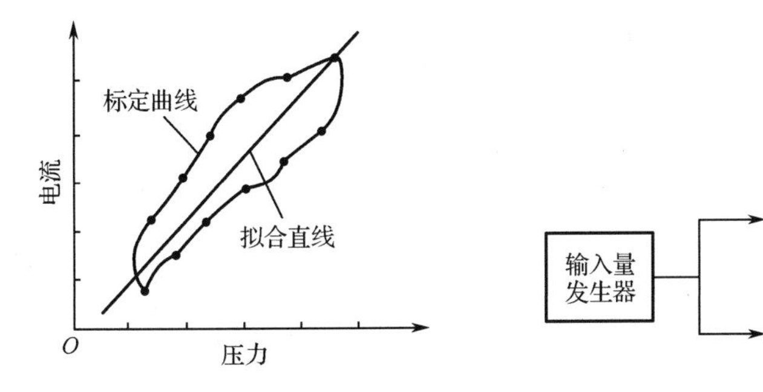

图 1.27 压电式压力传感器的标定与拟合　　图 1.28 传感器的标定与拟合

传感器的标定系统一般由以下几个部分组成：被测非电量的标准发生器，被测非电量的标准测试系统，待标定传感器所配接的已知准确度的信号标准检测设备，如信号调节器和显示器、记录器等。

1.7.3.2 传感器的静态标定及设备

传感器的静态标定主要用于检验、测试传感器的静态特性指标，如静态灵敏度、线性度、滞后、重复性等。

不同功能的传感器需要不同的标定设备，即使同一种传感器，由于准确度等级要求不同，标定设备也不同。例如，力标定设备有测力砝码、拉（压）式测力计等；压力标定设备有活塞式压力计、水银压力计、麦氏真空计等；位移标定设备有深度尺、千分尺、量块等；温度标定设备有铂电阻温度计、热电偶、基准光电高温比色仪等。

1.7.3.3 传感器的动态标定及设备

传感器的动态标定主要用于检验、测试传感器的动态特性，如动态灵敏度、频率响应和固有频率等。对传感器进行动态标定，需要对它输入一个标准激励信号，常用的是周期函数中的正弦波及瞬变函数中的阶跃波。

压电式传感器动态标定设备主要是指动态激振设备，低频下常使用激振器，如电磁振动台、低频回转台、机械振动台、液压振动台等，一般采用振动台产生简谐振动来作为传感器的输入量。对某些高频传感器的动态标定，采用正弦激励法标定时，很难产生高频激励信号，一般采用瞬变函数激励信号，这时就要用激波管来产生激波。

1.7.4 传感器的通信

按照点对点的收发方式分类，传感器有单工、半双工、全双工三种通信方式。

（1）单工通信。数据传输是单向的。在通信双方中，一方固定为发送端，一方则固定为接收端。信息只能沿一个方向传输，使用一根传输线。

（2）半双工通信。半双工数据传输指数据可以在一个信号载体的两个方向上传输，但是不能同时传输。常用的RS485标准便是半双工通信协议。

（3）全双工通信。其又称为双向同时通信，是指在通信的任意时刻，线路上可以同时存在 A 到 B 和 B 到 A 的双向信号传输。在全双工方式下，通信系统的每一端都设置了发送器和接收器。RS422、RS232 标准就是全双工通信标准。

开放系统互联（Open System Interconnection，OSI）参考模型把网络通信的工作分为 7 层。传感器通常位于物理层，常用仪表通信协议有 RS232、RS422、RS485、Modbus、HART、FF、ASI、PPI、PROFIBUS 等。

1.7.4.1 串行通信协议

传感器典型串行通信协议特性如表 1.10 所示。其中，RS485 是从 RS422 基础上发展而来的，所以 RS485 的性能和电气参数等与 RS422 相仿。由于 RS232 采用单端通信，RS485、RS422 采用差分通信，单端通信属于共地传输，容易产生共模干扰，所以在共模抗噪声能力上，RS485/422 优于 RS232。RS232 的电平逻辑为负逻辑，与 TTL 电平兼容，需使用电平转换电路方能与 TTL 电路连接。

表 1.10 传感器典型串行通信协议特性

项目	RS232	RS422	RS485
通信方式	全双工，1 对 1 单端通信	全双工，总线制差分通信	半双工，总线制差分通信
常用线制	三线制：RXD、TXD、GND	四线制：接收×2，发送×2	两线制：发送，接收
最高波特率	19200bit/s	10Mbit/s	10Mbit/s
电平逻辑	负逻辑 逻辑“1”：-15～-5V 逻辑“0”：+5～+15V 噪声容量：2V	正逻辑：差分通信 逻辑“1”：+2～+6V 逻辑“0”：-6～-2V	正逻辑：差分通信 逻辑“1”：+2～+6V 逻辑“0”：-6～-2V
传输距离	理论传输距离标准值为15m，实际工程中最大传输距离也不超过 30m	RS422 的最大传输距离为4000ft（约 1219m），与 RS485 类似	最远可达 1200m 左右，但传输速率与传输距离成反比，只有在100KB/s 以下的传输速率，才能达到最大的通信距离

1.7.4.2 Modbus 协议

Modbus 协议最初由 Modicon 公司开发出来，在 1979 年末该公司成为施耐德自动化部门的一部分，现在 Modbus 已经是工业领域全球最流行的协议。Modbus 协议的 RTU（远程终端设备）模式一般采用串口 RS232C 或 RS485/422，而 TCP 模式一般采用以太网口。由于 Modbus 协议是完全公开透明的，所需的软硬件又非常简单，这就使它成了一种通用的工业标准。许多工业设备，包括 PLC、DCS、智能仪表等都在使用 Modbus 协议作为它们之间的通信标准。

Modbus 协议是一种主从式异步半双工通信协议，采用主从式通信结构，可以使一个主站对应多个从站进行双向通信。主站发出数据请求消息，从站接收到正确消息后就可以发送数据到主站以响应请求；主站也可以直接发消息修改从站的数据，实现双向读写。

1.7.4.3 HART 协议

HART（Highway Addressable Remote Transducer，可寻址远程传感器高速通道）开放通信协议，是 ROSEMOUNT 公司于 1985 年推出的一种用于现场智能仪表和控制室设备之间的通信协议，已成为全球智能仪表的工业标准。

HART 协议是一种主从式半双工通信协议，支持多主站数字通信，采用基于 Bell202 标准的频移键控（FSK）信号，在低频的 4～20mA 模拟信号上叠加幅度为 0.5mA 的音频数字信号进行双向数字通信，数据传输率为 1.2Mbit/s。FSK 信号的平均值为 0，不影响传送给控制系统的模拟信号的大小，保证了与现有模拟系统的兼容性。在 HART 协议通信中，主要的变量和控制信息采用 4～20mA 电流信号传送，在需要的情况下，另外的测量、过程参数、设备组态、校准、诊断信息通过 HART 协议访问。

当采用无线通信时，传感器常见的通信方式还有蓝牙、ZigBee、Wi-Fi 和 GSM、LTE、EDGE、3G、4G 和 5G 等。

任务 1.8 智能传感器

18 世纪，人类社会开启了第一次工业革命，进入了以蒸汽机为代表的机械化时代；19 世纪，人类社会开启了第二次工业革命，开始了以电力为代表的电气化时代；20 世纪中叶，人类社会开启了第三次工业革命，进入了以计算机为代表的信息化时代；现在我们处在第三次工业革命时期——信息化高度发展时期，接下来我们将会迈入第四次工业革命时期，即以人工智能、物联网等为代表的智能化时代，人们会把“智慧”融入一个物理实体系统里面去。将“智慧”与普通传感器相结合，就有了我们接下来要学习的智能传感器。

知识目标：

（1）能陈述智能传感器的概念、构成、功能和实现途径。

（2）结合典型智能传感器，能描述智能传感器的功能和一般使用方法。

技能目标：

（1）具备参照电子仪器仪表装配工和维修电工国家职业标准实施操作的能力。

（2）具备参照 IEEE 1451 智能传感器接口标准等实施操作的能力。

1.8.1 智能传感器的概念与发展历程

智能传感器简介

智能传感器（Intelligent Sensor）是基于人工智能、信号处理技术实现的，是具有信息检测、信息处理、信息记忆、逻辑思维和判断功能的传感器。它不仅具有传统传感器的各种功能，而且还具有数据处理、故障诊断、非线性处理、自校正、自调整及人机通信等多种功能。它是微电子技术、微型电子计算机技术与检测技术相结合的产物。

早期的智能传感器将传感器的输出信号经处理和转化后由接口送到微处理机部分进行运算处理。20 世纪 80 年代，智能传感器主要以微处理器为核心，把传感器信号调节电路、微电子计算机存储器及接口电路集成到一块芯片上，使传感器具有一定的人工智能。20 世纪 90 年代，智能化测量技术有了进一步的提高，使传感器实现了微型化、结构一体化、阵列式、数字式，使用方便和操作简单，具有自诊断功能、记忆与信息处理功能、数据存储功能、多参量测量功能、联网通信功能、逻辑思维以及判断功能。

智能传感器是传感器技术未来发展的主要方向。在今后的发展中，智能传感器无疑将会进一步扩展到化学、电磁、光学和核物理等研究领域。

1.8.2 智能传感器的构成及功能

1.8.2.1 智能传感器的构成

智能传感器的基本结构如图 1.29 所示，智能传感器由传感单元、智能计算单元和接口单元构成。传感单元负责信号采集，智能计算单元根据设定对输入信号进行处理，再通过接口单元与其他装置进行通信。

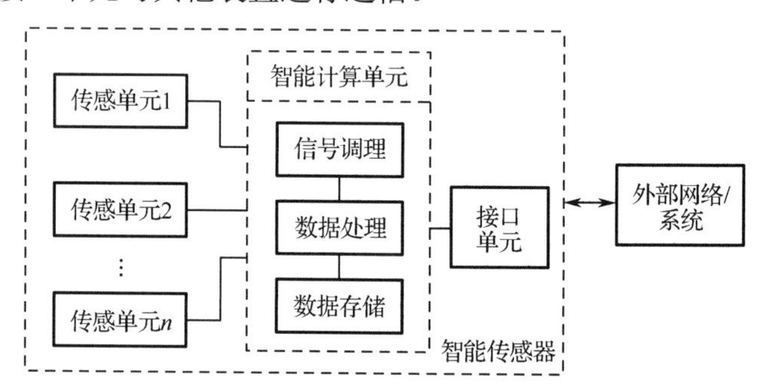

图 1.29 智能传感器的基本结构

智能计算单元是智能传感器的核心，它不但可以对传感器的测量数据进行计算、处理和存储，还可以通过反馈回路对传感器进行调节。基于智能计算单元充分发挥各种算法的功能，可以完成硬件难以完成的任务，从而有效降低制造难度，提高传感器性能，降低成本。

智能传感器的传感单元往往由主传感单元和辅助传感单元组成。以智能压力传感器为例，主传感单元是压力传感器，测量被测压力参数，辅助传感单元是温度传感器和环境压力传感器。温度传感器（主传感单元）检测工作时，由于环境或被测介质温度变化而使压力敏感元件温度发生改变，智能计算单元便根据其温度变化修正和补偿由于温度变化对测量带来的误差；类似地，环境压力传感器实时测量工作环境大气压变化，智能计算单元根据内置算法自动修正气压干扰带来的误差。

1.8.2.2 智能传感器的功能

除了具备传统传感器的信号采集与转换功能，智能传感器的主要功能如下。

（1）具有自动调零、自动校准、自标定功能。智能传感器不仅能够自动检测各种被测参数，还能进行自动调零、自动调平衡、自动校准，某些智能传感器还能自动完成标定工作。

（2）具有逻辑判断和信息处理能力，能对被测量进行信号调理和信号处理（对信号进行预处理、线性化，或对温度、静压力等参数进行自动补偿等）。

（3）具有自诊断功能。智能传感器通过自检软件，能对传感器和系统的工作状态进行定期或不定期的检测，诊断出故障的原因和位置并做出必要的响应。

（4）具有组态功能，使用灵活。在智能传感器系统中可设置多种模块化的硬件和软件，用户可通过微处理器发出指令，改变智能传感器的硬件模块和软件模块的组合状态，完成不同的测量功能。

（5）具有数据存储和记忆功能，能随时存取检测数据。

（6）具有双向通信功能，能通过各种标准总线接口、无线协议等直接与微型计算机或其他传感器、执行器通信。

1.8.3 智能传感器的实现途径

通过结构、材料、软件、信息融合、网络化等方式，可有效地实现传感器的智能化。

1.8.3.1 智能传感器的结构实现

从实现结构来看，智能传感器通常有非集成化、集成化、混合化等方式。

（1）模块化实现。非集成化智能传感器是将传统的传感器（采用非集成化工艺制作的传感器，仅具有获取信号的功能）、信号调理电路、带数字总线接口的微处理器组合为整体而构成的一种智能传感器系统。

信号调理电路用来调理传感器的输出信号，即将传感器的输出信号进行放大并转换为数字信号后输入微处理器，再由微处理器通过数字总线接口挂接在现场数字总线上，是一种实现智能传感器系统的最快途径与方式。例如，美国罗斯蒙特公司、SMART 公司生产的电容式智能压力（差）变送器系列产品，就是在原有传统式非集成化电容式变送器基础上附加一块带数字总线接口的微处理器插板后组装而成的。同时，开发配备可进行通信、控制、自校正、自补偿、自诊断等的智能化软件，从而形成智能传感器。

（2）集成化实现。这种智能传感器系统是采用微机械加工技术和大规模集成电路工艺技术，利用硅作为基本材料来制作敏感元件、信号调理电路、微处理器单元，并把它们集成在一块芯片上而构成的，故又可称为集成智能传感器（Integrated Intelligent Sensor）。和传统传感器相比，集成化使得智能传感器具有体积小、成本低、功耗小、速度快、可靠性高、准确度高以及功能强大等优点。

（3）混合化实现。根据需要，混合化是指将系统各个集成化环节，如敏感单元、信号调理电路、微处理器单元、数字总线接口，以不同的组合方式集成在两块或三块芯片上，并装在一个外壳里。例如，多振动智能传感器，就是利用这种方式实现传感器智能化的。工程中的振动通常是多种振动模式的综合效应，常用频谱分析方法分析振动。传感器在不同频率下的灵敏度不同，势必造成分析上的失真。采用微机械加工技术，可在硅片上制作出极其精细的沟、槽、孔、膜、悬臂梁、共振腔等，构成性能优异的微型多振动传感器。目前，已能在 2mm×4mm 的硅片上制成 50 条振动板、谐振频率为 4～14kHz 的多振动智能传感器。

1.8.3.2 智能传感器的材料实现

利用人工智能材料的自适应、自诊断、自修复、自完善、自调节和自学习特性，可以制造智能传感器。人工智能材料具有感知环境条件变化、自我判断、发出指令和自我采取行动的功能。因此，利用人工智能材料就能实现智能传感器所要求的对环境检测和反馈信息调节与转换的功能。人工智能材料种类繁多，如半导体陶瓷、记忆合金、氧化物薄膜等。

1.8.3.3 智能传感器的软件实现

利用计算机软件编程的优势，可以实现对传感器测量数据的信息处理，进而实现传感器的智能化。例如，利用软件计算实现非线性校正、自补偿、自校准等，提高传感器的准确度、重复性等；利用软件实现信号滤波，如快速傅里叶变换、短时傅里叶变换、小波变换等技术，可以简化硬件、提高信噪比、改善传感器的动态特性；运用人工智能、神经网络、模糊理论等，可以使传感器具有更高的智能即分析、判断、自学习的功能。

1.8.3.4 多传感器信息融合技术

在实际应用中，系统参数间普遍存在交叉干扰情况。多传感器信息融合技术通过对多个参数的监测，在一定准则下进行分析、综合、支配和使用，通过它们之间的协调和性能互补，克服单个传感器的不确定性和局限性，经过处理得到多种信息，从而对对象和环境进行更加全面和准确的描述。例如，在矿井环境监测过程中，将温度传感器、湿度传感器、氧气传感器及风速传感器等组合起来，就可以得到煤矿井下环境的气候状况；将一氧化碳传感器、二氧化碳传感器、煤尘及瓦斯传感器等结合起来，就可以监测矿井自然发火状况、煤尘、瓦斯含量等安全信息。

多传感器信息融合的数学方法很多，常用的方法可概括为概率统计方法和人工智能方法两大类。与概率统计有关的方法有估计理论、卡尔曼滤波、假设检验、贝叶斯方法、统计决策理论以及其他变形的方法等；而人工智能类则有模糊逻辑理论、神经网络、粗集理论、专家系统等。

1.8.3.5 智能传感器的网络化

独立的智能传感器，虽然能够做到快速准确地检测环境信息，但随着测量和控制范围的不断扩大，单节点、被动的信息获取方式已经不能满足人们对分布式测控的要求，将智能传感器与通信网络技术相结合，可以形成网络化智能传感器。

网络化智能传感器一般由信号采集单元、数据处理单元和网络接口单元组成。网络化智能传感器必须符合某种网络协议，使现场测控数据能直接进入网络。由于目前工业现场存在多种网络标准，因此随之发展起来多种网络化智能传感器，它们的网络接口单元类型各有不同。目前主要有基于现场总线的智能传感器和基于以太网协议的智能传感器两大类。

智能传感器的网络化使传感器由单一功能、单一点检测向多功能和多点检测发展；从被动检测向主动进行信息处理方向发展；从就地测量向远距离实时在线测控发展。传感器可以就近接入网络，传感器与测控设备间无须点对点连接，大大简化了连接线路，节省投资，也方便了系统的维护和扩充。

1.8.4 智能传感器案例

1.8.4.1 智能压力传感器

世界上第一个智能传感器是霍尼韦尔公司在 1983 年开发的 ST3000 系列智能压力传感器。它具有多参数传感（差压、静压和温度）、智能化信号调理的功能。在此基础上，霍尼韦尔公司又推出了 PPT 和 PPT-R 两种系列的智能压力传感器。其中 PPT 适用于干性气体，而 PPT-R 则带有不锈钢隔膜，适用于对腐蚀性介质的测量。测量引用误差为±0.05%，比传统压力传感器大约提高了一个数量级。

PPT/PPT-R 系列智能压力传感器的内部电路框图如图 1.30 所示，将压力传感器、温度传感器、A/D 转换器、微处理器（μP）、存储器（RAM、E^2PROM）和接口电路集于一身。PPT 单元的核心部件是一个硅压阻式压力传感器，内含对压力和温度敏感的元件。代表温度和压力的数字信号送至微处理器中进行处理，可在-40～+85℃范围内获得经过温度补偿和压力校准后的输出。在测量快速变化的压力时，可选择跟踪输入模式，预先设定好采样速率的阈值，当被测压力在阈值范围内波动时，采样速率就自动提高一倍。一旦压力趋于稳定，就又恢复正常采样速率。PPT 系列智能压力传感器还具有空闲计数功能，在测量稳定或缓慢变化的压力时，可自动跳过 255 个中间读数，延长两次输出的时间间隔。此外，它还可设定成仅当压力超过规定值时才输出或者等主机查询时才输出的工作模式。为适应不同环境，提高 PPT 系列智能压力传感器的抗干扰能力，A/D 转换器的积分时间可在 8ms～10s 范围内设定。

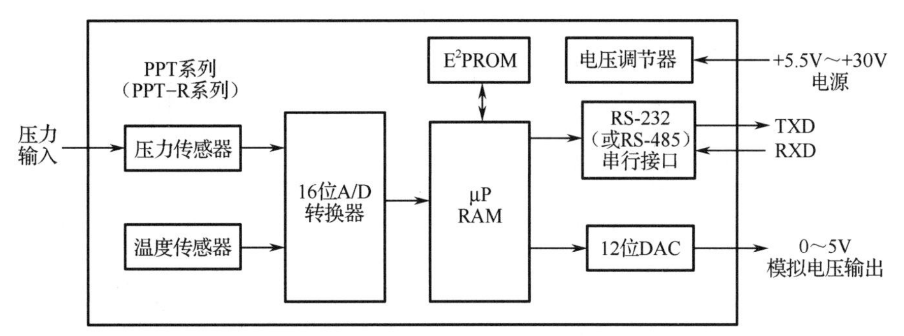

图 1.30　PPT/PPT-R 系列智能压力传感器的内部电路框图

PPT 系列智能压力传感器具有优异的重复性和稳定性；其压力信号可由单片机

设置为数字输出模式，也可以设置为模拟输出模式。这些特点使得 PPT 系列智能压力传感器可作为一个高准确度的标准模拟装置而不需要连接数字通信线路；作为一个用户可组态的模拟传感器，用户可通过 RS232 总线为 PPT 系列智能压力传感器组态，然后在现场作为模拟传感器使用；而作为一个智能型且具有地址的数字输出传感器，它可进行双向通信。该智能压力传感器可单独工作，也可作为传感器网络上的一点，可广泛用于工业、环境监测、自动控制、医疗设备等领域。

重庆横河川仪有限公司生产的 EJA 系列变送器采用单晶硅谐振式传感器技术测量液体、气体或蒸汽的液位、密度与压力，然后将其转换成 4～20mA DC 的电流信号输出。单晶硅对于压力或温度的变化不存在滞后现象，是非常理想的材料。单晶硅谐振式传感器将过压、温度变化和静压影响降为最低，从而保证长期稳定性和可靠性。在软件方面，EJA 系列变送器采用两个 AI 功能块计算差压和静压，从而实现灵活的仪表配置。由于采用 ASIC 放大器设计使得包装变小，以及膜盒构造和法兰的小型化，这款机型的质量降到了原有机型的一半。ASIC 放大器设计不仅减少了零件数量，而且提高了放大器的可靠性。EJA 系列变送器具有高准确度，一般为±0.065%；支持 BRAIN/HART/FF/PROFIBUS 现场总线四种通信协议。

1.8.4.2 智能温湿度传感器

SHT11/15 温湿度传感器的内部电路框图如图 1.31 所示。SENSIRION 公司推出的 SHT11/15 温湿度传感器将温/湿度传感器、信号放大调理、A/D 转换器、I^2C 总线接口全部集成在一块芯片上，可给出全校准相对湿度及温度值输出，带有工业标准的 I^2C 总线数字输出接口，湿度值输出的分辨率为 14 位，温度值输出的分辨率为 12 位，并可编程为 12 位和 8 位，具有可靠的 CRC（循环冗余码）数据传输校验功能，可广泛用于工农业生产、环境监测、医疗仪器、通风及空调设备等领域。

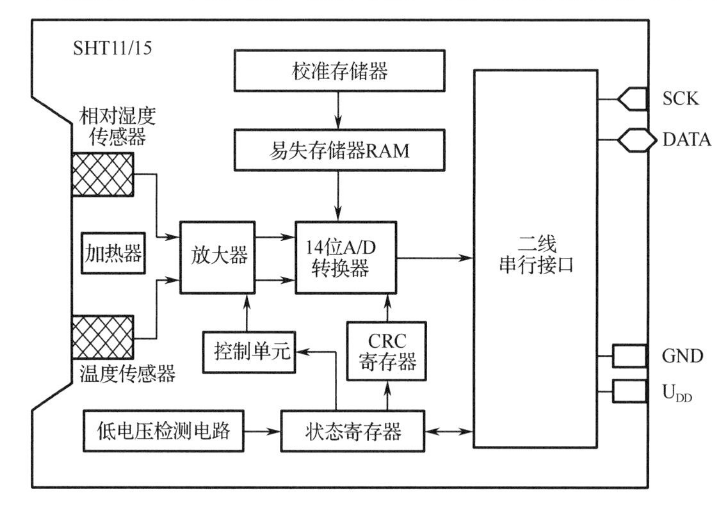

图 1.31 SHT11/15 温湿度传感器的内部电路框图

1.8.4.3 智能浑浊度传感器

霍尼韦尔公司推出的 APMS-10G 型带微处理器和单线接口的智能化浑浊度传感器系统能同时测量液体的浑浊度、电导和温度，构成多参数在线检测系统，可用于水质净化、清洗设备等。APMS-10G 的内部电路框图如图 1.32 所示。该传感器片内有微处理器，以标准串口通信的方式与主控制器通信，通过测量液体对红外线的散射率、透射率及导电率来综合检测液体的浑浊度。

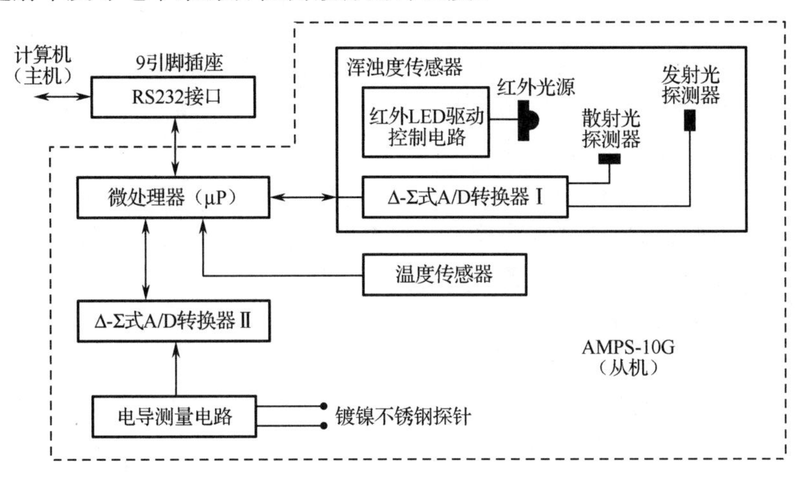

图 1.32　APMS-10G 的内部电路框图

习　题

一、选择题

1. 某仪表厂生产的测温仪表满度相对误差均控制在 0.6%～1.0%，该表的准确度等级应定为________级；另一家仪器厂需要购买压力表，希望压力表的满度相对误差小于 0.5%，应购买________级的压力表。

A．0.5，0.2　　B．0.5，1.0　　C．1.0，0.2　　D．0.2，1.0

2. 某采购员分别在三家商店购买 200kg 大米、20kg 苹果、2kg 巧克力，发现均缺少约 1kg，但该采购员对卖巧克力的商店意见最大，在这个例子中，产生此心理作用的主要因素是________。

A．绝对误差　　B．示值相对误差

C．满度相对误差　　D．准确度等级

3. 重要场合使用的元器件或仪表，购入后需进行高、低温循环老化试验，其目的是为了________。

A．提高准确度　　B．加速其衰老

C．测试其各项性能指标　　D．提高可靠性

4. 在选购线性仪表时，必须在同一系列的仪表中选择适当的量程。一般情况下，应尽量使选购的仪表量程为欲测量的________左右为宜。

A．3 倍　　B．10 倍　　C．1.5 倍　　D．3/4

5. 下列各项中不属于国际单位制基本单位的是________。

A．坎德拉（cd）　B．开尔文（K）　C．摩尔（mol）　D．千米（km）

6. 某温度计刻度范围为 0～600℃，通过检定，在整个刻度范围内最大基本误差为±7.2℃，按国家工业仪表的规定，该温度计的准确度等级为________。

A．1.0 级　　B．1.2 级　　C．1.5 级　　D．2.0 级

7．下列几种误差中，属于系统误差的有________，属于随机误差的有________，属于粗大误差的有________。

A．仪表未调零所引起的误差　　B．测频时的量化误差

C．测频时的标准频率误差　　D．读数错误

8．测得某劣质手机的耳机输出电压，对方讲话信号的电压为 20mV，杂音信号的电压为 200mV，则其信噪比为________

A．200dB　　B．10dB　　C．-10dB　　D．-20dB

9．用万用表交流电压挡（频率上限为 5kHz）测量 100kHz、10V 左右的高频电压，发现示值不到 2V，该误差属于________。

A．系统误差　　B．粗大误差　　C．随机误差　　D．动态误差

10．希望远距离传送信号，应选用具有_____输出的标准变送器。

A．0～2V　　B．1～5V　　C．0～10mA　　D．4～20mA

二、填空题

1．用一只 0.5 级 50V 的电压表测量直流电压，产生的绝对误差≤________V。

2．某测试人员在一项对航空发动机叶片稳态转速试验中，测得其平均值为 20000r/min（假定测试次数足够多）。其中某次测量结果为 20002r/min，则此次测量的绝对误差=________，实际相对误差=________。

3．某待测电流约为 100mA。现有两个电流表，甲表：0.5 级，测量范围为 0～400mA；乙表：1.5 级，测量范围为 0～100mA，则用________表测量误差较小。

4．随机误差的大小，可以用测量值的________来衡量，其值越小，测量值越集中，测量的________越高。

5．检测装置的准确度包括精密度、准确度和精确度三个内容，其中________表示测量仪器指示值对真值的偏离程度，它反映了________误差的大小。

6．有一台二线制压力变送器，测量范围为 0～2MPa，对应的输出电流为 4～20mA。求：

（1）压力 p 与输出电流 I 的关系表达式________。

（2）当 p 为 0.5MPa 时，变送器的输出电流为________。

（3）如果希望在信号传输终端将电流信号转换为 1～5V 的电压，则负载电阻 R_L 为________。

（4）如果测得变送器的输出电流为 5mA，此时的压力 p 为________。

三、简答题

1．简述传感器的定义、组成及各部分作用。

2．简述系统误差的概念、产生原因及减少系统误差的方法。

3．在对被测量进行等精确度测量后，为得到合理的测量结果，应如何处理？

4．什么是智能传感器？与传统传感器相比，其突出特点有哪些？

四、计算题

1．有三台测温仪表，测量范围均为 0～800℃，准确度等级分别为 2.5 级、2.0

级和 1.5 级，现要测量 500℃的温度，要求相对误差不超过 2.5%，选哪台仪表合理？

2．被测压力为 80kPa 左右，现有测量范围为 0～120kPa、准确度等级为 0.1 级的压力传感器和测量范围为 0～300kPa、准确度等级为 0.05 级的压力传感器。由于第二个压力传感器的准确度等级高于第一个，因此应选择测量范围是 0～300kPa 的压力传感器。这种选择是否正确，为什么？

3．已知待测拉力约为 70N，现有两个测力仪表，一个为 0.5 级，测量范围为 0～500N；另一个为 1.0 级，测量范围为 0～100N。选用哪一个测力仪表较好？为什么？（写出计算过程）

4．用一台 $3\frac{1}{2}$ 位、准确度为 0.5 级（已包含最后一位的 ±1 误差）的数字式电子温度计，测量车辆驾驶室的温度，数字面板上显示出如图 1.33 所示的数值。假设其最后 1 位为分辨力，求该仪表的：

（1）分辨力；

（2）可能产生的最大满度相对误差和绝对误差；

（3）被测温度的示值；

（4）示值相对误差；

（5）被测温度的实际值上下限。（备注：面板示值如图 1.33 所示，其测量上限为 199.9℃，下限为 0℃）

图 1.33　数字式电子温度计

5．若 6 次测量某物体的长度，其测量的结果分别为 9.8cm、10.0cm、10.1cm、9.9cm、10.2cm、15cm，若忽略粗大误差和系统误差，试求在 99.73%的置信概率下，对被测物体长度的最小估计区间。

项目 2

热学量传感器

温度、内能和热量是热学的三个基本物理量，热学量传感器是能感受热学量变化并将其转换成可用输出信号的传感器。热传递有热传导、热对流和热辐射三种方式。两个冷热程度不同的物体相接触后会产生热交换，热交换结束后两物体处于热平衡状态，此时它们的温度相同。

从宏观的角度而言，温度是表征物体或系统的冷热程度的物理量，与热传递过程无关。冷热的概念自古已有，在温度计出现以前，人们常凭自己的感官感觉，以寒、冷、凉、温、热、烫等术语描述温度高低，此法因人而异，有很大的主观性。在现代物理中，温度单位是国际单位制中七个基本单位之一。从能量角度来看，温度是描述系统不同自由度间能量分配状况的物理量；从热平衡观点来看，温度是描述热平衡系统冷热程度的物理量；从分子物理学角度来看，温度反映了系统内部分子无规则运动的剧烈程度。热学中所有的热现象都与温度有关。

温度是诸多物理现象中具有代表性的物理量，自然界中几乎所有的物理、化学过程都与温度有紧密的联系。本项目在简要介绍温标及测温方法的基础上，将重点介绍常见的膨胀式温度计、电阻式温度传感器、热电偶传感器、辐射式温度传感器等。

任务 2.1 温标及测温方法

为了保证温度量值的统一，必须建立一个用来衡量温度高低的标准尺度，即温标。在本任务中，我们将学习温标、温度的检测方法及分类等内容。

知识目标：

（1）能陈述温标的概念、温度的检测方法及分类。

（2）能解决华氏度、摄氏度和热力学温标的换算。

技能目标：
具备查阅和实施与温度仪表相关的国家和行业标准的能力。

扫码看微课

温标及测温方法

2.1.1 温标

建立现代温标必须具备固定的温度点（基准点）、测温仪器和温标方程（内插公式）等条件。

随着温度测量技术的发展，温标也经历了一个逐渐发展和完善的过程。从早期建立的一些经验温标，发展为后来的理想热力学温标和绝对气体温标，到现今具有较高准确度的国际实用温标，其间经历了几百年的时间。下面对常用温标逐一进行简介。

2.1.1.1 经验温标

借助于某一种物质的物理量与温度变化的关系，用实验的方法或经验公式所确定的温标称为经验温标，常用的有摄氏温标和华氏温标。

（1）摄氏温标。摄氏温标是于1742年由瑞典人摄氏（Celsius）提出的，在标准大气压下，把纯水的冰点规定为0摄氏度，沸点规定为100摄氏度。在0摄氏度到100摄氏度之间进行100等分，每一等份为1摄氏度，符号为℃。而将在这两点间的汞柱等分为100格，每格为1摄氏度，标记为1℃。

（2）华氏温标。华氏温标是于1714年由德国人华兰海特（Fahrenheit）提出的，在标准大气压下，把冰、水、氯化铵混合物（盐水）的熔点定为0℉，人的体温为96℉（由于后来重新定义了刻度，比现代值低约2.6℉）。现在，华氏温标通常由两个固定点定义，在海平面和标准大气压下，纯水结冰的温度定义为32℉，水的沸点定义为212℉，中间划分为180等份，每等份为1华氏度，符号为℉。

2.1.1.2 热力学温标

热力学温标，是国际单位制中七个基本单位之一，是一种理想而不能真正实现的理论温标，它由开尔文（Kelvin）在1848年提出，符号为K。

该温标为了在分度上和摄氏温标相一致，把理想气体压力为零时对应的温度（绝对零度）与水的三相点温度分为273.16份，每份为1K（Kelvin）。

热力学温标与选用的测温介质的性质无关，克服了经验温标随测温介质而变的缺陷。

2.1.1.3 理想气体温标

玻意耳定律指出，在温度不变的情况下，一定量气体的压强P和体积V的乘积为一常量C，即

$$PV/T=C \tag{2.1}$$

对于不同的温度，这一常数的数值不同。各种气体都近似地遵守这一定律，而且压强越小，与此定律符合得越好。用任何一种气体，无论是定容还是定压所建立的温标，在气体压强趋于零时的极限温标称为理想气体温标。

为统一温度的测量，在温度的计量工作中采用理想气体温标来实现热力学温标，测温属性是理想气体的压强P或体积V。选水的三相点为固定点，规定水的三相点温

度 T_S 为 273.16K，此时水的压强为 P_S，则对象温度为

$$T=\frac{P}{P_S}T_S=\frac{P}{P_S}\times 273.16 \tag{2.2}$$

2.1.1.4 国际实用温标

为了解决国际上温度标准的统一及实用问题，国际上协商决定，建立一种既尽可能接近热力学温度（即能保证一定的准确度），又使用方便、复现准确度高和稳定性好的温标。这就是国际实用温标，又称国际温标。

目前推行的是 1990 年国际实用温标 ITS-90：热力学温度用符号 T_{90} 表示，单位为开尔文，符号为 K；摄氏温度的符号为 t_{90}，单位是摄氏度，符号为℃。1K 定义为水三相点温度的 1/273.16，水三相点是指化学纯水在固态、液态及气态三项平衡时的温度，热力学温标规定三相点温度为 273.16K。

另外，摄氏温度 t_{90} 和热力学温度 T_{90} 间的关系为

$$t_{90}=T_{90}-T_0 \tag{2.3}$$

这里摄氏温度的分度值与热力学温度的分度值相同，即温度间隔 1K 等于 1℃。T_0 是在标准大气压下冰的融化温度，T_0=273.15K，即水的三相点的温度比冰点高出 0.01K，由于水的三相点温度易于复现，复现准确度高，而且保存方便，这是冰点不能比拟的，所以国际实用温度规定，建立温标的唯一基准点为水的三相点。

在国际温标 ITS-90 中，整个温标分成 4 个温区，各个温区的范围、使用的标准测温仪器分别如下：0.65～5.0K，用 3He 或 4He 蒸气压温度计；3.0～24.5561K，用 3He 或 4He 定容气体温度计；13.803K～961.78℃，用铂电阻温度计；961.78℃以上，用光学或光电高温计。

2.1.2 温度的检测方法及分类

2.1.2.1 温度检测原理

利用物体的某一物理性质（物理性质随温度变化的特性）将其作成温度敏感元件，通过温度敏感元件与被测对象的热交换，测量相关的物理量，即可间接地获取被测对象的温度值。在实际应用中，一般借助随温度变化的物理量（如体积、压力、电阻、热电势等）来定义温度数值，建立温标和制造各种各样的温度检测仪表。

2.1.2.2 温度检测方法的分类

根据感温元件是否与被测介质接触，温度检测方法一般可以分为两大类，即接触测量法和非接触测量法。

接触测量法是指感温元件直接与被测介质接触，依靠传导和对流进行充分热交换，使两者具有同一温度，达到测量的目的，常见的有热膨胀式温度计、电阻式温度传感器、热电偶传感器等。

非接触测量法是指感温元件不与被测对象直接接触，而是通过接收被测物体的某个与温度相关的特征量实现温度测量，常见的有电涡流式温度传感器、辐射式温度传感器、超声波式温度传感器等。其中又以辐射式温度传感器最为普遍，它通过接收被测物体的热辐射能实现热交换，基于物体的热辐射能量（强度）随其温度的

变化而变化的特性来检测其温度，详见任务 2.5。接触测量法和非接触测量法总体特点比较如表 2.1 所示。

表 2.1　接触测量法和非接触测量法总体特点比较

方　　式	接触测量法	非接触测量法（辐射式）
测量条件	感温元件要与被测对象良好接触；感温元件的加入会在一定程度上改变对象的温度场；被测温度不超过感温元件能承受的上限温度；被测对象不对感温元件产生腐蚀	需准确知道被测对象表面发射率；被测对象的辐射能充分照射到测温元件上
测量范围	特别适合 1200℃以下、热容大、无腐蚀性对象的连续在线测温，对 1300℃以上的温度测量较困难	原理上测量范围可以从超低温到极高温，但在 1000℃以下测量误差大，能测运动物体和热容小的物体温度
准确度	工业用表通常为 1.0 级、0.5 级、0.2 级及 0.1 级，实验室用表可达 0.01 级	通常为 1.0 级、1.5 级、2.5 级
响应速度	相对较慢，大多在 1s 以上	快，通常不高于 1s
其他特点	整个测温系统结构简单、体积小、可靠、维护方便、价格低廉，仪表读数直接反映被测物体的实际温度；可方便地组成多路集中测量与控制系统	整个测温系统结构复杂、体积大、调整麻烦、价格昂贵；仪表读数通常只反映被测物体的表面温度（需要利用发射率等校准计算实际温度）；不易组成测温、控温一体化装置

温度检测可选择的敏感元件和转换元件有很多，从测量原理角度可分为热膨胀式温度计、电阻式温度传感器、热电偶传感器、辐射式温度传感器等，各种检测方法的特点和测温范围各异，常用的温度检测方法、类型、测量范围及特点如表 2.2 所示。

表 2.2　常用的温度检测方法、类型、测量范围及特点

<table>
<tr><th>温度检测方法</th><th colspan="3">类　　型</th><th>测量范围/℃</th><th>特　　点</th></tr>
<tr><td rowspan="9">接触测量法</td><td rowspan="5">热膨胀式温度计</td><td colspan="2">水银</td><td>-38～356</td><td>简单方便，易损坏（水银污染）</td></tr>
<tr><td colspan="2">双金属</td><td>-80～600</td><td>结构紧凑，牢固可靠</td></tr>
<tr><td rowspan="3">压力</td><td>液体</td><td>-40～200</td><td rowspan="3">耐振，坚固，价格低廉</td></tr>
<tr><td>气体</td><td>-120～550</td></tr>
<tr><td>蒸汽</td><td>50～200</td></tr>
<tr><td rowspan="3">电阻式温度传感器</td><td colspan="2">铂</td><td>-260～960</td><td rowspan="2">准确度及灵敏度均较好，需注意环境温度的影响</td></tr>
<tr><td colspan="2">铜</td><td>-50～150</td></tr>
<tr><td colspan="2">热敏电阻</td><td>-50～350</td><td>体积小，响应快，灵敏度高，线性差，注意环境温度的影响</td></tr>
<tr><td>热电偶传感器</td><td colspan="2">国际通用的包含 B、E、J、K、N、R、S、T 8 个系列，另有非标热电偶</td><td>-270～1800，特殊类型的上限可超过 3000</td><td>种类多，适应性强，结构简单，经济方便，应用广泛；自发电型传感器，测量时可以不外加电源，可直接驱动动圈式仪表；测温范围广</td></tr>
</table>

续表

温度检测方法	类型		测量范围/℃	特点
非接触测量法	光学高温计		700～3200	非接触测温，不干扰被测温场，辐射影响小，应用简便；响应快，测温范围大，大多易受外界干扰，标定困难，准确度略低
	热探测器		-50～3200	
	光子（电）探测器		0～3500	
	示温涂料	单/多变色可逆/不可逆示温涂料	60～1300	用颜色或其他现象变化来指示物体的表面温度及温度分布，可用于温度报警或美化生活等

任务 2.2　热膨胀式温度计

热膨胀式温度计

热膨胀式温度计利用的是液体、气体或固体热胀冷缩的性质，即感温元件在受热后尺寸、体积或压力会发生变化，根据其变化值得到温度的变化值。热膨胀式温度计分为液体膨胀式温度计、固体膨胀式温度计和压力式温度计三类。下面我们将学习一些典型的温度计，如液体膨胀式温度计中的玻璃管液体温度计、固体膨胀式温度计中的双金属片温度计和压力式温度计等。

知识目标：

能描述各类热膨胀式温度计的工作原理、特性及适用场合。

技能目标：

（1）能根据热膨胀式温度计的特性及项目需求进行传感器选型。

（2）能根据产品说明书，正确进行热膨胀式温度计的安装、调试、标定和维护。

（3）能够规范编写热膨胀式温度计的相关技术文档。

2.2.1　液体膨胀式温度计

液体膨胀式温度计以玻璃管液体温度计最为典型。

2.2.1.1　结构及工作原理

玻璃管液体温度计是基于液体体积随温度升高而膨胀的原理制作而成的，如图 2.1 所示，主要由液体储囊、毛细管、刻度标尺和膨胀室四部分组成。

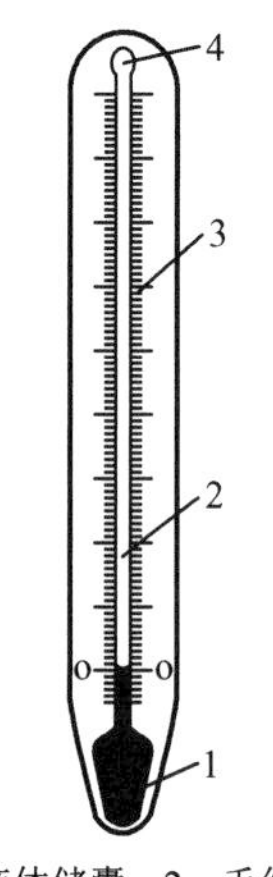

1—液体储囊；2—毛细管；3—刻度标尺；4—膨胀室。

图 2.1　玻璃管液体温度计

由于液体的膨胀系数远比玻璃的膨胀系数大，因此当温度变化时，会引起工作液体在玻璃管内体积的变化，从而表现为液柱高度的变化。在玻璃管上标识刻度，即可直接读出被测介质的温度值。为了防止温度过高时液体膨胀升压使玻璃管破裂，在毛细管顶部须留有一膨胀室。

2.2.1.2　分类

根据所填充的工作液体不同，玻璃管液体温度计可分为水银温度计和有机液体温度计两类。水银不黏玻璃，不易氧化，容易获得较高的准确度，在相当大的温度范围内（-38～356℃）保持液态，在 200℃以下，其膨胀系数几乎和温度呈线性关系，所以可用于制作精密的标准温度计。

按用途和使用场合不同，玻璃管液体温度计可分为标准温度计、实验室用温度计、工业用温度计和电接点温度计等。标准温度计用于精确测量和校准其他温度计，其准确度高，分度值一般为 0.1～0.2℃，基本误差在 0.2～0.8℃；实验室用温度计用于实验室测温；工业用温度计用于工业测量，其准确度较低，允许误差在 1～10℃；电接点温度计用于温度控制，如恒温水槽、油槽及空调系统等。

2.2.1.3 主要特点

玻璃管液体温度计的优点是直观、测量准确、结构简单、造价低廉、测温范围广等，且无须外接电源，因此被广泛应用于工业、实验室和医院等各个领域及日常生活。但其缺点是不能自动记录、不能远传、易碎、测温有一定延迟。

2.2.1.4 使用注意事项

采用玻璃管液体温度计测量温度，应将其安装在方便读数、安全可靠之处；温度计以垂直安装为宜；测量管道内的流体温度时，应使温度计的温包处于管道的中心线位置；倾斜安装时，温度计的插入方向须与流体流动方向相反，以便与流体充分接触，测得真实温度。

2.2.2 固体膨胀式温度计

典型的固体膨胀式温度计是双金属片温度计。

2.2.2.1 结构及工作原理

双金属片温度计利用线膨胀系数差别较大的两种金属材料制成双层片状元件，在温度变化时因弯曲变形而使其另一端有明显位移，借助指针在温度刻度盘上移动指示被测温度。

工业用双金属片温度计如图 2.2 所示，主要由感温元件、传递机构、指示装置组成。

图 2.2 工业用双金属片温度计

2.2.2.2 特点

双金属片温度计的感温元件双金属片有平面螺旋形和直线螺旋形两大类，其测温范围大致为-80～600℃，准确度等级通常为 1、1.5 或 2.5 级。

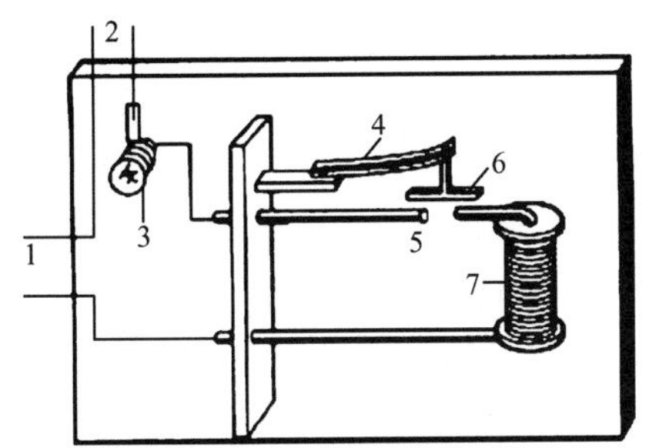

1—外接电源；2—外接开关；3—指示灯；4—双金属片；5—定触点；6—触点；7—电热器。

图 2.3 恒温箱工作原理图

它具有结构简单，价格便宜，刻度清晰，使用方便，耐振动等优点，但其准确度不高，测量范围也不大。常被用作恒定温度的控制元件，适用于中低温现场检测，可直接测量液体、气体和蒸汽的温度，如一般用途的恒温箱、加热炉等就是采用双金属片温度计来控制和调节“恒温”的。恒温箱工作原理图如图 2.3 所示。产品无须供电便可工作，非电接点产品还可直接用于防爆区域。

2.2.2.3 使用注意事项

（1）合理选用量程，避免老化影响寿命。

（2）双金属片温度计保护管浸入被测介质中的长度必须大于感温元件的长度，一般浸入长度大于 100mm，0～50℃量程的浸入长度大于 150mm，以保证测量的准确性。

（3）各类双金属片温度计不宜用于测量敞开容器内介质的温度，电接点温度计不宜在工作振动较大场合的控制回路中使用。

（4）保持表体清洁，以便读数，避免感温部分生锈、腐蚀。双金属片温度计在保管、使用、安装及运输中，应避免碰撞保护管，切勿使保护管弯曲变形或将表当扳手使用。

（5）安装前需要进行标定。温度计在正常使用的情况下应定期检验。一般以每隔六个月为宜。电接点温度计不允许在强烈振动下工作，以免影响接点的可靠性。

2.2.3 压力式温度计

2.2.3.1 结构及工作原理

压力式温度计不是靠物质受热膨胀后的体积变化或尺寸变化来反映温度的，而是靠密闭容器中的液体或气体受热后压力的升高来反映被测温度的，因此这种温度计的指示仪表实际上就是普通的压力表。压力式温度计的结构图如图 2.4 所示，仪表封闭系统由（感）温包、毛细管和弹簧管等组成，温包内充满工作介质。在测量温度时，将温包插入被测介质中，受介质温度影响，温包内部工作介质的体积或压力发生变化，经毛细管将此变化传递给弹性元件（如弹簧管），弹性元件变形，自由端产生位移，借助于传动机构，带动指针在刻度盘上指示出温度数值。

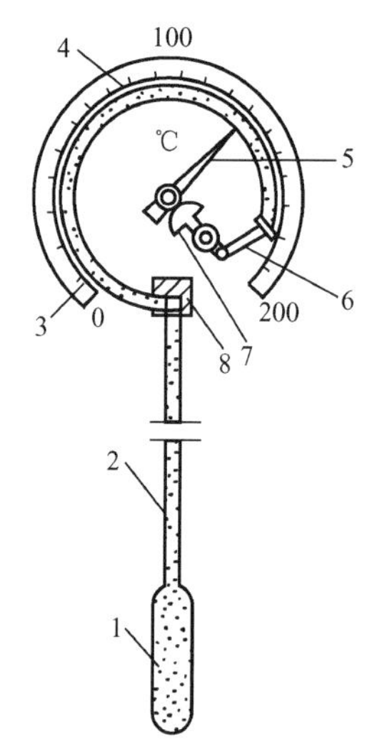

1—温包；2—毛细管；3—弹簧管；4—标尺；5—指针；6—杠杆；7—齿轮；8—接头。

图 2.4 压力式温度计的结构图

2.2.3.2 压力式温度计的分类及特点

压力式温度计的主要特点是结构简单，强度较高，抗振性较好。根据工作物质的不同，压力式温度计可分为气体压力式温度计、液体压力式温度计、蒸气压力式温度计。工业上用的充气体的压力式温度计通常充氮气，它能测量的最高温度可达 550℃；在低温下则充氢气，它的测温下限可达-120℃。在过高的温度下，温包中填充的气体会较多地透过金属壁而扩散，这样会使仪表读数偏低。

液体压力式温度计一般填充二甲苯、甲醇等，温包小些，测温范围分别为-40～200℃和-40～170℃。

蒸气压力式温度计一般填充丙酮、乙醚等，测温范围为 50～200℃，温度计刻度是不均匀的。

2.2.3.3 新型液体压力式温度计

新型液体压力式温度计以及由此开发的系列化测温仪表，克服了原来仪表性能单一、可靠性差以及温包体积大的缺点，并将感温元件体积缩小到原来的1/30或1/60，创造性地将热电阻安装于感温元件内，实现了机电一体化的测温功能。形成了以液体压力式温度计为基本测温仪表的远传、防振、防腐、电接点、温度信号变送等多功能系列化温度仪表，分为两个系列：普通型和防爆型。该温度计是基于密闭测温系统内蒸发液体的饱和蒸气压力和温度之间的变化关系，而进行温度测量的。当温包感受到温度变化时，密闭测温系统内的饱和蒸气产生相应的压力，引起弹性元件曲率的变化，使其自由端产生位移，再由齿轮放大机构把位移变为指示值，这种温度计具有温包体积小，反应速度快、灵敏度高、读数直观等特点，几乎集合了玻璃管温度计、双金属片温度计、气体压力式温度计的所有优点，它可以制造成防振、防腐型，并且可以实现远传触点信号、0～10mA 或 4～20mA 信号，是目前使用范围最广、性能最全面的一种机械式测温仪表。

任务 2.3 电阻式温度传感器

电阻式温度传感器是利用导体或半导体的电阻率随温度变化而变化的原理制成的，实现了将温度变化转化为元件电阻的变化。电阻式温度传感器具有灵敏度高、信号可远传、性能稳定、测量准确度高、测温范围较广等优点，但需要电源激励，有自热现象，在一定程度上影响测温准确度。

若按其制造材料来分，测温热电阻有金属（铂、铜和镍等）热电阻及半导体热电阻（称为热敏电阻）两种。下面我们将分别学习这两种热电阻。

知识目标：

（1）能陈述电阻式温度传感器的结构和引线方式，描述其工作原理、特性和选型方法。

（2）结合工程案例，能举例说明电阻式温度传感器的典型应用。

技能目标：

（1）能根据电阻式温度传感器的特性以及项目需求进行传感器选型。

（2）能根据产品说明书，正确进行电阻式温度传感器的安装、调试、标定和维护。

（3）能够规范编写电阻式温度传感器的相关技术文档。

2.3.1 金属热电阻传感器

金属热电阻大都由纯金属材料制成，目前应用最多的是铂和铜，此外，也可以采用镍、锰和铑等材料制造热电阻。

2.3.1.1 常用金属热电阻及工作原理

（1）铂热电阻。铂易于提纯，复制性好，在氧化介质中，甚至在高温下，其物理、化学性质极其稳定，但在还原性介质中，特别是在高温下，很容易被从 SiO_2、PbO 中还原出来的蒸气所污染，使铂丝变脆，并改变了它的电阻与温度的关系。此外，铂是一种贵重金属，价格较高，尽管如此，从对热电阻的要求来衡量，铂在极大程度上能满足要求，所以仍然是制造基准热电阻、标准热电阻和工业用热电阻的最好材料。对于它在还原性介质中不稳定的特点，可用保护套管设法避免或减轻这种特点。铂热电阻温度计的使用范围是-260～960℃，常见类型有陶瓷、铂热电阻（-200～800℃，部分为-250～850℃）、云母铂热电阻（-200～420℃）、薄膜铂热电阻（-50～500℃）等。

以陶瓷铂热电阻 Pt100 为例，在-200～0℃的范围内，陶瓷铂热电阻阻值 R_t 和温度 t 的关系是

$$R_t = R_0[1 + At + Bt^2 + C(t - 100℃)t^3] \tag{2.4}$$

在 0～850℃的范围内，则为

$$R_t = R_0(1 + At + Bt^2) \tag{2.5}$$

式中，R_t 是温度为 t℃时的阻值；R_0 是温度为 0℃时的阻值，分度号为 Pt100 的铂热电阻 R_0=100Ω；A、B 和 C 是常数，A=3.90802×10^{-3}℃$^{-1}$，B=-5.802×10^{-7}℃$^{-2}$，C=-4.27350×10^{-12}℃$^{-4}$。铂热电阻的准确度高，体积小，测温范围宽，稳定性好，再现性好，但是价格较高。

（2）铜热电阻。铜热电阻的温度系数比铂热电阻的大，价格低，而且易于提纯，但存在着电阻率小、机械强度差、热响应较慢等缺点。在测量准确度要求不是很高、测量范围较小的情况下，经常采用。

铜热电阻在-50～150℃的使用范围内，其电阻值与温度的关系几乎是线性的，可表示为

$$R_t = R_0(1 + \alpha t) \tag{2.6}$$

式中，R_t 是 t℃时的阻值；R_0 是 0℃时的阻值，分度号为 Cu50 的热电阻 R_0=50Ω；α 是铜电阻的电阻温度系数，α=4.25×10^{-3}～4.28×10^{-3}℃$^{-1}$。

（3）其他热电阻。实际使用中的金属热电阻还有铁、镍、铟、锰等热电阻。其中，铁热电阻易氧化、不易提纯、非线性明显，所以铁热电阻应用较少；镍热电阻 Ni120 的测温范围为-200～500℃；铟热电阻的测温范围为-269～-258℃，测量准确度高，灵敏度高，再现性差；锰热电阻的测温范围为-271～-210℃，灵敏度高，脆性高，易损坏。此外，还有碳热电阻，其测温范围是-273～-268.5℃，热容量小，灵敏度高，热稳定性较差。

2.3.1.2 金属热电阻传感器的结构

热电阻主要由电阻体、绝缘套管和接线盒等组成。其中电阻体主要包括电阻丝、骨架、引线等，金属热电阻的电阻体结构示意图如图 2.5 所示。

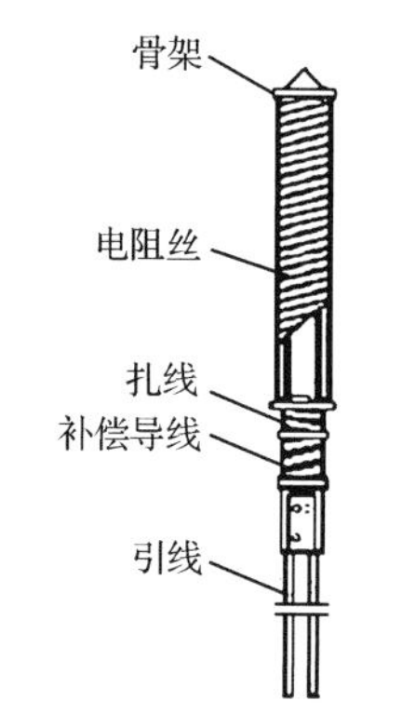

图 2.5　金属热电阻的电阻体结构示意图

（1）电阻丝。铂的电阻率和相对机械强度较大，通常铂丝的直径在(0.03～0.07)mm±0.005mm，可单层绕制。若铂丝太细，电阻体虽可做得小些，但强度低；若铂丝太粗，虽强度大，但电阻体大了，热惰性也大，成本高。铜的机械强度较低，电阻丝的直径需较大，一般用(0.1±0.005)mm 的漆包铜线或丝包线分层绕在骨架上，并涂上绝缘层制成。由于铜电阻的温度低，故可以重叠多层绕制，一般多用双绕法。

（2）骨架。热电阻丝是绕制在骨架上的，骨架用来支撑和固定电阻丝。骨架应使用电绝缘性能好，高温下机械强度高，体积膨胀系数小，物理、化学性能稳定，

对热电阻丝无污染的材料制造，常用的是云母、石英、陶瓷、玻璃及塑料等。

（3）引线。引线的直径应当比热电阻丝大几倍，尽量减小引线的电阻、增加引线的机械强度和连接的可靠性。工业用铂热电阻一般采用 1mm 的银丝作为引线。对于标准的铂热电阻则可采用 0.3mm 的铂丝作为引线。对于铜热电阻则常用 0.5mm 的铜线。

在骨架上绕制好热电阻丝，并焊好引线之后，在其外面加上云母片进行保护，再装入保护套管中，并和接线盒外部导线连接，即得到热电阻传感器。

金属热电阻有普通型和铠装型之分，两者的结构组成基本相同。铠装热电阻将铂热电阻感温元件、引线、绝缘材料组装在不锈钢钢管内，再经模具拉伸构成坚实整体，具有坚实、抗振、线径小、使用安装方便等优点。

2.3.1.3　热电阻传感器的引线方式

热电阻传感器的引线方式有二线制、三线制和四线制三种。测量端温度由检流计 G 中的电流大小反映。

（1）二线制。二线制转换电路如图 2.6 所示。这种引线方式简单、费用低，但是引线电阻以及引线电阻的变化会带来附加误差。二线制适于引线不长、测温准确度要求较低的场合。

热电阻传感器的转换电路常采用电桥电路，由于工业用热电阻安装在生产现场，离控制室较远，因此热电阻的引线对测量结果有较大影响。为了减小或消除引线电阻的影响，目前，热电阻 R_t 引线的连接方式经常采用三线制和四线制。

（2）三线制。三线制转换电路如图 2.7 所示，在电阻体的一端连接两根引线，另一端连接一根引线，此种引线形式称为三线制。由于电桥平衡条件为 $R_1(R_3+r)=R_2(R_t+r)$，若设计 $R_1=R_2$，则 $R_t=R_3$；在一定温度下，调整 R_3 的值使电桥平衡，当被测温度在该值附近时，引线电阻带来的影响可忽略不计。

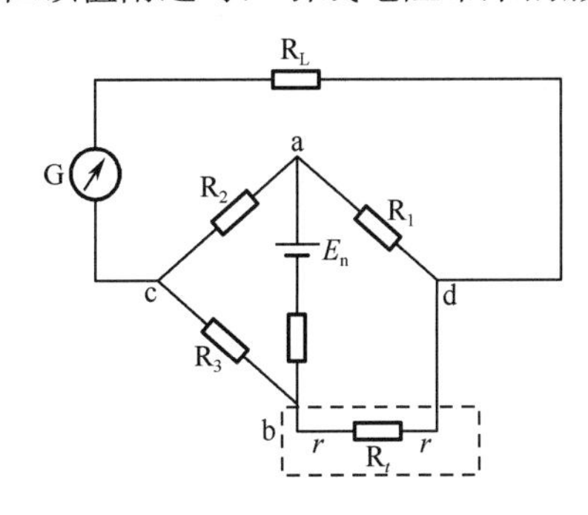

图 2.6　二线制转换电路

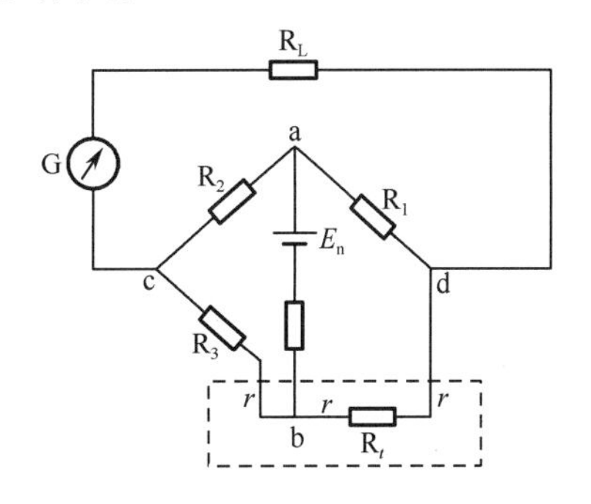

图 2.7　三线制转换电路

当热电阻和电桥配合使用时，这种引线方式可以较好地消除引线电阻的影响，提高测量准确度，所以工业热电阻多采用这种方法。

（3）四线制。四线制转换电路如图 2.8 所示，热电阻两端各连接两根引线，其中两根引线连接恒流源，另两根连接测量仪表（如电位差计）。电位差计是高阻抗的，故引线电阻对电位差 U 不产生影响。这种引线方式不仅可以消除引线电阻

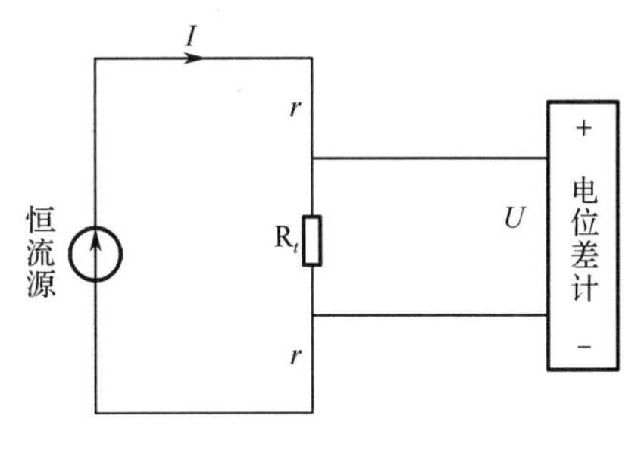

图 2.8　四线制转换电路

的影响，而且可以消除转换电路中寄生电势引起的误差，主要用于高准确度温度测量。在实际使用中，为避免电热效应，工作电流一般应小于 10mA。

2.3.2 半导体热敏电阻传感器

热敏电阻是利用半导体材料的电阻率随温度变化而变化的性质制成的，其常用的半导体材料有铁、镍、锰、钴、钼、钛、镁、铜等的氧化物或其他化合物，根据产品性能的不同，用不同的配比烧结而成。热敏电阻的常见外形、结构及符号如图 2.9 所示。

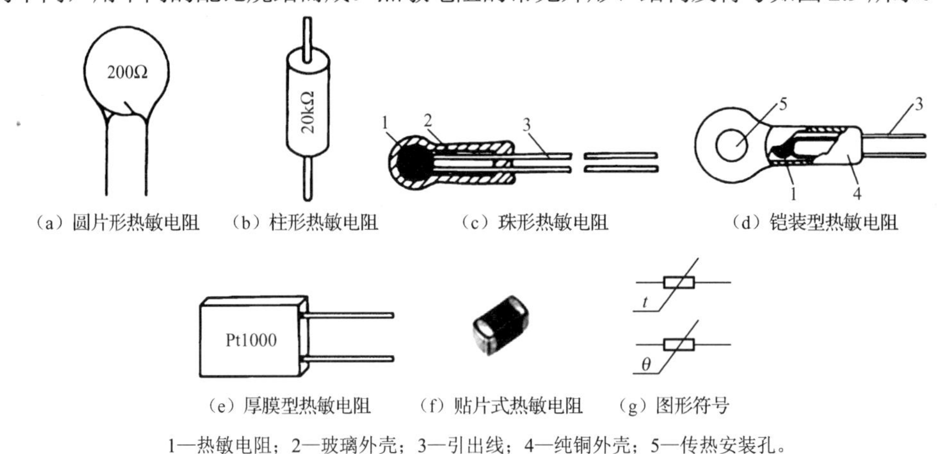

（a）圆片形热敏电阻　（b）柱形热敏电阻　（c）珠形热敏电阻　（d）铠装型热敏电阻

（e）厚膜型热敏电阻　（f）贴片式热敏电阻　（g）图形符号

1—热敏电阻；2—玻璃外壳；3—引出线；4—纯铜外壳；5—传热安装孔。

图 2.9　热敏电阻的常见外形、结构及符号

2.3.2.1 热敏电阻的特性

热敏电阻的主要特性有温度特性和伏安特性。

（1）温度特性。热敏电阻按其性能可分为负温度系数（Negative Temperature Coefficient，NTC）热敏电阻、正温度系数（Positive Temperature Coefficient，PTC）热敏电阻和临界温度（Critical Temperature，CT）热敏电阻三种，相应的温度特性曲线如图 2.10 所示。温度检测用热敏电阻主要是负温度系数热敏电阻，其余两种多用于温度开关器件。

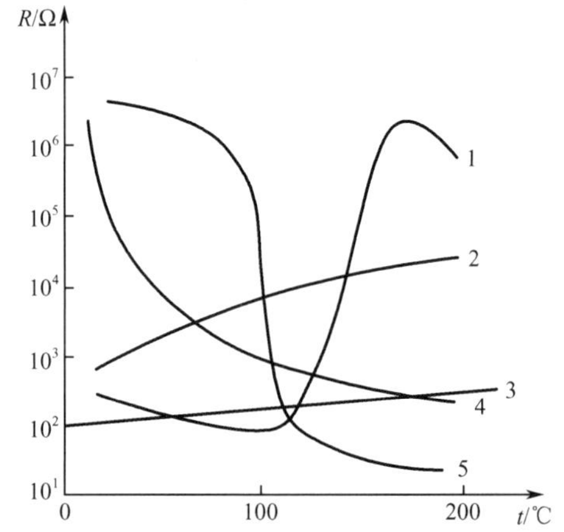

1—正突变型临界温度热敏电阻；2—线性型正温度系数热敏电阻；3—铂热电阻；
4—负指数型负温度系数热敏电阻；5—负突变型临界温度热敏电阻。

图 2.10　热敏电阻的温度特性曲线

（2）伏安特性。把稳态情况下热敏电阻上的端电压与通过热敏电阻的电流之间的关系称为伏安特性。由图 2.11 可见，热敏电阻只有在小电流范围内，其端电流和电压的关系才符合欧姆定律；当电流增大到一定值时，流过热敏电阻的电流使之加热，本身温度升高，出现负阻特性。因电阻减小，即使电流增大，端电压反而下降。其所能升高的温度与环境条件（周围介质温度及散热条件）有关。当电流和周围介质温度一定时，热敏电阻的电阻值取决于介质的流速、流量、密度等散热条件，因此可用它来测量流体速度和介质密度等。在实际使用中，要根据热敏电阻的测量功耗来确定测温电流。

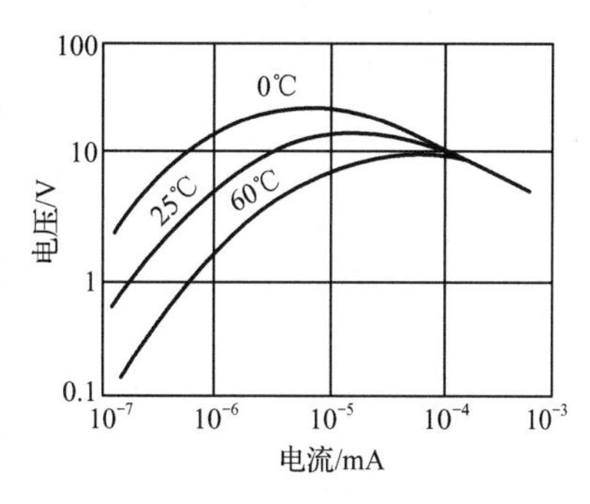

图 2.11　热敏电阻的伏安特性曲线

2.3.2.2　热敏电阻的特点

热敏电阻同其他感温元件相比具有以下特点。

（1）灵敏度高。半导体的电阻温度系数比金属的大，一般是金属的十几倍，因此可大大降低对仪器、仪表的要求。

（2）体积小、热惯性小、结构简单，可根据不同要求，制成各种形状。

（3）化学稳定性好，机械性能好，价格低廉，寿命长。

（4）再现性和互换性差，非线性严重。测温范围较窄，目前大多为-50～300℃。

2.3.3　电阻式温度传感器的应用

扫码看微课

电阻式温度传感器的应用

在实际应用中，电阻式温度传感器通常用电桥或串联电路把温度带来的电阻变化转变为电压变化输出。一般工业用热电阻的工作电流被限制在 6mA 以内，这样自热温差就不会超过 0.1℃。

2.3.3.1　金属热电阻式传感器

在金属热电阻式传感器的选型中，使用目的、使用场所、使用环境、测量范围与准确度、结构类型、基体材质、保护套管材质、热电阻响应时间、探头几何尺寸等都是与使用条件关系密切的要素，须按需选择。

（1）测量范围与准确度。目前，金属热电阻式传感器的测温范围可达-260～960℃。以铂电阻为例，根据准确度，按标准可分为 AA 级、A 级、B 级和 C 级，有的国外制造商会按照其他标准进行定义。值得注意的是，等级与其有效测量范围是相对应的。如国家计量检定规程 JJG 229—2010，明确给出了 A 级线绕式铂电阻的有效温度范围仅为-100～450℃，通常制造商会直接分段给出不同范围内的准确度。在选型时，需根据使用条件，综合考虑所需的测量范围及准确度/温度允差要求，选择合适的产品，不必为了追求测量范围广、准确度高而增加工业生产成本。

（2）结构类型。热电阻按结构可分为线绕式和薄膜式，线绕式是目前最为常见的类型，其感温金属丝缠绕在某种材质的芯体上；薄膜式则是将感温金属嵌于薄片基体上制成的。薄膜式热电阻除具有常规热电阻的性能外，还具有体积小、电阻温度系数高、热容量小、热响应快、耐振动、耐冲击的特点，适用于安装位置小，需要快速响应的测温系统，在诸如电子设备的热测试等领域有着广泛应用。

（3）基体材质、保护套管材质。选用何种基体材质以及保护套管材质，均与热电阻温度计的使用环境息息相关。线绕式热电阻和薄膜式热电阻均是将金属丝固定于某一材质的基体上加工而成的，基体材质主要有陶瓷、玻璃等，陶瓷材质的基体可适用于极低和极高的温度条件，可耐热冲击，但是其抗振能力有限且只能在干燥的环境中使用；玻璃材质的基体可适应低温及极高温，可耐热冲击，抗振性能优于陶瓷；薄膜式热电阻通常会选用硅片为基体材质。热电阻在制造中，需加装保护套管进行封装保护，方可使用。除选与基体相同的材质外，在酸碱等易腐蚀的环境中，还可采用不锈钢等材质的套管；或对套管表面进行处理，提高表面光洁度，增强耐腐蚀性，以延长热电阻使用寿命；薄膜式热电阻也可通过涂保护膜等手段来增加其环境适应性。

（4）热电阻响应时间。当利用热电阻进行动态温度测量时，需尤其关注热电阻的动态响应特性。有研究表明，热电阻的响应时间主要与热电阻的本身性质、介质、流速等有关。通常厂家会给出热电阻在某种介质及流速状态下的响应数据，以供参考。例如，OMEGA 1PT100GX1510 型热电阻传感器在 1m/s 流速的空气中，达到 90%稳态值的响应时间为 7s。响应速度的快慢还与插入深度有关。在用于精密气流测量时，厂家还会在热电阻保护套管前端开有气流孔，通过加工手段让温度感应端实现更快、更准的测量。

（5）探头长度、直径、形状和曲直。这些因素的选取与热电阻的安装空间、探头受力情况和对温度变化的响应要求有关。一般认为，热电阻安装后插进被测气体或液体的深度需大于热电阻保护套管外径的 8～10 倍，除保证与被测温场的充分接触外，还可以尽量让热电阻在长度方向热胀变形。在带有一定流速的流体中，探针会受到一定的侧向力，探头直径需保证其在长期受力情况下不发生折损。但是越细的探头灵敏度越高，在对响应速度有要求的测温环境中，探针直径越小越好。因此，选型时需综合考虑多方面因素。

除了以上要点，热电阻的选型还有其他需要考虑的方面，但基本是可以通过要求厂家选配或后期改造实现的。

2.3.3.2 热敏电阻式传感器

没有外保护层的热敏电阻只能用于干燥处，密封的热敏电阻不怕湿气等侵蚀，可以使用在较恶劣的环境下。由于热敏电阻的阻值较大，因此连接导线的电阻和接触电阻一般可以忽略不计。如在用热敏电阻测量粮仓温度时，其引线可长达近千米。

选用热敏电阻式传感器应从以下两方面来考虑。

（1）用途。根据热敏电阻在电路中的作用来选择热敏电阻的类型。在温度测量、温度控制、温度补偿电路中，需要选用准确度较高、稳定性好、可靠性高的热敏电阻。用于过载（过流、过压、过热）保护的热敏电阻一般为临界温度热敏电阻，要求反应速度快、功率大。

（2）使用环境。选择热敏电阻，不仅要考虑热敏电阻的参数是否符合要求，还要考虑热敏电阻在使用环境下的可靠性，因此需要考虑它们的耐水/耐湿性、耐热性、抗振性等因素。

由于热敏电阻具有许多优点，所以应用范围很广，可用于温度测量、温度控制、温度补偿、气体和液体分析、火灾报警、过热保护等方面。下面介绍几种主要用法。

（1）温度测量。此时多采用 NTC 热敏电阻，采用电桥电路作为转换电路将温度带来的电阻变化转变为电桥电路的电压变化输出，热敏电阻体温表原理图如图 2.12 所示。调试电桥电路时，必须先调零，再调满度，最后再验证刻度盘中其他各点的误差是否在允许的范围内，上述过程称为标定。具体做法如下：将绝缘的热敏电阻放入 32℃（表头的零位）的温水中，待热量平衡后，调节 R_{P1}，使指针指在 32℃上，再加入热水，用更高一级的数字式温度计监测水温，使其上升到 45℃。待热量平衡后，调节 R_{P2}，使指针指在 45℃上。再加入冷水，逐渐降温，检查 32～45℃范围内刻度的准确性。如果不正确：①可重新标定刻度；②在带微机的情况下，可用软件修正。

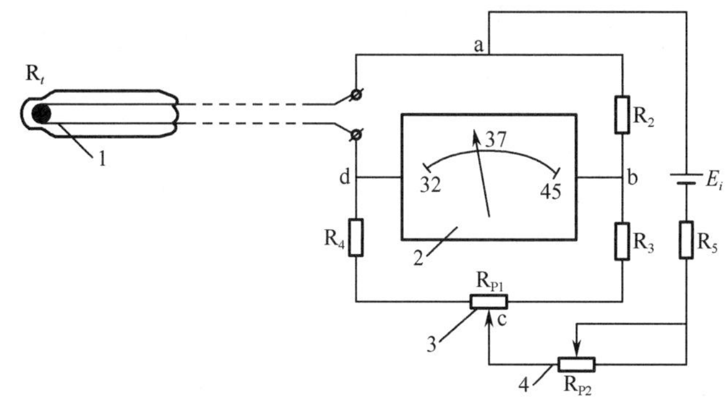

1—热敏电阻；2—表盘；3—调零电阻；4—调满度电阻。

图 2.12　热敏电阻体温表原理图

虽然目前热敏电阻温度计均已数字化，但上述的“调试”“标定”的概念是检测技术人员必须掌握的最基本技术，必须在实践环节反复训练类似的调试基本技能。

（2）温度补偿。仪表中通常采用的一些零件，多数是用金属丝制成的，例如线圈、线绕电阻等，金属一般具有正的温度系数，采用 NTC 热敏电阻进行补偿，可以抵消由于温度变化所产生的误差。在实际应用时，将 NTC 热敏电阻与锰铜丝电阻并联后再与补偿元件串联。在三极管电路、对数放大器中，也常用热敏电阻组成补偿电路，补偿由于温度引起的漂移误差。

（3）过热保护。过热保护分为直接保护和间接保护两种。对于小电流场合，可把热敏电阻直接串入负载中，防止过热损坏以保护器件。对于大电流场合，可通过继电器、晶体管电路等来保护器件。无论哪种情况，热敏电阻都与被保护器件紧密结合在一起，充分进行热交换，一旦过热，起检测和保护作用。过热保护如图 2.13 所示，用热敏电阻与一个电阻串联，并加上恒定的电压 V_{CC}，当周围介质温度升到某一数值时，临界温度热敏电阻 R_t 的阻值急剧上升，支路电流迅速下降，此时三极管基极、射极间的电压和基极电流随之下降，三极管会从饱和状态进入截止状态，负载 R_L 失电，起到保护作用。

（4）除以上几种应用实例之外，利用热敏电阻上的热量消耗和介质流速的关系可间接测量流速、风速、流量等参数。

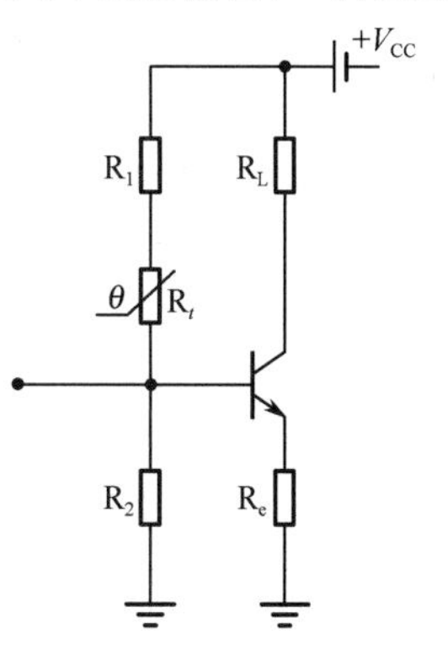

图 2.13　过热保护

圆柱形旋涡检测器如图 2.14（a）所示，当旋涡在圆柱体下游侧产生时，出于升力的作用，使得圆柱体下方的压力比上方高一些，圆柱体下方的流体在上下压力差的作用下，从圆柱体下方导压孔进入空腔，通过隔板中央部分的小孔，流过铂电阻丝，从上方导压孔流出。如果将铂电阻丝加热到高于流体温度的某温度值，则当流体流过铂电阻丝时，就会带走热量，改变其温度，也即改变其电阻值，从而利用铂热电阻式传感器间接测量流体流速或流量。当采用如图 2.14（b）所示的三角柱旋涡检测器时，在柱体的迎流面对称地嵌入两个热敏电阻组成电桥电路的两臂，以恒定电流加热使其温度稍高于流体，在交替产生的旋涡作用下，两个电阻被周期地冷却，使其阻值改变，阻值的变化由电桥电路测出，即可测得旋涡产生频率，从而测出流量。以上两种检测器均属旋涡流量传感器类型，通过测流体流速引起的旋涡体频率改变带来的阻值变化来间接测量流体流速或流量。除圆柱形、三角柱结构外，也可以旋进式等结构作为敏感元件将流速转变为旋涡体的频率变化，之后再利用超声波检测法、压力检测法、阻值检测法等来检测流体流速。

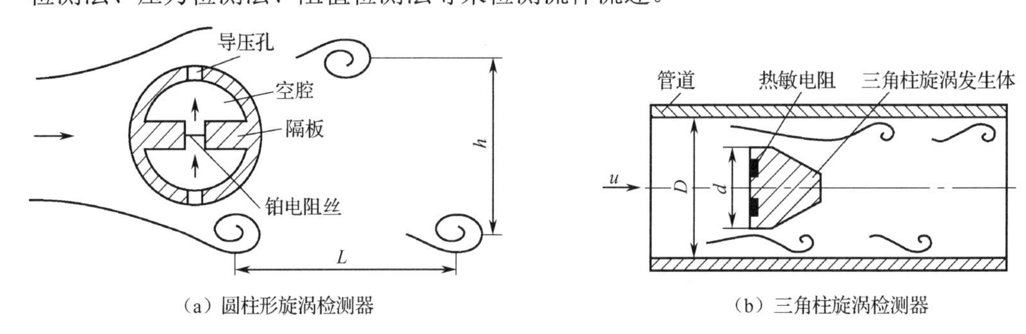

（a）圆柱形旋涡检测器　　（b）三角柱旋涡检测器

图 2.14　流速与流量传感器结构及原理图

电阻式温度传感器的选型是影响整个测量系统性能的最重要一环，但并非唯一。电阻式感温元件的安装、接线端的连接质量、测温电路的设计，以及外引线的材质、绝缘处理等都会影响整个温度测量系统的准确性，有时甚至会影响生产安全。因此，整个测温系统的最终使用效果是各部件、各环节全面协调的结果，需要技术人员的全面了解和重视。

任务 2.4　热电偶传感器

热电偶传感器是目前应用非常广泛、发展比较完善的测温器件，它在很多方面都具备了一种理想温度传感器的条件，具有灵敏度好、准确度高、互换性好、稳定性好和再现性好等优点。下面我们将学习的热电偶传感器是一种有源传感器，测量时无须外加电源，使用十分方便，常用于测量炉子、管道内的气体或液体的温度及固体的表面温度。

知识目标：

（1）能陈述热电偶传感器的结构、种类，并比较它们的特性。

（2）能描述热电偶传感器的工作原理、选型方法和使用注意事项。

（3）能解释热电偶冷端延长的原理和冷端补偿的方法。

（4）能举例说明热电偶传感器的典型应用。

技能目标：

（1）能根据热电偶传感器的特性及项目需求进行传感器选型。

（2）能根据产品说明书，正确进行热电偶传感器的安装、调试、标定和维护。

（3）能够规范编写热电偶传感器的相关技术文档。

热电偶传感器的工作原理及类型

2.4.1 热电偶传感器的工作原理

1821年，德国物理学家塞贝克用两种不同金属组成闭合回路，并用酒精灯加热其中一个接触点（又称接点），发现置于回路中的指南针发生了偏转，即热电效应，如图2.15（a）所示。如果用两盏酒精灯对两个接点同时加热，指南针的偏转角反而减小。由此可见，回路中有电动势产生并有电流在闭合回路中流动，导致指南针偏转，电流的强弱与两个接点的温差有关。

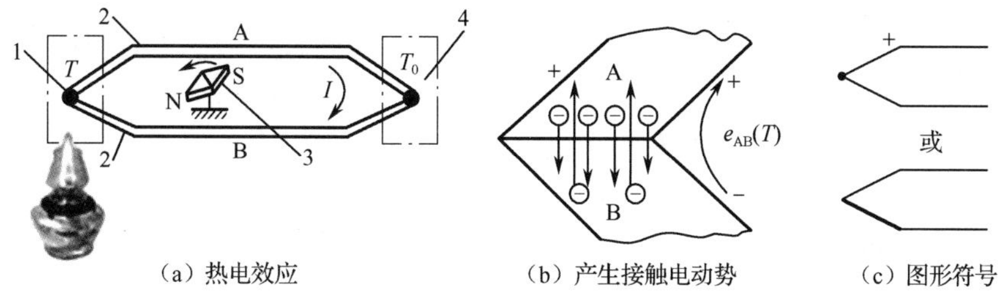

（a）热电效应　（b）产生接触电动势　（c）图形符号

1—热端；2—热电极；3—指南针；4—冷端。

图2.15　热电偶原理图

将两种不同的导体或半导体A和B连成闭合回路，当两个接点处的温度（T和T_0）不同时，回路中将产生热电动势，这种物理现象称为热电效应。

两种不同导体（或半导体）组成的闭合回路称为热电偶。导体A或B称为热电极。两个接点，置于温度为T的被测对象中的称为热端（工作端或测量端），温度为参考温度T_0的接点称为冷端或自由端，也叫参比端或参考端。

闭合回路的热电动势由两种电动势组成，分别是温差电动势（同一导体）和接触电动势（两种不同导体）。

接触电动势指两种不同的导体相接触时，因各自的自由电子密度不同而产生电子扩散，当达到动态平衡后所形成的电动势。接触电动势的大小和方向主要取决于两种材料的性质（电子密度）和接触面温度的高低。温度越高，接触电动势越大；两种导体电子密度的比值越大，接触电动势也越大。

温差电动势指同一导体两端因温度不同而产生的电动势，其值与温度和材料的性质有关。

对于由A和B两种导体组成的热电偶闭合回路，设两端接点温度分别为T和T_0，材料A、B在温度为T时的自由电子密度为$N_A(T)$、$N_B(T)$；那么回路中存在两个接触电动势$e_{AB}(T)$和$e_{AB}(T_0)$，两个温差电动势$e_A(T, T_0)$和$e_B(T, T_0)$，因此回路的总热电动势为

$$E_{AB}(T,T_0)=[e_{AB}(T)-e_{AB}(T_0)]-[e_A(T,T_0)-e_B(T,T_0)]\approx\frac{k}{e}(T-T_0)\ln\frac{N_A(T)}{N_B(T)}-\int_{T_0}^{T}(\tau_A-\tau_B)\mathrm{d}t \tag{2.7}$$

式中，e 为单位电荷，1.602×10^{-19}C；k 是波尔兹曼常数，k=1.38×10^{-23}J/K。从式（2.7）可知：

（1）如果热电偶两电极材料相同，即使两端温度不同（$T\neq T_0$），总输出热电动势仍为零，因此必须由两种不同材料才能构成热电偶。

（2）如果热电偶两接点温度相同，则回路总的热电动势必然等于零。两接点温差越大，热电动势越大。

（3）式（2.7）中未包含与热电偶的尺寸形状有关的参数，所以热电动势的大小只与材料和接点温度有关。

（4）若冷端 T_0 为定值，则总热电动势 $E_{AB}(T, T_0)$与热端 T 一一对应，即一定的热电动势对应一定的温度，因此我们只要测量热电动势就可间接获取被测对象温度。如果以摄氏温度为单位，$E_{AB}(T,T_0)$ 也可以写成 $E_{AB}(t,t_0)$，其物理意义略有不同，但电动势的数值是相同的。

一般情况下，接触电动势远大于温差电动势，因此总热电动势的极性总是取决于接触电动势的极性。因此，热电偶中电子密度高的导体称为正电极，电子密度低的导体称为负电极；热电动势的符号 $E_{AB}(T, T_0)$规定了正、负电极顺序和热端、冷端顺序，若电极和温度顺序互换，热电动势的极性就反相，即 $E_{AB}(T, T_0)=-E_{AB}(T_0, T)$，$E_{BA}(T, T_0)=-E_{AB}(T, T_0)$。

2.4.2 热电偶工作的基本定律

2.4.2.1 均质导体定律

同种均质导体或半导体组成的闭合回路，不论其截面、长度以及各处温度如何分布，都不会产生热电动势。

这说明，一种均质材料不能构成热电偶，必须由两种不同材料的均质导体构成；热电偶的热电动势仅与两接点的温度有关，而与热电极的温度分布无关；若热电极材料不均匀，由于温度梯度的存在，将产生附加热电动势。

在实际应用中，用同种材料构成一热电偶，若不能产生热电动势，则说明材料均匀性好；若产生，则说明材料不均匀，热电动势值越大，说明材料越不均匀。热电极材料的均匀性是衡量热电偶质量的重要技术指标之一。

2.4.2.2 中间导体定律

在热电偶回路中接入中间均质导体后，只要中间导体两端接点的温度相同，就对热电偶回路的总热电动势值没有影响。

具有中间导体的热电偶回路如图 2.16 所示，接入第三种导体 C 后，由于温差电动势可忽略不计，则回路中的总热电动势等于各接点的接触电动势之和，即

$$E_{ABC}(T,T_0)=E_{AB}(T)+E_{BC}(T_0)+E_{CA}(T_0) \tag{2.8}$$

当 T=T_0时，有

$$E_{BC}(T_0)+E_{CA}(T_0)=-E_{AB}(T_0) \tag{2.9}$$

将式（2.9）代入式（2.8）中，得

$$E_{ABC}(T,T_0)=E_{AB}(T)-E_{AB}(T_0)=E_{AB}(T,T_0) \tag{2.10}$$

同理，热电偶回路中接入多种导体后，只要保证接入的每种导体的两端接点温度相同，就对热电偶的热电动势没有影响。

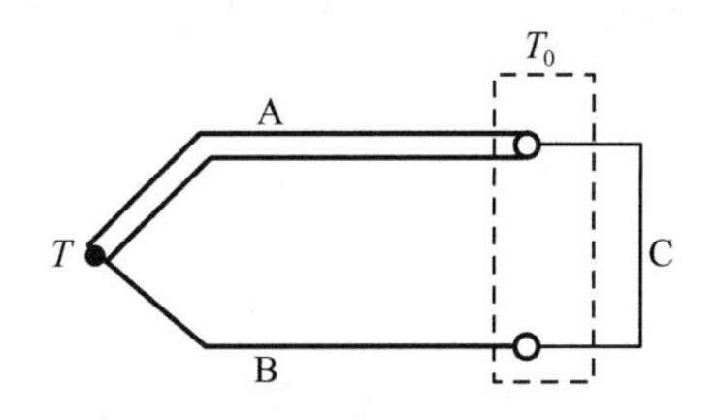

图 2.16　具有中间导体的热电偶回路

根据热电偶的中间导体定律，在热电偶回路中引入的各种仪表和连接导线等均可以看成中间导体，只要加入的导体两端接点温度相同，回路总热电动势就不会发生变化。如在热电偶的冷端接入一个测量热电偶的仪表，并保证两端接点的温度相等，就可以对热电动势进行测量，而且不影响热电偶的输出。类似地，还可以用热电偶开路测量金属壁温和液态金属温度等。

2.4.2.3　连接导体定律

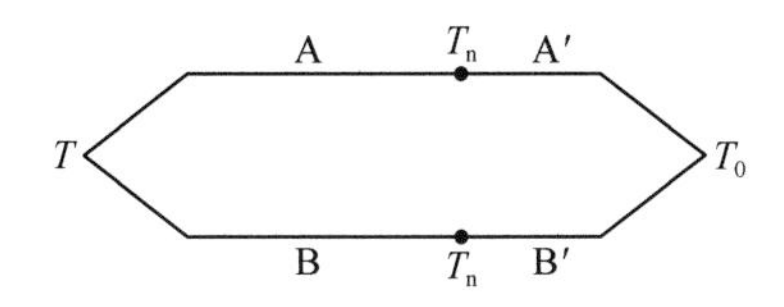

图 2.17　具有连接导体的热电偶回路

具有连接导体的热电偶回路如图 2.17 所示，在热电偶回路中，如果热电极 A、B 分别与导体 A′、B′相接，接点温度分别为 T、T_n、T_0，则回路总电动势等于热电偶热电动势和连接导体热电动势的代数和，即

$$E_{ABB'A'}(T,T_n,T_0,T_n)=E_{AB}(T,T_n)+E_{A'B'}(T_n,T_0) \tag{2.11}$$

根据这个定律，在实际测温中按照现场的安装情况，可以给热电偶连接热电特性相同的导体 A′或 B′，起到延长热电极的作用，以适合不同的安装要求。

2.4.2.4　中间温度定律

两种均质材料 A、B 构成热电偶，接点温度分别为 T、T_0，若有一个中间温度 T_n，则回路总电动势不受中间温度的影响，即

$$E_{AB}(T,T_0)=E_{AB}(T,T_n)+E_{AB}(T_n,T_0) \tag{2.12}$$

中间温度定律是制定热电偶分度表的理论基础。根据这一定律，只要给出冷端为 0℃时的热电动势和温度的关系，就可以求出冷端为任意温度 T_0 时的热电偶热电动势，即

$$E_{AB}(T,T_0)=E_{AB}(T,0)+E_{AB}(0,T_0) \tag{2.13}$$

热电偶分度表都是以冷端温度为 0℃做出的。一般在工程测量中冷端温度 T_0 都不为 0℃（任一恒定值），根据式（2.13），只要测出热电偶的热电动势 $E_{AB}(T, T_0)$，便可利用热电偶分度表进行冷端补偿 $E_{AB}(T_0, 0)$，进而求出热端的被测对象温度值 T。

$$E(T,T_0)=E(T,T_n)+E(T_n,T_0)$$

在$E(T_n, T_0)$中$T_n=30$℃，$T_0=0$℃，$E(T,T_n)=7.5\text{mV}$，$E(T,0)=E(T,30)+E(30,0)=7.5+0.173=7.673\text{mV}$

2.4.2.5　标准电极定律

如果 A、B 对标准电极 C 材料的热电动势已知，则 A、B 构成热电偶时的热电动势是它们分别对 C 构成热电偶时产生的热电动势的代数和，即

$$E_{AB}(T,T_0)=E_{AC}(T,T_0)+E_{CB}(T,T_0) \tag{2.14}$$

在实际应用中，纯金属的种类很多，而合金型更多。因此，要得出各金属两两

组合构成的热电偶的热电动势，工作量很大。根据标准电极定律，只要通过实验获得各电极与标准电极的热电动势，则其中任意两个电极构成的热电偶的热电动势都可通过计算获得。在实际应用中，一般选择高纯铂丝作为标准电极，这是因为铂的物理、化学性质稳定，熔点高，易提纯。

2.4.3 热电偶的种类、结构形式和特点

理论上任意两种导体均可配成热电偶，但因实际测温时对测量准确度及使用等有一定要求，故对制造热电偶的热电极材料也有一定要求。

（1）材质要均匀，能耐高温，机械性能好，能加工成丝，化学、物理性能稳定，不易氧化、变形及腐蚀。

（2）热灵敏度高，热电动势大，测温范围宽，热电动势随温度的变化率要大，热电动势与温度尽可能呈线性对应关系。

（3）导体的电阻温度系数要小，电阻率小。

（4）材料复制性和互换性好，便于批量生产，制造简单，价值低廉。

完全满足上述条件要求的材料很难找到，故一般只根据被测量温度的高低选择适当的热电极材料。

2.4.3.1 热电偶的种类

热电极和热电偶的种类繁多，我国从 1991 年开始采用国际计量委员会 1990 年发布的国际温标 ITS-90 标准。按此标准，共有八种国际通用热电偶，其特性表如表 2.3 所示。表 2.3 所列的热电偶，写在前面的热电极为正极，写在后面的为负极。

表 2.3 八种国际通用热电偶特性表

名　　称	分度号	测温范围/℃	100℃时的热电动势/mV	1000℃时的热电动势/mV	特　　点
铂铑$_{30}$[①]-铂铑$_{6}$	B	50～1820	0.033	4.834	熔点高，测温上限高，性能稳定，准确度高，100℃以下热电动势极小，所以通常不必考虑冷端温度补偿；只适用于高温域的测量；适用于氧化性和惰性气氛，也可短期用于真空中；价高，热电动势小，灵敏度低，高温下机械强度下降，不适用于还原性气氛或含有金属或非金属蒸气气氛
铂铑$_{13}$-铂	R	-50～1768	0.647	10.506	使用上限较高，准确度高，性能稳定，再现性好；多用于精确测量；缺点同上
铂铑$_{10}$-铂	S	-50～1768	0.646	9.587	优缺点同 B、R 型，有研究显示性能不如 R 型热电偶；曾长期作为国际温标的法定标准热电偶
镍铬-镍硅	K	-270～1370	4.096	41.276	热电动势大，线性好，稳定性好，价廉；但材质较硬，在 1000℃以上长期使用会引起热电动势漂移；多用于工业测量

续表

名　称	分度号	测温范围/℃	100℃时的热电动势/mV	1000℃时的热电动势/mV	特　点
镍铬硅-镍硅	N	-270～1300	2.744	36.256	是一种新型热电偶，各项性能均比K型热电偶好，适宜于工业测量
镍铬-铜镍（锰白铜）	E	-270～800	6.319	—	热电动势比K型热电偶的大50%左右，线性好，耐高湿度，价廉；但不能用于还原性气氛；多用于工业测量
铁-铜镍（锰白铜）	J	-210～760	5.269	—	价格低廉，在还原性气氛中较稳定；纯铁易被腐蚀和氧化；多用于工业测量
铜-铜镍（锰白铜）	T	-270～400	4.279	—	价廉，加工性能好，离散性小，性能稳定，线性好，准确度高；铜在高温时易被氧化，测温上限低；多用于低温测量，可作-200～0℃的计量标准

① 铂铑 $_{30}$ 表示该合金含70%的铂及30%的铑，以下类推。

工程中，K、N、E、T型热电偶典型下限为-200℃，J型常用下限为0℃。

分度表是描述热电偶热端（工作端）温度与输出热电动势之间的对应关系的表格［当冷端（自由端）温度为0℃时］。

图2.18所示为几种常见热电偶的热电动势与温度的特性曲线。由图可知，在0℃时它们的热电动势均为零，这是因为在绘制热电动势-温度曲线或制定分度表时，总是将冷端置于0℃这一规定环境中。

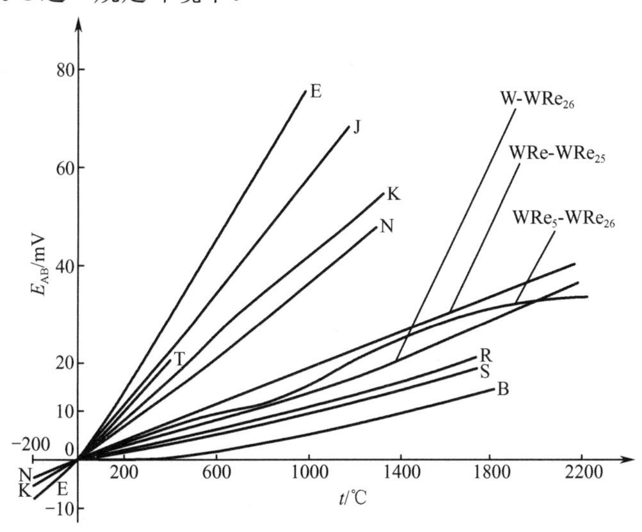

图2.18　几种常见热电偶的热电动势与温度的特性曲线

从图2.18中还可以看出，B、R、S及WRe$_5$-WRe$_{26}$（钨铼 $_5$-钨铼 $_{26}$）等热电偶在100℃时的热电动势几乎为零，只适合于高温测量。

热电偶的输出热电动势是毫伏级的，这对变送器的放大、抗干扰功能等的要求就很高，否则难以实现精确测量；在较低的温度区域，冷端温度的变化所引起的相对误差也非常突出，因此工程上通常在测量对象温度大于400℃时才会优先考虑选择热电偶传感器。

分析图 2.18，还可发现，多数热电偶的输出都是非线性（斜率不为常数）的。国际计量委员会已对这些热电偶的化学成分和每一摄氏度的热电动势做了精确测试，并公布了它们的分度表（t_0=0℃）。使用前，只要将这些分度表输入到计算机中，由计算机根据测得的热电动势自动查表就可获得被测温度值。

2.4.3.2 热电偶的结构形式

为适应不同的工程需求，热电偶具有多种结构形式。

（1）普通型装配式热电偶。普通型装配式热电偶主要用于测量气体、蒸汽、液体等介质的温度。由于使用的条件相似，所以这类热电偶已做成标准型，主要由热电极、绝缘管、保护套管和接线盒等部分组成。普通型装配式热电偶结构如图 2.19 所示。普通型装配式热电偶按其安装的连接形式可分为固定螺纹连接方式、固定法兰连接方式、活动法兰连接方式、无固定装置等多种形式。

（2）铠装热电偶。铠装热电偶结构如图 2.20 所示，铠装热电偶是将热电极、绝缘材料和金属套管三者拉伸加工而成的一种坚实的组合体。它内部分为单芯和双芯两种，可以做得很长、很细，在使用中可以随测量需要进行弯曲。

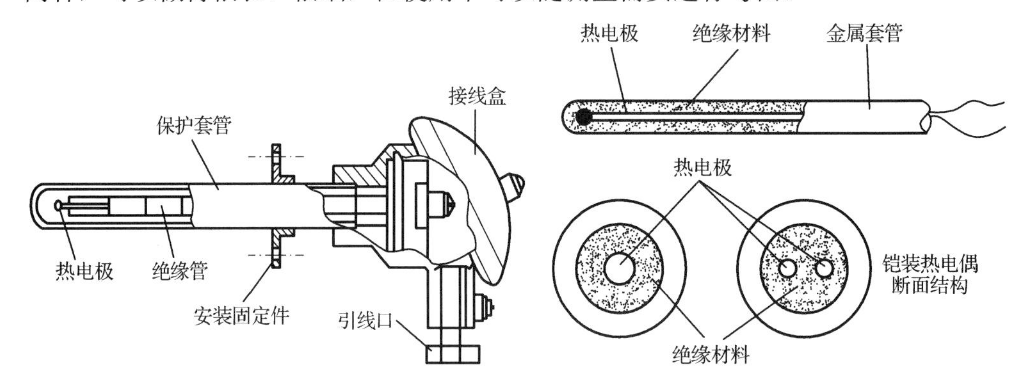

图 2.19 普通型装配式热电偶结构 图 2.20 铠装热电偶结构

铠装热电偶的主要特点：热端热容量小，动态响应快，机械强度高，抗干扰性好，耐高压、耐强烈振动和耐冲击，可安装在狭窄或结构复杂的装置上，因此已被广泛用在许多工业部门中。

（3）薄膜热电偶。薄膜热电偶是由两种薄膜热电极材料，用真空蒸镀、化学涂层等办法蒸镀到绝缘基板上面制成的一种特殊热电偶，热端既小又薄，具有热容量小、反应速度快等特点，典型测温范围为-200～300℃。它适用于测量瞬间变化的表面温度和微小面积上的温度变化，如火箭、飞机喷嘴等的瞬变温度测量，以及微波的功率测量等。

除上述热电偶之外，常见的热电偶种类还有表面热电偶（用于固体表面物体测温）、消耗式热电偶（主要用于钢水温度测量）、防爆热电偶（用于化学工业自控系统等易燃易爆场合）等结构形式。

2.4.3.3 热电偶的特点

热电偶的温度测量范围广泛。随着科学技术的发展，目前热电偶的品种较多，可以测量-270～2800℃以至更高的温度。在正确使用的情况下，热电偶性能稳定、准确可靠。

由于热电偶能将温度信号转换成电压/电流信号，因此可以远距离传输，也可以集中检测和控制。此外，热电偶的结构简单，使用方便，其热端能做得很小。因此，可以用热电偶来测量“点”的温度。又由于热电偶的热容量小，因此响应速度很快。

2.4.4 热电偶传感器的冷端延长

扫码看微课

热电偶传感器的冷端处理及应用

由热电偶的工作原理可知，热电偶热电动势的大小与热端（测量端）和冷端（参考端）的温度都有关，是热端温度 T 和冷端温度 T_0 的函数差。根据式（2.7），为了保证输出电动势是被测温度的单值函数，必须使冷端的温度保持恒定。

工业现场测温时，由于热电偶的长度有限，冷端温度直接受到被测介质和周围环境的影响，经常波动，因此采用冷端延长线（或称冷端补偿导线）将热电偶冷端延伸至温度稳定的场所（如控制室内），热电偶冷端延长如图 2.21 所示。

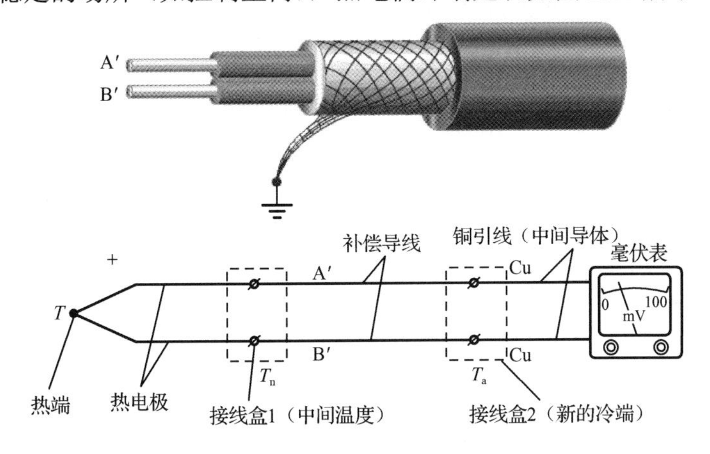

图 2.21　热电偶冷端延长

补偿导线 A′、B′的引入不应影响原有热电动势的大小，假设补偿导线和原热电极 A、B 的接触端温度为 T_n（满足热电偶中间导体定律），则有 $E_{AB}(T,T_0)=E_{ABB'A'}(T,T_n,T_0,T_n)$；根据式（2.11）可知，引入补偿导线后，$E_{AB}(T,T_0)=E_{AB}(T,T_n)+E_{A'B'}(T_n,T_0)$；再根据式（2.12）知，$E_{AB}(T_n,T_0)=E_{A'B'}(T_n,T_0)$，因此补偿导线的热电特性在一定温度范围内（通常为 0～100℃）应与所取代的热电偶丝的热电特性基本一致。

补偿导线分为延伸型（X）和补偿型（C）两种。延伸型导线的化学成分及热电动势标称值与被补偿热电偶的相同；补偿型导线的化学成分与被补偿热电偶的不同，在忽略微小的温差电动势的情况下，两种补偿导线的电子密度之比应与原有两个热电极的近似相等。

随着热电偶的标准化，补偿导线也形成了标准系列。根据国际电工委员会制定的国际标准，常用热电偶的补偿导线如表 2.4 所示。

表 2.4　常用热电偶的补偿导线

品种特性	补偿型		延伸型				WC3/25	WC5/26
	SC	KC、NC	KX、NX	EX	JX	TX		
配用热电偶	S、R	K、N	K、N	E	J	T	WRe_3-WRe_{25}	WRe_5-WRe_{26}

续表

品种特性			补偿型		延伸型				WC3/25	WC5/26
			SC	KC、NC	KX、NX	EX	JX	TX		
材质和颜色	正极	材质	铜	铜	镍铬	镍铬	铁	铜	铜	铜
		颜色	红	红	红	红	红	红	红	红
	负极	材质	铜镍	铜镍	镍硅	铜镍	铜镍	铜镍	铜镍	铜镍
		颜色	绿	蓝	黑	棕	紫	白	黄	橙
允差/mV	A级（精密级）	100℃	±0.023（3℃）	±0.063（1.5℃）	±0.063（1.5℃）	±0.102（1.5℃）	±0.081（1.5℃）	±0.023（1.5℃）		
		200℃			±0.060（1.5℃）	±0.111（1.5℃）	±0.083（1.5℃）	±0.027（0.5℃）		
	B级（普通级）	100℃	±0.037（5℃）	±0.105（2.5℃）	±0.105（2.5℃）	±0.170（2.5℃）	±0.135（2.5℃）	±0.047（1.0℃）	±0.048（3.0℃）	±0.051（3.0℃）
		200℃	±0.057（5℃）		±0.100（2.5℃）	±0.183（2.5℃）	±0.138（2.5℃）	±0.053（1.0℃）	±0.080（5.0℃）	±0.085（5.0℃）
往复电阻	20℃、长度为1m、截面积为1mm²时		<0.1Ω	<0.8Ω	<1.5Ω	<1.5Ω	<0.8Ω	<0.8Ω		

热电偶补偿导线的使用注意事项。

（1）各种延长线只能与相应型号的热电偶配用，而且必须在规定的温度范围内使用。

（2）补偿导线有正、负极，需分别与热电偶的正、负极相连；不能接反，否则会造成更大的误差。

（3）延长线与热电偶连接的两端接点温度必须相同。

（4）补偿导线的作用只是延伸热电偶的冷端，当冷端温度 $T_0 \neq 0℃$时，还需进行其他补偿与修正。

2.4.5 热电偶传感器的冷端补偿

当冷端温度为0℃时，根据测得的热电动势值，我们可直接利用热电偶分度表获得被测对象的温度值。当热电偶的冷端温度不是0℃，而是其他某一数值，且又不加以适当处理时，即使测得了热电动势的值，仍不能直接应用分度表，即不可能得到热端的准确温度，会产生测量误差，因此需要进行冷端温度补偿。典型的消除或补偿热电动势损失的方法有冷端恒温法、计算修正法、补偿电桥法等。

2.4.5.1 冷端恒温法

冷端恒温法，又称冰浴法，是在科学实验中经常采用的一种方法。

为了测量准确，可以把热电偶的冷端置于冰水混合物的容器里，使 T_0=0℃。为了避免冰水导电引起 T_0 处的节点短路，必须把节点分别置于两个玻璃试管里，如果浸入同一冰点槽，要使之互相绝缘，冷端恒温法接线图如图 2.22 所示。

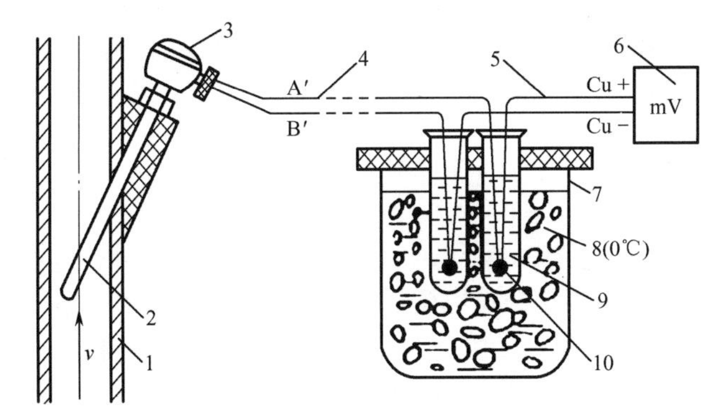

1—被测流体管道；2—热电偶；3—接线盒；4—补偿导线；5—铜质导线；

6—毫伏表；7—冰瓶；8—冰水混合物；9—试管；10—新的冷端。

图 2.22　冷端恒温法接线图

这种方法能保证冷端温度为 0℃，准确度很高，但维护麻烦，延长的热电偶使成本增加，一般在实验室用于校正标准热电偶等高准确度温度测量。

在工业使用时，要使冷端的温度保持为 0℃是比较困难的，通常采用以下温度补偿办法。

2.4.5.2　计算修正法

当热电偶冷端温度不是 0℃，而是 T_0 时，根据热电偶中间温度定律，可得热电动势的计算修正公式：

$$E(T, 0)=E(T, T_0)+E(T_0, 0) \tag{2.15}$$

式中，$E(T, 0)$表示冷端温度为 0℃，而热端温度为 T 时的热电动势；$E(T, T_0)$表示冷端温度为 T_0，而热端温度为 T 时的热电动势，即实测值；$E(T_0, 0)$表示冷端温度为 0℃，而热端温度为 T_0 时的热电动势，即当冷端温度不为 0℃时热电动势的校正值。

因此，只要知道了热电偶冷端的温度 T_0，就可以从分度表中查出对应于 T_0 的热电动势 $E(T_0, 0)$，然后将这个热电动势值与显示仪表所测的读数值 $E(T, T_0)$相加，得出的结果就是热电偶的冷端温度为 0℃时，对应于热端的温度为 T 时的热电动势 $E(T, 0)$，最后就可以从分度表中查得对应于 $E(T, 0)$的温度，这个温度的数值就是热电偶热端的实际温度。

例 2.1　某 S 型热电偶在工作时冷端温度 T_0=30℃，现测得热电偶的电动势为 7.5mV，欲求被测介质的实际温度。

解：已知热电偶测得的电动势为 $E(T, 30)$，即 $E(T, 30)$=7.5mV，其中 T 为被测介质的实际温度。

由分度表可查得 $E(30，0)$=0.173mV，则

$$E(T, 0)=E(T, 30)+E(30, 0)=(7.5+0.173)\ \text{mV}=7.673\text{mV}$$

由分度表可查得 $E(T, 0)$=7.673mV 对应的温度为 830℃，则被测介质的实际温度为 830℃。

对于计算机系统，不必全靠硬件进行热电偶冷端处理。例如，冷端温度恒定但不为 0℃的情况，只要在采样后加一个与冷端温度对应的常数即可。对于经常波动的情况，可利用热敏电阻式、半导体集成式等温度传感器测量冷端温度，结合热电偶

分度表，按照计算修正公式（2.14）设计一些程序，便能自动修正。在进行多点温度采样时，为提高巡检速度，并减少计算量，可考虑将多个测量点的冷端放在同一温度稳定区域。

2.4.5.3 补偿电桥法

补偿电桥法利用不平衡电桥产生的电动势来补偿热电偶因冷端温度变化而引起的热电动势变化值，冷端温度补偿电桥如图 2.23 所示。在补偿电桥中，电阻 R_1、R_2、R_3 是固定桥臂，用锰铜电阻，其阻值在常温下受温度的影响可忽略不计，R_4 是温度敏感元件，一般用铜电阻。整个桥臂和电桥电路稳压电源，串联在热电偶测量回路中，热电偶冷端与电阻 R_4 感受相同的温度。设计时通常取 20℃时电桥平衡（R_1=R_2=R_3=R_4），此时对角线 a、b 两点电位相等，即 U_{ab}=0，电桥对仪表的读数无影响。当环境温度 T_0 高于 20℃时，R_4 增大，平衡被破坏，a 点电位高于 b 点，产生一不平衡电压 U_{ab}；同时，热电动势 $E(T,\ T_0)$减小。适当选择桥臂电阻和工作电流的数值，可使电桥产生的不平衡电压 U_{ab} 正好补偿由于冷端温度变化而引起的热电动势变化值，即 $U=E(T,T_0)+U_{ab}$，仪表即可指示正确的对象温度 T。由于电桥是在 20℃时平衡的，所以在使用这种补偿电桥前，须手动机械调节补偿，根据中间温度定律，确保 $U_{ab}=E(T_0,0)-E(20,0)$。

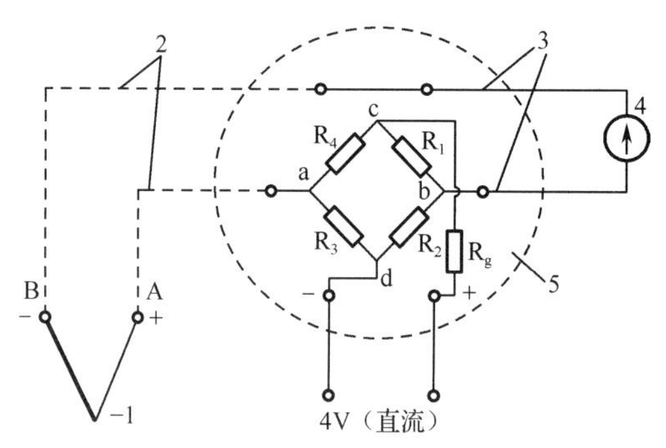

1—热端；2—补偿导线；3—电压表连接线；4—毫伏级电压表。

图 2.23 冷端温度补偿电桥

采用补偿电桥法制作的冷端补偿器，使用时要注意以下几点。

（1）不同分度号的热电偶配用不同的冷端补偿器。

（2）冷端补偿器中的铜电阻必须与冷端同温。

（3）补偿范围有限（一定准确度内，一般为 0～50℃）。

（4）极性不能接反。

（5）热电偶的热电特性是非线性的，冷端补偿器的输出电压与温度的关系也是非线性的，两个特性曲线不可能完全一致，因此，只能近似补偿。

2.4.6 热电偶传感器的应用

热电偶的感温部分尺寸小，响应速度快，工作时可不外加电源；相较于测温热电阻，在同等材料情况下，具有更高的测温上限。但其输出电压仅为毫伏级，不易测量，考虑到后续电路或数字芯片的需求，通常要对其输出信号采取线性放大处理。

作为测温装置，热电偶传感器通常和显示仪表、记录仪表及电子调节器配套使用，亦可作为装配式热电偶的感温元件。

2.4.6.1 热电偶传感器的选型

在实际测温时，被测对象极其复杂，应在熟悉被测对象、掌握各种热电偶特性的基础上，根据测量要求、使用环境、温度的高低等正确地选择热电偶。

（1）按使用温度选择。当对象温度 t<1000℃时，多选用廉金属热电偶，如 K 型热电偶。它的特点是使用温度范围宽，高温下性能较稳定。当 t=−200～300℃时，最好选用 T 型热电偶，它是廉金属热电偶中准确度最高的；也可选择 E 型热电偶，它是廉金属热电偶中热电动势变化率最大、灵敏度最高的。当 t = 1000～1400℃时，多选用 R、S 型热电偶。当 t=1400～1800℃时，多选用 B 型热电偶。S 型热电偶性能优良，长期使用时最高温度为 1300℃，短期使用时最高温度为 1600℃；R 型热电偶的综合性能与 S 型热电偶的相当，但在国内测温时很少采用；B 型热电偶长期使用时最高温度为 1600℃，短期使用时最高温度为 1800℃。当 t>1800℃时，常选用钨铼热电偶。

（2）根据被测介质化学性质选择。若被测介质为氧化性介质，当 t<1300℃时，多选用 N 型或 K 型热电偶，因为它们是廉金属热电偶中抗氧化性最强的；当 t>1300℃时，选用铂铑系热电偶（S、B 型）。若被测介质为真空、还原性介质，当 t<750℃时，可选用 J 型热电偶，它既可以在氧化性气氛中工作，又可以在还原性气氛中工作；当 t>1600℃时，应选用钨铼热电偶。若使用气密性比较好的保护套管，则短时测量时对气氛的要求就不太严格。

（3）根据冷端温度的影响选择。当 t<1000℃时，可选用 K 型热电偶，它常被用于发动机排气温度的测量；当 t>1000℃时，常选用 B 型热电偶，其冷端温度在 0～300℃时，需要补偿的热电动势非常微小，因此可忽略其影响。

（4）根据热电极的直径与长度选择。热电极丝的直径与长度，虽不影响热电动势的大小，但是它却直接与热电偶的使用寿命、动态响应特性及线路电阻有关。

对于快速反应，必须选用细直径的热电极丝，热端直径越小，越灵敏，响应速度越快，但电阻也越大；若选择粗直径的热电极丝，虽然可以提高热电偶的测温范围和寿命，但会增加响应时间。热电极丝长度的选择主要是由插入深度等安装条件决定的。

（5）根据耐久性及热响应性选择。线径大的热电偶耐久性好，但响应较慢。对于热容量大的热电偶，响应较慢，测量梯度大的温度时，温度控制效果就差。如要求响应时间快又有一定的耐久性，选择铠装热电偶比较合适。

（6）根据测量对象的性质和状态选择。对于运动物体、振动物体、高压容器，要求热电偶具有较高的机械强度；对于化学污染性气体，要求热电偶有保护套管；对于有电气干扰的场合，要求热电偶的绝缘比较高。

热电偶选型的典型流程：型号—分度号—防爆等级—准确度等级—安装固定形式—保护套管材质—长度或插入深度。

一般热电偶型号：WR12-345。其中，W 代表温度仪表，R 代表热电偶，1 为热电偶材料（如 R—铂铑 $_{30}$-铂铑 $_{6}$），2 为支数（空位为单支，2 为双支），3 为安装固定形式（如 3—活动法兰连接方式），4 为接线装置（如 4—防爆接线盒，Z—简易接线柱），5 是直径序号（如 3—ϕ20mm 高铝质保护套管）。

2.4.6.2 热电偶的安装方法及注意事项

热电偶的安装方法和热电阻类似，通常要注意以下问题。

（1）首先应测量好热电偶和热电阻法兰或者螺纹螺牙的尺寸，加工配套好法兰座或者螺纹底座。

（2）要根据法兰座或者螺纹底座的尺寸，在需要测量的管道上开孔。

（3）将法兰座或者螺纹底座插入已开好的孔内，把法兰座或者螺纹底座与被测量的管道焊接好。

（4）把热电偶或热电阻用螺栓紧固或者螺纹旋进已焊接好的螺纹底座。

（5）按照接线图将热电偶或热电阻的接线盒接好线，并与表盘上相对应的显示仪表连接。注意，接线盒不可与被测介质管道的管壁相接触，保证接线盒内的温度不超过100℃。接线盒的出线孔应防止因密封不良，水汽、灰尘等沉积造成接线端子短路。

（6）热电偶或热电阻安装的位置，应考虑检修和维护方便；热端应有足够的插入深度，一般应使保护套管的热端超过管道中心线 5～10mm；为防止传导散热产生测温附加误差，保护套管露在设备外部的长度应尽量短，并加保温层；应尽量垂直安装；在有流速的管道中必须倾斜安装，若需水平安装，则应有支架支撑。

2.4.6.3 热电偶的工作电路

热电偶的工作电路如图 2.24 所示，热电偶的常见工作电路有四种类型。其中，图 2.24（a）所示为一个热电偶和一个仪表配用的基本连接方式，用于测量介质温度 t；图 2.24（b）所示为同向串联方式，用于测量两特定点的温度和（t_1+t_2）；图 2.24（c）所示为反向串联方式，用于测量两特定点温度之差（t_1-t_2或t_2-t_1）；图 2.24（d）所示为并联方式，用于测量两点的平均温度（$\frac{t_1+t_2}{2}$），工程中常串入较大阻值的电阻 R_1、R_2 以减小热电偶内阻的影响；其中，同一电路中应采用同型号热电偶。

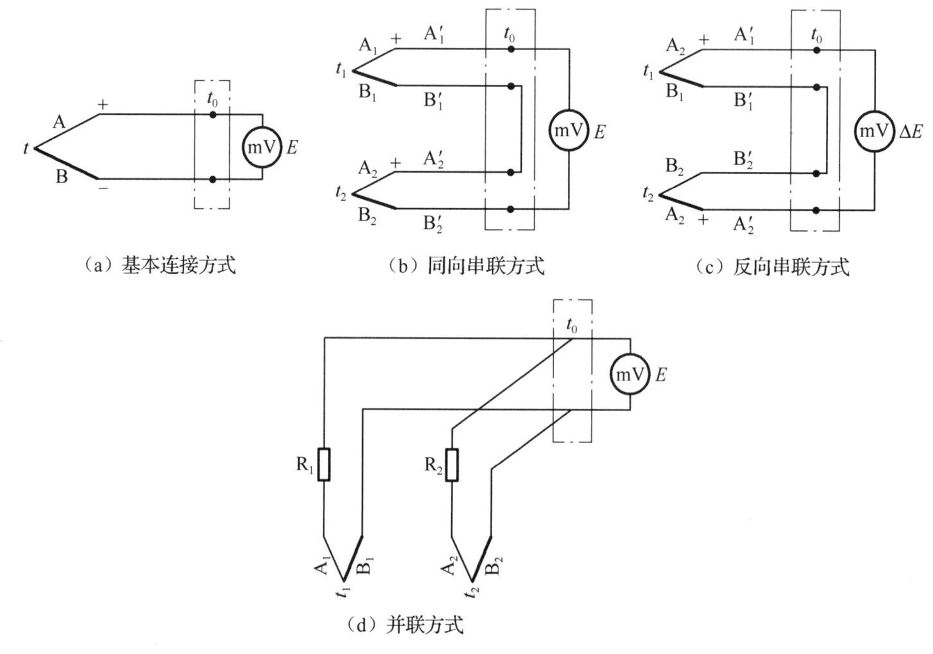

图 2.24 热电偶的工作电路

任务 2.5 辐射式温度传感器

作为一种非接触式传感器，辐射式温度传感器不需要与被测介质直接接触，在理论上不存在测温上限，具有测温范围广、响应速度快、不破坏被测介质温度场等特点。下面我们将学习的辐射式测温技术在高温测量中应用最广泛，主要应用于冶金、铸造、热处理，以及玻璃、陶瓷和耐火材料等的工业生产过程中。

知识目标：

（1）能陈述辐射式温度传感器的典型组成，并比较亮度式、全辐射式和比色式三类温度传感器的特性。

（2）能解释辐射式温度传感器的工作原理。

（3）能描述辐射式温度传感器的选型方法和使用注意事项。

（4）能举例说明辐射式温度传感器的典型应用。

技能目标：

（1）能根据辐射式温度传感器的特性及项目需求进行传感器选型。

（2）能根据产品说明书，正确进行辐射式温度传感器的安装、调试、标定和维护。

（3）能够规范编写辐射式温度传感器的相关技术文档。

2.5.1 辐射式测温的基本原理

世界是物质的，物质是运动的，辐射是宇宙中物质运动的一种属性。一切温度高于绝对零度的物体都在不停地向周围空间发出辐射能量。物体辐射能量的大小及其按波长的分布，与它的表面温度有着十分密切的关系。因此，通过对来源于对象物体的辐射能量进行测量，便能准确地测定它的表面温度，这就是辐射式测温所依据的客观基础。

通过对辐射分布规律的研究，可得出如下结论。

（1）随着温度的升高，物体的辐射能量逐渐变大。这是辐射式测温理论的出发点，也是单波段红外测温仪的设计依据。

（2）在低温时，物体的辐射能量很小，主要发射的是红外线；随着温度升高，辐射峰值向短波方向移动；在 5000℃左右时，辐射光谱包括了部分可见光；到 8000℃时可见光大大增加，即呈现“红热”；到 30000℃时，辐射光谱包括更多的短波成分，使得物体呈现“白热”。

正是因为该原理，经过大量的实践及经验总结，中国历代工匠得以通过火焰颜色来判别炉体内温度的高低（火候观察法），从而实现金属冶炼、陶瓷烧制等控温工作，这充分体现了劳动人民的智慧，以及敬业、精益、专注、创新的工匠精神。战国时的著作《考工记》最早记述了冶铸青铜的火焰颜色：“凡铸金之状，金与锡，黑浊之气竭，黄白次之；黄白之气竭，青白次之；青白之气竭，青气次之。然后可铸也。”这段话可用现在的科学知识进行解释：在熔炉中加入铜（古代写为“金”）矿和锡矿而进行熔化的过程中，首先燃烧的是木炭、树枝等碳氢化合物，火焰呈现黑色；然后熔点较低的锡或硫等杂物熔化燃烧，呈现“黄白”色；随着炉温升高，铜熔化并挥发，铜与锡成为青铜合金，呈现“青白”色，进而炉火纯青，便可开炉铸造。这与近代物理学中基于光谱学原理（不同物质的燃点不同，燃烧后产生的火焰颜色有差异）来鉴别物质的方法是一致的。

（3）辐射能量随温度的变化率在短波处的比在长波处的大，即在短波处工作的温度传感器相对信噪比高（灵敏度高），抗干扰性强，温度传感器应尽量选择工作在峰值波长处。

2.5.2 辐射式温度传感器的典型组成

辐射式测温大多采用逐点分析的方式，即把物体一个局部区域的热辐射聚焦在单个探测器上，并通过已知的物体发射率，将辐射功率转化为温度。由于被测物体、测量范围和使用场合不同，辐射式温度传感器的外观设计和内部结构不尽相同，但基本结构大体相似，主要由光学系统、探测器、信号放大器及信号处理电路、显示输出电路等部分组成。

辐射式温度传感器的结构图如图 2.25 所示，被测物体发出的电磁波进入光学系统，经调制器调制后变成交变电磁波，由探测器转变成相应的电信号。该电信号经过信号放大器及信号处理电路，并按照仪器内的算法和目标发射率校正后转变为被测目标的温度值，送至显示输出电路进行显示。

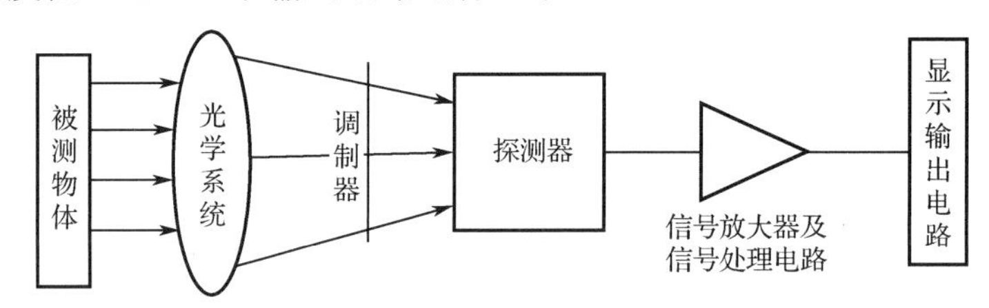

图 2.25　辐射式温度传感器的结构图

2.5.3 常见的辐射式温度传感器

根据所采用测量方法的差异，辐射式温度传感器可分为全辐射式、亮度式、比色式三类。

亮度式温度传感器通过测量物体在某一波段上的辐射能量来确定被测物体的温度。该方法的历史最长，灵敏度高，亮度温度与真实温度偏差小，发射率误差影响也小。在辐射测温领域，目前和今后一段时间内，基于亮度法原理的光学测温仪表，在温度量值的传递和工业应用方面仍起主导作用。

全辐射式温度传感器通过测量物体在全波段上的辐射能量来确定被测物体的温度。它结构简单，价格便宜，使用方便，可以连续测量、记录，可实现自动控制，因而广泛用于工业中。但由于波段较宽，不可避免地会受水蒸气、二氧化碳、烟雾等中间介质吸收的影响。随着红外辐射温度计的普及，全辐射式温度传感器将会逐渐被取代。

比色式温度传感器通过测量物体在某两个及以上波段中的辐射能量之比来确定被测物体的温度。它有灵敏度较高、偏差小、中高温测量、抗干扰能力强等优点。比色法测温受被测物体光谱发射率的影响小，针对被测物体的辐射特性，以及中间吸收介质的光谱吸收特性，合理选择两个工作波段可以大大减小因被测物体光谱发射率变化以及中间吸收介质的影响而引起的误差。比色式温度传感器尤其适用于测量发射率较低的表面光亮的物体温度，或者在光路上存在着尘埃、烟雾等中间吸收介质的场所。其结构复杂、价格昂贵，如果光路上存在选择吸收比色温度计所选用的两个波段之一的介质，则会带来较大误差。随着比色式温度传感器价格的下降，其应用越来越广泛。

2.5.4 辐射式温度传感器的应用

扫码看微课

辐射式温度传感器的选型及应用

辐射式温度传感器测温上限高、响应时间短，适用于快速测温。

2.5.4.1 辐射式温度传感器的选型

选择辐射式温度传感器时可从三个方面考虑：一是性能指标，如温度范围、光斑尺寸、工作波长、测量准确度、响应时间等；二是环境和工作条件，如环境温度、显示和输出、保护附件等；三是其他方面，如使用维修、价格等。

辐射式温度传感器包括便携式、在线式和扫描式三大系列，并备有各种选件和计算机软件，每一系列中又有各种型号及规格。要从不同规格各种型号的温度传感器中选择辐射式温度传感器，应遵循以下原则。

（1）首先确定测量要求和所要解决的问题，如被测物体温度、被测物体大小、测量距离、被测物体材料、物体所处环境、响应速度要求、测量准确度要求，以及用便携式还是在线式等。

（2）将测量要求和所要解决的问题与现有各种型号的温度传感器进行对比，选择出能够满足上述要求的仪器型号。

（3）在众多能满足要求的型号中，选择出性能、功能和价格方面的最佳搭配。

2.5.4.2 辐射式温度传感器的使用注意事项

影响辐射式温度传感器测量准确度的因素很多，除了仪器本身的因素，还主要表现在以下几个方面。

（1）发射率。发射率是一种表征物体相对于黑体辐射能力大小的物理量，它与物体的材料形状、表面粗糙度、凹凸度、测试方向等有关。

（2）距离系数。距离系数又称光学分辨率，是温度传感器到被测物体的距离 δ 与被测物体直径 D 的比值（$K=\delta/D$），它对红外测温的精确度有很大影响。因此，如果温度传感器由于环境条件限制必须安装在远离被测物体之处，又要测量小的被测物体，就应选择高光学分辨率的温度传感器，以减小测量误差。

（3）被测物体尺寸。被测物体和温度传感器视场决定了仪器测量的准确度。使用辐射式温度传感器工作时，一般只能测定被测物体表面上确定区域的平均温度。

（4）响应时间。响应时间表示辐射式温度传感器对被测温度变化的反应速度，是到达最后读数的 95%能量所需要的时间，它与探测器、信号放大器及信号处理电路、显示输出电路的时间常数有关。辐射式温度传感器响应时间的选择要和被测物体的情况相适应。

如果被测物体的运动速度很快或者测量快速加热的被测物体，要选用快速响应辐射式温度传感器，否则达不到足够的信号响应，会降低测量准确度。当被测物体静止或热过程存在热惯性时，可对温度传感器的响应时间放宽要求。

（5）环境因素。辐射式温度传感器所处的环境条件对测量的结果有很大的影响，主要体现在两个方面，即环境的温度和清晰度。

被测物体会向外辐射能量，同时吸收来自环境的辐射能量。随着环境温度的升高，产生的附加辐射影响增大，测温的误差也会增大。

辐射射线在传输过程中，由于大气吸收作用（大气中各种成分对其中传播的电磁辐射的吸收作用），一部分辐射能量变成其他形式的能量，或以另一种光谱分布，因此能量总量会受到一定的衰减。大气吸收程度随空气温度变化而改变。辐射测温仪距离被测物体越远，大气吸收对温度测量的影响就越大。所以，在室外进行辐射测温时，应尽量在无雨、无雾、空气比较清新的环境下进行。在室内进行辐射测温时，应在没有水蒸气的环境下进行，减少不确定的辐射能量衰减以获得被测量的准确数值。

任务 2.6 其他温度传感器

温度测量方法较多，除前述的方法外，常见的还有本任务要介绍的谐振式测温法、光纤式测温法等。

知识目标：

能描述 PN 结型、电容式等温度传感器的工作原理和特性。

技能目标：

（1）能根据各类温度传感器的特性及项目需求正确进行传感器选型。

（2）能够规范编写温度传感器的相关技术文档。

2.6.1 PN 结型温度传感器

PN 结型温度传感器，又称集成温度传感器，是利用半导体硅材料的 PN 结的正向导通电压与温度变化近似呈线性关系的原理，将感受到的温度信号转换成电压输出的器件。

PN 结型温度传感器具有体积小、线性度好、灵敏度高、反应速度快、无须冷端补偿等优点。它的灵敏度比 K 型热电偶高出 50 倍，线性度优于热敏电阻 30 倍，响应速度比一般铂电阻快 20 倍以上，是常温区（50～200℃）内较为理想的测温器件。例如，在需要对热电偶进行冷端补偿时，其冷端温度通常采用 PN 结型温度传感器来测量。

2.6.2 电容式温度传感器

利用两极板间的特殊电介质［如钛酸锶钡（BST）系列陶瓷电容器等］的介电常数 ε 会随温度变化的特性，电容式传感器可用于温度测量。因为其在磁场下无磁场感应误差，所以电容式温度传感器可用于在强磁场中进行温度控制。

电容式温度传感器在经历了热循环之后，其电容-温度曲线会出现很小的变化，所以为了获得好的准确度，最好在冷却之后，使用另外一个传感器对电容式温度传感器进行标定。建议在零磁场的条件下先采用另外一个传感器来测量温度以用于校正，电容式温度传感器作为强磁场环境下的测温器件来使用。

2.6.3 谐振式温度传感器

谐振式温度传感器，是利用石英晶体等谐振器的谐振频率随温度变化的特性进行测温的仪器。由于石英晶体谐振频率随温度变化的灵敏度、线性度和稳定性都较好，测量准确度高，分辨力可达 0.001℃以上，因此，石英温度计在以上各种技术性能方面远优于热电偶温度计和半导体温度计。但其温度滞后较大，通常需要 1s 左右的时间，主要用于慢速测量。

2.6.4 热色式温度传感器

热色式温度传感器通过示温敏感材料（如示温漆和示温液晶）在不同温度下发生变化的颜色来指示温度。示温漆可以检测运动物体或其他复杂条件表面的温度分布，使用简单方便，缺点是影响判别温度结果的因素比较多，如涂层厚度、判读方法、样板和示温颗粒大小等，目前主要还是靠人工判读，判读准确度、可重复性和效率较低。

示温液晶的主要成分是胆固醇类，这类液晶在一定的温度范围内，其颜色随温度灵敏地变化，改变液晶的成分，可以灵活调整其测温量程和测温灵敏度。

2.6.5 超声波式温度传感器

超声波在物体中的传播速度取决于物体（介质）的种类、压力、密度及温度。声波在被测物体中传播时，温度变化使得声速或幅值发生改变，通过测其改变情况可求出声波所通过的介质的温度。根据其是否和被测物体接触，超声波式温度传感器又可分为接触式和非接触式两类，如表 2.5 所示。

表 2.5 超声波式温度传感器类型

测温方法	具体分类	主要原理	应用范围
接触式声学测温	超声波内部测温	固（液）体声传播公式	固（液）体内部温度场测量
	声表面波测温	瑞利波传播公式	固体表面温度场测量
非接触式声学测温	声速法测温	声速-温度耦合公式	气流温度场测量
	声共鸣法测温		势力学系数标定

声学测温是一种具有良好前景的无损测温方式，为各种复杂环境下的温度测量提供了重要解决方案。声学测温不会对原温度场产生较大影响，相互作用带来的测温误差较小，温度场还原的准确性也较高。此外，声学测温探头的抗振性能和抗烟尘性能也较好，且易于布置，测温范围也较广。

2.6.6 微波式温度传感器

微波式温度传感器采用微波衰减法来测量火焰温度，其原理是，当入射微波通过火焰时，与火焰中的等离子体相互作用，使出射的微波强度减弱，通过测量入射微波的衰减程度可以确定火焰气体的温度。

2.6.7 光纤式温度传感器

光纤式温度测量技术近年来发展迅速，根据光纤所起的作用，可分为两类：一类是利用光纤本身具有的某种敏感功能测量温度，属于功能型传感器；另一类是，光纤仅仅起到传输光信号的作用，必须在光纤端面配合其他敏感元件才能实现测量，称为传输型传感器。从信号检测的原理分类，可分为相干型和强度型两种: 相干型光纤式温度传感器检测受温度影响后光纤中光相位和偏振的变化，光路比较复杂，对光器件、光纤的要求比较高；而强度型光纤式温度传感器则检测光强随温度的变化，结构相对简单，性能可靠，成本较低。基于不同的原理，有很多种光纤式温度传感器，适用于不同的测温场合。

除以上方法外，实际应用中还有光谱法、激光干涉法、晶体技术等用来测温，不过这些方法主要用于实验室环境，工程上应用较少。

2.6.8 测温方法总结

虽然测温方法多种多样，但在很多情况下，对于实际工程现场或一些特殊条件下的温度测量，如对极限温度、高温腐蚀性介质温度、气流温度、表面温度、固体内部温度分布、微尺寸目标温度、大空间温度分布、生物体内温度、电磁干扰条件下的温度等的测量来讲，要想得到准确可靠的结果并非易事，需要非常熟悉各种测温方法的原理及特点，结合被测物体要求选择合适的测温方法才能完成。同时，还要不断探索新的测温方法，改进原有测量技术，以满足各种条件下的温度测量需求。

任务 2.7 智能温度控制系统与温度传感器的特性测试

在工业生产中，多数产品的生产均要求温度参数稳定在一定的数值或按一定的规律变化，工业生产过程的温度自动控制，不仅有助于提高劳动生产效率、稳定工业产品质量、改善劳动环境和保护生产设备，还便于分析生产过程中各工艺环节所出现的各种问题，并加以适当处理。在本任务中，我们将进行智能温度控制系统的调试及电阻式温度传感器、热电偶式温度传感器和 PN 结型温度传感器的特性测试。

知识目标：

（1）能描述智能温度控制系统的工作原理，学会系统的调试方法。

（2）结合测试过程及结果，观察电阻式温度传感器、热电偶式温度传感器、PN 结型温度传感器模块的电路构成，能归纳总结其工作原理、特性及使用场合。

技能目标：

（1）能正确使用万用表、示波器等工具和仪器仪表。

（2）能根据技术规范要求正确进行系统装调、温度相关参量测量、数据记录和实验报告撰写。

2.7.1　智能温度控制系统的调试

智能温度控制系统可根据设定值自动调节被控对象的温度。智能温度控制系统的原理框图如图 2.26 所示。当温控箱（被控对象）内的温度发生变化时，温度传感器（如 K 型热电偶）的输出电压随之改变，经过冷端补偿及放大模块， AD 转换为数字信号后反馈进入单片机等数字信号处理装置；在单片机内部，系统将转换后的测量温度值与设定温度值进行比较，再经 PID 控制模块，输出控制信号；当温控箱内的温度低于设定温度时，相应继电器闭合，触发启动加热控制（如加热电阻），反之则触发启动冷却控制（如风扇）；经反复调节后，温控箱内的温度趋于设定温度值。

本节的目的是让学生了解智能温度控制系统的结构，理解其工作原理，掌握其参数的设置和调试方法。

（1）根据图 2.26 所示的原理框图，连接实验台的温控仪、温控箱（加热源模块）和 K 型热电偶（红线接正，蓝线接负，切勿接反）。

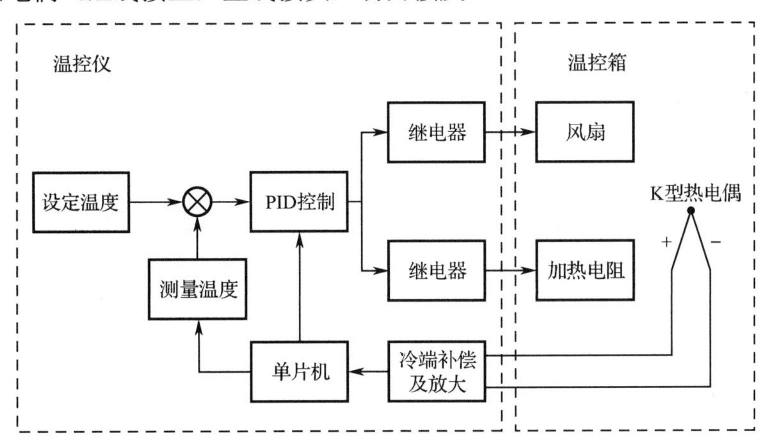

图 2.26　智能温度控制系统的原理框图

（2）打开实验台电源和温控仪的电源，以及温控箱的加热开关。

（3）按住“SET”键约 3s，PV 窗口显示“AL1”进入智能调节仪参数设定状态，继续按“SET”键，PV 窗口显示各个参数，SV 窗口显示对应参数的值，按“←”“→”键可改变参数值小数点位置，按“↑”“↓”键可改变 SV 窗口参数的值。

（4）完成目标温度（如 50℃）设定后，回到初始测量状态。按“SET”键 1s 使 PV 窗口显示“SP”，按“↑”或“↓”键可修改 SV 窗口的给定值，按“←”键可改变小数点位置。

（5）按住“SET”键 3s 不放，再进入参数设定状态，按步骤（3）的说明设定“ALM1”（上限报警值）为 51.0、“ALM2”（下限报警值）为 49.0。

（6）观察升温过程；经过一段时间的自动调整，温控仪就可以将温控箱的温度控制在设定值（如 50℃）附近。

（7）重复步骤（4）步和步骤（5），将设定值改为 60，上、下限报警值分别改为 61 和 59；观察升温过程；经过几个周期的振荡，温控仪可将温控箱内的温度稳定在新的给定值 60 附近。

（8）改变温控仪中的 PID 控制参数设置，让温控箱内的温度在一确定范围内变化（如从 40℃升至 80℃），观察加热炉内的温度变化过程。

【任务拓展】

（1）为什么温控箱内的温度会在设定值附近波动一段时间后才达到稳定？

（2）查阅资料，结合实验，分析温控仪中设置的 P、I、D 系数在过程控制中所起的作用，确定工程中的 PID 控制调试方法。

（3）如何才能加快智能温度控制系统的调节速度和减少波动？

扫码看微课

温度传感器的特性测试

2.7.2 电阻式温度传感器的特性测试

当被测对象温度变化时，感温元件的电阻值随之变化，由串联分压电路或电桥转换、三极管或集成运放放大后输出电信号。

本节的目的是让大家了解铜、铂热电阻和半导体热敏电阻的工作原理、特性与应用。

（1）重复 2.7.1 节实验，将温度控制在 30℃；在温控箱的另一个温度传感器插孔中放入一个铂热电阻 PT_{100}，使二者处于同一温度场下。

（2）将实验台的±12V 直流稳压电源和 GND 接地端接至传感器模块上；如图 2.27 所示，将铂热电阻的两端跨接在“PT100”处，PT_{100} 温度传感器实验模块的输出端“V_OUT”端接实验台上的直流电压表、万用表或示波器。

（3）调节 R15 大约在中间位置，用实验台上直流电压表的 20V 挡测量温度传感器模块的“V_OUT”端的输出电压，并调节 R24 使电压表读数为零。

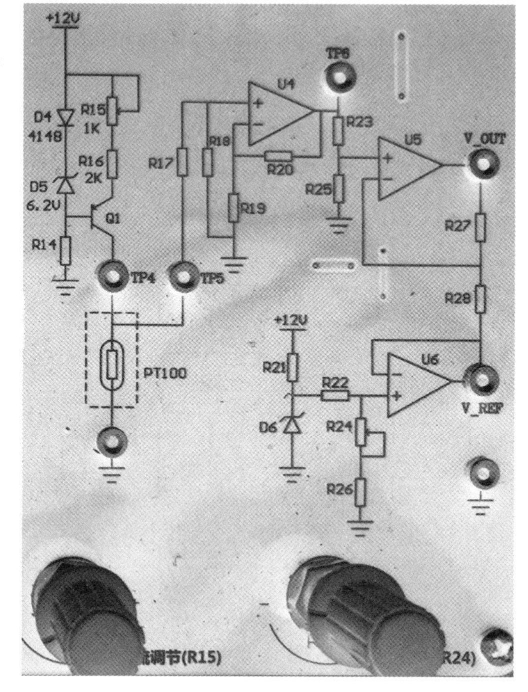

图 2.27 铂热电阻式温度传感器测试模块

（4）提高温控箱的温度，每隔 10℃记下“V_OUT”等端口的输出电压值，直到温度升至 100℃，并将不同温度下的测试结果填入表 2.6 中。

表 2.6 金属热电阻式温度传感器的特性测试

T/℃							
V_OUT/V							
V_REF/V							
TP4/V							
TP5/V							
TP6/V							

（5）将铂热电阻 PT_{100} 替换为铜热电阻 Cu_{50}，重复步骤（1）～（4），另行绘制表格并记录测试结果。

（6）当温控箱内处于不同温度时，将 NTC 热敏电阻放入其中，并将其输出引线连接至对应接线柱处，如图 2.28 所示，重复步骤（4），测量其阻值和电路输出电压，结果填入表 2.7 中。

（7）当温控箱内处于不同温度时，将 PTC 热敏电阻放入其中，并将其输出引线连接至对应接线柱处；如图 2.28 所示，当温度为 30℃时，调节电位器阻值，使输出电压为 0V；当温度为 40～100℃时，重复步骤（4），测量其阻值和电路输出电压（V），结果填入表 2.7 中。

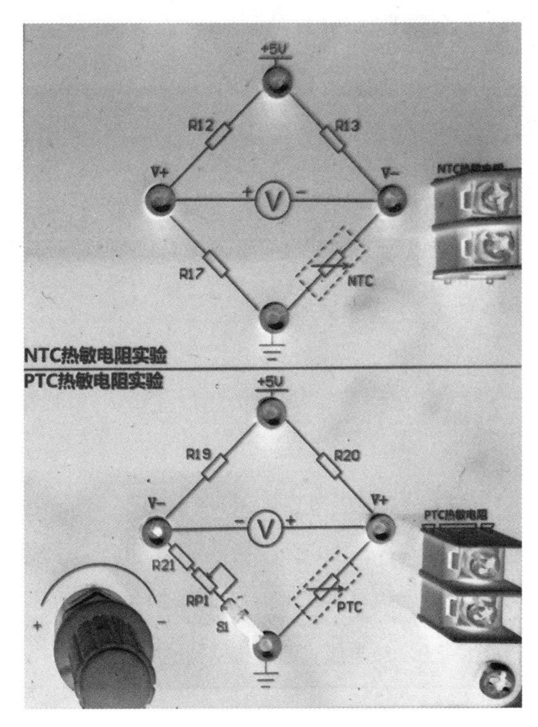

图 2.28　热敏电阻式温度传感器测试模块

表 2.7　热敏电阻式温度传感器的特性测试

T/℃							
R_{NTC}/Ω							
V_{NTC}/V							
R_{PTC}/Ω							
V_{PTC}/V							

【任务拓展】

（1）铂热电阻式温度传感器实验模块电路可分为几个部分，分别起什么作用？

（2）根据表 2.6 和表 2.7 的测试数据，分别绘制出各电阻模块的温度特性曲线（V_OUT-T），并计算它们的灵敏度和线性度。

2.7.3 热电偶式温度传感器的特性测试

当被测对象温度变化时，热电偶的热电动势随之变化，由三极管或集成运放放大后输出电信号。

本节的目的是让大家了解热电偶的工作原理、特性与应用。

（1）重复 2.7.1 节实验，将温控箱内的温度控制在 40℃；在温控箱的另一个温度传感器插孔中放入一个 K 型热电偶，使二者处于同一温度场下。

（2）热电偶式温度传感器测试模块如图 2.29 所示，将热电偶的输出端接在模块的“+”“-”端（红线接正，蓝线接负），并将实验台上的±12V 直流稳压电源和 GND 接地端接至传感器模块上。

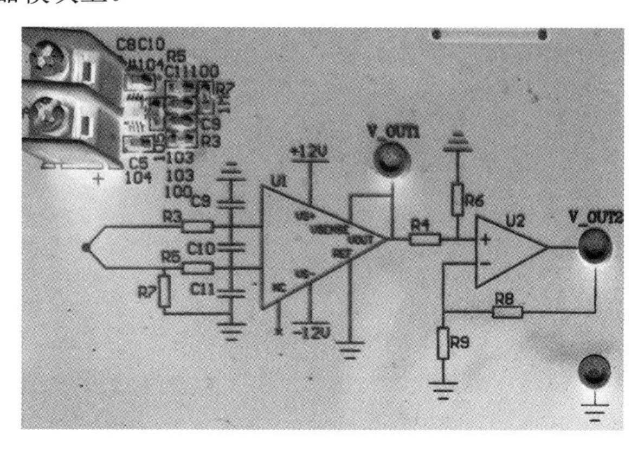

图 2.29 热电偶式温度传感器测试模块

（3）提高温控箱的温度，每隔 10℃记下“V_OUT2”等端口的输出电压值，直到温度升至 100℃；并将不同温度下的测试结果填入表 2.8 中。

表 2.8 热电偶式温度传感器的特性测试

T/℃							
V_OUT1/V							
V_OUT2/V							

（4）将 K 型热电偶替换为 E 型热电偶，重复步骤（1）～（3），另行绘制表格并记录测试结果。

【任务拓展】

（1）根据表 2.8 的测试数据，绘制出热电偶式温度传感器实验模块的温度特性曲线（V_OUT2-*T*），计算其线性度和灵敏度。

（2）结合中间温度定律、K 型热电偶分度表及表 2.8 的数据，用平均值计算出放大器的放大倍数。

2.7.4 PN 结型温度传感器的特性测试

对于常见的室内外等环境温度测量，一般采用 PN 结型（集成）温度传感器，常见的有 LM35、AD590、18b20 等类型。其中，AD590 是一种常用的电流输出型集成温度传感器，该芯片内部集成了温度传感部分、放大电路、驱动电路和信号处理电路等，工作温度范围为-50～150℃；LM35 是电压输出型集成温度传感器的典型代表，有 A、C、CA、D 等型号系列，不同系列的特性有所差异，测温范围可至-55～155℃。

本节的目的是让大家了解 PN 结型温度传感器的工作原理、特性与应用。

（1）将±12V 直流稳压电源和 GND 接地端接至传感器模块上；PN 结型温度传感器 AD590 模块如图 2.30 所示，连接 AD590 的输出端至传感器模块的接线柱上。

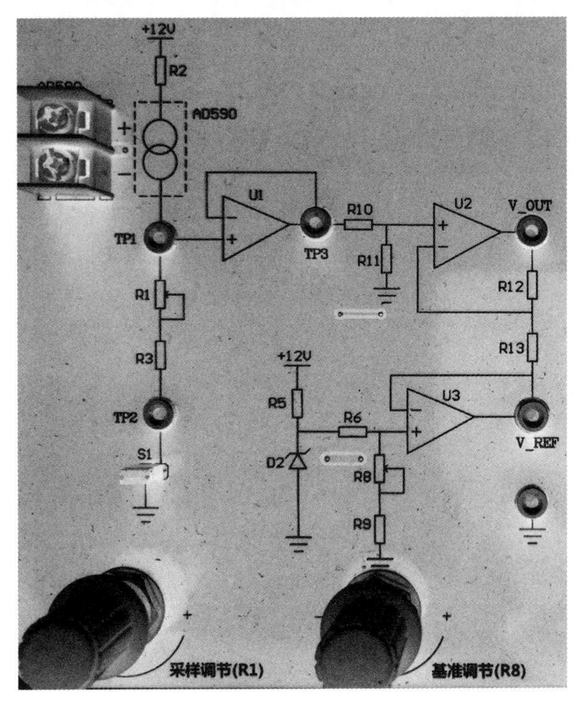

图 2.30　PN 结型温度传感器 AD590 模块

（2）在温控箱的另一个温度传感器插孔中接入 AD590，使二者处于同一温度场下。

（3）当温控箱内的温度为 30℃时，调节电位器 R1，使模块的输出电压 V_OUT 为 1.2V；当温控箱内的温度为 100℃时，调节 R8，使模块的输出电压 V_OUT 为 5V。

（4）改变温控箱内的温度，使其内温度为 40～90℃（相邻温度间隔为 10℃左右），测量 V_OUT 等端口的输出电压，并将测量结果填入表 2.9 中。

（5）将 AD590 替换为 LM35，重复步骤（1）、（2）、（4），PN 结型温度传感器 LM35 模块如图 2.31 所示，测量该模块的 V_OUT2 等端口的输出电压，并将测量结果填入表 2.9 中。

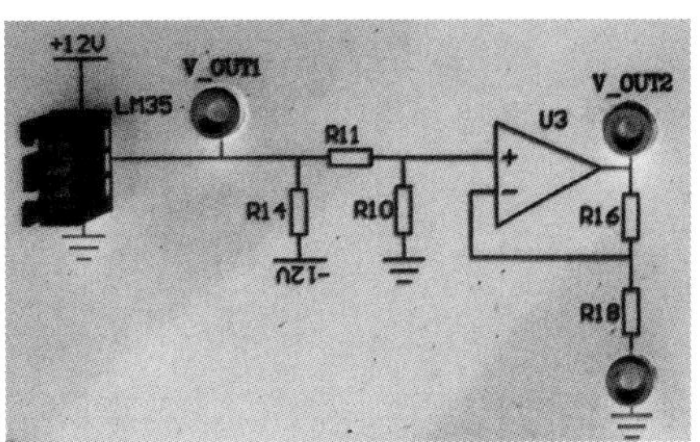

图 2.31　PN 结型温度传感器 LM35 模块

表 2.9　PN 结型温度传感器的特性测试

T/℃							
V_OUT/V							
V_REF/V							
TP1/V							
TP2/V							
TP3/V							
V_OUT1/V							
V_OUT2/V							

【任务拓展】

（1）PN 结型温度传感器 AD590 实验模块电路可分为几个部分，分别起什么作用？

（2）根据表 2.9 的测试数据，绘制出两种 PN 结型温度传感器实验模块的温度特性曲线（V_OUT-T），并计算它们的灵敏度和线性度。

习　题

一、选择题

1．热电偶测温回路中经常使用补偿导线的最主要目的是________。

A．补偿热电偶冷端热电势流失

B．起冷端温度补偿的作用

C．将热电偶冷端延长至温度稳定区域

D．提高灵敏度

2．实验室中测量金属熔点时，冷端温度补偿采用________，可减小测量误差；而在车间中，用带微机的数字式测温仪表测量炉膛的温度时，应采用________较为妥当。

A．计算修正法　　B．仪表机械零点调整法

C．冰浴法　　D．电桥补偿法

3．________的数值越大，热电偶的输出热电动势就越大。

A．热端直径　　B．热端和冷端的温度

C．热端和冷端的温差　　D．热电极的电导率

4．目前我国使用的铂热电阻的测量范围一般是（　　）。

A．-260～960℃　B．-50～850℃　C．-200～150℃　D．-200～650℃

5．测量不能直接接触的高温物体温度，可采用（　　）温度传感器。

A．热电偶　　B．亮度式

C．半导体三极管　　D．半导体二极管

6．校准温度传感器时，如果发现传感器的实际输出信号低于标准值，可能的原因是（　　）。

A．传感器与仪表的连接松动　　B．校准时参考温度源不准确

C．传感器老化或损坏　　D．以上均有可能

7．如图 2.13 所示，当温度升高时，继电器失电复位，应选择（　　）热敏电阻。

A．负指数型 NTC　　B．突变型 NTC

C．突变型 PTC　　D．线性型 PTC

二、填空题

1．采用热电阻作为测量温度的元件是将________的测量转换为________的测量。

2．已知铜热电阻 Cu_{100} 的百度电阻比 $W(100)=1.42$，当用此热电阻测量 50℃温度时，其电阻值为________Ω；若测温时的电阻值为 83Ω，则被测温度是________℃（保留小数点后两位）。

3．将一灵敏度为 0.08mV/℃的热电偶与电压表相连接，电压表接线端是 50℃，若电位计上的读数是 60mV，热电偶的热端温度是________。

4．铠装热电阻与电热水器如图 2.32 所示，带焊片铠装热电阻，用不锈钢螺钉固定于电热水器储水箱内胆上。

设 R_0 =1MΩ，T_0=25℃，B=5000，根据热敏电阻随温度变化的计算公式即 $R_T = R_0 e^{-B(1/T-1/T_0)}$，可知：若电热水器储水箱温度如图 2.32 所示，T=________℃，则 NTC 热敏电阻的阻值 R_T=________Ω。

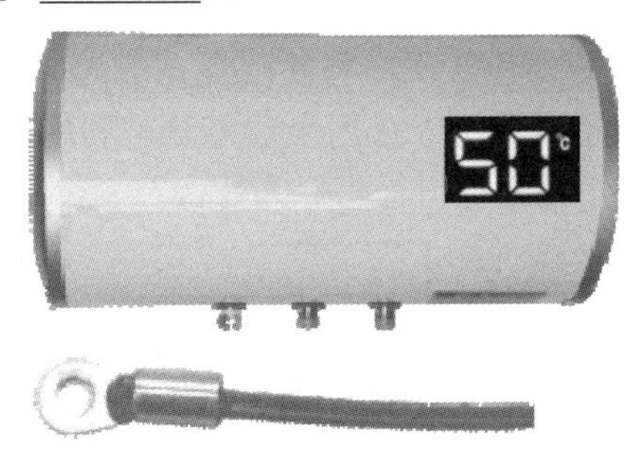

图 2.32　铠装热电阻与电热水器

三、计算分析题

1．在某一瞬间，电阻温度计上指示温度 θ_2=50℃，而实际温度 θ_1=100℃，设电阻温度计的动态关系为

$$\mathrm{d}\theta_1/\mathrm{d}t = k(\theta_1 - \theta_2)$$

其中，k=0.2/s。试确定温度计达到稳定读数（$0.995\theta_1$）所需的时间。

2．图 2.33 所示为热敏电阻的伏安特性曲线，要求：

（1）结合曲线分析热敏电阻特性；

（2）用该热敏电阻测量温度时，应该利用曲线的哪一段，说明原因；

（3）用该热敏电阻测量风速或流量时应该利用曲线的哪一段，说明原因。

3．如果需要测量 1000℃和 20℃的温度，分别宜采用哪种类型的温度传感器？要测量 1500℃左右的高温呢？

4．使用 K 型热电偶，基准接点为 0℃、测量接点为 30℃和 900℃时，温差电动势分别为 1.203mV 和 37.326mV。求基准接点为 30℃、测温接点为 900℃时的温差电动势。

5．用热电偶测量金属壁面温度有两种方案，如图 2.34 所示，当热电偶具有相同

的冷端温度 T_0 时，在壁温相等的两种情况下，仪表的示值是否一样？为什么？

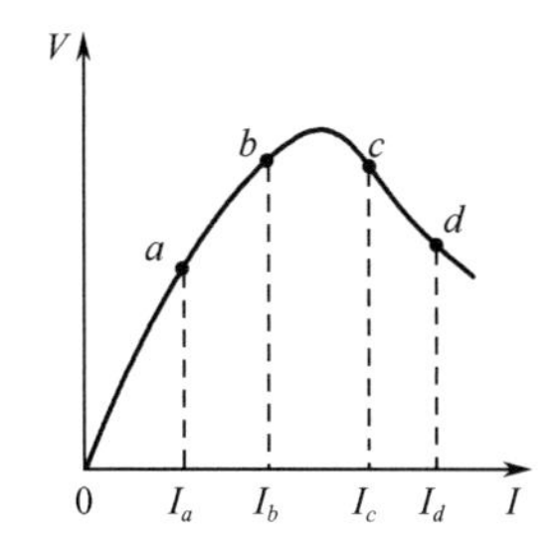

图 2.33　热敏电阻的伏安特性曲线

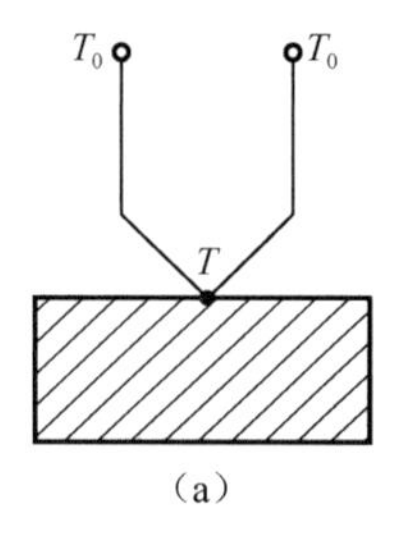

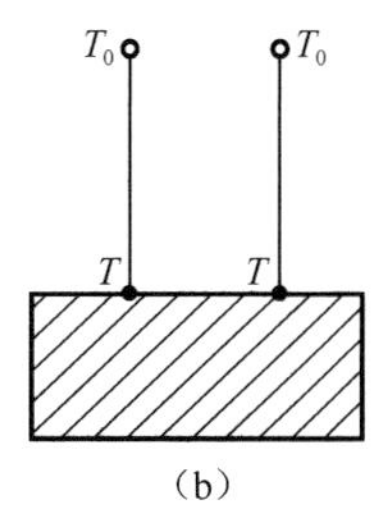

图 2.34　热电偶测量金属壁面温度

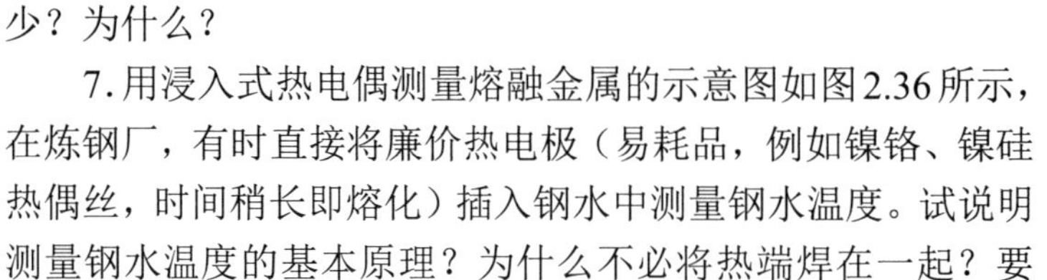

6. 用两支分度号为 K 的热电偶测量 A 区和 B 区的温差，连接回路如图 2.35 所示。当热电偶冷端温度 T_0 为 0℃时，仪表指示 200℃。当冷端温度上升 25℃时，仪表的指示值是多少？为什么？

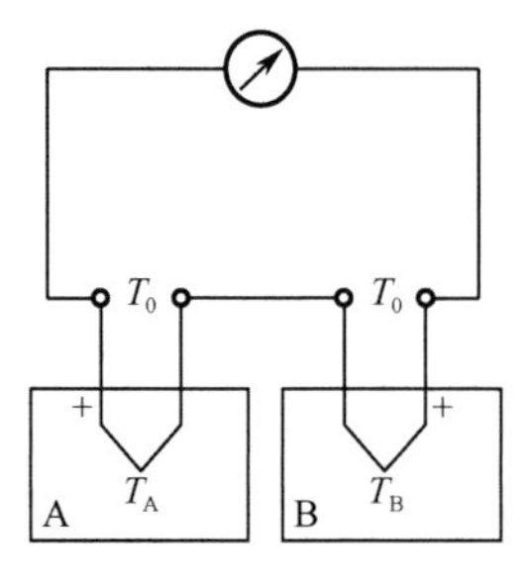

图 2.35　连接回路

7. 用浸入式热电偶测量熔融金属的示意图如图2.36所示，在炼钢厂，有时直接将廉价热电极（易耗品，例如镍铬、镍硅热偶丝，时间稍长即熔化）插入钢水中测量钢水温度。试说明测量钢水温度的基本原理？为什么不必将热端焊在一起？要满足哪些条件才不影响测量准确度？采用上述方法是利用了热电偶的什么定律？若被测物体不是钢水，而是熔化的塑料行吗？为什么？

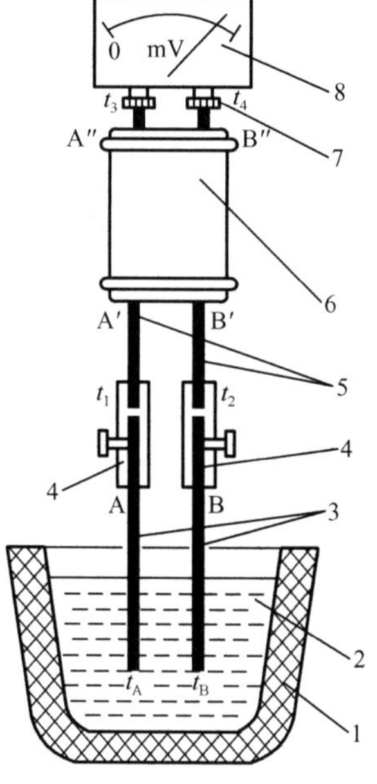

1—钢水包；2—钢熔融体；3—热电极 A、B；4、7—补偿导线接线柱；5—补偿导线；6—保护套管；8—毫伏表。

图 2.36　用浸入式热电偶测量熔融金属的示意图

项目 3

光、磁与电学量传感器

现代物理表明，任何物质都是由电子（带单位负电荷）、质子（带单位正电荷）和中子（对外显示电中性）构成的。

电场与磁场均是在一定空间区域内连续分布的向量场。电场由电荷产生，是电荷及变化磁场周围空间里存在的一种特殊物质；磁场由运动的微小粒子构成，所有的磁现象都可以归为运动电荷（电流）通过磁场发生的相互作用。变化的电场与磁场之间是可以相互转化的，这反映出了自然规律的对称性，也体现了能量守恒。

光是电磁波的一种形式（可见光波长为 380~780nm），具有波粒二象性。

以下将分别介绍光、磁与电学量传感器。

任务 3.1 光学量传感器

人类对于客观世界的认知，首先依赖于人类身体的感觉器官对世界的感知，而认知的绝大部分源于视觉，或者说来自光。从某种程度上来说，科学发展的历程就是人类对光的理解和应用的过程。从两千年前战国时期墨翟、古希腊时期阿那克西曼德特等人对光的朴素理解，到牛顿与惠更斯的微粒与波动之争使人类认识到波粒二象性，再到光子作为量子场的激发，一路走来，光早已是科学研究的必备工具。

光学量传感器是将光信号转换为电信号的传感器，也称为光电式传感器或光敏传感器。它可用于检测光相关参数，如光强［Luminous Intensity，坎德拉（cd）］、光照度［Irradiance，勒克斯（lx）］、亮度（Luminance，cd/m^2）等；也可用来检测能转换成光量变化的其他非电量，如温度、位移、速度、气体成分、零件直径、表面粗糙度、加速度及物体形状、工作状态识别等。光学量传感器具有非接触、响应快、性能可靠等特点，因而在检测与控制领域得到了广泛应用。下面我们将学习光电效应、光敏元件、光学量传感器的应用等内容。

知识目标：

（1）能陈述光电效应的概念，并描述光敏电阻、光敏二极管、光敏三极管等典型光敏元件的原理、特性及使用场合。

（2）能解释光敏元件的典型工作电路的结构和工作原理。

（3）能描述光学量传感器的四种检测方式，并举例说明其在测量光强、温度、位移、浓度、粗糙度、振动等中的应用。

技能目标：

（1）能根据常见光学量传感器的特性及项目需求进行传感器选型。

（2）能设计典型光学量传感器（如光敏电阻/二极管/三极管等）的应用电路。

（3）能根据产品说明书，正确进行常见光学量传感器的安装、调试、标定和维护。

（4）能够规范编写光学量传感器的相关技术文档。

3.1.1 光电效应及光敏元件

光学量传感器的物理基础是光电效应。当光照射某一物体时，物体相当于受到一连串能量为 hf[h =6.626×10^{-34}（J·s）为普朗克常数，f 为光的频率]的光子的轰击，组成该物体的材料吸收光子能量而发生相应电效应的物理现象称为光电效应。通常把光电效应分为外光电效应和内光电效应两类。

3.1.1.1 外光电效应及元件

在光辐射作用下，电子逸出材料的表面，产生光电子发射，称为外光电效应或光电子发射效应。

若物体中电子吸收的入射光子能量足以克服逸出功 W，则电子就逸出物体表面，产生光电子发射。故要使一个电子逸出，光子能量 hf 必须超过逸出功 W，超过部分的能量，表现为逸出电子的动能，根据能量守恒定律，即

$$\frac{1}{2}mv^2 = hf - W \tag{3.1}$$

式中，m 为电子质量；v 为电子逸出的初速度。

由于不同材料具有不同的逸出功，因此对于每一种阴极材料，入射光都有一个确定的频率限，当入射光的频率低于此频率限时，不论光强多大，都不会产生光电子发射，此频率限称为“红限”，相应的波长为 $\lambda_K = \frac{hf}{W}$。

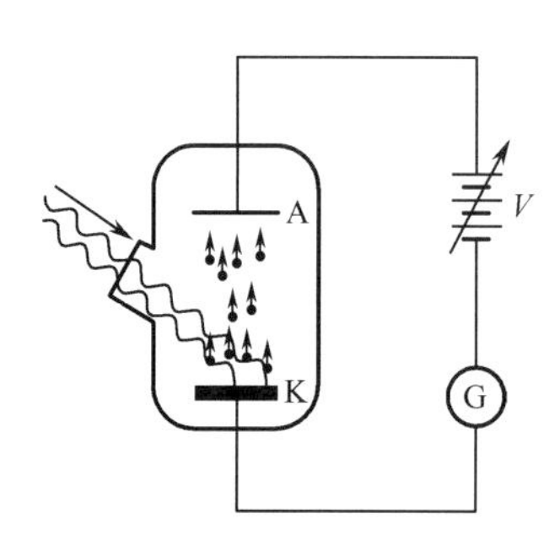

图 3.1　光电管的结构及工作原理

光电管和光电流倍增管是属于外光电效应的典型光电元件，光电管的结构及工作原理如图 3.1 所示。当入射光照射在阴极上时，阴极就会发射电子，由于阳极的电位高于阴极，在电场力的作用下，阳极收集到由阴极发射出来的电子，因此，在光电管组成的回路中形成了光电流 I。

电流由电子的定向运动产生，电子的运动速度越快，电流越大；为增大光电流，光电流倍增管的工作电压可高达上千伏，以通过增大光电子所受的

电场力来提高电子的运动速度。它的优点是灵敏度高，比光电管高出几万倍以上，输出线性度好，频率特性好；缺点是体积大、易破碎，工作电压较高，使用不方便，目前已逐渐被新型半导体光敏器件所替代。光电流倍增管一般用于微光测量和要求反应速度很快的场合，如天文研究中的宇宙射线观测。

3.1.1.2　内光电效应及元件

在光的辐射作用下，物体受到光照后产生的光电子只在物质内部，从而使物体的电导率发生变化或产生光生电动势的现象称为内光电效应。光电导效应、光生伏特效应都属于内光电效应。半导体材料的许多电学特性都因受到光的照射而发生变化。

1. 光电导效应及元件

在光辐射作用下，物体电导率会发生变化的现象称为光电导效应。基于这种效应的光电器件有光敏电阻。

光敏电阻又称光导管，是一种均质半导体光电器件。它具有灵敏度高、光谱响应范围宽，体积小、质量小、机械强度高，耐冲击、耐振动、抗过载能力强和寿命长等特点。以硫化镉（CdS）光敏电阻为例，其典型结构和电路符号如图3.2所示。

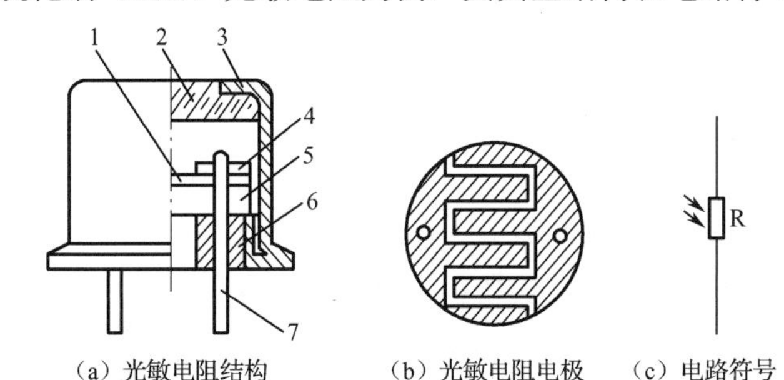

（a）光敏电阻结构　（b）光敏电阻电极　（c）电路符号

1—光导层；2—玻璃窗口；3—金属外壳；4—电极；5—陶瓷基座；6—黑色绝缘玻璃；7—电极引线。

图3.2　硫化镉光敏电阻的典型结构和电路符号

光敏电阻的性能主要通过光照特性、光谱特性、伏安特性、（调制）频率响应特性、温度特性等进行衡量。

（1）光照特性。当采用如图3.3所示的光敏电阻工作电路时，以具备负向光阻特性的硫化镉光敏电阻为例，其光照特性曲线如图3.4所示。可见，光敏电阻的灵敏度非常高，其阻值随光照度变化很大；光敏电阻的阻值和光照度具有明显的非线性特性。所以光敏电阻不能用于光的精确测量，只能用于定性地判断光照度，比如光敏电阻常用来制作光电开关。

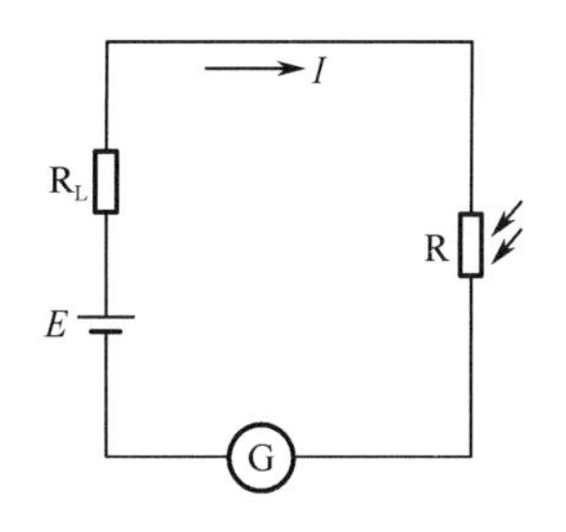

图3.3　光敏电阻工作电路

（2）光谱特性。光敏电阻的光谱特性与光敏电阻的材料有关，其光谱特性曲线如图3.5所示。硫化铅光敏电阻在较宽的光谱范围内均有较高的灵敏度，峰值在红外区域；硫化镉光敏电阻、硒化镉光敏电阻的峰值在可见光区域。因此，在选用光敏电阻时，应把光敏电阻的材料和光源的种类结合起来考虑，这样才能获得满意的效果。

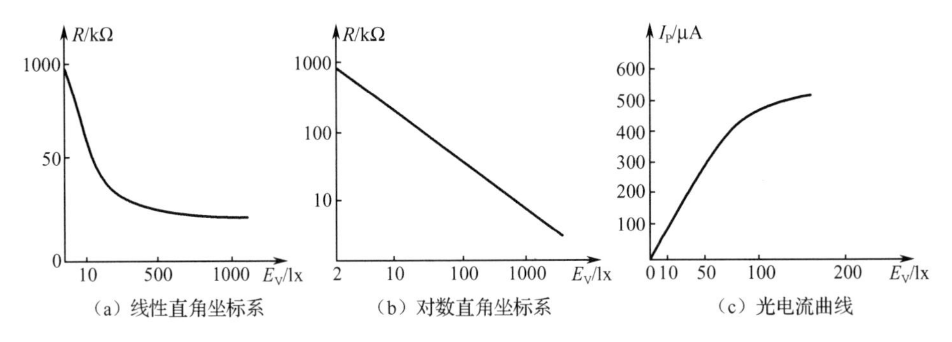

图 3.4 硫化镉光敏电阻的光照特性曲线

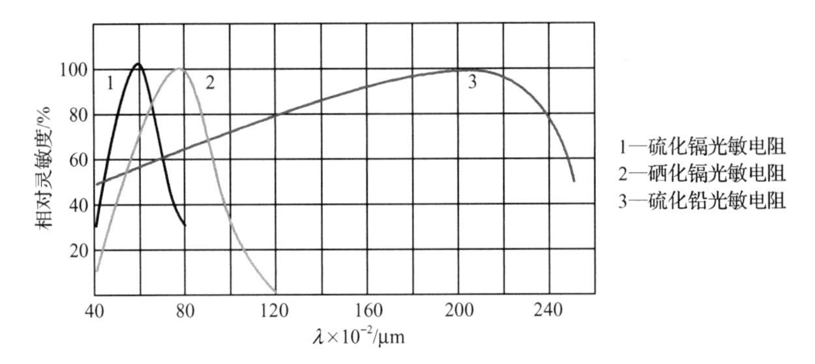

图 3.5 光敏电阻的光谱特性曲线

根据其工作波段的不同，光敏电阻可分为紫外光敏电阻器、红外光敏电阻器和可见光光敏电阻器三类。紫外光敏电阻器对紫外线较灵敏，包括硫化镉、硒化镉等光敏电阻器，用于探测紫外线；红外光敏电阻器主要有硫化铅、碲化铅、硒化铅、锑化铟等光敏电阻器，广泛用于导弹制导、天文探测、非接触测量、人体病变探测、光电计数器、烟雾报警器、红外光谱、红外通信等场合；可见光光敏电阻器包括硒、硫化镉、硒化镉、碲化镉、砷化镓、硅、锗、硫化锌等光敏电阻器，主要用于各种光电控制系统，如光电自动开关门户，航标灯、路灯和其他照明系统的自动亮灭，自动给水和自动停水装置，机械上的自动保护装置和“位置检测器”，极薄零件的厚度检测器，照相机自动曝光装置，光电跟踪系统等方面。

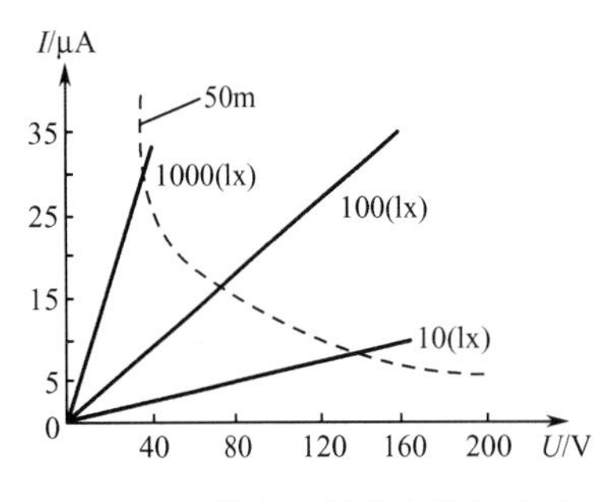

图 3.6 光敏电阻的伏安特性曲线

（3）伏安特性。光敏电阻的伏安特性曲线如图 3.6 所示，不同的光照度可以得到不同的伏安特性，这表明电阻值随光照度发生变化。在光照度不变的情况下，电压越高，光电流也越大，而且没有饱和现象。与普通电阻一样，光敏电阻的工作电压和电流都不能超过规定的最高额定值。

（4）（调制）频率响应特性。在工程上，光敏元件接收的信号通常为按一定频率变化的时亮时灭的调制光。当光敏电阻受到脉冲光照射时，光电流要经过一段时间才能达到稳定值，而在停止光照后，光电流也不立刻为零，这就是光敏电阻的时延特性。由于不同材料的光敏电阻的时延特性不同，所以它们的频率响应特性也不同。光敏电阻的频率响应特性曲线如图 3.7 所示，硫化铅光敏电阻的使用频率比硫化镉光敏电阻高得多，但多数光敏电阻的时延都比较大，所以，光敏电阻不能用在要求快速响应的场合。

（5）温度特性。光敏电阻和其他半导体器件一样，性能（灵敏度、亮/暗电阻）受温度影响较大。硫化镉光敏电阻的温度特性曲线如图 3.8 所示，随着温度的升高，温度特性曲线的峰值向波长短的方向移动。有时为了提高灵敏度，或为了能够接收较长波段的辐射，可以将元件降温使用。例如，可利用制冷器使光敏电阻的温度降低。

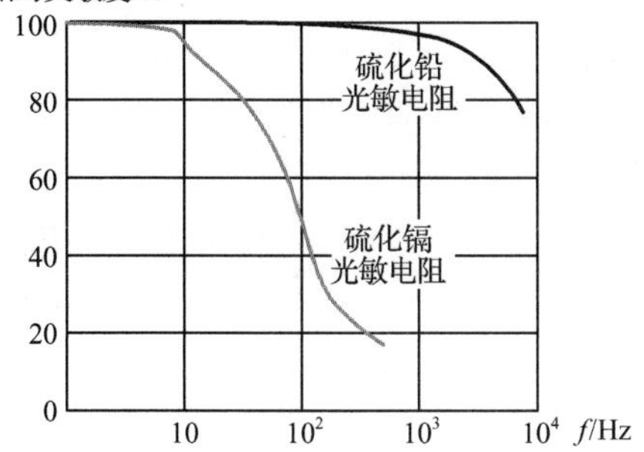

图 3.7 光敏电阻的频率响应特性曲线

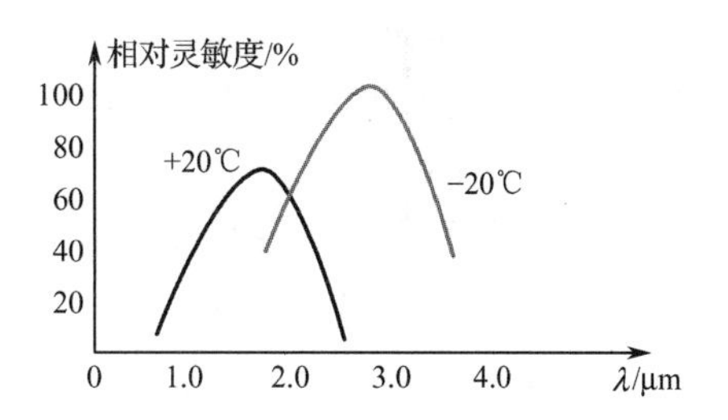

图 3.8 硫化镉光敏电阻的温度特性曲线

2. 光生伏特效应及元件

在光辐射作用下，物体产生一定方向电动势的光电效应称为光生伏特效应。

在无光照时，半导体 PN 结内部自建电场；当光照射在 PN 结上及其附近时，在能量足够大的光子作用下，在结区及其附近就产生少数载流子（电子、空穴对）。载流子在结区外时，扩散进入结区；在结区中时，因电场的作用，电子漂移到 N 区，空穴漂移到 P 区。结果使 N 区带负电荷，P 区带正电荷，产生附加电动势，此电动势称为光生电动势，这种现象称为光生伏特效应。基于该效应的光电器件有光电池和光敏晶体管等。

1）光电池

光电池是利用光生伏特效应把光能直接转变成电能的器件。由于光电池可把太阳能直接变成电能，因此又称为太阳能电池。

光电池是发电式有源元件。它有较大面积的 PN 结，当光照射在 PN 结上时，在结的两端出现电动势。把光电池的半导体材料的名称冠于光电池（或太阳能电池）之前，就有了日常所见的硒光电池、砷化镓光电池、硅光电池等。

目前，应用最广、最有发展前途的是硅光电池，它价格便宜，转换效率高，寿命长，适于接收红外光。

硒光电池的光电转换效率低（0.02%）、寿命短，适于接收可见光（响应峰值波长为 0.56μm），最适宜用于制造照度计。

砷化镓光电池的理论转换效率比硅光电池稍高，光谱响应特性与太阳光谱最吻合。其工作可承受高温度，更耐受宇宙射线的辐射。因此，它在宇宙飞船、卫星、太空探测器等电源方面的应用具有很大发展前途。

光电池的表示符号、基本电路及等效电路如图 3.9 所示。

作为一种光敏元件，光敏电池的性能同样通过光照特性、光谱特性、伏安特性、（调制）频率响应特性、温度特性等进行衡量。

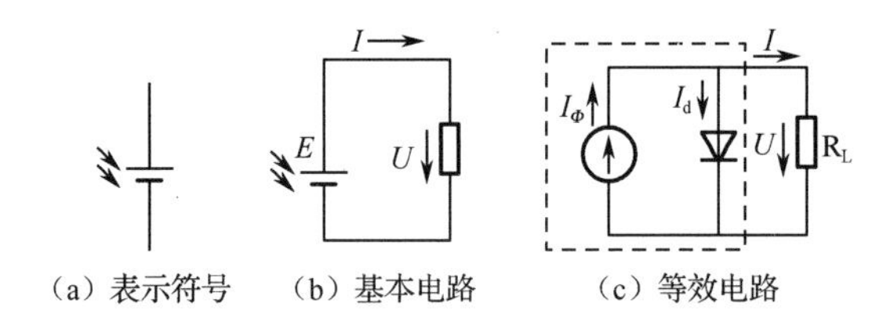

图 3.9　光电池表示符号、基本电路及等效电路

（1）光照特性。当采用如图 3.9（b）所示的基本电路时，光电池的光照特性曲线如图 3.10 所示。可见，当外接电阻趋近于零时，光电池的短路电流和光照度 E_v 呈线性关系，受光面积越大，短路电流也越大；当外接电阻趋近于无穷时，其开路电压 U_{oc} 随着光照度的增强趋向于一定值。

如图 3.10（b）所示，负载电阻 R_L 越小，光电流 I 与光照度 E_v 的线性关系越好，且线性范围越宽。外接负载相对于光电池内阻而言是很小的。光电池在不同照度下，其内阻也不同，因而应选取适当的外接负载近似地满足“短路”条件，此时光电池可作为光测量元件，如照度计。

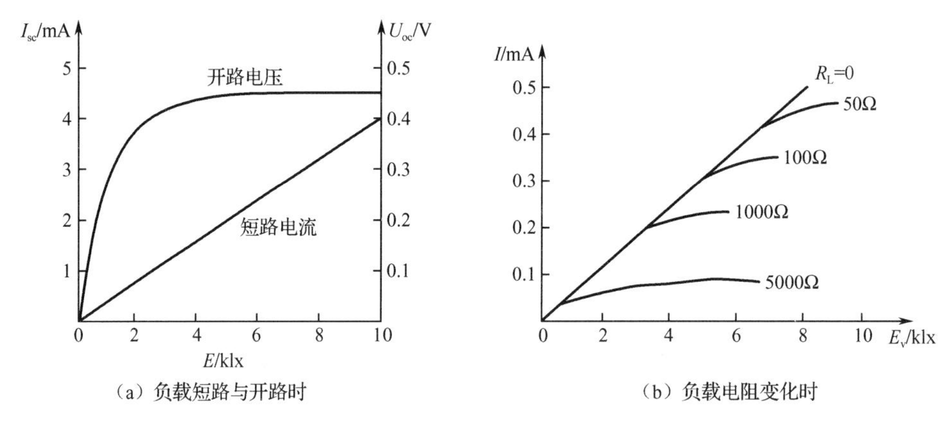

图 3.10　光电池的光照特性曲线

（2）光谱特性。光电池的光谱特性取决于材料。光电池的光谱特性曲线如图 3.11 所示，硒光电池在可见光谱范围内有较高的灵敏度，峰值波长在 540nm 附近，适宜测可见光；硅光电池的应用范围是 400～1100nm，峰值波长在 850nm 附近，因此硅光电池可以在很宽的范围内应用。

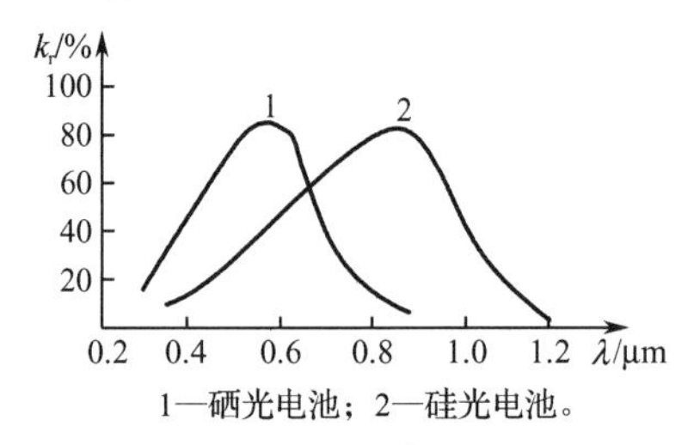

图 3.11　光电池的光谱特性曲线

（3）伏安特性。光电池的伏安特性用来描述在连接不同的负载时，所输出的电压和电流的关系。在不同照度时，伏安特性是多条相似的曲线，如图 3.12 所示，光电流 I_k 随负载 R_L 值不同在很大范围内正比于入射光强，而电动势 E 趋于饱和。

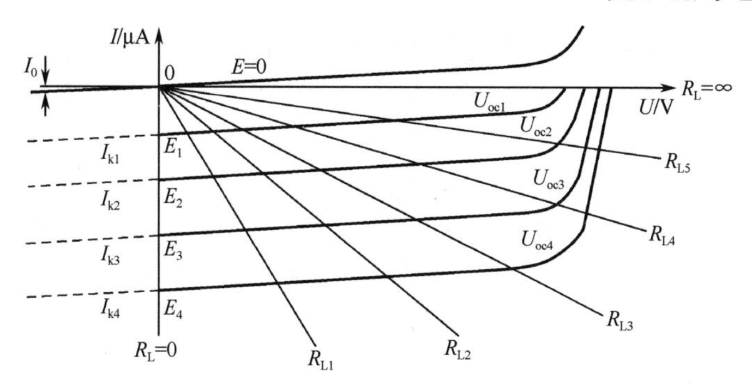

图 3.12 光电池的伏安特性曲线

（4）（调制）频率响应特性。光电池的频率响应指输出电流 I 随调制光频率 f 变化的关系。光电池作为测量、计数、接收元件时常用调制光输入。由于光电池 PN 结面积较大，极间电容大，故频率响应特性大多较差。图 3.13 所示为光电池的频率响应特性曲线。由图可知，相对而言，硅光电池具有较高的频率响应，而硒光电池则较差。

（5）温度特性。光电池的温度特性是指开路电压和短路电流随温度变化的关系，其开路电压与短路电流均随温度而变化。硅光电池的温度特性曲线如图 3.14 所示，在 1000lx 照度下，硅光电池温度上升 1℃时，其开路电压 U_{oc} 约降低 3mV，短路电流 I_{sc} 只增加约 2μA。光电池的工作温度变化将带来其所在设备的温度漂移，会影响测量或控制准确度等主要指标，因此，当光电池作为测量元件时，最好能保持温度恒定，或采取温度补偿措施。

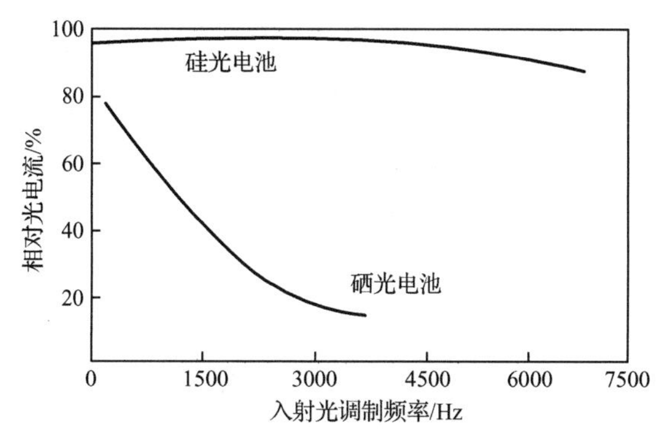

图 3.13 光电池的频率响应特性曲线

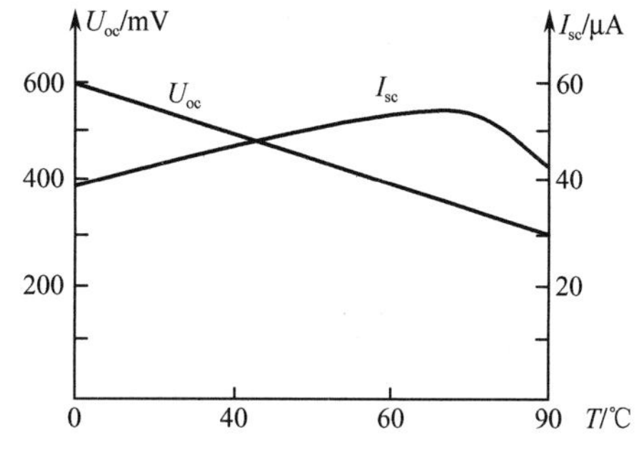

图 3.14 硅光电池的温度特性曲线

2）光敏二极管和光敏三极管

光敏二极管和光敏三极管是光电转换半导体器件，与光敏电阻器相比具有灵敏度高、高频性能好、可靠性好、体积小、使用方便等优点。

光敏二极管的结构及工作电路如图 3.15 所示。与普通二极管一样，光敏二极管只有一个 PN 结装在管的顶部，以便接收光照，上面有一个透镜制成的窗口，可使光线集中在敏感面上。

如图 3.15 所示，光敏二极管在电路中通常工作在反向偏置状态。在无光照时，由于其两端电压反偏，故光敏二极管工作在截止状态，这时只有少数载流子在反向偏压的作用下，穿越阻挡层，形成微小的反向电流即暗电流（噪声电流）；当受到光照时，PN 结附近受光子轰击，吸收其能量而产生电子空穴对，从而使 P 区和 N 区的少数载流子浓度大大增大。因此在外加反偏电压和内电场的作用下，P 区少数载流子电子穿越阻挡层进入 N 区，N 区的少数载流子空穴穿越阻挡层进入 P 区，从而使通过 PN 结的反向电流大为增大，这就形成了光电流。

光敏三极管和普通三极管的结构相类似。不同之处是光敏三极管必须有一个对光敏感的 PN 结作为感光面，一般用集电结作为受光结，因此，光敏三极管实质上是一种相当于在基极和集电极之间接有光敏二极管的普通三极管。不同之处在于，光敏三极管使光信号变成电信号的同时，还放大了电信号，具有更高的灵敏度，其结构及工作电路如图 3.16 所示。

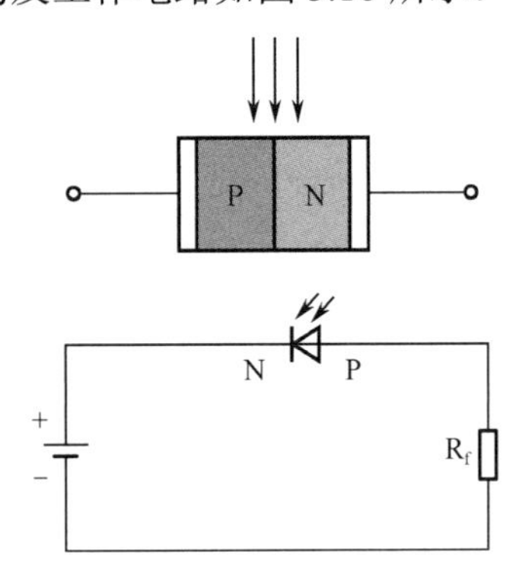

图 3.15　光敏二极管的结构及工作电路

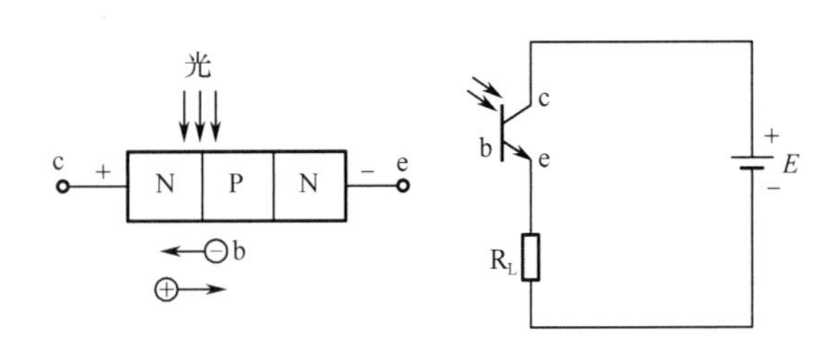

图 3.16　光敏三极管的结构及工作电路

一般光敏三极管的基极已在管内连接，只有集电极和发射极两根引线（也有将基极引出的），因此在使用光敏晶体管时，不能从外形来区别是二极管还是三极管，只能根据型号来判别。

作为一类基于内光电效应工作的光敏器件，光敏二极管和光敏三极管的性能主要通过光照特性、光谱特性、伏安特性、（调制）频率响应特性、温度特性等进行衡量。

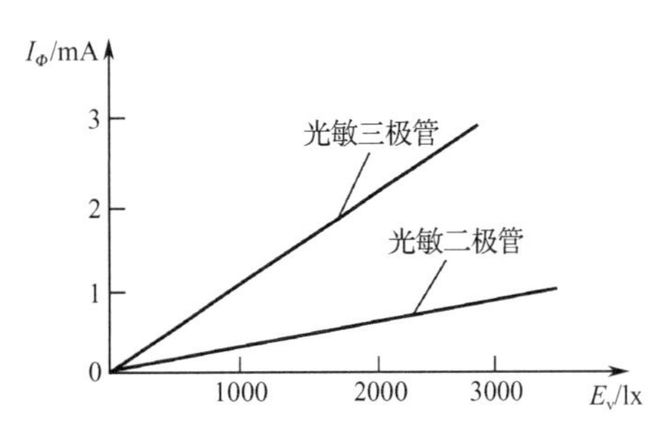

图 3.17　某光敏晶体管的光照特性曲线

（1）光照特性。某光敏晶体管的光照特性曲线如图 3.17 所示。在比较宽的光照范围内，光敏二极管和光敏三极管均呈现良好的线性，它们的灵敏度一般为常数。相对而言，光敏三极管在弱光时灵敏度低些，在强光时则有饱和现象，这是由于电流放大倍数的非线性所至，对弱信号的检测不利，故一般在选择线性检测元件时，优先选择光敏二极管而非光敏三极管来作为光敏元件。

（2）光谱特性。与其他光敏元件一样，不同材料的光敏晶体管，对不同波长的入射光的灵敏度 K_r 不同。即使是同一材料，如硅光敏晶体管（硅管），只要控制其 PN 结的制造工艺，也能得到不同的光谱特性。例如，硅光敏晶体管的峰值波长为 0.8μm 左右，但现在已分别生产出对红外光 3、可见光 1、紫外光 2 敏感的光敏晶体管，硅光敏晶体管的光谱特性如图 3.18 所示。有时还可为光敏晶体管的透光窗口配上不同颜色的滤光玻璃，以达到光谱修正的目的，使光谱峰值波长根据需要而改变，据此可制作色彩传感器。

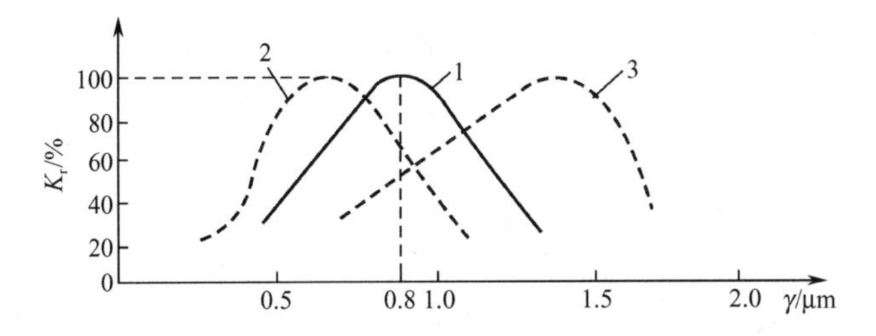

图 3.18　硅光敏晶体管的光谱特性

锗光敏晶体管（锗管）的峰值波长为 0.5μm 左右。由于锗管的暗电流比硅管大，因此锗管的性能较差。故在探测可见光或红热状态（500～1200℃）物体时，一般都选用硅管。但对红外光进行探测时，则采用锗管较为合适。

（3）伏安特性。硅光敏晶体管的伏安特性曲线如图 3.19 所示，光敏二极管的伏安特性曲线相当于向下平移了的普通二极管的伏安特性曲线，光敏三极管的伏安特性和光敏二极管的伏安特性类似，但光敏三极管的光电流比同类型的光敏二极管大好几十倍。只要将入射光在发射极 e 与基极 b 之间的 PN 结附近所产生的光电流看作基极电流，就可将光敏晶体管看成一般的晶体管。

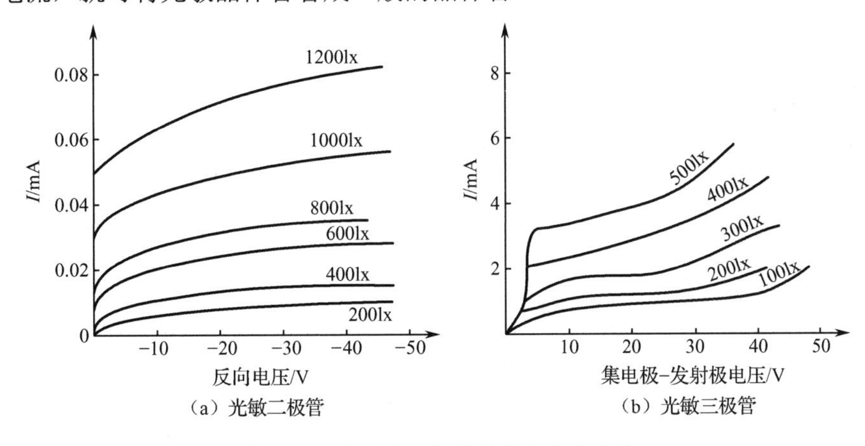

图 3.19　硅光敏晶体管的伏安特性曲线

零偏压时，光敏二极管有光电流输出，而光敏三极管则无光电流输出。虽然它们都能产生光生电动势，但光敏三极管的集电结在无反向偏压时没有放大作用，所以此时没有电流输出（或仅有微弱的漏电流）。

（4）（调制）频率响应特性。光敏晶体管的频率响应与本身的物理结构、工作状态、负载及入射光波长等因素有关。图 3.20 所示为硅光敏三极管的频率响应曲线。由曲线可知，减小负载电阻 R_L 可以提高响应频率，但这会使输出电压降低。因此在实际使用中，可根据频率选择最佳的负载电阻。

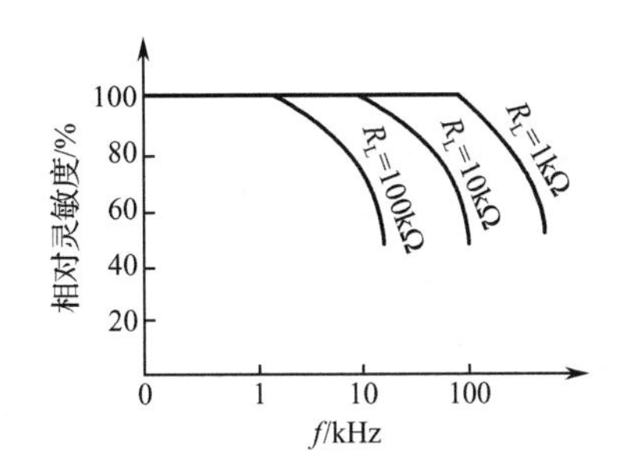

图 3.20　硅光敏三极管的频率响应曲线

光敏二极管将光信号转化为电信号所需要的时间，一般为几十纳秒，光敏三极管的响应时间通常为 10^{-7}～10^{-3}s；光敏二极管的光电流比光敏三极管的光电流小；光敏二极管的输出特性线性度好，响应时间快，而光敏三极管的输出特性线性度差；光敏三极管的负载电阻小，一般为光敏二极管负载电阻的 1/10。

（5）温度特性。光敏晶体管的工作电流受工作温度影响。

光敏晶体管的暗电流-温度特性曲线如图 3.21（a）所示，硅光敏三极管的暗电流比锗光敏二极管的小得多（约为锗光敏二极管的 10^{-3}～10^{-2}）。暗电流随温度升高而增大是由热激发造成的。光敏晶体管的暗电流在电路中是一种噪声电流。在高照度下工作时，由于光电流比暗电流大得多（信噪比大），温度的影响相对比较小；在低照度下工作时，因为光电流比较小，暗电流的影响就不能不考虑（信噪比小）。为此，在实际使用中，应在线路中采取适当的温度补偿措施。

图 3.21（b）所示为光敏三极管的光电流-温度特性曲线。在一定温度范围内，温度变化对光电流的影响较小，其光电流主要是由光照强度决定的。

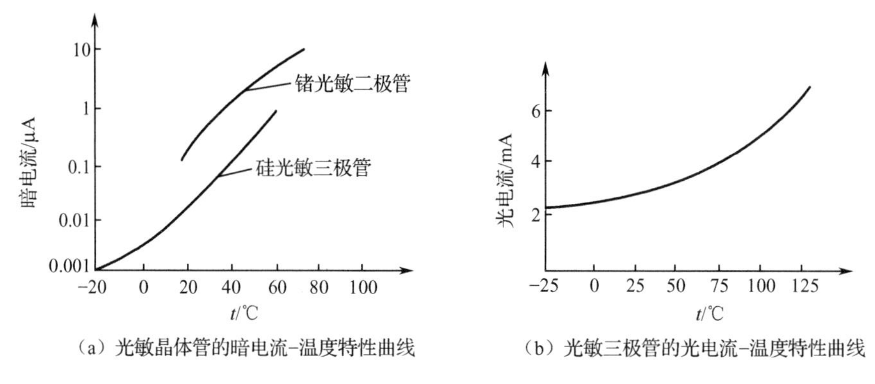

（a）光敏晶体管的暗电流-温度特性曲线　　（b）光敏三极管的光电流-温度特性曲线

图 3.21　光敏晶体管的电流-温度特性

3．光敏晶闸管和光电耦合器

光敏晶闸管也称为光控晶闸管，是一种采用光信号控制的无触点开关器件。光敏晶闸管的伏安特性和普通晶闸管一样，只是随着光照信号变强其正向转折电压逐渐变低，其结构、符号和工作电路如图 3.22 所示。

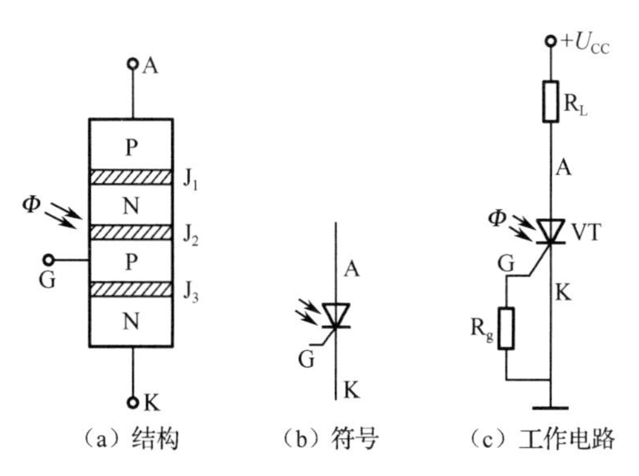

（a）结构　　（b）符号　　（c）工作电路

图 3.22　光敏晶闸管的结构、符号和工作电路

光敏晶闸管一旦触发导通后，由于电流正反馈的作用，即使光信号消除，晶闸管仍保持导通。只有当正向电压降至零或加上反向电压，器件电流小于维持电流时，才恢复阻断。

光电耦合器又称光隔离器，简称光耦。将发光器件与光敏元件集成在一起便可构成光电耦合器。光电耦合器以光为媒介传输电信号，对输入、输出电信号有良好的隔离作用。一般由三部分组成：光的发射、光的接收及信号放大。常用的光电耦合器里的发光元件多半是发光二极管，而光敏元件多为光敏二极管和光敏三极管，少数采用光敏达林顿管或光敏晶闸管。光电耦合器的结构、符号和仅采用光敏二极管时的电路如图 3.23 所示。

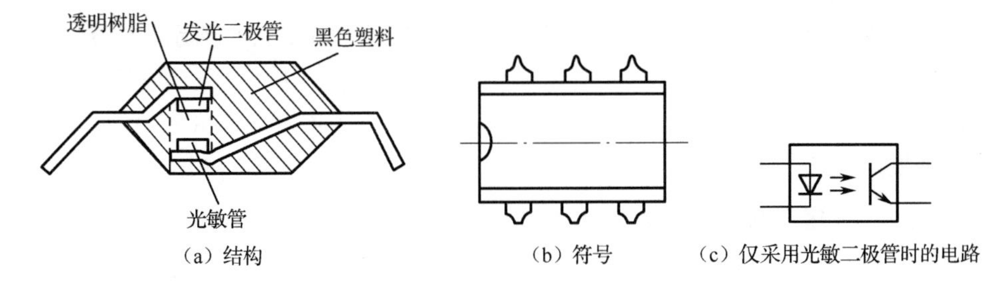

图 3.23　光电耦合器的结构、符号和仅采用光敏二极管时的电路

输入的电信号驱动发光二极管，使之发出一定波长的光，该光源照射到光敏三极管表面上，被光探测器接收而产生光电流，该电流的大小与光照的强弱，即流过二极管的正向电流的大小成正比，再经过进一步放大后输出。这就完成了电－光－电的转换，从而起到输入、输出、隔离的作用。由于光电耦合器的输入、输出间互相隔离，电信号传输具有单向性等特点，因而其具有良好的电绝缘能力和抗干扰能力。

光电耦合器按光路可以分为透射式、反射式和封闭式。其中，透射式可用于片状遮挡物体的位置检测或码盘、转速测量，反射式可用于反光体的位置检测，封闭式可用于电路的隔离。

3.1.2　光敏元件的基本应用电路

光敏元件把光的波动转变为电阻或微弱的光电流变化，后续还需用转换电路将其转换成标准的电压或电流信号。下面将介绍光敏电阻、光敏二极管、光敏三极管、光电池的基本应用电路。

3.1.2.1　光敏电阻的基本应用电路

由于光敏电阻的灵敏度很高，因此通过简单地串接负载电阻构成电源分压电路（见图 3.24）或电桥，就可将光波动带来的电阻变化转变为电压或电流信号输出。

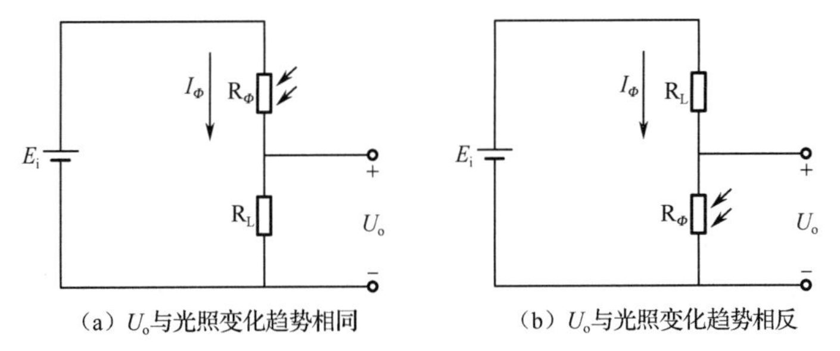

图 3.24　光敏电阻的基本应用电路

光敏电阻受温度影响较大，响应速度不快，延迟时间受入射光的光照度影响，一般为 1ms～1s。光敏电阻可广泛应用于各种光控电路，如对灯光的控制、调节等场合，也可用于光控开关。

3.1.2.2　光敏二极管的基本应用电路

光敏二极管的使用和光敏电阻类似，但响应速度更快、温漂小，且频率特性好，适用于快速变化的光信号探测，缺点是灵敏度较低。

在实际使用时，光敏二极管通常采用反向偏置接法。图 3.25 所示为光敏二极管的基本应用电路。无光照时，回路中有微小的饱和反向漏电流，即暗电流，此时光敏二极管 VD 截止。当受到光照时，饱和反向漏电流大大增加，形成光电流，其值随入射光强度的变化而变化。

3.1.2.3 光敏三极管的基本应用电路

光敏三极管的基本应用电路如图 3.26 所示，光敏三极管的基本应用电路有射极输出和集电极输出两种形式。射极输出电路的输出电压与光照的变化趋势相同，而集电极输出电路的输出电压与光照的变化趋势相反。

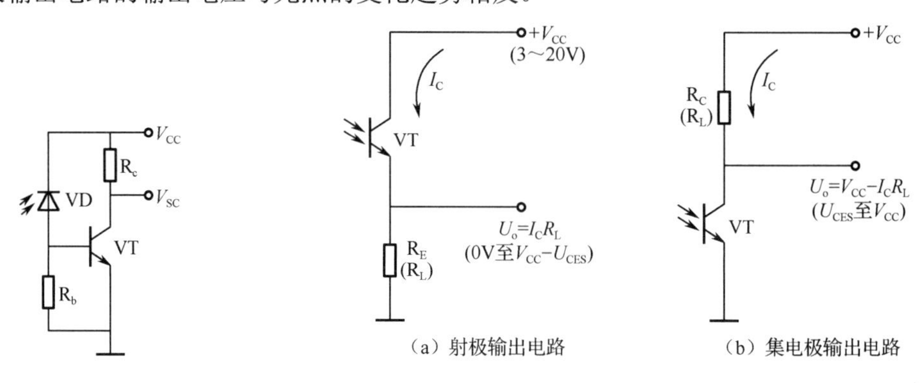

（a）射极输出电路　（b）集电极输出电路

图 3.25　光敏二极管的基本应用电路　　图 3.26　光敏三极管的基本应用电路

光敏晶体管在自动测试系统中有着广泛的应用，如光电耦合器、光电开关等。光电耦合器实现了电隔离，提高了抗干扰性能，并且由于其具有单向信号传递功能，因而有脉冲转换和直流电平转换功能。在逻辑电路中，光敏晶体管可作为不同逻辑电路间的接口；在逻辑信号驱动电路中，可以作为输入信号与高压间的隔离元件。光学量传感器可用于测速，这种测速方法具有结构简单、测量精确度高等优点。

3.1.2.4 光电池的基本应用电路

图 3.27 所示为光电池的基本应用电路。图中 I/U 转换电路的输出电压 U_o 与光电流 I_Φ 成正比。若光电池用于微光测量，I_Φ 可能较小，则应增加一级放大电路，并在第二级使用电位器 R_p 微调总的放大倍数。

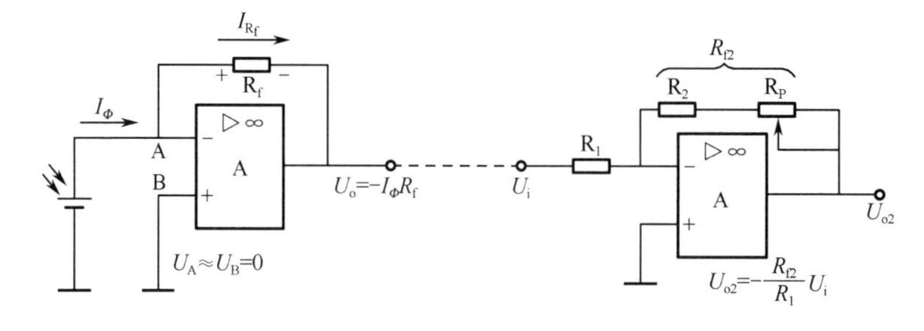

图 3.27　光电池的基本应用电路

光电池的应用主要分为两类：一类是将光电池作为光电转换器件应用，需要光电池具有灵敏度高、响应时间短等特性。这一类光电池需要特殊的工艺制造，主要用于光监测和自动控制系统中。另一类是将光电池作为光伏器件使用，利用光伏作用直接将太阳能转换成电能，即太阳能电池。太阳能电池已在宇宙开发、航空、通信设施、太阳能电池地面发射站、日常生活和交通事业中得到广泛应用。目前，太阳能电池发电成本尚不能与常规能源竞争，但是随着太阳能电池技术的不断发展，成本会逐渐下降，定会获得更广泛的应用。

扫码看微课

光学量传感器的应用

3.1.3 光学量传感器的应用

光学量传感器的应用非常普遍。从便携式消费类电子产品市场（智能手机、掌上电脑、台式电脑及便携式音乐播放器等）到消费类电视机市场（包括液晶电视机、等离子电视机、背投电视机及 CRT 电视机等），再到医疗、工业及汽车市场等，光学量传感器无处不在。

3.1.3.1 光学量传感器的检测方式

非接触式测量是光学量传感器的一大特点。根据被测物和光电元件间的物理关系，光学量传感器通常具有辐射式、吸收式、反射式和遮断式四种检测方式，光学量传感器的常见检测方式如图 3.28 所示。

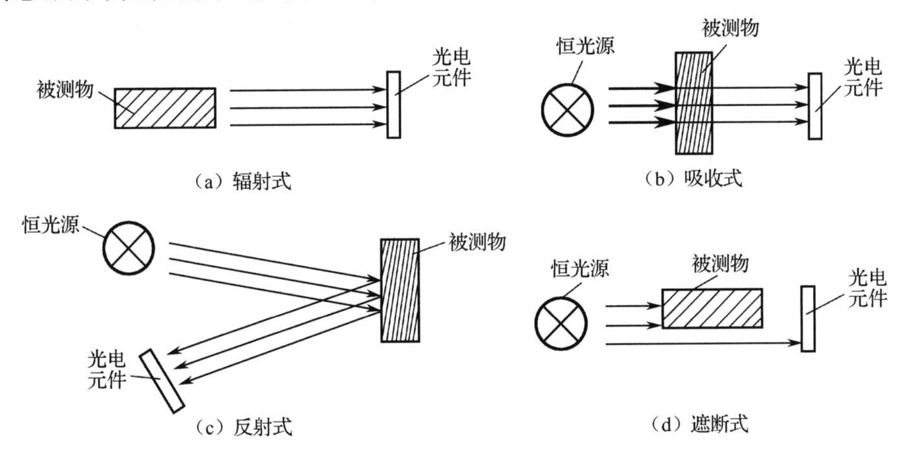

（a）辐射式　（b）吸收式　（c）反射式　（d）遮断式

图 3.28　光学量传感器的常见检测方式

（1）辐射式。当采用辐射式测量时，如图 3.28（a）所示，被测物本身是光源，它发出的光投射到光电元件上，光电元件的输出反映了光源的光强、光照度、温度等物理参数。典型的例子有光电高温计、比色温度计、红外辐射温度计、光照度计、热释电（红外）传感器等。

热释电效应是指晶体极化强度随温度改变而表现出的电荷释放现象，宏观上表现为，温度的改变使得在材料的两端产生电压或电流。图 3.29 所示为某热释电传感器及其构成元件。热释电传感器通过目标与背景的温差来探测目标，其利用的是热释电效应，即在钛酸钡等晶体的上、下表面设置电极，在上表面覆以黑色膜，若有红外线间歇地照射，其表面温度上升 ΔT，晶体内部的原子排列将产生变化，引发自由极化电荷，在上、下电极之间产生电压 ΔU。热释电效应产生的电荷不是永存的，它出现后很快会被空气中的单个离子所结合，因此探测静止物体时，热释电传感器往往在它的热释电元件前面加机械式的周期遮光装置以使电荷周期地出现，测量移动物体时则不用如此操作。

图 3.29　某热释电传感器及其构成元件

热释电元件表面必须罩上一块由一组平行的棱柱型透镜所组成的菲涅耳透镜，每一个透镜单元都只有一个不大的视场角，当人体在透镜的监视视野范围内运动时，顺次地进入第一、第二单元透镜的视场，晶片上两个反向串联的热释电元件将输出一串交变脉冲信号。热释电传感器在红外线检测中得到了广泛的应用，它常用于对能产生远红外辐射的人体或动物等的检测，适用于防盗门、自动门、智能空调等场合。

（2）吸收式。当采用吸收式测量时，如图 3.28（b）所示，恒光源发射的光穿过被测物，一部分由被测物吸收，剩余部分投射到光电元件上，吸收量取决于被测物的某些参数，如透明度、浊度、浓度等。

图 3.30 所示为光电式浊度计原理图。光源发出的光线经半反半射透镜分成两路强度相同的光线，一路光线穿过标准水样到达光电池，为被测水样浊度的参比信号；另一路光线穿过被测水样到达光电池，其中一部分光线被样品介质吸收，被测水样越混浊，光线的衰减量越大，到达光电池的光通量就越小。两路光线信号均转换成电压信号，由除法运算器计算出 U_{o1}/U_{o2}，该比值经 AD 转换，由处理器进一步处理得到被测水样的浊度，最后由显示器显示出来。

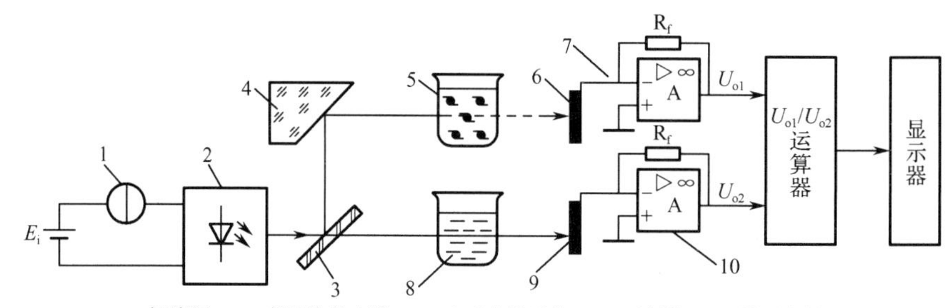

1—恒流源；2—半导体激光器；3—半反半射透镜；4—反射镜；5—被测水样；
6、9—光电池；7、10—电流/电压转换器；8—标准水样。

图 3.30　光电式浊度计原理图

（3）反射式。当采用反射式测量时，如图 3.28（c）所示，恒光源发出的光投射到被测物上，然后从被测物表面反射到光电元件上，光电元件的输出反映了被测物的某些参数，如颜色、粗糙度、光滑度、转速、存在状态等。

色标传感器的应用如图 3.31 所示，色标传感器常用于检测特定色标或物体上的斑点，它是通过与非色标区相比较来实现色标检测的，而不是直接测量颜色。色标传感器实际上是一种反向装置，光源一般垂直于目标物体安装，而接收器与物体成锐角方向安装，让它只检测来自目标物体的散射光，避免传感器直接接收反射光，并且可使光束聚焦很窄。

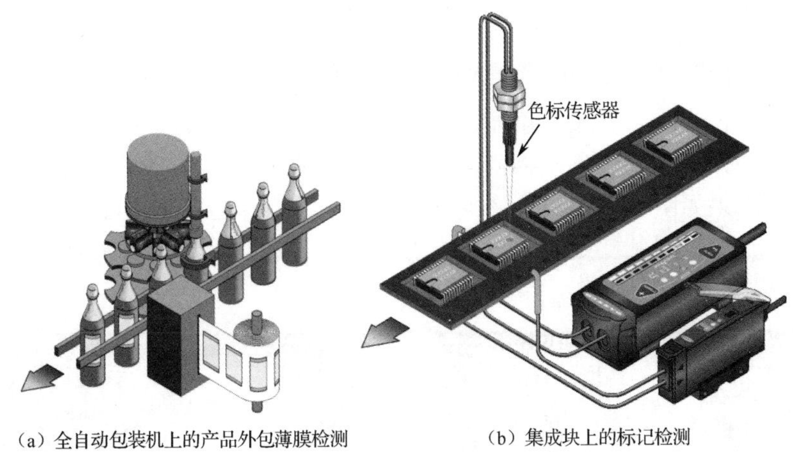

（a）全自动包装机上的产品外包薄膜检测　（b）集成块上的标记检测

图 3.31　色标传感器的应用

白炽灯和单色光源都可用于色标检测。白炽灯发射包括红外光在内的各种颜色的光，因此用这种光源的色标传感器可在很宽范围上检测颜色的微小变化，其检测电路简单，响应速度快。但白炽灯工作时通常不允许振动和长时间使用，因此不适用于有严重冲击和振动的场合。使用单色光源（如绿色或红色 LED）的色标传感器就其原理来说并不是检测颜色，而是通过检测色标对光束的反射量或吸收量与周围材料相比的不同来实现检测，所以颜色的识别要严格与照射在目标上的光谱成分相对应。

（4）遮断式。当采用遮断式测量时，如图 3.28（d）所示，恒光源发出的光在到达光电元件的途中遇到被测物，照射到光电元件上的光被遮蔽掉一部分，光电元件的输出反映了被测物的尺寸、振动、存在状态等参数。

光幕由投光器和受光器两部分组成。投光器（包括 LED 红外发光二极管等）发射出调制的红外光，由受光器（包括光学量传感器等）接收，形成了一个保护网，当物体进入保护网时，部分光线被物体挡住，光学量传感器中的光敏元件不能接收到调制光，其输出发生跳变。如图 3.32 所示，光幕可用于物体的三维尺寸检测。

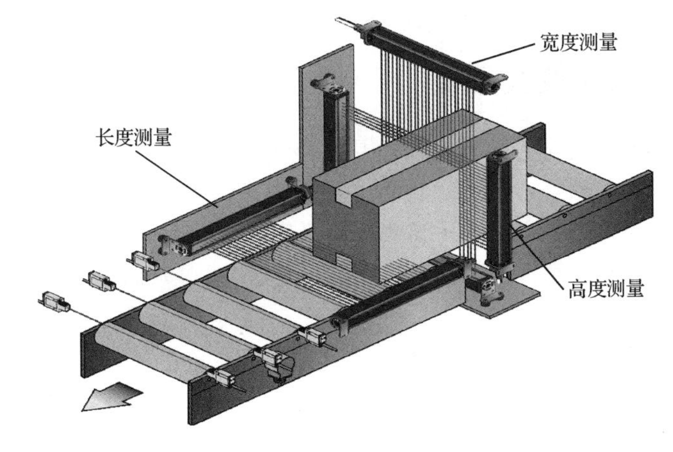

图 3.32　光幕的应用

类似地，若将光幕安装在一些具有潜在危险的机械设备上，如冲压机械、剪切设备、金属切削设备、自动化装配线、自动化焊接线、机械传送搬运设备、危险区域（有毒、高压、高温等），及时探测人与物体的距离，避免操作人员因为与自动化设备的协同不畅而受到人身伤害。

3.1.3.2 光学量传感器的选型及使用注意事项

如前所述，光具备波粒二象性。在宏观上，光是电磁波，有不同的波长频率和波段。不同波段下的光学量传感器，得到的信息是不一样的。不同波段下的光学量传感器检测结果如图 3.33 所示，在可见光下，这个苹果看起来很好，但是用短波红外光一看，这个苹果其实是烂的。在应用中，应根据实际情况选择或设计合适波段的光学量传感器进行检测。

（a）可见光

（b）红外光

图 3.33　不同波段下的光学量传感器检测结果

光学量传感器一般由光源、光学通路和光敏元件及其转换电路等组成。通过采用不同的应用形式，除直接检测光之外，光学量传感器可用于检测直接引起光量变化的非电量，如光强、光照度、辐射、气体成分等；也可用来检测能转换成光量变化的其他非电量，如零件直径、表面粗糙度、应变、位移、振动、速度、加速度，以及物体的形状、工作状态等。

光学量传感器在选型时应关注检测物体状况（如尺寸、光反射能力等）、工作环境、检测距离、检测方式、输出形式（如 PNP、NPN 等）、连接方式（如导线引出型、接插件型）、附件（如插接板、反射板等）、功耗、封装大小等。

任务 3.2　磁学量传感器

磁学量传感器，又称磁敏传感器，是对磁场参量（B、H、Φ）敏感的仪器或装置，具有把磁场、放射线、压力、温度、光等作用因素引起的敏感元件磁性能的变化转换为电信号的功能。磁学量传感器可测量磁学参量变化和感知磁性物体的存在，如永磁体、顺磁材料（铁、钴、镍及其它们的合金），以及通电（直、交）线圈或导线等。

光学量传感器易受环境中的灰尘、非目标光源等的干扰，而磁学量传感器耐污染，抗噪声干扰能力更强，坚固耐用，寿命长，同样可实现非接触检测。磁学量传感器的缺点是对附近的导磁材料、直流磁场敏感，耐冲击能力差；由于磁滞效应，通常难以用于有高准确度要求的场合。

磁学量传感器种类繁多，性能和应用场合各异，常见的磁学量传感器包括电磁感应式传感器（探测线圈），磁通门磁强计，霍尔传感器，使用磁阻元件、铁磁薄膜各向异性磁电阻（AMR）元器件的磁阻传感器，使用块状铁氧体磁芯的应力传感器，以热敏铁氧体为磁芯的温度传感器，利用亚铁磁石榴石磁光效应的光纤电流传感器，高灵敏度超导量子干涉器件（SQUID），巨磁电阻传感器及巨磁阻抗传感器等。其中，工业上应用较多的磁学量传感器主要有电磁感应式和磁电效应式两大类。电磁感应式有恒定磁通式和变磁通式两种；磁电效应式包括霍尔式、磁阻式、磁敏二极管式、磁敏三极管式等。接下来我们将学习以上提及的一些磁学量传感器。

知识目标：

（1）能描述电磁感应式传感器、霍尔传感器、磁阻传感器和结型磁敏传感器的工作原理与特性，并比较其差异和适用场合。

（2）能描述磁学量传感器的驱动及使用注意事项。

（3）能举例说明磁学量传感器在磁场强度、位移、转速、电流等参数测量中的应用。

技能目标：

（1）能根据常见磁学量传感器的特性及项目需求进行传感器选型。

（2）能设计霍尔传感器的应用电路。

（3）能根据产品说明书，正确进行常见磁学量传感器的安装、调试、标定和维护。

（4）能够规范编写磁学量传感器的相关技术文档。

3.2.1 电磁感应式传感器

电磁感应式传感器及其应用

由法拉第电磁感应定律可知，线圈在磁场中运动切割磁力线时或线圈所在磁场的磁通 Φ 变化时，线圈中会产生感应电动势 E，其大小取决于穿过线圈的磁通变化率 $\mathrm{d}\Phi/\mathrm{d}t$，即

$$E=-N\frac{\mathrm{d}\Phi}{\mathrm{d}t} \tag{3.2}$$

式中，N 为线圈匝数。根据工作时磁路中的磁通变化与否，电磁感应式传感器又可分为恒定磁通式和变磁通式两种。

3.2.1.1 恒定磁通式

恒定磁通式电磁感应式传感器的工作气隙中的磁通恒定，感应电动势是由于永久磁铁与线圈之间有相对运动——线圈切割磁力线而产生的。恒定磁通式电磁感应式传感器又可分为动圈式（运动部件是线圈）、动铁式（运动部件是永久磁铁）两种。

图 3.34（a）所示为动圈式。永久磁铁 4 产生恒定磁场，它固定在传感器的壳体内。线圈 3 绕在金属骨架 1 上，金属骨架 1 固定在弹簧 2 上，弹簧 2 与壳体 5 相连。当壳体和永久磁铁随被测物体一起振动时，由于弹簧较软，而线圈和金属骨架质量很大，跟不上振动的节奏，可认为线圈静止不动，振动能量被弹簧吸收，永久磁铁与线圈相对运动，相当于线圈做切割磁力线运动，产生与运动速度 v 成正比的感应电动势。

图 3.34（b）所示为动铁式，其工作原理与动圈式类似，只是运动部件换为了永久磁铁。

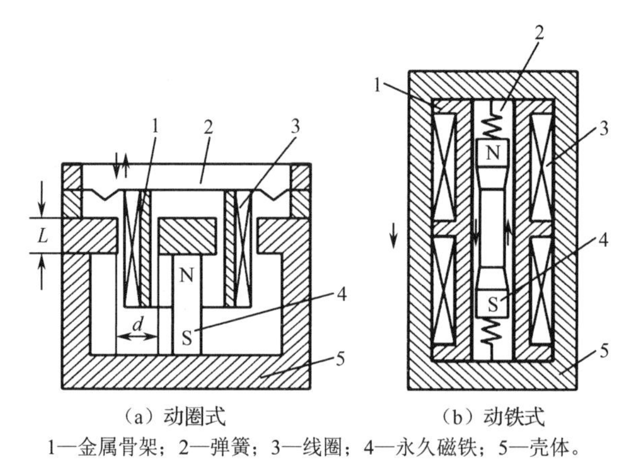

（a）动圈式　　（b）动铁式

1—金属骨架；2—弹簧；3—线圈；4—永久磁铁；5—壳体。

图 3.34　恒定磁通式电磁感应式传感器

3.2.1.2　变磁通式

在变磁通式电磁感应式传感器中，永久磁铁与线圈均固定，铁芯的运动使气隙和磁路的磁阻发生变化，引起磁通变化而在线圈中产生感应电动势，因此又称为变磁阻式。变磁通式电磁感应式传感器分为开磁路式和闭磁路式两种。

开磁路式如图 3.35（a）所示，线圈 3 和永久磁铁 5 静止不动，铁芯 2（由导磁材料制成）安装在被测物体上，随被测物体一起转动。当齿轮转动时，每转过一个齿，传感器磁路的磁阻就变化一次，磁通也变化一次，线圈中的感应电动势也变化一次，因此线圈中感应电动势的变化频率等于铁芯上的齿数和转速的乘积。

闭磁路式如图 3.35（b）所示。被测转轴带动椭圆形铁芯在磁场气隙中做周期性转动，使气隙平均长度发生周期性变化，磁路的磁阻也发生周期性变化，磁通发生变化，故线圈中感应电动势的频率正比于铁芯的转速。

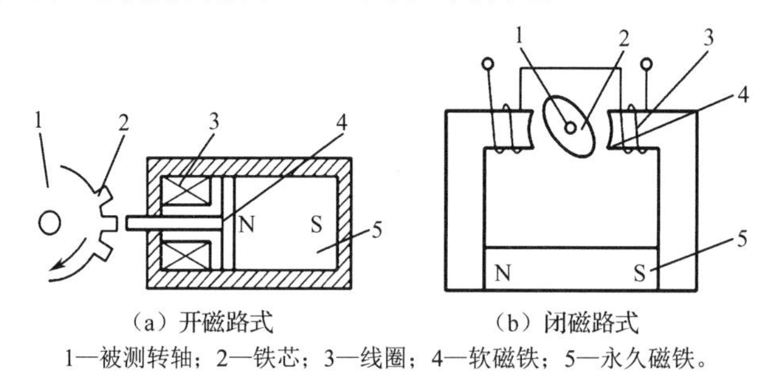

（a）开磁路式　　（b）闭磁路式

1—被测转轴；2—铁芯；3—线圈；4—软磁铁；5—永久磁铁。

图 3.35　变磁通式电磁感应式传感器

3.2.1.3　电磁感应式传感器的应用

电磁感应式传感器是有源传感器，不需要辅助电源就能将被测机械量转换成易于测量的电量。它输出功率大，性能稳定，有一定的工作带宽。传感器的输出电动势取决于线圈中的磁场变化速度，因而它是与被测速度成一定比例关系的。当速度太低时，输出电动势很小，以致无法测量。这种传感器有一个下限工作频率，一般为 50Hz 左右，有的可低至 10Hz；其上限工作频率可达 1000Hz。

电磁感应式传感器可用于线速度、角速度等能引起磁场变化的参数的测量。采用合适的结构，它也可用于导电液体流量的检测，即电磁式流量传感器。它具有量程比宽（20∶1～50∶1）、准确度高、受流体自身特性影响小等优点，但其价格较高，仪表工作温度（不应超过 200℃）、压力不能过高，工作时应远离强磁场和振动源。

3.2.2 霍尔传感器

霍尔传感器是依据霍尔效应制成的器件，具有结构简单、体积小、噪声小、频率范围宽、动态范围大、寿命长等优点。

3.2.2.1 霍尔效应

霍尔效应原理图如图 3.36 所示，当把导体或半导体薄片置于磁场中时，在相对两侧通以电流 I，在垂直于电流和磁场的方向上将产生一个大小与电流 I 和磁感应强度 B 的乘积成正比的电动势，该电动势称为霍尔电动势，这一现象称为霍尔效应，该薄片称为霍尔元件。

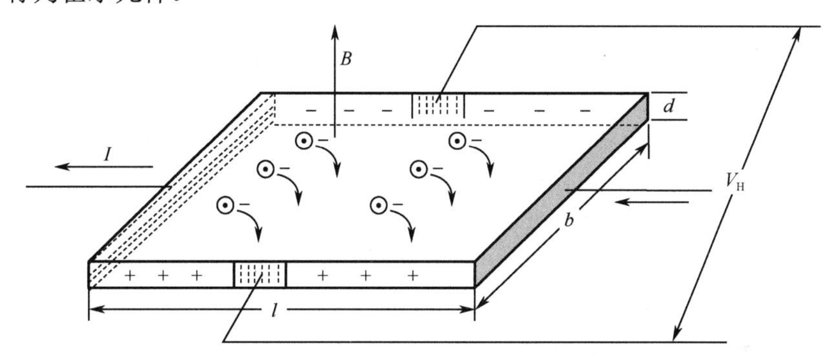

图 3.36 霍尔效应原理图

设电子以均匀的速度 v 运动，则在垂直方向施加的磁感应强度为 B 的磁场作用下，电子受到洛伦兹力 F_L 作用（受力方向可由左手定则判定）。在洛伦兹力的作用下，电子向一侧偏转并形成负电荷积聚，另一侧形成正电荷积聚，从而形成电场。该电场对电子产生电场力 F_E，电场力与洛伦兹力方向相反，阻止电子继续偏转；当达到动态平衡时，在垂直于电流和磁场方向的端面之间建立的电动势 V_H 就是霍尔电动势。

激励电流 I 越大，作用在薄片上的磁场越强，霍尔电动势就越大；另外，薄片的厚度、导体或半导体材料中的电子浓度等因素也会对霍尔电动势产生很大影响。设霍尔元件为 N 型半导体，则产生的霍尔电动势为

$$V_H = K_H IB \tag{3.3}$$

式中，K_H 称为霍尔元件的灵敏度，其值与材料的物理性质和几何尺寸有关，$K_H = -\frac{1}{ned}$。若磁感应强度 B 与霍尔元件表面的法线成某一角度 θ，这时的霍尔电动势为

$$V_H = K_H IB\cos\theta \tag{3.4}$$

如果所选用的霍尔元件不是 N 型半导体材料而是 P 型半导体材料，则参加导电

的载流子是空穴，分析方法和结果与上面类似。

由式（3.4）可知：

（1）霍尔电动势的大小正比于电流 I 和磁感应强度 B。当 I 或 B 的方向改变时，V_H 的方向也将改变；但当 I 和 B 的方向同时改变时，V_H 并不改变原来的方向。如果所施加的磁场为交变磁场，则霍尔电动势为同频率的交变电动势。

（2）由于金属的电子浓度 n 很高，所以它的灵敏度很小，因此不适合用于制作霍尔元件，考虑到电子的迁移率比空穴大，因此一般采用 N 型半导体材料制作霍尔元件。

（3）霍尔元件的厚度 d 越小，其灵敏度越高。值得注意的是，不能认为厚度越小越好，因为厚度变小会增加霍尔元件的输入阻抗和输出阻抗，从而增加功耗，这对电子迁移率不大的锗材料来说是不适当的。

3.2.2.2 霍尔元件

霍尔元件根据用途不同有两种类型：分立元件型、集成电路型。

分立元件型霍尔元件是采用半导体工艺制作的单晶型、薄膜型四端器件，具有两电流输入端、两电压输出端。

集成电路型霍尔元件将霍尔元件和放大电路等集成在了一个芯片上，其外形和结构与分立元件型霍尔元件完全不同，引出线形式由内部电路功能决定。根据元件输出形式不同，霍尔传感器有线性型、开关型两种。

（1）线性型。线性型霍尔传感器有单端输出和双端输出两种。单端输出如图 3.37（a）所示，单端输出的霍尔传感器是一个三端器件，它的输出电压能对外加磁场的微小变化做出线性响应，通常将输出电压连到外接放大器，将输出电压放大到较高的电平，其典型产品是 SL3501T。双端输出如图 3.37（b）所示，双端输出的霍尔传感器是一个 8 引脚双列直插封装的器件，它可提供差动射极跟随输出，还可提供输出失调调零，其典型产品是 SL3501M。

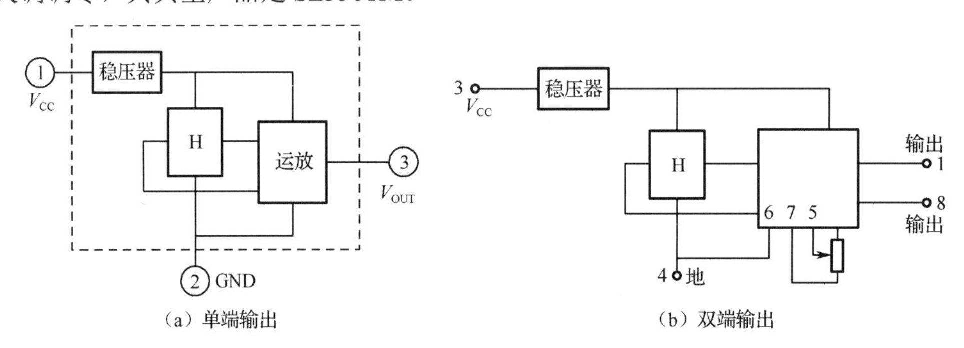

图 3.37　线性型霍尔传感器的结构框图

（2）开关型。开关型霍尔传感器的结构框图如图 3.38 所示，开关型霍尔传感器由霍尔元件、稳压器、差分放大器、施密特触发器、输出晶体管等组成，同样有单端输出和双端输出之分。

当有磁场作用在霍尔传感器上时，根据霍尔效应原理，霍尔元件输出霍尔电压 V_H，该电压经差分放大器放大后，送至施密特触发器。当外加磁感强度高于一定值，且 V_H 放大后的电压大于“开启”阈值时，施密特触发器翻转输出高电平，使半导体管导通，输出电平由高变低，这种状态被称为开状态；当磁场强度降低至低于一定值时，霍尔元件输出的电压 V_H 很小，经差分放大器放大后其值也小于施密特触发器的“关闭”阈值，施密特触发器再次翻转输出低电平，使半导体管截止，传感器输出电平由低变高，这种状态被称为关状态。这样，一次磁场强度的变化，就使霍尔传感器完成了一次开关动作。

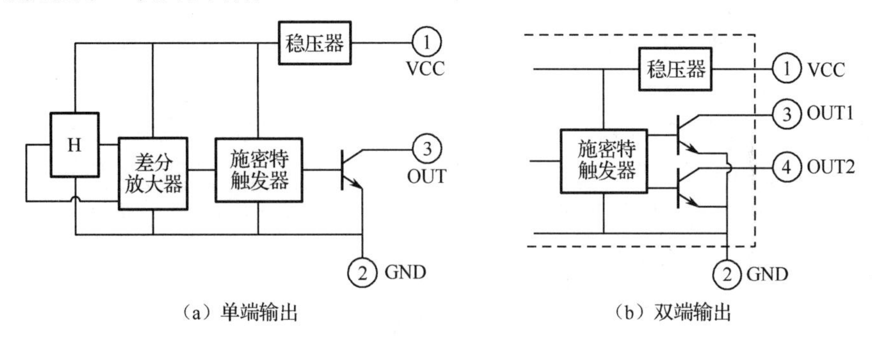

（a）单端输出　　（b）双端输出

图 3.38　开关型霍尔传感器的结构框图

开关型霍尔传感器的典型应用电路如图 3.39 所示。

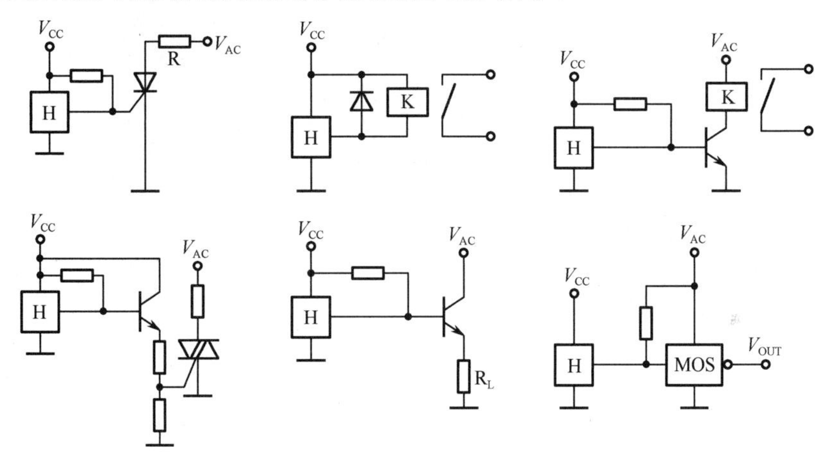

图 3.39　开关型霍尔传感器的典型应用电路

3.2.2.3　霍尔传感器的应用

霍尔传感器的应用

霍尔电动势是关于 I、B、θ 三个变量的函数，即 $V_H = K_H IB\cos\theta$。利用这个关系可以使其中两个量不变，将第三个量作为变量，或者固定其中一个量，其余两个量都作为变量，这使得霍尔传感器有以下三个方面的用途。

（1）维持 I、θ 不变，则 $V_H = f(B)$，此类应用：直接测量磁感应强度 B 的特斯拉计（高斯计），可转换成磁量的电量、机械量和非电量检测仪表，如霍尔式转速表、磁性产品计数器、霍尔式电流传感器、霍尔式编码器微压力计、霍尔式流量计、铁磁材料裂纹检测仪、微位移计，以及基于微小位移测量原理的霍尔式加速度计等。

（2）维持 I、B 不变，则 $V_H = f(\theta)$，此类应用有角位移测量仪等。

（3）维持 θ 不变，即传感器的输出与 I、B 的乘积成正比，此类应用有模拟乘法器、基于霍尔乘法器技术的霍尔式功率计等。

利用霍尔传感器制作的测量仪器的优点：体积小，结构简单，坚固耐用；无可动部件，无磨损，无摩擦热，噪声小；装置性能稳定，寿命长，可靠性高；频率范围宽，从直流到微波范围均可应用；霍尔元件载流子惯性小，装置动态特性好。

霍尔元件也存在转换效率低和受温度影响大等明显缺点。但是，随着新材料、新工艺不断出现，这些缺点正逐步得到克服。

1. 霍尔式特斯拉计

根据霍尔效应原理制成的特斯拉计（高斯计）在磁场测量中有着广泛的应用。霍尔式特斯拉计如图 3.40 所示，这种仪器由霍尔探头及仪表整机两部分组成。其中探头内霍尔元件的尺寸、性能与封装结构对磁场测量的准确度起着关键的作用。该仪器的读数以高斯或特斯拉为单位，特（斯拉）是法定计量单位，1T=10000Gs。

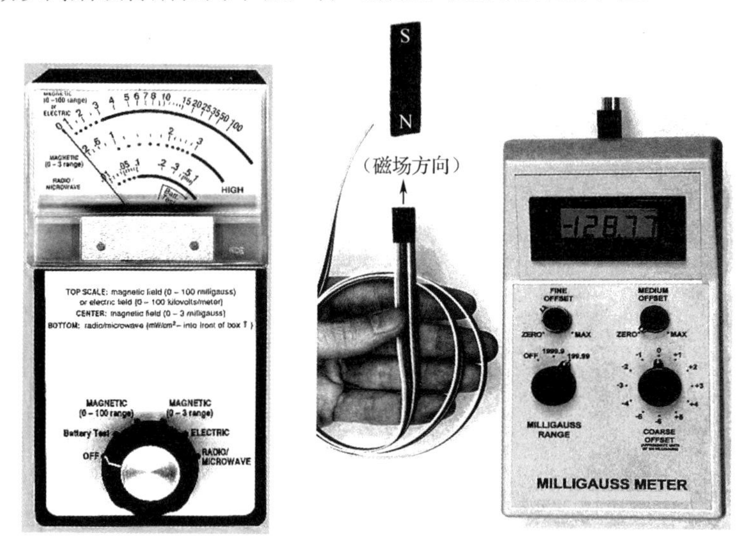

图 3.40　霍尔式特斯拉计

霍尔式特斯拉计常用于表面磁场测量。①永磁体的表面磁场测量：采用霍尔式特斯拉计测量永磁产品表面的磁场强度，主要是对永磁产品的质量及充磁后磁性能的一致性进行评估；②气隙磁场的测量：应用比较典型的行业主要有电机和电声两大行业；③余磁测量：如工件退磁后的退磁效果检测；④漏磁测量：如喇叭漏磁测量。

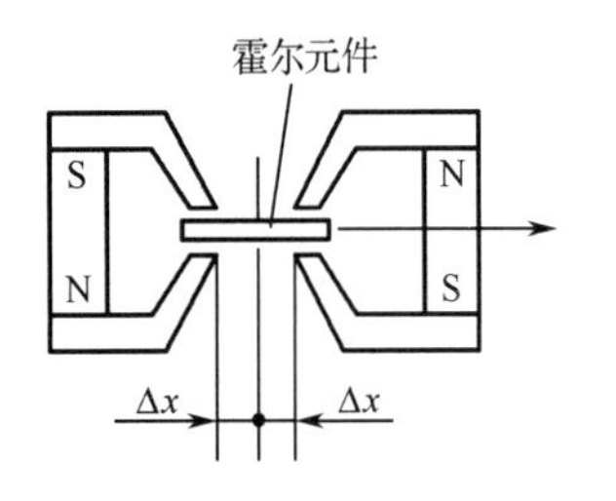

图 3.41　霍尔式位移传感器的结构框图

2. 霍尔式位移传感器

霍尔式位移传感器的结构框图如图 3.41 所示，霍尔式位移传感器主要由磁钢及霍尔元件组成。磁钢通常位置固定并提供稳定磁场，霍尔元件跟随被测对象（如气动执行机构的阀杆）做特定方向运动，感应磁场中不同位置处的磁场大小及方向，并输出与之具有线性对应关系的霍尔模拟电压，经过采样及一系列算法处理后，便会得到被测对象的位移数据。

3. 霍尔式转速传感器

霍尔式转速传感器有多种不同的结构及使用方式。霍尔式转速传感器的结构及其使用方式如图 3.42 所示，磁性转盘的输入轴与被测转轴相连，当被测转轴转动时，磁性转盘随之转动，固定在磁性转盘附近的霍尔传感器便可在每一个小磁铁通过时产生一个相应的脉冲，检测单位时间内出现的脉冲数，便可知被测转速。磁性转盘上的小磁铁数目决定了传感器测量转速的分辨率。该方式亦可用于无刷直流电机中的转子和定子的相对位置检测等。

通过采用不同的结构形式，开关型霍尔传感器还可用于汽车车轮防抱死检测、无触点电子点火、制作接近开关等场合。

4．霍尔式电流传感器

霍尔式电流传感器如图 3.43 所示，当载流导体通以一定电流 I 时，根据安培定律，其周围会产生一正比于该电流的磁场，利用霍尔传感器测量该磁场，即可实现该电流的非接触间接检测。

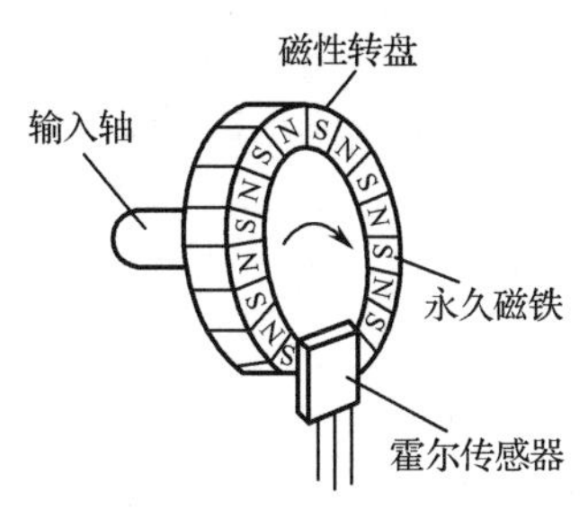

图 3.42 霍尔式转速传感器的结构及其使用方式

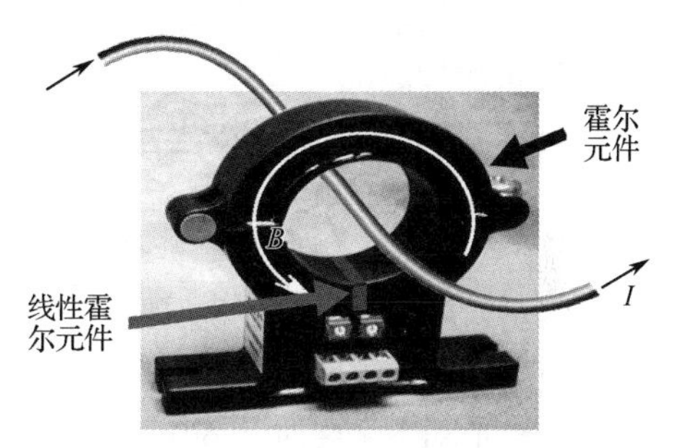

图 3.43 霍尔式电流传感器

3.2.3 磁阻传感器

目前主流磁场传感器仍然是用半导体制作的霍尔传感器，但其本身存在的灵敏度低、容易受应力和温度影响，以及响应频率低、功耗大的缺点，使其主导地位正不断地受到磁阻传感器的冲击。

磁敏电阻符号如图 3.44（a）所示。磁阻传感器采用的半导体材料与霍尔传感器大体相同，若给通以电流的金属或半导体材料的薄片加一与电流垂直或平行的外磁场，则其电阻值增大，这种现象称为磁致电阻效应，简称磁阻效应。磁阻效应除与材料有关外，还与磁敏电阻的形状有关。在恒定磁感应强度下，磁敏电阻的长度与宽度的比越小，电阻率的相对变化越大。圆盘形的磁阻最大，因此当前的磁敏电阻大多做成圆盘结构。

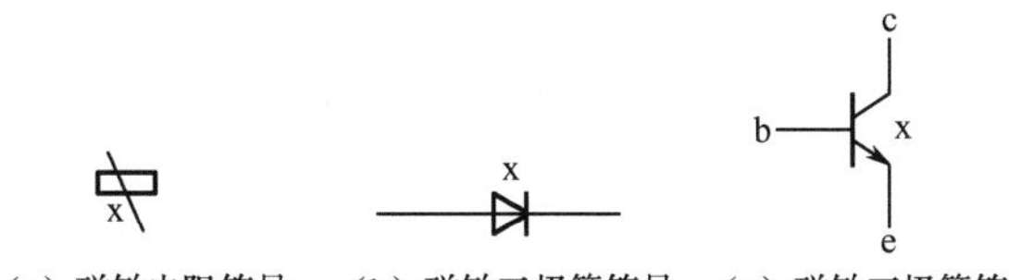

（a）磁敏电阻符号 （b）磁敏二极管符号 （c）磁敏三极管符号

图 3.44 磁敏元件符号

当温度恒定时，磁敏电阻阻值与磁场的 B 或 B^2 有关，不能辨别磁场方向，其灵敏度一般是非线性的，且受温度的影响较大。磁阻元件在工作时一般采用恒流或恒压方式供电，由于强磁磁阻元件为开关方式工作，因此常用恒压方式。

霍尔效应与磁阻效应是并存的。在制造霍尔元件时应努力减少磁阻效应的影响，而在制造磁阻元件时应努力避免霍尔效应。在磁阻元件应用中，温度漂移的控制也是主要矛盾，在元件制作方面，早期的产品为单只磁敏电阻。由于温度漂移大，现在多制成单臂（两只磁敏电阻串联）形式，主要是为了补偿温度漂移。目前也有全桥产品，但用法与霍尔元件略有差异。

磁敏电阻一般用于磁场强度、漏磁、磁通量的检测，它可用于交流变换器、频率变换器、功率电压变换器、位移电压变换器等电路中作为控制元件，还可用于接近开关、磁卡文字识别、磁电编码器、电动机测速等场合作为磁阻传感器。

图 3.45 所示为涡轮流量传感器的结构，其实质为一零功率输出的涡轮机。当被测流体通过时，其冲击涡轮叶片，使涡轮旋转，在一定的流量范围内、一定的流体黏度下，涡轮转速与流速成正比。当涡轮转动时，涡轮上由导磁不锈钢制成的螺旋形叶片顺次接近处于管壁上的检测线圈，周期性地改变检测线圈磁电回路的磁阻，使通过线圈的磁通量发生周期性变化，检测线圈产生与流量成正比的脉冲信号。此脉冲信号经前置放大器放大后，可远距离传送至显示仪表。在显示仪表中对输入脉冲信号进行整形：一方面对脉冲信号进行计算以显示总量；另一方面将脉冲信号转换为电流输出指示瞬时流量。将涡轮的转速转换为电脉冲信号的方法，除上述磁阻方法外，还有电磁感应法。这时转子用非导磁材料制成，将一小块磁钢埋在涡轮的内腔，当磁钢在涡轮带动下旋转时，固定于壳体上的检测线圈中会感应出电脉冲信号。

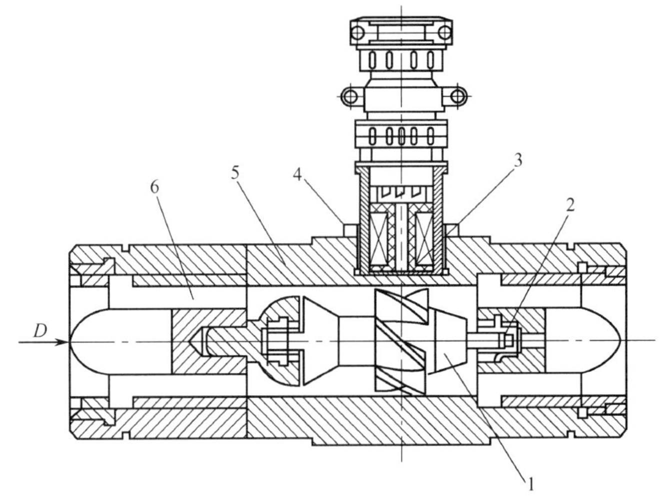

1—涡轮；2—支承；3—永久磁钢；4—感应线圈；5—壳体；6—导流器。

图 3.45　涡轮流量传感器的结构

涡轮流量传感器测量精确度高、再现性和稳定性均好；流量量程范围宽，下限流速低，量程比可达（10～20）: 1，线性度高；耐高压，压力损失小；对流量变化反应迅速，可测脉动流量；但也存在结构复杂、成本高等不足。涡轮流量传感器常应用于测量大口径管道源水、循环水、净水等液体的体积瞬时流量和体积总量，水平、倾斜管道均可使用，特别适用于测量精确度要求高、流量变化快的场合，还可用作标定其他流量的标准仪表。

3.2.4 结型磁敏传感器

结半导体（PN结）导电时，载流子（电子、空穴）运动的复合情况随所处磁场方向及强度而变化。结型磁敏传感器基于半导体PN结导电特性制作而成。

磁敏二极管、磁敏三极管是继霍尔元件和磁敏电阻之后迅速发展起来的新型磁电转换元件，具有磁灵敏度高（磁灵敏度比霍尔元件高数百甚至数千倍）、能识别磁场的极性、体积小、电路简单等特点，但其输出的非线性明显，线性范围不如霍尔元件。它们的符号分别如图3.44（b）、图3.44（c）所示。

用磁敏管制成的磁场探测仪，可测量10^{-7}T左右的弱磁场，因此它同样可用于各类磁场相关参数的检测，制成高斯计、漏磁测量仪、地磁测量仪、电流传感器、转速传感器等。一般情况下，磁敏二极管、磁敏三极管的输出电压变化量随温度变化较大，因此在实际使用时，需要对其进行温度补偿。

3.2.5 磁学量传感器的应用

磁学量传感器是一种将磁信号转换为电信号的装置。利用磁学量与其他物理量的转换关系，以磁场作为媒介，也可用于测量其他相关量。

3.2.5.1 典型应用领域

（1）汽车领域。汽车领域占据 70%以上磁学量传感器的民用产品份额。磁学量传感器在汽车中主要被用于车速、倾角、距离、位置等参数检测，以及导航、定位等方面，比如车速、踏板位置、变速箱位置、电机旋转、助力扭矩、曲轴位置、凸轮位置、倾角、电子导航、防抱死、泊车定位等的检测。

（2）工业领域。在工业领域，分流电阻器、霍尔效应集成电路、电流感应变压器、开环与闭环霍尔元件及磁通门传感器等磁学量传感器的身影遍布电机控制、能源管理、磁信息记录、交通控制等各种场合。

（3）武器装备领域。利用磁学量传感器优异的磁异常信号探测能力，可精确捕捉敌方装甲、舰船等的动向，抓住点火时机，实现弹药精准引爆，杀伤力倍增。磁学量传感器可广泛应用于各类反装甲装备、鱼雷、水雷等杀伤性武器，作为触发点火装置。

（4）物联网领域。随着物联网技术的发展，对磁学量传感器的需求量将越来越大。《国家重大科技基础设施建设中长期规划（2012—2030 年）》明确指出，物联网产业是规划中的重要组成部分。随着 5G 通信产业的发展，5G 支撑应用市场由移动互联网向移动物联网拓展，将构建起高速、移动、安全的新一代信息基础设施，高速数据传输意味着物联网技术倡导的万物互联进入真实可行的时代，这些都离不开传感器的支撑作用。

随着新能源汽车、自动驾驶技术的发展，5G通信技术引领物联网市场的发展，磁学量传感器的市场前景将更加广阔。

3.2.5.2 磁学量传感器的驱动及使用注意事项

磁学量传感器一般用永久磁铁或电磁线圈驱动，前者多用于检测，如用磁铁做成运动部件，一旦接近磁学量传感器便可使它吸合发出信号；后者多用于控制，若电磁线圈通电，触点便可吸合。用磁学量传感器来取代利用碰撞使触头动作的行程开关，可提高系统的可靠性和使用寿命，因而在可编程序控制器中常用来作为行程到位的发信装置。

直流型磁学量传感器所使用的电压一般为 3～30V（DC），其典型的应用电压范围一般采用 5～24V（DC），过高的电压会引起内部元器件温升而使传感器变得不稳定，而过低的电压则易让外界的温度变化影响磁场强度特性，从而引起电路误动作。当使用霍尔传感器驱动感性负载时，应在负载两端并联续流二极管，否则感性负载长期动作时的瞬态高压脉冲将影响霍尔传感器的使用寿命；为了保证安全，应在接通电源前检查接线是否正确，核定电压是否为额定值。

任务 3.3 电学量传感器

电学量传感器，也称为电量传感器，是一种将被测电量参数（如电流、电压、功率、频率、功率因数等信号）转换成电信号输出的装置。

电学量传感器具有多种不同的分类方法。

依据输入信号特点，电学量传感器可以分为直流电学量传感器、交流电学量传感器和变频电学量传感器三种。直流电学量传感器中最常见的是分流器、电阻分压器等；交流电学量传感器（一般适用于工频正弦波测量）中最常见的是电磁式电压互感器、电容式电压互感器、电磁式电流互感器等；变频电学量传感器（适用于各种频率及波形的交流电量测量）包括霍尔式电压传感器、霍尔式电流传感器、罗戈夫斯基线圈（Rogowski Coil，后面使用简称罗氏线圈）传感器及变频功率传感器等。其中，工频电量是变频电量的一种特例，因此，变频电学量传感器通常可以作为工频交流电学量传感器使用。值得注意的是，罗氏线圈传感器不能用于直流测量。

依据输出信号的特点，电学量传感器分为模拟量电学量传感器和数字量电学量传感器两类；按照检测电量信号的不同，电学量传感器可分为电流传感器、电压传感器、功率传感器、频率传感器等类型，下面我们将学习它们的结构、原理、特性和应用等内容。

知识目标：

（1）能归纳和比较电流传感器、电压传感器、功率传感器和频率传感器的工作原理、特性和适用场合。

（2）能举例说明电学量传感器的选型及典型应用。

技能目标：

（1）能根据常见电学量传感器的特性及项目需求进行传感器选型。

（2）能根据产品说明书，正确进行常见电学量传感器的安装、调试、标定和维护。

（3）能够按照规范编写电学量传感器的相关技术文档。

3.3.1 电流传感器

电流作为一个基本物理量，对其精确测量具有非常重要的意义。物理学家和工程师们一直探索使用各种方法测量电流。19 世纪 80 年代用分流器测量电流；20 世纪初用电流互感器和罗氏线圈传感器测量电流；20 世纪 30 年代开发了可以测量直流大电流的高准确度直流互感器和磁通门传感器；20 世纪 50 年代，随着半导体技术的发展，开发了基于霍尔效应的霍尔感应单元，并应用于电流传感器；20 世纪 70 年代以来，基于磁阻效应的感应单元逐渐产品化，并应用于电流传感器。近年来，以 MEMS（微机电系统）为代表的电流测量技术快速发展，使产品小型化、低成本化成为可能。从以上测量技术的发展历史中可以发现，电流测量方法从直接测量到间接测量，电流测量原理从电场测量到磁场测量，电流测量产品的性能在不断提高，成本在不断降低。

基于不同的物理学原理，电流传感器通常有以下类型。

3.3.1.1 基于欧姆定律的电流分流器

电流分流器又称电流比率仪器，一般用来测量大电流，基于欧姆定律工作。

从原理上讲，电流分流器实际上就是一个阻值很小的电阻。电流分流器接线示意图如图 3.46 所示，把电流分流器串接在直流电路里，当有电流通过时，分流器两端产生毫伏直流电压信号，把毫伏表并联在该分流器两端，其读数除以电阻值就是该直流电路里的电流值。所谓分流，即分一小电流去推动毫伏表显示，该小电流（mA）与大回路里的电流比例越小，电流表指示读数的线性就越好，也更精确。

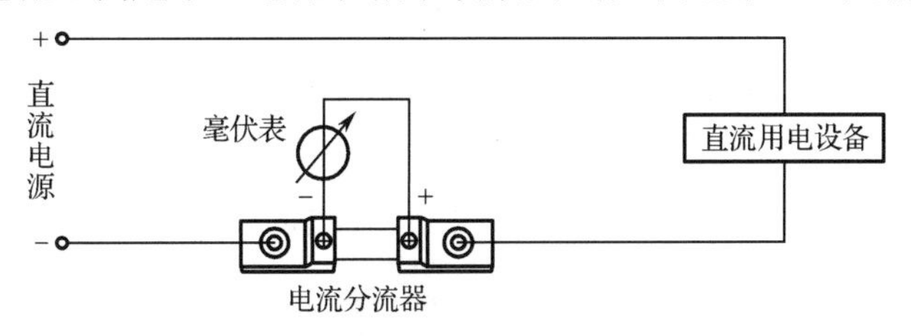

图 3.46 电流分流器接线示意图

基于欧姆定律的电流分流器具有成本低、应用方便的优点，能满足一般要求的电流测量应用，目前仍被广泛使用。但是，电流分流器在使用前需断开被测电路，然后串联在电路中，导致其局限性也很明显：测量大电流时的损耗大、没有电气绝缘。因此在需要电气绝缘的环境中使用时，需要额外配置电气绝缘措施，比如隔离放大器等，导致成本升高、带宽降低。高性能的电流分流器也在陆续开发中，比如同轴电流分流器等。

3.3.1.2 基于安培环路定律的电流传感器

安培环路定律表明，当电流 I 通过导体时，会在导体周围产生磁感应强度 B，且磁感应强度 B 正比于电流 I。由此可见，准确测量电流传感器内部固定位置的磁感应强度 B，通过信号处理可得到被测电流 I 的大小和方向。

工业领域应用的电流传感器主要有两类：一类直接测量电流产生的磁感应强度 B，如霍尔电流传感器、磁通门（Fluxgate）电流传感器、磁电阻（Magnetoresistance，MR）电流传感器（包括 AMR、GMR、TMR）；另一类基于法拉第电磁感应定律间接测量电流引起的磁场强度 H，如罗氏线圈电流传感器和电流互感器（Current Transformer）。

（1）罗氏线圈电流传感器。罗氏线圈电流传感器如图 3.47 所示，其只能测量交流而不能测量直流。

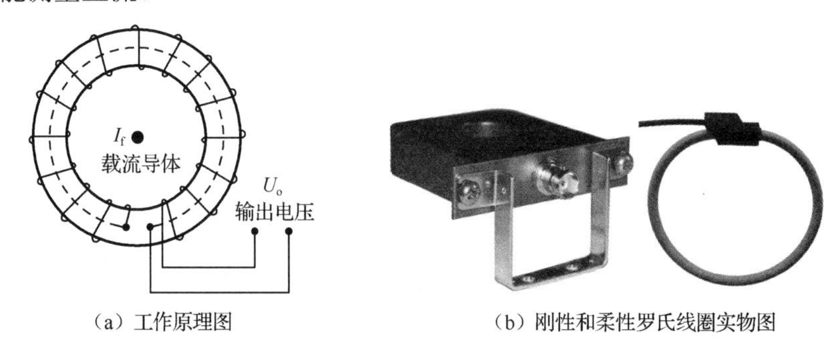

（a）工作原理图　　（b）刚性和柔性罗氏线圈实物图

图 3.47　罗氏线圈电流传感器

罗氏线圈电流传感器由于没有磁芯、线性度高、没有饱和，适宜测量导体电流不可预见的情况；测量频率高，优化设计后可以达到 1MHz 以上；测量电流范围宽，可以到数十万安；线圈电气绝缘，没有插入损耗。但是，罗氏线圈电流传感器的准确度受载流导体位置的影响，而且其积分器固有的输入偏置电压会影响低频频响，所以罗氏线圈传感器不适宜测量低频电流。

（2）电流互感器。电流互感器由闭合的铁芯和绕组组成。电流互感器如图 3.48 所示，电流互感器一次绕组与被测电力网串联，二次绕组与二次测量仪表和继电器的电流线圈串联。电流互感器在工作时，它的二次侧回路始终是闭合的，因此测量仪表和保护回路串联线圈的阻抗很小，电流互感器的工作状态接近短路。

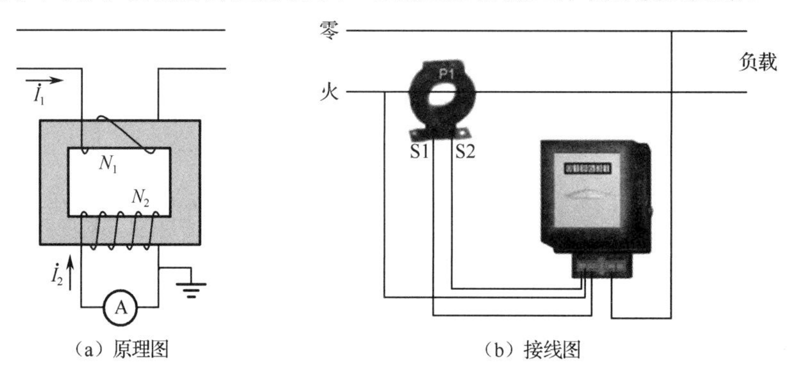

（a）原理图　　（b）接线图

图 3.48　电流互感器

电流互感器从性能上看，优势在于：输出电压正比于导线电流，不需要积分器，避免了罗氏线圈电流传感器由于积分而导致的零点漂移和输出饱和，提高了准确度；导线电流的位置对测量准确度影响小；频率带宽大，优化设计可以达到 1MHz；成本低。

局限性：励磁电流通过励磁电感而不通过测量电阻将会引起测量误差；只能测量交流，不能测量直流；若二次侧开路会引起高压，可能危及设备和人员的安全。

（3）其他电流传感器。其他电流传感器主要利用磁场和其他物理学原理或效应的结合，实现电流的间接测量，包括法拉第磁光效应、核磁共振（NMR）、磁致伸缩效应、量子霍尔效应、超导量子干涉器件（SQUID）等。这些技术及其产品分别有不同的特点，针对不同的细分市场，使用复杂，对应用环境要求高，价格高，少量应用于实验室仪器设备。迄今为止，部分技术还不成熟，处于开发或完善阶段；基于法拉第磁光效应的电流传感器，测量交流大电流（比如100kA）有较好的性能，但是测量直流时的性能问题亟待解决。

3.3.1.3 电流传感器的选型及其应用

霍尔电流传感器，低功耗，有相对高的带宽和准确度，成本适中，是目前应用最广的电流传感器。它的性能满足一般工业领域的需求，包括变频器、DC/DC 变换器、电机驱动器、不间断电源（UPS）及开关电源（SMPS）等。

磁通门电流传感器，具有高性能，能够满足大部分应用。但是其成本高，随着MEMS 技术的发展，标准磁通门电流传感器可以采用芯片结构，有望降低成本。

磁电阻电流传感器，采用新兴技术，发展迅速，但温漂和准确度等性能还有待提高。

罗氏线圈电流传感器和传统电流互感器，测量交流电流有优势，特别是在电力电子和智能电网中应用，测量范围大，原、副边电气绝缘，低成本。电流互感器与电子技术融合的新型电子式互感器广泛应用于电力行业，这是此类互感器的发展方向。

近年来，随着半导体和微电子技术的发展，基于 MEMS 的霍尔（HALL）、磁阻（AMR、GMR、TMR）等感应单元发展迅速，无须磁芯直接测量电流，特别适合于电路板级的小电流测量。此类测量元件成本低，易于批量生产，是今后测量小电流的电流传感器发展的方向。

选择电流传感器时需要注意现场的应用环境，是否有高温、低温、高潮湿、强振等特殊环境，否则可能导致产品损坏；产品安装使用环境应无导电尘埃及腐蚀性物质；接线时注意接线端子的裸露导电部分，尽量防止静电释放（Static Electricity Discharge，SED）冲击，需要有专业施工经验的工程师才能对该产品进行接线操作。电源、输入、输出的各连接导线必须正确连接，不可错位或反接，否则可能导致产品损坏。

3.3.2 电压传感器

电压传感器是能感受被测电压并将其转换成可用输出信号的传感器。在各种自动检测、控制系统中，如传动系统的变频器和整流器、不间断电源、有源滤波器、无功补偿、电池充放电、半导体保护、驱动保护等设备或系统，常需要对高速变化的交、直流电压信号做跟踪采集，对比较复杂的电压波形做频谱分析。这类信号可能是高电压、大电流等强电，也可能是负载能力很差的弱电或幅值很小的信号。在这些情况下，就需要采用合适的电压传感器自动检测电压，得到标准化、电气隔离的电压信号，从而使我们能够对设备或系统的电压进行控制和显示，必要时采取过电压、欠电压等自动保护措施。

3.3.2.1 电压互感器

电压互感器安装在电力系统中的一次与二次电气回路之间，电压互感器原理图如图 3.49 所示，其构造、接法及工作原理与变压器基本相同，就是按照一定的比例将输电线路上的高电压 U_1 降低到可以用仪表直接测量的标准数值 U_2，以便使用电压测量仪表直接进行测量。电压互感器除用作测量外，还可与继电保护和自动装置配合，对电网各种故障进行电气保护和自动控制，可实现一、二次系统的电气隔离。

3.3.2.2 基于分压原理的电压传感器

（1）基于阻容分压原理的电压传感器。基于阻容分压原理的电压测量装置结构比较简单，基于阻容分压原理的电压传感器原理图如图 3.50 所示，一般用电阻、电容及电容电阻混合串联构成分压器作为传感单元，在低压分压电阻 R_2 或电容 C_2 上加信号处理装置，取出其端电压，然后通过分压比得到被测电压。只要选择适当的电阻值或电容值就可以得到所需要的分压比，从而实现对一次侧电压 U_1 的测量。

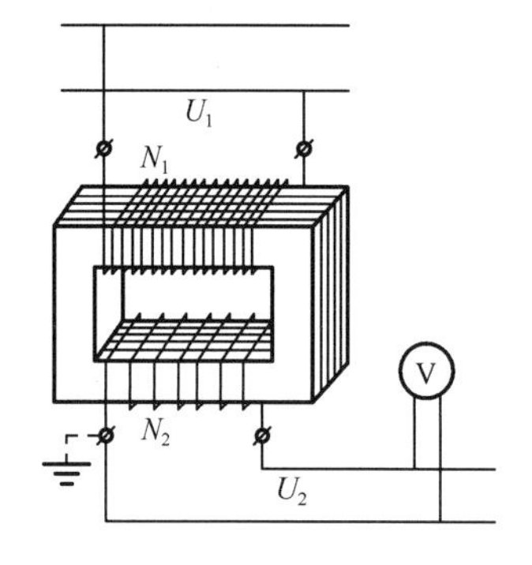

图 3.49　电压互感器原理图

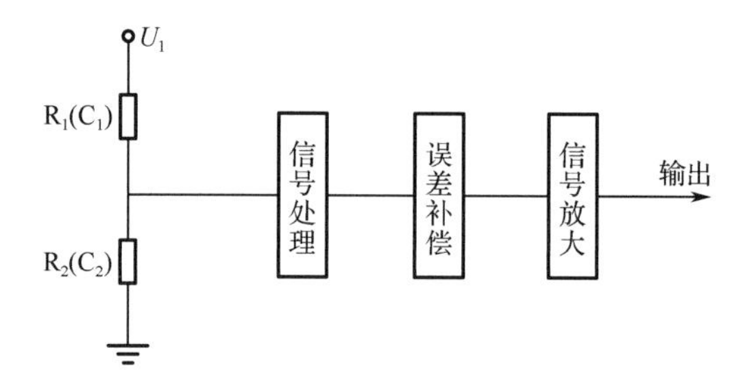

图 3.50　基于阻容分压原理的电压传感器原理图

利用电阻、电容及阻容分压原理制成的电压互感器，可在一定程度上克服传统电磁式电压互感器中存在的磁饱和、铁磁谐振、油绝缘易爆、测量范围小等问题，多运用于制成高压电子式电压互感器。但电阻分压器的分压电阻会随着电压的增大和外界环境温度的变化而变化，导致分压比发生变化，最终使测量结果发生漂移。

（2）基于空间电场效应的电压传感器。其利用以空气和大地作为绝缘介质和电极所形成的电容进行分压来进行测量。使用时直接挂在导线上即可，无须与大地直接相连。基于空间电场效应的电压传感器的原理图和等效电路图如图 3.51 所示，电容 C_1 取出高压测量信号，对地电容值 C_2 与高压探头放置位置有关。数据采集装置放于分压器的内部，并将采集信号通过光纤等传至低压侧进行数据处理。

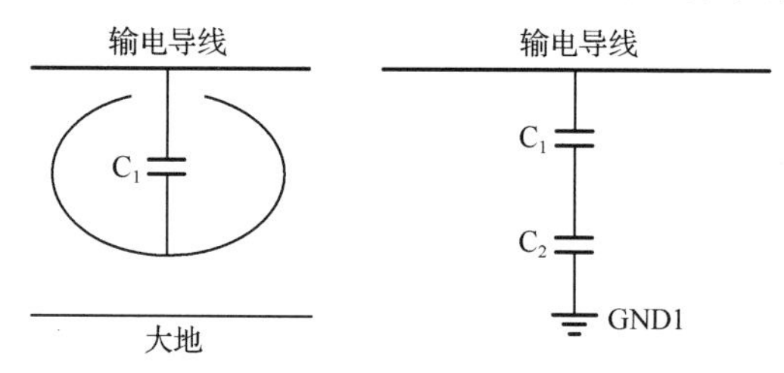

图 3.51　基于空间电场效应的电压传感器的原理图和等效电路图

由于该装置不与地电位直接相连，因此，在一定程度上降低了绝缘难度，使用方便，但对地电容值是由高压探头对地高度确定的，且其电容值易受环境影响，导致测量值出现较大误差，测量准确度有所不足。在暂态特性方面，由于其本质是基于电容分压原理的，所以存在电荷滞留现象等暂态问题，因此不适合运用于保护用电压互感器。

（3）基于杂散电容分压原理的电压传感器。其工作原理与基于空间电场效应的电压传感器类似，但其电容 C_1、C_2 来源不同。基于杂散电容分压原理的电压传感器的原理图和等效电路图如图 3.52 所示，C_1 为电压传感器上的金属板与高压输电导线之间形成的杂散电容（取决于传感器金属板与高压输电导线的距离），C_2 为传感器上的定值电容，二者构成分压器来实现对输电导线上高电压的分压，然后从低压侧获取电压信号，最后根据分压比获得输电导线的测量值。

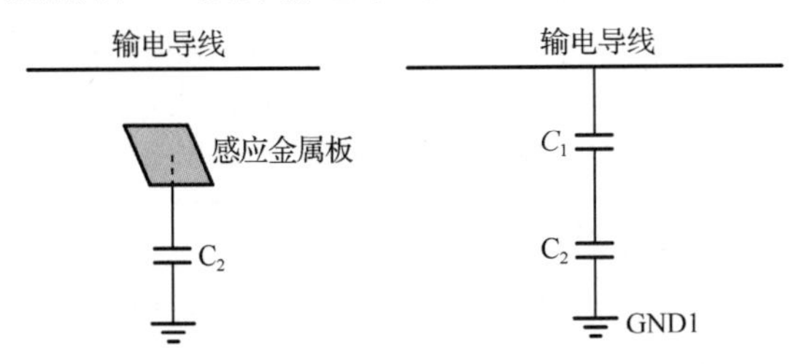

图 3.52　基于杂散电容分压原理的电压传感器的原理图和等效电路图

信号通过光纤传至附近的变电站。由于难以估算杂散电容和标定分压比，此类传感器通常准确度不足；同时，电容分压暂态特性也有所不足，因此此类电压传感器主要用于精确度要求不高的场合，如输电导线的过电压监测等。

3.3.2.3　其他电压传感器

除上述两类电压传感器外，常见的还有基于电光效应（电场导致晶体折射率变化）、逆压电效应、电致发光效应、霍尔效应、电场耦合（D-dot）和电容泄漏电流的电压传感器等。

3.3.2.4　电压传感器的选型与应用

在电压测量中，应根据具体情况选择合适的电压传感器，电压传感器选用的基本原则：①被测电压的变化范围是选择电压传感器的重要依据，因此要有足够宽的电压测量范围；②应有足够宽的频率范围和足够高的测量准确度；③有足够高的输入阻抗（电压传感器的输入阻抗就是被测电路的额外负载，为了减小转换电路的接入对被测电路的影响，要求其具有较高的输入阻抗）；④应具有较高的抗干扰能力（被测电压中往往含有一些噪声干扰等不需要测量的成分）。

利用电压传感器对电压进行测量，一般要求所采集到的电压信号与被测电压量在幅值上成比例，两者的相角完全相同或相差极小。此外，对于电压传感器还有以下基本要求：电压传感器接入被测电路应基本上不影响被测电压的幅值和波形；电压传感器所得的电压波形应与被测电压波形相同，分压比应与被测电压频率和幅值、大气条件（气压、气温、湿度）无关或基本无关；电压传感器所消耗的电能应较小，在一定的冷却条件下，分压器所耗散的电能所形成的温升不应引起分压比的改变；满足电磁兼容性，即电压传感器能抵抗外界电磁场的干扰，同时对外界环境的电磁干扰在规定的范围之内。

3.3.3　功率传感器

功率传感器又称功率计。电功率是电气和电子科学与技术领域中的基本物理量，指电磁能量随时间的变化率，可用于描述电磁能量产生、传输和消耗的速率，也可用于解释许多电磁现象和规律。电功率测量是电气和电子科学与技术领域的重要研究内容，已被广泛应用于智能电网、电磁兼容、微波工程及电磁科学研究等领域。相应的测量仪表称为功率传感器、功率计、电能表、千瓦时表等。

功率测量的基本方法可分为三类：第一类是基于安培力和电磁感应原理的电动式功率传感器；第二类是直接测量元器件的端电压和通过的电流，基于模拟乘法器、时分割乘法器或数字乘法器等的电子式功率传感器；第三类是将电磁能量转换成易于测量的形式，然后以间接方式测出功率的能量转换式功率传感器。前两类功率计用于测量直流或低频功率，经常在电力系统中使用。

3.3.3.1　电动式功率传感器

电动式功率传感器又称感应式功率传感器、感应式电能表。当电动式仪表用于功率测量时，其定圈串联接入被测电路，而动圈与附加电阻串联后并联接入被测电路。根据国家标准的规定，在测量线路中，用一个圆加一条水平粗实线和一条竖直细实线来表示电压与电流相乘的线圈，电动式功率传感器的原理图与接线图如图 3.53 所示。通过定圈的电流 I_1 就是被测电路的电流 I，动圈支路两端的电压就是被测电路两端的电压 U，动圈中的电流为 $I_2 = U/R_2$（R_2 是电压支路总电阻，包括动圈电阻和附加电阻 R_{fj}）。

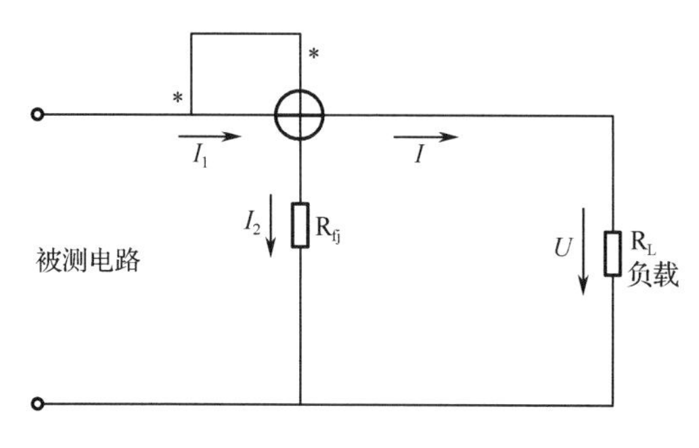

图 3.53　电动式功率传感器的原理图与接线图

3.3.3.2　电子式功率传感器

电子式功率传感器又称电子式功率计、电子式电能表。电子式功率传感器的原理图与接线图如图 3.54 所示，利用电压互感器等直接转换电路的端电压 $\dot{U}_1$，利用电流互感器等转换电路中通过的电流 $\dot{I}_1$，采用模拟乘法器、时分割乘法器或数字乘法器等直接计算电路的功率，这就是电子式功率传感器。它具有测量准确度高、性能稳定、功耗低、体积小和质量小等优点。

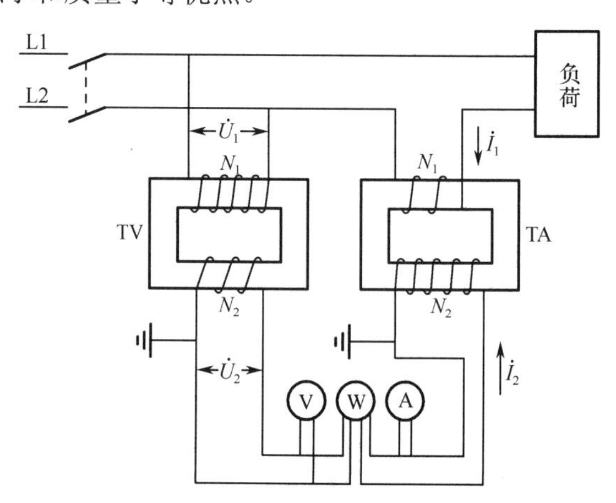

图 3.54　电子式功率传感器的原理图与接线图

3.3.3.3 能量转换式功率传感器

（1）量热式功率计。它将电磁能量转换成热能来测量。变换器是感应、吸收电磁能量的负载，称为量热体。负载吸收功率，使之转换成热能，从而使量热体温度上升，产生温差热电动势，可根据功率和热电动势间的关系来确定被测功率。量热式功率计的工作频段已达毫米波段，量程可分别做成大、中、小功率范围，单个仪器动态范围达 30～40dB，测量误差可达千分之几。量热式功率计的主要优点是准确度高、可靠性好、动态范围大、阻抗匹配好；缺点是结构和测试技术复杂，对环境温度和测试设备要求苛刻，而且测试时间长。因它能获得很高的测量准确度，所以世界各国都采用它作为国家功率标准。采用自动反馈电路可大大缩短测试时间，改善测量的精密度。

（2）热电阻式功率计。它一般使用热敏电阻作为功率传感元件。热敏电阻的温度系数较大，被测信号功率对应的热量释放后被热敏电阻吸收，使其温度升高，电阻值发生显著变化，利用电阻电桥测量电阻值的变化，即可显示功率值。热电阻式功率计是广泛使用的一种小功率计。它的优点是体积小，灵敏度高，响应时间短，使用方便；缺点是过载能力差，容易烧毁（主要是镇流电阻式功率计），易受环境温度影响，宽频带阻抗匹配困难。

（3）热电式功率计。它借助热电元件将电磁能量变为热能并测量由于发热所形成的热电动势，热电动势与热电元件所耗散的射频与微波功率成正比。这种功率计的优点是频带宽（50MHz～26.5GHz）、动态范围宽（100μW～3W）、低噪声、零点漂移小、灵敏度高（可达 0.1nW）、响应时间短和可以数字显示等。缺点是过载能力差，容易烧毁，长期稳定性尚待改善。

（4）晶体检波式功率计。它使用晶体二极管检波器将高频信号变换为低频或直流电信号，适当选择工作点，可以使检波器输出信号的幅度正比于高频信号的功率。此功率计测量速度快、准确度适中，在射频微波的测量中广为使用。

（5）光度比较式功率计。它利用特殊白炽灯作为负载，吸收能量后灯亮，然后再通过光度计与 50Hz 市电电源加热后的发光亮度进行比较，从而测得被测功率。此功率计可用于厘米波段，功率测量范围从十分之几到 100W，测量准确度约±10%。

3.3.4 频率传感器

频率传感器又称频率计或频率计数器，是一种专门对被测信号频率进行测量的电子测量仪器。频率计主要由 4 部分构成：时基（T）电路、输入电路、计数显示电路以及控制电路。

测量频率的方法有很多，按照其工作原理分为无源测频法、比较法、示波器法和计数法等。计数法在实质上属于比较法，其中最常用的方法是电子计数器法。电子计数器是一种最常见、最基本的数字化测量仪器。

3.3.4.1 无源测频法

无源测频法主要包括谐振法、电桥法和频率-电压变换法等。

（1）谐振法。谐振法利用 LC 振荡器来获取信号频率 $f_x = \dfrac{1}{2\pi\sqrt{LC}}$。

（2）电桥法。凡是平衡条件与频率有关的任何电桥都可用来测频，但要求电桥的频率特性尽可能尖锐。测频电桥的种类很多，常用的有文氏电桥、谐振电桥和双T电桥等。

（3）频率-电压变换法。频率-电压变换法测频就是先把频率变换为电压或电流，然后以频率刻度的电压表或电流表来指示被测频率。

3.3.4.2 比较法

比较法主要包括拍频法和差频法。

（1）拍频法。拍频法是将被测信号与标准信号经线性元件（如耳机、电压表）直接进行叠加来实现频率测量的。拍频法通常只用于音频的测量，而不宜用于高频测量。

（2）差频法。差频法是利用非线性器件和标准信号对被测信号进行差频变换来实现频率测量的。高频段测频常用差频法测量。

3.3.4.3 示波器法

示波器法主要分为李沙育图形法和周期法。在示波器上根据李沙育图形或信号波形的周期个数进行测频。这种方法的测量频率从音频到高频信号皆可。

3.3.4.4 计数法

采用计数法的频率计直接统计单位时间内被测信号的脉冲数，然后以数字形式显示频率值。这种方法测量精确度高、快速，适合不同频率、不同精确度测频的需要。电子计数器测频有两种方式：一是直接测频法，即在一定时间 T 内测量被测信号的脉冲个数 N，则信号频率 $f=N/T$；二是间接测频法，如周期测频法。

随着数字电路的飞速发展和集成电路的普及，计数器的应用十分广泛。利用电子计数器测量频率具有准确度高、显示醒目直观、测量迅速以及便于实现测量过程自动化等一系列突出优点，所以该方法是目前最好的。

在传统的电子测量仪器中，示波器在进行频率测量时测量准确度较低，误差较大。频谱仪可以准确地测量频率并显示被测信号的频谱，但测量速度较慢，无法实时快速地跟踪捕捉到被测信号频率的变化。频率计能够快速准确地捕捉到被测信号的频率变化，因此频率计拥有非常广泛的应用范围。

在传统的生产制造企业中，频率计被广泛地应用在生产线的生产测试中。频率计能够快速地捕捉到晶体振荡器输出频率的变化，用户通过使用频率计能够迅速地发现有故障的晶振产品，确保产品质量。

在计量实验室中，频率计被用来对各种电子测量设备的本地振荡器进行校准；在无线通信测试中，频率计既可以用来对无线通信基站的主时钟进行校准，还可以用来对无线电台的频率调制信号进行分析。

3.3.5 电学量传感器的应用

电学量传感器用于电流、电压、功率、频率等电参数及其相关参量的测量，在使用前要仔细阅读规格书。

（1）电源电压等级。核实其测量范围是否满足选型要求，避免不同电压、不同电流间的错用与混用。

（2）工作环境。其内应无导电尘埃、腐蚀金属和破坏绝缘的气体存在。否则，会由于导电尘埃与物体发生一二次电路或二次侧电源与信号间的短路，烧坏传感器。此外，应注意传感器规格书中的环境温度、海拔、安装位置等要求，且其周围不应有强干扰磁场存在。

（3）安装与固定。通常印刷电路板（Printed-Circuit Board，PCB）安装的传感器原边测量信号比较小，输出端采用pin 针或表面安装器件（Surface Mount Device，SMD）的方式，在焊接上可以按照一般器件的焊接工艺执行，由于有的传感器内部不灌胶，所以尽量避免清洗。通常盘式安装的传感器原边测量信号比较大，体积也比较大，要严格按照规格书中推荐的扭矩来操作，否则容易造成外壳的破裂。

任务 3.4 光纤传感器

光纤传感器是一种将待测量信息转变为可测光信号的新型传感检测装置。自光纤问世后，基于光纤的传感检测技术便得到了高速发展。从反射式光纤位移传感器、透射式光纤传感器等传光型光纤传感器，到 Bragg 光纤光栅传感器等传感型光纤传感器，通过研究不同检测原理和结构的光纤传感器，可以方便地实现对位移、温度、速度、压力、化学组分等各种物理量的检测。因为具有质量小、体积小、耐高温、抗电磁干扰、信号衰减程度小等特点，光纤传感器可以用来替代传统机械式传感器、电磁式传感器，克服传统传感器用于狭窄环境测量及恶劣环境测量时所存在的不足。

根据光纤在传感器中的作用，可将光纤传感器分为传光型和传感型两类光纤传感器，下面我们将分别学习它们的结构、原理、特性和应用等内容。

知识目标：

（1）能陈述光纤传感器的概念、结构及类型。

（2）能解释传光型光纤传感器和传感型光纤传感器的工作原理。

（3）能举例说明光纤传感器在温度、流量、声波、压力等测量中的应用。

技能目标：

（1）能根据常见光纤传感器的特性及项目需求进行传感器选型。

（2）能根据产品说明书，正确进行常见光纤传感器的安装、调试、标定和维护。

（3）能够按照规范编写光纤传感器的相关技术文档。

3.4.1 传光型光纤传感器

传光型光纤传感器是一种非功能型光纤传感器，其中光纤只作为传导介质，光信号是在光纤外部被待测量调制的，它具有结构简单、易实现的特点。

传光型光纤传感器的工作原理图如图 3.55 所示，光纤传感器的光源发出一定功率的光，经过发射光纤到达外部传感环境后，光信号的强度、频率、波长、相位或偏振态被待测量调制。调制完成的光信号，经过接收光纤返回到光探测器内转换成电信号，通过信号解调和数据采集，由上位机对解调后的信号进行运算，便能完成对待测量的检测。在传光型光纤传感器中，强度调制型传感器是最常见的形式。

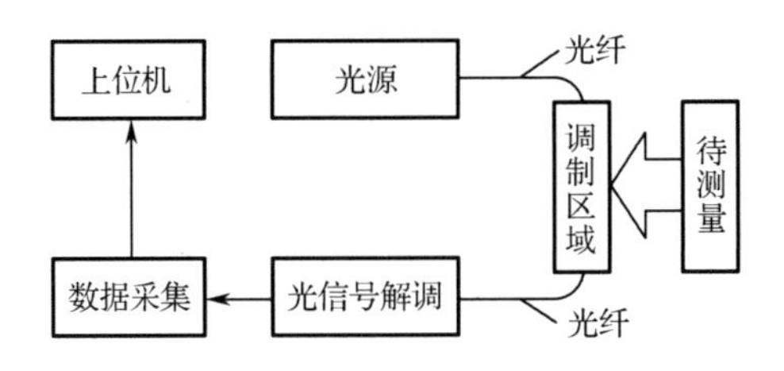

图 3.55　传光型光纤传感器的工作原理图

（1）反射式光纤位移传感器。它是出现最早、发展最成熟的光纤传感器。反射式光纤位移传感器的工作原理图如图 3.56 所示，其光源发出的偏转角为 θ 的光束通过发射光纤照射到待测物体表面后发生反射，反射光部分或全部进入接收光纤，接收光纤被反射光斑覆盖的面积随探头和被测物体的间距 z 变化而改变，即接收反射光总量被待测位移量调制而产生了变化；因此对接收光信号的强度值进行分析就能得到待测的位移信息。

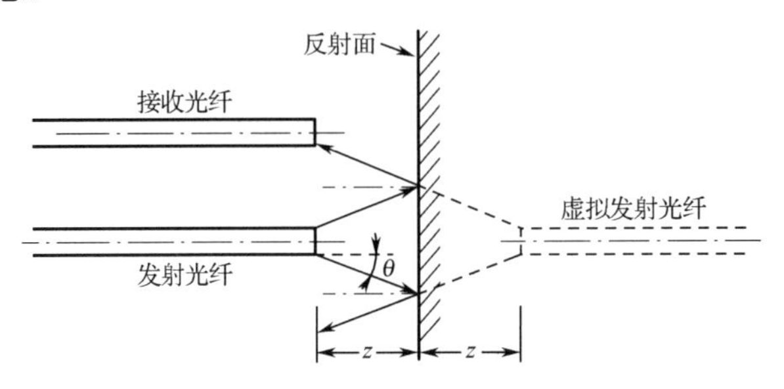

图 3.56　反射式光纤位移传感器的工作原理图

（2）透射式光纤传感器。透射式光纤传感器的工作原理图如图 3.57 所示，将靠近光源一侧的固定光纤作为光源光纤，并将另一端可动光纤作为接收光纤布置在待测物体上，光源发出光信号经光源光纤传输后，入射到距离为 d 的两个光纤 F_1、F_2 之间的传播介质中，其中一部分光信号透射进接收光纤，通过检测接收光纤的输出光功率就可以确定这部分透射光的强度值，并计算出光源光纤与接收光纤的相对位移、角位移等多维动态信息，从而得到待测物理量信息。一般地，基于工程实用考虑，利用这种透射式光纤传感器的工作原理，可以制作成光纤传感带结构，由并排的 16 组光纤单元组成，每组单元包含一根光源光纤和两根接收光纤，光纤单元的接续处则等距地分布在光纤带上用于布置在待测物体区域。通过检测 16 组光纤单元的输出光强度信号，并求出输出光导率的变化就可以计算出光纤带的弯曲量和扭转量，从而得到被测物体的三维角度、运动方向等信息。

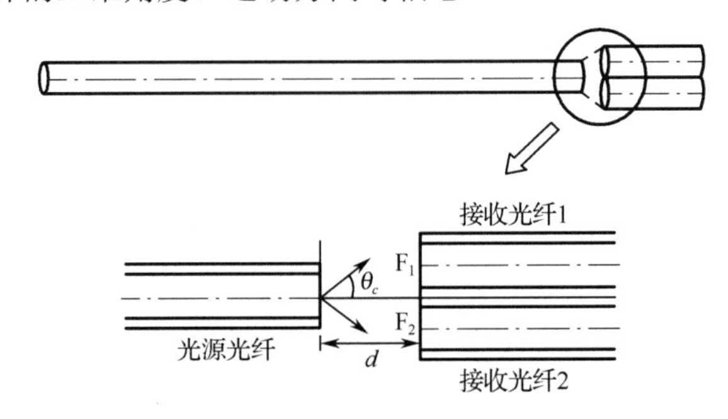

图 3.57　透射式光纤传感器的工作原理图

（3）干涉式光纤传感器。干涉式光纤传感器是基于干涉现象制成的检测装置，包括双光束干涉和多光束干涉等类型。在物理学中，干涉是指两列及以上的波在空间中重叠时形成新波形的现象。干涉式光纤传感器的工作原理图如图 3.58 所示，它利用物体的移动导致各个光路光之间的光程差发生变化，干涉条纹也将发生明暗交替变化。当被测对象移动一定距离时，条纹亮、暗交替变化一次，探测器输出信号变化一个周期，根据记录下的周期数计算出位移的量。这种干涉仪的准确度高，同时具有大的动态测试范围和很强的抗噪声能力。

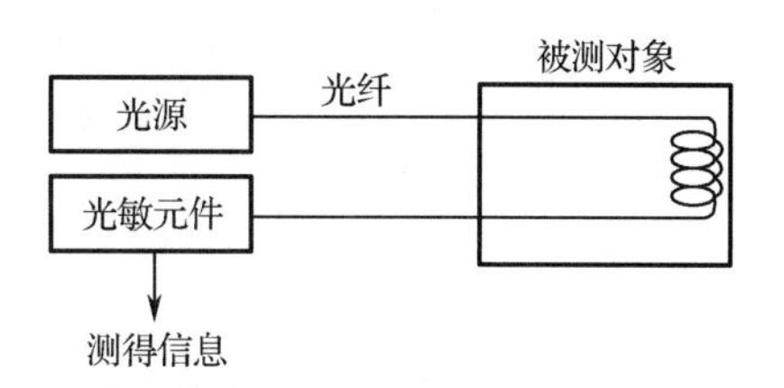

图 3.58 干涉式光纤传感器的工作原理图

3.4.2 传感型光纤传感器

在传感型光纤传感器中，光纤不仅是光传导媒介，也是敏感元件，光在光纤内被待测量调制。与传光型光纤传感器相比，传感型光纤传感器具有结构紧凑、灵敏度高等优点，是目前的研究热点。传感型光纤传感器的工作原理图如图 3.59 所示，传感型光纤传感器的光纤本身作为敏感元件，在待测量的作用下，光纤的折射率、损耗、结构等参数中的一个或多个会发生变化，导致光纤内光信号的强度、相位、偏振态或频率等参数被调制。对调制后的光信号进行解调处理，并对解调后的信号进行分析可得到待检测的物理量。

（1）光纤曲率传感器。基于光纤弯曲损耗效应的强度调制型光纤曲率传感器的光强调制区结构如图 3.60 所示。在多模光纤的一侧采用精密磨削、飞刀铣削或刻蚀等方法将纤芯的一部分去除，形成深度为 h 的矩形槽，槽截面与中轴线垂直，槽的长度为 L_1，两个槽之间的间隔长度为 L_2，共有面积相等的 N 个槽（$S_1=S_2=\cdots=S_N$），形成光强调制区。光源发出的光从光纤一端入射，当光纤的光强调制区向未开槽一侧弯曲时，光经过调制区时就会有更多部分照射到槽端面 S_i 上并透射出去，光纤另一端输出的光强 P_{out} 会变小；同理，当光纤的光强调制区向开槽一侧弯曲时，光纤另一端输出的光强 P_{out} 就会变大。通过实验可得到光强与待测物变形曲率的特性曲线。

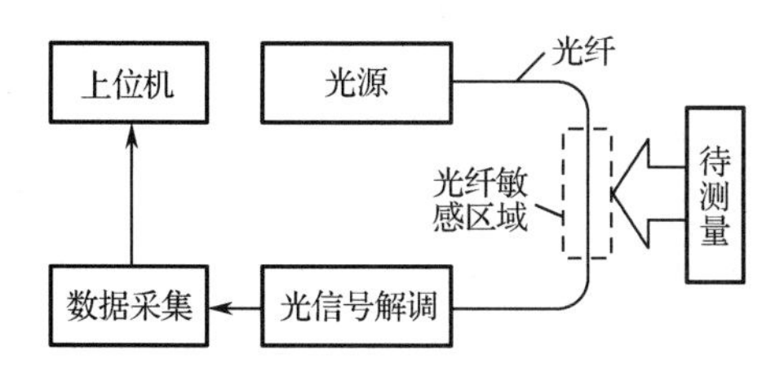

图 3.59 传感型光纤传感器的工作原理图

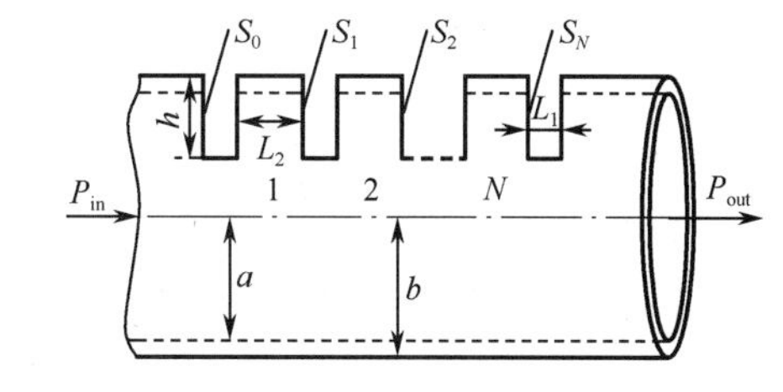

图 3.60 光纤曲率传感器的光强调制区结构

（2）光纤光栅应变传感器。光纤由纤芯和包层构成，光纤光栅是纤芯折射率发生周期性变化的一段光纤，光纤光栅的结构示意图如图 3.61 所示。通常把光栅周期小于 1μm 的光纤光栅称为光纤 Bragg 光栅（FBG）。当宽带光入射到 FBG 中时，中心波长满足一定条件的入射光会发生反射，FBG 轴向应变与 FBG 反射光的波长偏移量呈线性比例关系。

图 3.61　光纤光栅的结构示意图

扫码看微课

光纤传感器的应用

3.4.3　光纤传感器的应用

光纤具有很多优异的性能，例如，抗电磁干扰与原子辐射的性能，径细、质软、质量小的机械性能；绝缘、无感应的电气性能；耐水、耐高温、耐腐蚀的化学性能等，它能够在人达不到的地方（如高温区），或者对人有害的地区（如核辐射区），起到人的耳目的作用，而且还能超越人的生理界限，接收人的感官所感受不到的外界信息。

近年来，光纤动态检测技术凭借其巨大的优势被广泛应用在石油化工、机械加工、电子电力、生物技术、医药健康、航空、航天、航海等领域，对光纤动态检测技术及其工程应用的深入研究是未来先进检测技术研究的热点和发展趋势。

3.4.3.1　光纤传感器在石油化工系统中的应用

在石油化工系统中，由于井下环境具有高温、高压、化学腐蚀和电磁干扰强等特点，使得常规传感器难以在井下很好地发挥作用。然而光纤本身不带电，体积小、质量小，易弯曲，抗电磁干扰、抗辐射性能好，特别适合在易燃易爆、空间受严格限制及强电磁干扰等恶劣环境下使用。

1．光纤传感器在油气勘探中的应用

应用光纤传感器可以制成多种特殊作业要求的产品。

（1）井下分光计。它由两个传感器合成：一个是吸收光谱分光纤，另一个是荧光与气体探测器。井下流体通过地层探针被引入出油管，光学传感器用于分析出油管内的流体。流体分析分光计则提供了原位井下流体分析，并对地层流体的评估加以改进。

（2）光纤分布式温度传感器。光纤分布式温度传感器是井下应用最广泛的光纤传感器，其典型应用案例是注水蒸气重油开采系统的温度监测。蒸汽被注入重油层用以降低油的黏度，使稠油能够被开采出来。井下蒸汽温度可高达 250℃以上。

（3）侧孔光纤式压力传感器。侧孔光纤式压力传感器致力于超高温与井下压力监测任务。

2．光纤传感器在石油测井中的应用

石油测井是石油工业最基本与最关键的环节之一，压力、温度、流量等参量就是油气井下的重要物理量，通过先进的技术手段对这些量进行长期的实时监测，及时获取油气井下的信息，对石油工业具有极为重要的意义。

（1）流量测量。由于光的强度、相位、频率、波长等特性在光纤传输的过程中

会受到流量的调制，利用一定的光检测方法把调制量转换成电信号，就可以求出流体的流量，这就是光纤流量计的工作原理。

（2）温度测量。分布式光纤测量系统利用光纤后向拉曼散射的温度效应实现对其所在的温度场的实时监测；光纤辐射式温度传感器利用黑体辐射定律实现非接触式温度测量，响应速度快，可用于高温测量。

（3）含水（气）率及密度测量。U形光纤的传输功率随外界介质（受油、水、气比例影响）折射率变化而变化，其准确度较高。

（4）声波测量。地震波在不同的介质中传播的波形不同，根据其形态，可识别地层沉积序列与沉积构造，可以定位储层、判断窜槽、检测套管破损及断裂、确定射孔层位及流体流量等。

3.4.3.2 光纤传感器在电力系统中的应用

电力系统网络结构复杂、分布面广，在高压电力线与电力通信网络上存在着各种各样的隐患，因此，对系统内各种线路、网络进行分布式监测显得尤为重要。

（1）在高压电缆温度与应变测量中的应用。在理想情况下，光纤应被置于尽可能靠近电缆缆芯的位置，以更精确地测量电缆的实际温度。对于直埋式动力电缆来说，表贴式光纤虽然不能准确地反映电缆负载的变化，但对电缆埋设处土壤热阻率的变化比较敏感，而且能够减少光纤的安装成本。

（2）在电力系统光缆监测中的应用。通过测量沿光纤长度方向的布里渊散射光的频移与强度，可得到光纤的温度与应变信息，且传感距离较远，所以光纤传感器有深远的工程研究价值。

3.4.3.3 传光型光纤传感器在医学方面的应用

医用光纤传感器目前主要是传光型的。传光型光纤传感器以小巧、绝缘、不受射频与微波干扰、测量准确度高及与生物体亲和性好等优点备受重视。以下将主要介绍传光型光纤传感器在压力测量、血流速度测量、pH值测量三个方面的应用。

（1）压力测量。目前临床上应用的压力传感器主要用来测量血管内的血压、颅内压、心内压、膀胱与尿道压力等。对压力敏感的部分就是在探针导管末端侧壁上的一块防水薄膜，一面带有悬臂的微型反射镜与薄膜相连，反射镜对面就是一束光纤，用来传递入射光到反射镜，同时也将反射光传送出来。当薄膜上有压力作用时，薄膜发生形变且能带动悬臂使反射镜角度发生改变，从光纤传来的光束照射到反光镜上，再反射到光纤的端点。由于反射光的方向随反射镜角度的变化而改变，因此光纤接收到的反射光的强度也随之变化，这一变化通过光纤传到另一端的光电探测器变成电信号，这样通过电压的变化便可知探针处的压力大小。

（2）血流速度测量。多普勒型光纤速度传感器利用光纤端面的反射现象测量皮下组织血流速度，测量系统结构简单。发光频率为f的激光经透镜、光纤被送到表皮组织。对于不动的组织，如血管壁，所反射的光不产生频移；而对于皮层毛细血管里有流速的红细胞，反射光要产生频移，其频率变化为Δf；发生频移的反射光强度与红细胞的浓度成比例，频率的变化值可与红细胞的运动速度成正比。发射光经光纤收集后，先在光检测器上进行混频，然后进入信号处理仪，从而得到红细胞的运动速度与浓度。

（3）pH 值测量。用来测定活体组织与血液 pH 值的光纤光谱传感器利用发射光、透射光的强度随波长的分布光谱不同来进行测量。这种传感器将两根光纤插入可透过离子的纤维素膜盒中，膜盒内装有试剂，当把针头插入组织或血管后，体液渗入试剂，导致试剂吸收某种波长的光。用光谱分析仪测出此种变化，即可求得血液或组织的 pH 值。

任务 3.5 光、磁学量传感器的应用及特性测试

光、磁、电场普遍存在于我们所处的空间中，通过对源于被测对象或受其影响的参量的检测，我们可有效获取对象的位移、转速、存在状态等。在本任务中，我们将进一步学习和实践光、磁学量传感器的应用及其特性测试。

知识目标：

（1）能描述转速控制系统的工作原理，学会系统的调试方法。

（2）结合测试过程和结果，观察光学量传感器、霍尔传感器、电磁感应式传感器和光纤传感器等模块的电路构成，能归纳总结其工作原理、特性及其使用场合。

技能目标：

（1）能正确使用万用表、示波器等工具和仪器仪表。

（2）能根据技术规范要求正确进行系统装调、光/磁学量及其相关参量测量、数据记录和实验报告撰写。

3.5.1 光学量传感器的特性测试

光学量传感器基于光电效应制作而成，一般由发送器、接收器和转换电路三部分组成（辐射式无发送器）。在工作中，系统通过发送器（如 LED 发光二极管）发出光照射至物体上，将被测量（如位移、转速等）的变化转换成光信号的变化，再利用接收器（含光敏电阻或光敏二极管等光敏元件）将该变化转换成电阻、光电流等电参数变化，最后利用转换电路将电参数的变化转换为电信号输出。

本节的目的是让读者了解各种光学量传感器的工作原理、特性与应用。

（1）将±12V 可调直流稳压电源和 GND 接地端接至传感器模块上；如图 3.24（a）所示，连接负载电阻 R_L 和光敏电阻 R_Φ；其中，光敏电阻置于光学量传感器模块上的暗盒内，其两个引脚引出到面板上；暗盒的另一端装有 LED。

（2）连接实验台上的可调恒流源到光学量传感器模块驱动 LED，通过调节驱动电流 I 可改变暗盒内的光照度，用直流毫安表检测驱动电流值。

（3）伏安特性测试：将 I 调至一定值，改变稳压电源 E（0～+12V），测量回路光电流 I_Φ 和负载电阻两端电压 U_o 并记录入表 3.1 中。

表 3.1 光敏元件伏安特性测试

E							
I_Φ							
U_o							

（4）光照特性测试：将电源电压 E 调至一定值，改变 LED 驱动电流 I，测量回路光电流 I_Φ 和负载电阻两端电压 U_o 并记录入表 3.2 中。

表 3.2　光敏元件光照特性测试

I							
I_Φ							
U_o							

（5）将光敏电阻替换为光敏二极管，重复步骤（1）～（4），并完成相应表格。

（6）将光敏电阻替换为光敏三极管，重复步骤（1）～（4），并完成相应表格。

【任务拓展】

根据测量数据，分别绘制光敏电阻、光敏二极管和光敏三极管的伏安特性曲线和光照特性曲线，结合所学知识，分析其灵敏度、线性度等特性参数。

3.5.2　光电式转速控制系统调试

光学量传感器有四种使用形式，本节采用的是反射型。传感器端部装有发光管和接收管，发光管发射的光在转盘上反射后被接收管接收转换成电信号，由于转盘上有黑白相间的两个间隔，转动时光学量传感器将获得与黑白间隔数 z 有关的脉冲，控制器将脉冲信号计数处理后可得其频率 f，进而获得转盘的转速 $n=60f/z$；将设定值与测量值进行比较后，经数字 PID 运算，控制器将输出控制信号调节电机转速并使之稳定在给定值。

本节的目的是让读者了解光电式转速控制系统的结构，理解其工作原理，掌握系统的参数设置和调试方法。

（1）光电式转速传感器模块如图 3.62 所示，将光电开关探头安装至电机上方对准电机的反光纸，调节高度，使传感器端面离反光纸表面 2～3mm；将传感器引线分别插入相应插孔，其中红色接入直流电源，黑色为接地端，蓝色接入数字显示表（置 2kHz 挡）。

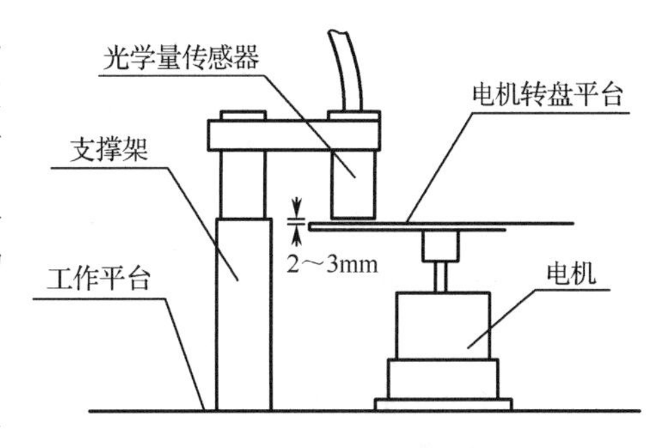

图 3.62　光电式转速传感器模块

（2）将直流稳压电源置 10V 挡，在电机控制单元的 V_+ 处接入+12V 电压，调节转速旋钮使电机运转。

（3）F/V 数字显示表置 2k 挡，用示波器观察光电信号输出端的转速脉冲信号。

（4）根据脉冲信号的频率 f 及电机上反光片的数目 z 换算出此时的电机转速 n，比较装置显示值和理论计算值 n。

（注意：如果示波器上观察不到脉冲波形，请调整探头与电机间的距离，同时检查一下示波器的输入衰减开关位置是否合适。）

【任务拓展】

结合所用实验装置，试设计一遮光型转速测量系统。

3.5.3 霍尔传感器测位移

霍尔传感器基于霍尔效应工作，当霍尔元件中通过恒定电流时，其两端的霍尔电动势与垂直于其表面的磁场的磁感应强度成正比。随着霍尔传感器与被测对象间的位移发生变化，到达霍尔元件表面的磁场随之改变，感应产生的霍尔电动势与位移成正比。

本节的目的是让读者了解霍尔传感器的原理与特性。

（1）霍尔传感器特性测试模块如图 3.63 所示。调节螺旋测微头的微分筒（0.01mm/每小格），使微分筒的 0 刻度线对准轴套的 10mm 刻度线。将实验台上的电压表量程切换开关打到 10V 挡，直流稳压电源调节到 5V 挡。

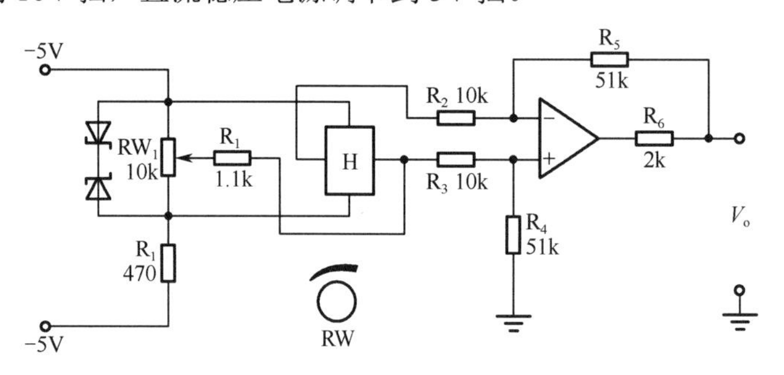

图 3.63 霍尔传感器特性测试模块

（2）检查接线无误后，开启实验台电源，松开安装测微头的紧固螺钉，移动测微头的安装套，当传感器的 PCB（霍尔元件）处在两圆形磁钢的中点位置（目测）时，拧紧紧固螺钉，再调节 RW 使电压表显示 0。

（3）测位移使用测微头时，来回调节微分筒使测杆产生位移的过程本身存在机械回程差，为消除这种机械回程差可用单行程位移方法实验：顺时针调节测微头的微分筒 3 周，记录电压表读数作为位移起点，然后反方向（逆时针方向）调节测微头的微分筒（0.01mm/每小格），每隔 Δx=0.1mm（总位移可取 3～4mm）从电压表上读出输出电压 V_o 值，将读数填入表 3.3 中（这样可以消除测微头的机械回程差）。

表 3.3 霍尔传感器位移特性测试

x/mm									
V_o/V									

【任务拓展】

根据表 3.3 的数据绘制位移特性曲线，分析霍尔传感器在不同测量范围（±0.5mm、±1mm、±2mm）时的灵敏度和线性度。

3.5.4 霍尔传感器测转速

根据霍尔电动势的表达式（$E_H=K_HIB$），当被测圆盘上装上 N 个磁性体时，圆盘每转一周磁场就变化 N 次；相应地，霍尔电动势发生同频率的变化，其输出电动势通过放大、整形和计数电路，可以获得被测旋转物的转速。

本节的目的是让读者了解霍尔传感器测量转速的原理与方法。

（1）如图 3.62 所示，将霍尔传感器安装于支撑架上，传感器的端面对准转盘上的磁钢并调节升降杆使传感器端面与磁钢之间的间隙为 2～3mm。

（2）将模块中的转速调节旋钮调到最小（逆时针方向转到底），然后接入电压表（电压表量程切换开关打到 2V 挡），将频率转速表的开关按到转速挡。

（3）重复 3.5.2 节的实验步骤；检查接线无误后合上主机箱电源开关，在小于 12V 范围内（电压表监测）调节主机箱的转速调节电源（调节电压改变直流电机电枢电压），观察电机转动及转速表的显示情况。

（4）从 2V 开始记录每增加 0.5V 时相应电机转速 n 的数据（待电机转速比较稳定后读取数据），将数据记录入表 3.4 中。

表 3.4　霍尔传感器转速特性测试

n/（r/min）									
V/V									

【任务拓展】

（1）根据表 3.4 的数据绘制转速特性曲线，分析霍尔传感器的灵敏度和线性度。

（2）本测试装置上用了 6 只磁钢，能否用 1 只磁钢？

3.5.5　电磁感应式传感器测转速

基于电磁感应原理，当线圈所在磁场的磁通变化时，线圈中感应电动势 E 发生变化，因此当转盘上嵌入 N 个磁棒时，每转一周线圈感应电动势产生 N 次变化。通过放大、整形和计数电路就可以测量被测旋转物的转速 n。

本节的目的是让读者了解电磁感应式传感器测量转速的原理与方法。

除了不用接电源，电磁感应式传感器测转速的实验步骤与 3.5.4 节的相同（将霍尔传感器替换为电磁感应式传感器）。实验完毕，注意关闭电源。将实验数据记录入表 3.5 中。

表 3.5　电磁感应式传感器转速特性测试

n/（r/min）									
V/V									

【任务拓展】

根据表 3.5 的数据绘制转速特性曲线，分析电磁感应式传感器的灵敏度和线性度。

3.5.6　光纤传感器测位移

反射式光纤位移传感器是一种传输型光纤传感器。光纤传感器位移特性测试模块安装示意图如图 3.64 所示，光从光源耦合到光源光纤，通过光纤传输，射向反射面，再被反射到接收光纤，最后由光电转换器接收，转换器接收到的光与反射体表面的性质及反射体到光纤探头的距离有关。在反射体表面位置确定后，接收到的反射光光强随光纤探头到反射体的距离的变化而变化。

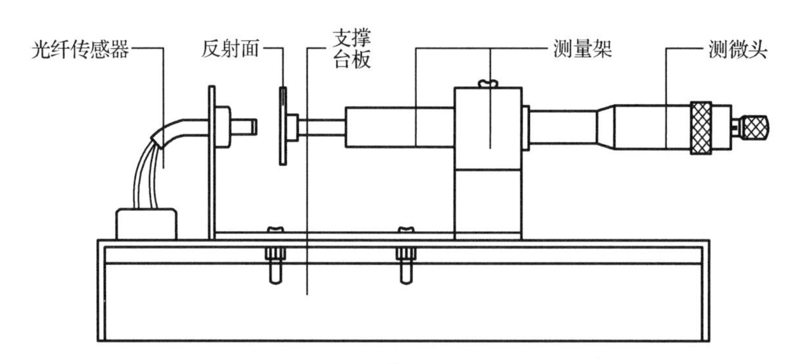

图 3.64　光纤传感器位移特性测试模块安装示意图

本节的目的是让读者了解光纤传感器测量位移的原理与方法。

（1）光纤传感器的安装如图 3.64 所示，将 Y 型光纤结合处安装在传感器固定支架上，光纤分叉两端插入光纤插座中。探头对准镀铬反射板（铁质材料圆盘）后，固定在测微头上；光纤传感器模块的输出端接转换电路模块（含差分、比例运放等）。

（2）将测微头起始位置调到 10cm 处，手动使反射面与光纤探头端面紧密接触，固定测微头。

（3）将转换电路模块的差分放大器与比例放大器的增益调节旋钮调到中间位置，打开直流电源开关。

（4）将比例放大器输出端接到直流电压表（20V 挡），仔细调节调零电位器使电压表显示为零。

（5）旋动测微头，使反射面与光纤探头端面距离 x 增大，每隔 0.2mm 读出一次输出电压 V 值，填入表 3.6 中。

表 3.6　光纤传感器位移特性测试

x/mm									
V/V									

【任务拓展】

根据表 3.6 的数据绘制位移特性曲线，分析光纤传感器的灵敏度和线性度。

3.5.7　光纤传感器测转速

光源发出的光经发射光纤传输并投射到反射膜片的表面，反射后由接收光纤接收并传至光敏元件。将单个反射膜片粘贴在圆盘上，当圆盘转动时，反射光便有强弱之分，因而输出电平便有高低变化，其周期与转动一圈所花时间相同，故可测量转速。

本节的目的是让读者掌握运用单头反射式光纤位移传感器测量转速的原理和方法。

（1）将光纤传感器安装在传感器升降架上，使光纤探头对准转动盘边缘的反射点，探头距离反射点 1mm 左右（在光纤传感器的线性区域内）。

（2）用手拨动转盘，使探头避开反射面（对集合避免产生暗电流），比例放大器的输出端接直流电压表输入，调节调零电位器使直流电压表显示为零。

（3）比例放大器输出端接频率/转速表的输入“f/n”。

（4）重复3.5.2节的实验步骤，打开直流电源开关，将0～24V可调直流稳压电源分别接至转动源输入和直流电压表，改变电压，可以观察到转动源转速的变化，待转速稳定后测量相应的转速（稳定时间约1min）；也可用示波器观测电压放大器输出的波形，测量数据填入表3.7中。

表3.7　光纤传感器转速特性测试

n/（r/min）									
V/V									

【任务拓展】

（1）根据表3.7的数据绘制转速特性曲线，分析光纤传感器的灵敏度和线性度。

（2）参考所用实验装置，试利用光纤传感器设计一遮光型转速测量系统。

习　题

一、选择题

1．在光线作用下，半导体电导率增加的现象属于________。

A．外光电效应　　B．内光电效应　　C．光电发射

2．霍尔元件采用恒流源激励是为了________。

A．提高灵敏度　　B．克服温漂　　C．减小不等位电动势

3．减小霍尔元件的输出不等位电动势的办法是________。

A．减小激励电流　　B．减小磁感应强度　　C．使用电桥调零电位器

4．人造卫星的光电池板利用了________。

A．光电效应　　B．光化学效应　　C．光热效应　　D．感光效应

5．要测量高压变压器的三相绝缘子是否过热，应选用________；要监视储蓄所大厅的人流，应选用________。

A．热敏电阻，红外热像仪　　B．数码摄像机，接近开关

C．红外热像仪，数码摄像机　　D．接近开关，红外热像仪

6．用光学量传感器检测复印机走纸故障（重叠、变厚）是利用了________的原理；超市用激光扫描器检测商品的条形码是利用了________的原理。

A．被测物是光源，被测物吸收光通量

B．被测物吸收光通量，被测物反射光通量

C．被测物遮蔽光通量，被测物是光源

D．被测物吸收光通量，被测物是光源

7．下列被测物理量适合于使用红外传感器进行测量的是________。

A．压力　　B．力矩　　C．温度　　D．厚度

8．测量玻璃纤维和碳纤维复合材料制作的风力发电机叶片的疲劳裂痕，应选用________探伤；测量导磁的储油罐底部和内部的腐蚀缺陷，应选用________探伤为宜。

A．超声波　　B．霍尔传感器　　C．光学量传感器　　D．电涡流

二、填空题

1．UGN3020 的电路及其特性曲线如图 3.65 所示，请分析填空。

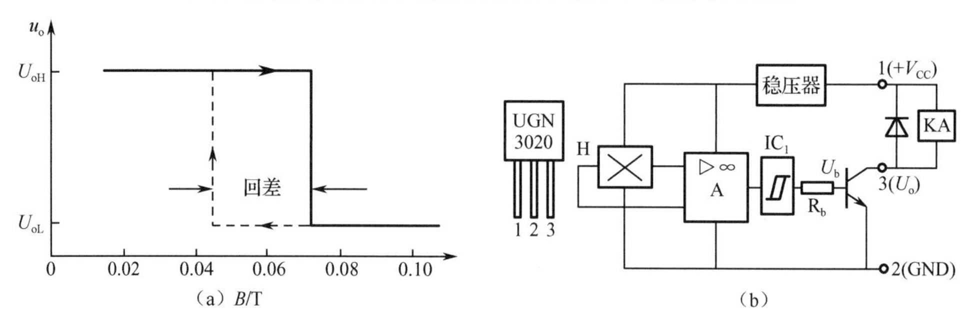

图 3.65　习题 1 图

当磁铁从远到近逐渐靠近 UGN3020 时，其感受的磁感应强度逐渐________，在 UGN3020 特性曲线中可以看出，至________T 时，UGN3020 的输出翻转，此时第 3 引脚的输出 U_o 为________电平，输出电压为________（0.3/0.7/23.7）V。当磁场达到 0.1T（磁铁快要碰上 UGN3020）时，才再次逐渐向左远离 UGN3020，至________T 时，UGN3020 又再次翻转，测得此时第 3 引脚为________电平。回差为________T，相当于________Gs。回差越大，抗________干扰能力也越强。

2．在距计算机控制中心很远的生产现场有一台数字式转速表，它经 1000m 长的传输线将脉冲信号经接口板传送给计算机，如图 3.66 所示，请分析填空。

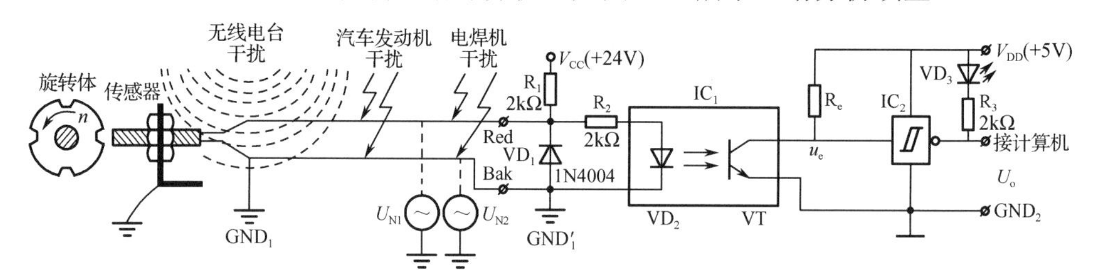

图 3.66　习题 2 图

（1）若图中的被测旋转体为铁质材料，转速传感器可采用________（压电/电涡流/热敏）传感器，属于________（接触/非接触）测量。若传感器的接地端 GND_1 与计算机的接地端 GND_2 之间存在较严重的大地电位差干扰，就________（能/不能）将 GND_1 与 GND_2 连接起来。

（2）在传感器与计算机之间插入一只 IC_1，它的名称为________。IC_1 在电路中的作用：既能________信号，又能________（放大/隔离/传导）干扰。

（3）当旋转体的缺口对准转速传感器，转速传感器的输出级（OC 门）为高阻态时，就没有电流流入传感器的红色（Red）接线端，于是 24V 电压经 R_1 流入 IC_1 中的________，使其发射________（可见/紫外/红外）光，所以 IC_1 中的光敏三极管 VT 处于________（饱和/截止）状态。设 u_c 为低电平，反相之后的输出 U_o 为________电平，所以 VD_3________。

当旋转体的齿对准转速传感器时，转速传感器的输出级为低电平，IC_1 中的 VT 截止，u_c 为高电平，所以 VD_3________。

3．某混凝土制品厂拟将图3.67所示的“手工称重装置”改造为简易自动配料系统。请分析填空。

（1）如果你选用霍尔传感器来判断秤杆是否处于平衡状态，则应在可动的秤杆上安装无源的________，限位器上应安装一只________型霍尔集成传感器。

（2）当螺旋进料装置工作适当时间后，秤杆逐渐处于________状态时，计算机根据霍尔传感器的输出信号，关掉________的开关，紧接着打开________开关，达到自动进料和出料的目的。

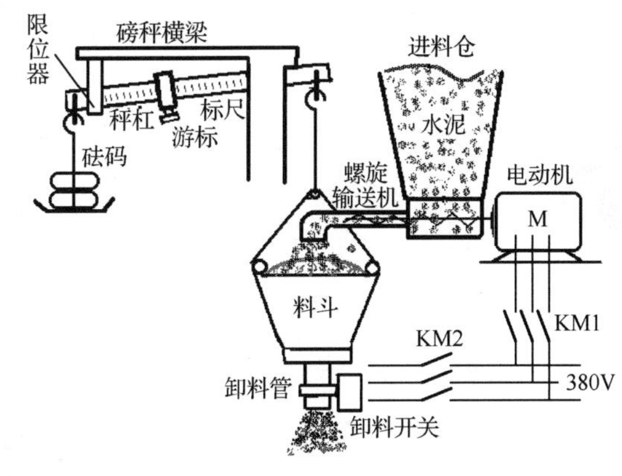

图3.67　习题3图

（3）除了霍尔传感器，还可选择不增加摩擦力的________传感器，来判断秤杆是否处于平衡状态，属于________（接触/非接触）测量。设计时，可以在秤杆上钻一个洞，当秤杆平衡时，让________透过这个小洞。

三、计算分析题

1．造纸工业中经常需要测量纸张的“白度”以提高纸张质量，请设计一台智能检测纸张“白度”的测试仪，要求：

（1）上网查阅有关纸张“白度”测试仪的资料，写出其中一种的特性参数。

（2）说明该测试仪的工作原理。

（3）画出光路简图（应包括参比通道）。

（4）画出测量电路原理框图。

（5）简要说明工作过程。

2．请设计一种霍尔式液位控制器，要求：

（1）当液位高于某一设定值时，水泵停止运转。

（2）储液罐是密闭的，只允许在储液罐的玻璃连通器外壁和管腔内确定磁路和安装霍尔元件。

（3）画出磁路和霍尔元件及水泵的设置图；画出控制电路原理框图；简要说明该检测、控制系统的工作过程。

3．请设计一种十字路口交通监测装置。

有关部门计划在街道十字路口的4处斑马线前2～6m处各安装1只传感器，用于检测4个方向的汽车流量，以控制红绿灯的节奏，减少交通堵塞。现请你分别采用电涡流线圈及磁敏电阻两种方案，来检测是否有汽车停在4个斑马线之前的右侧马路上。

4．请设计一种产品计数器。利用光敏器件制成的产品计数器，具有非接触、安全可靠的特点，可广泛应用于自动化生产线的产品计数，如机械零件加工、输送线产品、汽水、瓶装酒类等；还可以用来统计出入口人员的流动情况。请根据所学知识设计一种产品计数器，画出原理图并简述工作原理。

项目 4

位移传感器与物位传感器

位移是指物体上某一点在一定方向上的位置变动，因此位移是矢量。从被测量的角度，位移测量可分为线位移测量和角位移测量；从测量参数是否变化的角度，位移测量可分为静态位移测量和动态位移测量。

我国在位移测量方面具有悠久历史。上古时期，禹开始治理水患，划分九州，据《史记》记载，“陆行乘车，水行乘船，泥行乘橇，山行乘檋。左准绳，右规矩，载四时，以开九州，通九道”。在这里，司马迁给我们展现了禹带领测量队治水的生动画卷：禹带着测量人员，肩扛测量仪器，准、绳、规、矩样样具备。由此可见，“准、绳、规、矩”是古代使用的测量工具。其中，“绳”是一种测量距离、引画直线和定平用的工具，是最早的长度度量和定平工具之一。禹治水时，“左准绳”就是用“准”和“绳”来测量地势的高低，比较地势之间高低的差别，体现了古代中国人民的无穷智慧。

在现代科学中，从测量原理的角度，位移传感器可分为电位器式、电感式、电容式、光电式、超声波式、霍尔式等类型；从传感器输出量与位移之间的关系角度，位移传感器又有绝对式和增量式之分，两者分别与被测量的绝对量和增量一一对应。许多动态参数的检测，如力、扭矩、速度、加速度等，都是以位移测量为基础的。

物位传感器，也称为位置传感器，是能感受物体的位置（如液位、料位等）并将其转换成可用输出信号的传感器。物位传感器在实际应用中有连续测量物位变化的连续式和以点测为目的的开关式两种。连续式主要用于需要连续控制、仓库管理和多点报警系统中；开关式的产品应用较广泛一些，它可以用于过程自动控制的门限、溢流和防止空转等。开关式物位传感器有接触式和接近式两类。接触式物位传感器的触头由两个物体接触挤压而动作，常见的有行程开关、二维矩阵式物位传感器等。接近开关指当物体与其接近到设定距离时就可以发出动作信号的开关，它无须和物体直接接触，主要有电涡流式、电容式、超声波式、霍尔式等类型。

任务 4.1 电位器式传感器

电位器是一种常用的电子元件，它可以将机械位移或其他能变换成位移的非电量变换为电阻值的变化。电位器式传感器具有结构简单，价格低廉，性能稳定，对环境条件要求不高，输出信号大，易于转换，便于维修的优点；其缺点是存在摩擦，分辨力有限，准确度不够高，动态响应较差，仅适于测量变化较缓慢的量，常用作位置信号发生器。下面我们将学习电位器式传感器的结构、原理、特性及应用等内容。

知识目标：

（1）能识别电位器式传感器的结构并能解释其工作原理。

（2）能举例说明电位器式传感器在液位、压力、张力等测量中的应用。

技能目标：

（1）能根据电位器式传感器的特性以及项目需求进行传感器选型。

（2）能根据产品说明书，正确进行电位器式传感器的安装、调试、标定和维护。

（3）能够规范编写电位器式传感器的相关技术文档。

4.1.1 电位器式传感器的结构及工作原理

电位器式传感器的结构框图如图 4.1 所示，常用电位器式传感器有直线位移型、角位移型和非线性型等。典型的电位器式传感器由电阻元件（包括骨架和金属电阻丝）和电刷（活动触点）两个基本部分组成。当有机械位移时，电位器的动触点产生位移，改变了动触点相对于电位参考点（A 点）的电阻，从而实现了非电量（位移）到电量（电阻值或电压幅值）的转换。

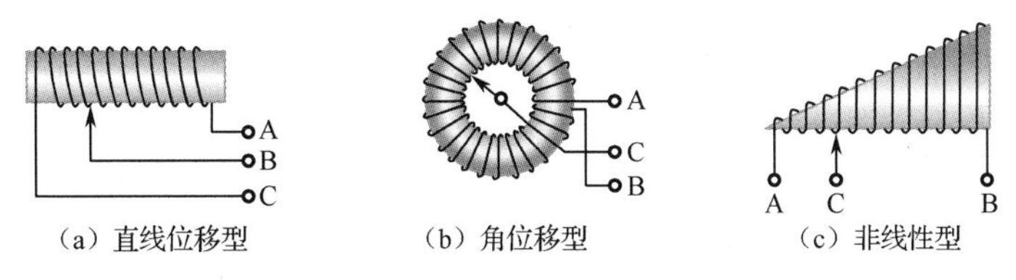

图 4.1 电位器式传感器的结构框图

电位器式传感器，也称为变阻器式传感器、电位计式传感器，其工作原理是将物体的位移 x 转换为具有一定函数关系的电阻 R_x 或电压 U_x 的变化。以图 4.2 所示的直线位移型电位器式传感器为例，当电阻丝直径与材质一定时，电阻 R_{max} 随导线长度 x_{max} 而变化，其输出电阻 R_x 和电压 U_x 分别为

$$R_x = \frac{x}{x_{max}} R_{max}, \quad U_x = \frac{x}{x_{max}} U_{max} \tag{4.1}$$

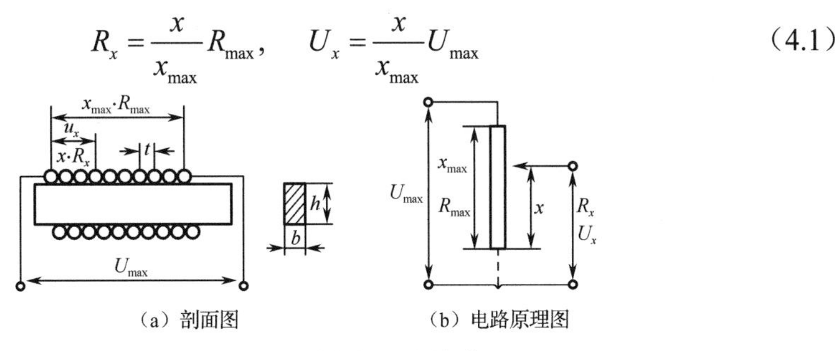

图 4.2 直线位移型电位器式传感器

4.1.2 电位器式传感器的应用

扫码看微课

电位器式传感器的应用

该类传感器具有结构简单、价格低廉、性能稳定等优点，由于摩擦的存在，其动态响应较差。根据结构形式的不同，电位器式传感器可用来测量几毫米到几百毫米的位移，0～360°角位移，或速度、压力、加速度等变化较缓慢的参量。

图 4.3 所示为滑线电阻式位移传感器。被测位移使测量轴沿导轨轴向移动时，带动电刷在滑线电阻上产生相同的位移，从而改变电位器的输出电阻，经电阻电桥等转换为电信号输出。

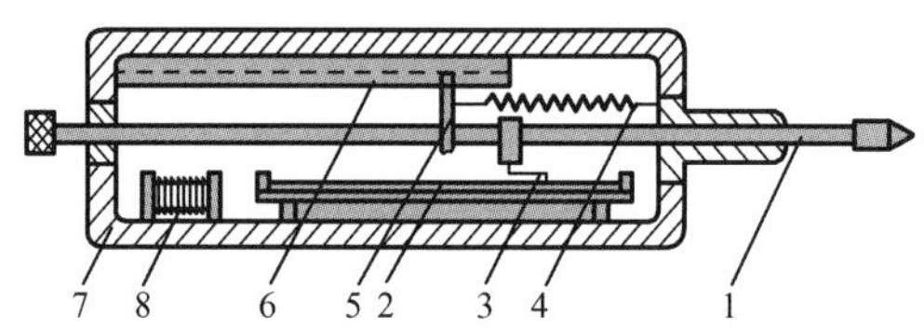

1—测量轴；2—滑线电阻；3—电刷；4—弹簧；5—滑块；6—导轨；7—外壳；8—无感电阻。

图 4.3　滑线电阻式位移传感器

在采用适当的结构和方法后，电位器式传感器还可以实现气缸压力、布料张力等参数的检测。

任务 4.2　电感式传感器

利用电磁感应原理将位移、压力、流量、振动等非电量转换成线圈自感量 L 或互感量 M 的变化，再由转换电路转换为电压或电流的变化量输出，这种装置称为电感式传感器。电感式传感器可以将电子电路部分从测量点移开，这样传感器就可以工作在恶劣的环境中，而电子电路部分可工作在更温和的环境中。

电感式传感器具有结构简单、工作可靠、测量准确度高、零点稳定、输出功率较大等一系列优点，其主要缺点是灵敏度、线性度和测量范围相互制约，传感器自身频率响应低，不适用于快速动态测量，而且自身体积偏大、价格较高。这种传感器能实现信息的远距离传输、记录、显示和控制，在工业自动控制系统中被广泛用于微小位移及其相关量的检测。电感式传感器种类很多，下面我们将学习自感式传感器、差动变压器式传感器和电涡流式传感器这三种常见类型。

知识目标：

（1）能识别自感式传感器、差动变压器式传感器和电涡流式传感器的结构和转换电路，能解释其工作原理，能描述其工作特性。

（2）能举例说明电感式传感器在位移、压力、加速度、圆度、转速、表面探伤测量中的应用。

技能目标：

（1）能根据电感式传感器的特性及项目需求进行传感器选型。

（2）能根据产品说明书，正确进行常见电感式传感器的安装、调试、标定和维护。

（3）能够规范编写电感式传感器的相关技术文档。

4.2.1 自感式传感器

4.2.1.1 自感式传感器的工作原理

自感式传感器的结构如图 4.4 所示。它由线圈、铁芯和衔铁三部分组成。铁芯和衔铁由导磁材料（如硅钢片或坡莫合金）制成，在铁芯和衔铁之间有气隙，气隙厚度为 δ，传感器的运动部分与衔铁相连。当衔铁移动时，气隙厚度 δ 发生改变，引起磁路中的磁阻发生变化，从而导致电感线圈的电感量变化，因此只要能测出这种电感量的变化，就能确定衔铁位移量的大小和方向。

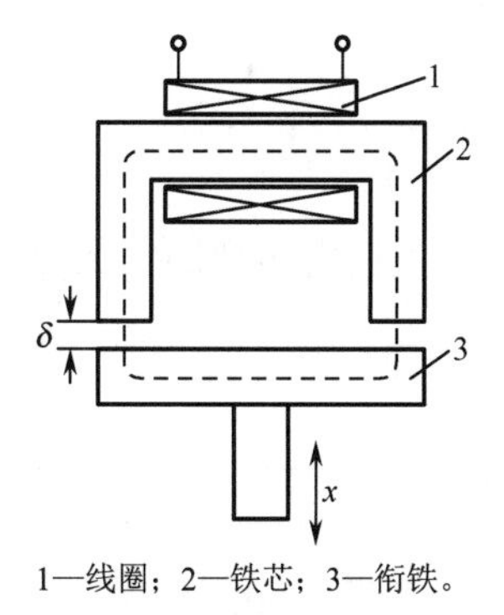

1—线圈；2—铁芯；3—衔铁。

图 4.4 自感式传感器的结构

根据法拉第电磁感应定律，当线圈的匝数为 N 时，可推导出电感的表达式为

$$L \approx \frac{N^2\mu_0 S}{2\delta} \tag{4.2}$$

式中，μ_0 为空气磁导率；S 为铁芯与衔铁之间气隙的相对面积。

由式（4.2）可以看出，电感 L 取决于线圈匝数、磁路的几何尺寸与介质的磁导率。当线圈的匝数 N 确定以后，线圈的电感量 L 与气隙厚度 δ 成反比，与气隙截面积 S 成正比。因此，改变气隙厚度 δ 或改变气隙截面积 S，都能使电感量发生变化。自感式传感器就是按这种原理工作的。由于改变气隙厚度 δ 和改变气隙截面积 S，都是使气隙的磁阻发生变化，因此自感式传感器也称为变磁阻式传感器。

4.2.1.2 自感式传感器的类型

自感式传感器一般有 3 种类型：①气隙型，如图 4.5（a）所示，这种是改变气隙厚度 δ 的自感式传感器，称为气隙型（变气隙式）自感式传感器；②截面型，如图 4.5（b）所示，这种是改变气隙截面积 S 的自感式传感器，称为截面型（变截面式）自感式传感器；③螺线管型，如图 4.5（c）所示，螺线管型自感式传感器是一种开磁路的自感式传感器。

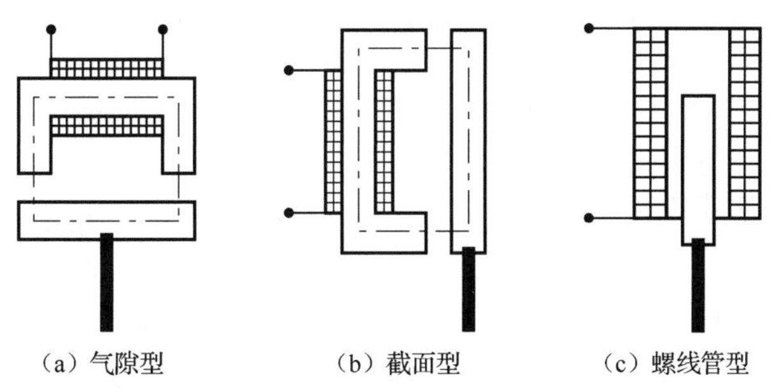

图 4.5 自感式传感器的类型

4.2.1.3 自感式传感器的特性

1. 气隙型自感式传感器的特性

气隙型自感式传感器的结构如图 4.5（a）所示。被测物体与衔铁相连，当被测物

体上下移动时，衔铁随之上下移动，将使气隙厚度 δ 发生变化，从而使线圈的电感量 L 发生变化。

设 L_0 和 δ_0 分别为传感器的初始电感量和初始气隙厚度，则初始电感量为

$$L_0=\frac{N^2\mu_0 S}{2\delta_0} \tag{4.3}$$

当衔铁随被测物体向上或向下移动 $\Delta\delta$ 时，则 $\delta=\delta_0\mp\Delta\delta$，传感器的电感量变为 $L_{1,2}=L_0\pm\Delta L_{1,2}$，当 $\Delta\delta\ll\delta_0$ 时，利用泰勒级数展开式近似，即

$$L_{1,2}=L_0\pm\Delta L_{1,2}=L_0\left[1\pm\frac{\Delta\delta}{\delta_0}\pm\left(\frac{\Delta\delta}{\delta_0}\right)^2\pm\left(\frac{\Delta\delta}{\delta_0}\right)^3\pm\cdots\right] \tag{4.4}$$

对式（4.4）做线性化处理，忽略高阶无穷小，可得

$$\Delta L_{1,2}/L_0\approx\Delta\delta/\delta_0 \tag{4.5}$$

气隙型自感式传感器的灵敏度

$$K=\frac{\Delta L/L_0}{\Delta\delta}\approx\frac{1}{\delta_0} \tag{4.6}$$

即无论衔铁随被测物体向上或向下移动，气隙型自感式传感器的灵敏度均近似地与初始气隙的厚度 δ_0 成反比。

将式（4.4）近似取到二次项，可得气隙型自感式传感器的线性度（非线性误差）

$$r_{\mathrm{L}}=\pm|\Delta\delta/\delta_0|\times100\% \tag{4.7}$$

由式（4.7）可见，气隙型自感式传感器的非线性误差与气隙厚度的相对变化量成比例，气隙厚度的相对变化量越大，非线性误差越大。

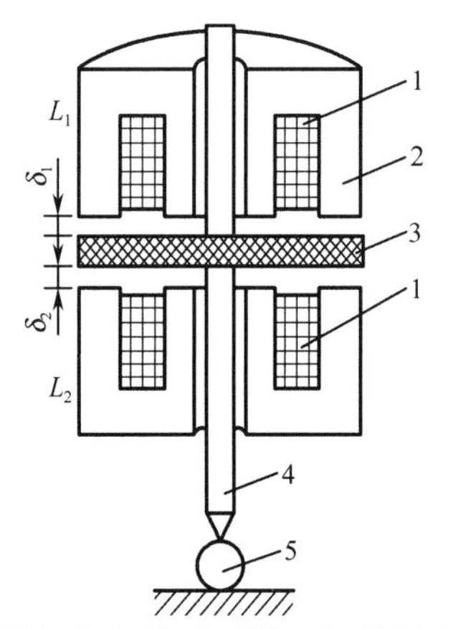

1—差动线圈；2—铁芯；3—衔铁；4—测杆；5—工件。

图 4.6　差动变气隙式自感式传感器

在实际工作中，为了提高测量灵敏度和减小非线性误差，通常采用差动结构。图 4.6 所示为差动变气隙式自感式传感器，它由两个相同的差动线圈 1 和铁芯 2，以及一个共用的衔铁 3 组成。起始时衔铁位于中间位置，$\delta_1=\delta_2=\delta_0$，上、下两个线圈的电感量相等，即 $L_1=L_2=L_0$。当位于中间位置的衔铁上下移动时，上、下两个线圈的电感量，一个增大而另一个减小，形成差动形式。

若被测量的变化使衔铁 3 向上移动，从而使上气隙的厚度减小为 $\delta_1=\delta_0-\Delta\delta$，而下气隙的厚度相应增大为 $\delta_2=\delta_0+\Delta\delta$，故上线圈的电感量增大为 $L_1=L_0+\Delta L_1$，下线圈的电感量减小为 $L_2=L_0-\Delta L_2$。将这两个差动线圈接入相应的测量电桥，测量电桥的输出与两个差动线圈电感量的总变化量 $\Delta L=\Delta L_1+\Delta L_2$ 成正比。由式（4.4）可得两个差动线圈电感量的总变化量为

$$\Delta L=\Delta L_1+\Delta L_2=2L_0\sum_{i=1}^{\infty}\left(\frac{\Delta\delta}{\delta_0}\right)^i \tag{4.8}$$

对式（4.8）进行线性化处理，忽略高阶无穷小，可得

$$\frac{\Delta L}{L_0} \approx 2\frac{\Delta\delta}{\delta_0} \tag{4.9}$$

由式（4.9）可得，差动变气隙式自感式传感器的灵敏度

$$K = \frac{\Delta L/L_0}{\Delta\delta} = \frac{2}{\delta_0} \tag{4.10}$$

将式（4.10）近似取到二次项，可得差动变气隙式自感式传感器的线性度

$$r_L = \pm(\Delta\delta/\delta_0)^2 \times 100\% \tag{4.11}$$

根据以上分析，可以得出以下结论：差动式结构的线性度要比单线圈结构的线性度好，非线性误差约减小一个数量级；差动式结构的灵敏度比单线圈结构的灵敏度提高了约一倍。

在差动式结构中，由于上、下线圈对称放置，其工作条件基本相同，对衔铁的电磁吸力在很大程度上可以互相抵消，温度变化、电源波动、外界干扰的影响也可在很大程度上相互抵消。由于差动式结构具有上述优点，因此得到了比较广泛的应用。

气隙型自感式传感器由于其起始气隙 δ_0 一般取值很小，为 0.1～0.5mm，因而灵敏度最高，对电路的放大倍数要求很低。缺点是非线性严重，为了限制非线性误差，测量范围只能很小，最大测量范围 $\Delta\delta_{max}<\delta/5$；衔铁在 $\Delta\delta$ 方向的移动受铁芯限制，自由行程小。此外，还有制造装配困难、互换性差等不足，因而限制了它的应用。

2. 截面型自感式传感器的特性

截面型自感式传感器的结构如图 4.7 所示，衔铁 3 上下或左右移动时，将使气隙截面积 S 发生变化，从而使线圈 1 的电感量 L 发生变化。

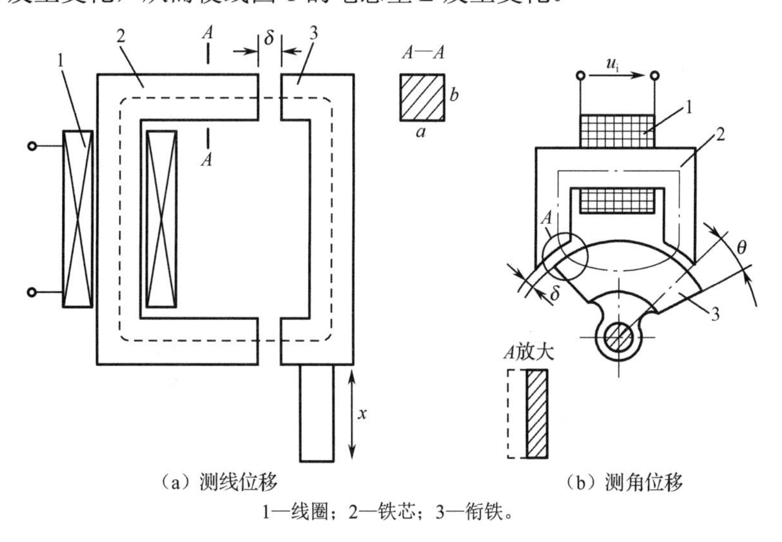

（a）测线位移　　（b）测角位移

1—线圈；2—铁芯；3—衔铁。

图 4.7　截面型自感式传感器的结构

以图 4.7（a）所示的测线位移的截面型自感式传感器为例，设起始时，衔铁与铁芯完全重合，则线圈起始电感

$$L_0 = \frac{N^2\mu_0 S}{2\delta} = \frac{N^2\mu_0 ab}{2\delta} \tag{4.12}$$

式中，a 是衔铁与铁芯的厚度；b 是衔铁与铁芯完全重合的宽度。

当衔铁在平衡位置附近上下移动了 x 时，电感量为

$$L = L_0 + \Delta L = \frac{N^2 \mu_0 a(b-x)}{2\delta} = L_0\left(1-\frac{x}{b}\right) \tag{4.13}$$

电感量的相对变化量为

$$\Delta L/L_0 = -x/b \tag{4.14}$$

由式（4.14）可得截面型自感式传感器的灵敏度

$$K = -1/b \tag{4.15}$$

由式（4.14）和式（4.15）可见，截面型自感式传感器具有线性特性，灵敏度是一个常数。

截面型自感式传感器也可制成差动结构以提高其灵敏度和抗干扰能力。

截面型自感式传感器由于具有较好的线性度，因而测量范围可取大些，其自由行程可按需要安排，可最大测量 1mm 左右的位移变化，其缺点是灵敏度较低。

3. 螺线管型自感式传感器的特性

螺线管型自感式传感器是一种开磁路的自感式传感器，它的结构形式也可分为单线圈结构和差动结构，图 4.8 所示为单线圈结构螺线管型自感式传感器的结构。

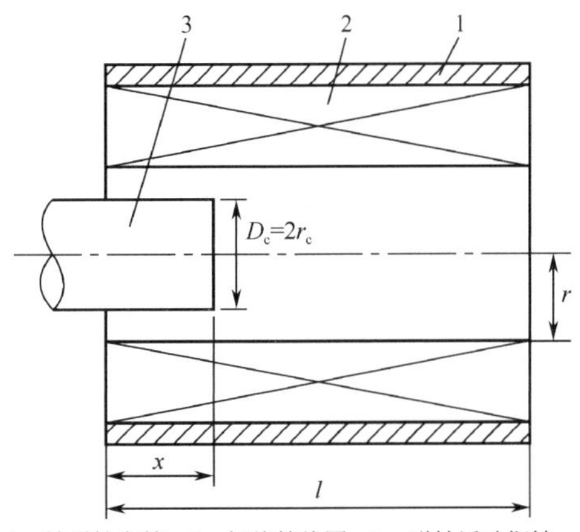

1—铁磁性套筒；2—螺线管线圈；3—磁性活动衔铁。

图 4.8　单线圈结构螺线管型自感式传感器的结构

螺线管型自感式传感器的基本组成部分是包在铁磁性套筒 1 内的螺线管线圈 2 和磁性活动衔铁 3。磁性活动衔铁与被测物体连接。进行测量时，磁性活动衔铁随被测物体沿轴向移动，磁路的磁阻发生变化，从而使线圈的电感量发生变化。线圈的电感量取决于磁性活动衔铁插入的深度 x，而且随着磁性活动衔铁插入深度的增加而增大。

这种传感器的工作原理是以线圈磁力线泄漏路径上的磁阻变化为基础的。若忽略次要因素，且满足螺线管线圈长度远大于线圈直径，则线圈内部的磁场可以认为是均匀的，可求得空心线圈的电感量 L_0 为

$$L_0 = \mu_0 A N^2/l = \pi r^2 \mu_0 N^2/l \tag{4.16}$$

式中，μ_0 为一空气的磁导率；A 为线圈内孔截面积；N 是线圈匝数；r 是线圈内半径；l 是线圈长度。

当衔铁的插入长度 l_c 增加 Δl_c 时，线圈的电感量 L 增加 ΔL，则有

$$L + \Delta L = \frac{\pi \mu_0 N^2}{l^2}[lr^2 + \mu_r r_c^2 (l_c + \Delta l_c)] \tag{4.17}$$

由式（4.17）可得单线圈螺线管型自感式传感器的灵敏度为

$$K = \frac{\Delta L}{\Delta l_c} = \frac{\pi \mu_r \mu_0 N^2 r_c^2}{l^2} \tag{4.18}$$

可见，对于结构尺寸一定的螺线管型自感式传感器，灵敏度 K 为常数。

由式（4.18）可知，增加线圈匝数 N，增大磁性活动衔铁的半径 r_c，增大磁性活动衔铁的相对磁导率 μ_r，都可以使螺线管型自感式传感器的灵敏度 K 提高。

为提高灵敏度和线性度，螺线管型自感式传感器常采用差动结构，其灵敏度要比单线圈结构螺线管型自感式传感器提高一倍。

螺线管型自感式传感器的灵敏度比截面型的灵敏度更低，但它具有自由行程大、测量范围大（可测最大位移达十多毫米）、线性度好、结构简单、制造装配方便、互换性强等优点，而灵敏度低的缺点可从放大电路方面解决，因此螺线管型自感式传感器得到越来越广泛的应用。

4.2.1.4　自感式传感器的转换电路

转换电路的作用是将中间电参数电感量的变化转换为电压或电流信号输出，常见的有电感电桥、变压器电桥等。

电感电桥的基本构成如图 1.14 所示。差动自感式传感器的两个线圈作为电桥相邻的两个工作桥臂，另外两个工作桥臂可以是纯电阻；电感电桥亦可与单线圈自感式传感器配用，这时有一桥臂（Z_1 或 Z_2）用一个固定电感来代替，这时的输出电压为差动自感式传感器的 1/2。

同样采用图 1.14 所示的交流电桥形式，变压器电桥其中一组相邻两个工作桥臂是差动自感式传感器两个线圈的阻抗，另两个工作桥臂为电源变压器次级线圈的两半边。变压器电桥的输出电压大小反映了衔铁位移的大小；当衔铁偏离中间位置向不同方向做同样大小的位移时，可获得大小相等、方向相反（即相位差为 180°）的输出电压。

交流电桥的输出电压 u_0 为交流电压，若采用一般的交流电压表进行测量，如图 4.9（a）所示，其输出仅能反映衔铁位移的大小，不能反映衔铁位移的方向；此时在零点附近还存在死区（Dead Zone），它降低了系统的分辨力，同时造成了 u_0 与位移间的非线性。除改变材料和硬件结构外，这时可采用相敏检波电路或差动整流电路来提高输出的线性度和分辨力，结果如图 4.9（b）所示。

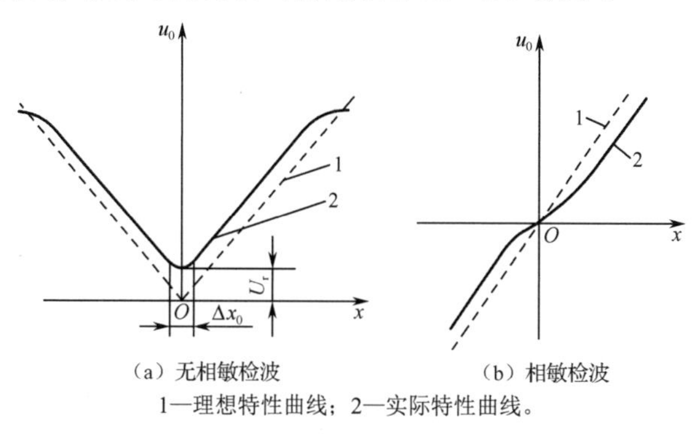

（a）无相敏检波　　（b）相敏检波

1—理想特性曲线；2—实际特性曲线。

图 4.9　自感式传感器输出特性曲线

自感式传感器具有结构简单可靠、测量力小、测量准确度高、分辨率较高、输出功率较大等优点。主要缺点：频率响应较低，不适宜于快速动态测量；线圈中的电流不可能等于零，衔铁永远受到吸力；线圈电阻受温度影响，有温度误差等。

4.2.2 差动变压器式位移传感器

差动变压器式传感器基于变压器原理把被测量转换为传感器线圈的互感量 M 变化，这类传感器常采用差动结构，多用于测位移，故又称之为差动变压器（Linear Variable Differential Transformer，LVDT）式位移传感器。

差动变压器式位移传感器的结构形式较多，主要有变隙式、变面积式和螺线管式三种，目前采用较普遍的是螺线管式（型）。本节就以螺线管式差动变压器式位移传感器为例进行讨论。

4.2.2.1 螺线管式差动变压器式位移传感器的结构

螺线管式差动变压器式位移传感器主要由一个圆筒形螺线管线圈和一个衔铁组成，其结构图如图 4.10 所示。它在由绝缘材料制成的圆筒形框架中间绕有一组线圈作为初级线圈，在框架两端对称地绕两组线圈作为次级线圈，两组次级线圈的结构尺寸和电气参数完全相同，并反向串接。在框架中心的圆柱孔中插入圆柱形衔铁。

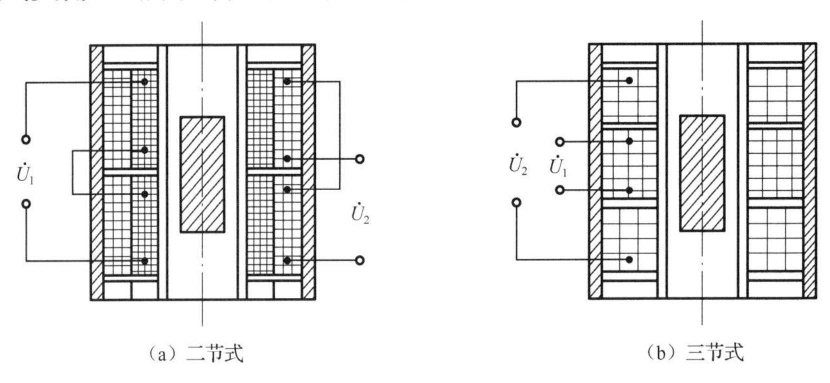

图 4.10 螺线管式差动变压器式位移传感器的结构图

差动变压器式位移传感器外面有导磁外壳，导磁外壳的功能是提供闭合磁回路和进行磁屏蔽与机械保护。导磁外壳与铁芯通常选用电阻率大、磁导率高、饱和磁感应强度大的同种材料制成。

4.2.2.2 差动变压器式位移传感器的工作原理

图 4.11 所示为差动变压器式位移传感器的工作原理图。在初级线圈 P 中加以适当频率的激励电源电压 u_1 时，根据变压器的原理，在两个次级线圈 S_1、S_2 中就会产生感应电动势 e_{21}、e_{22}。当衔铁 C 处于中间位置时，两个次级线圈内所穿过的磁通相等，所以初级线圈与两个次级线圈的互感相等，两个次级线圈产生的感应电动势也就相等。由于两个次级线圈是反向串接的，因而传感器的输出电压 $u_2=e_{21}-e_{22}=0$。当衔铁向上移动时，在上边次级线圈内所穿过的磁通要比下边次级线圈内所穿过的磁通大，所以初级线圈与上边次级线圈的互感要比初级线圈与下边次级线圈的互感大，因而使上边次级线圈的感应电动势 e_{21} 增大，下边次级线圈的感应电动势 e_{22} 减小，

传感器的输出电压 $u_2=e_{21}-e_{22}>0$。当衔铁向下移动时，传感器的输出电压 $u_2=e_{21}-e_{22}<0$。衔铁的位移越大，两次级线圈的感应电动势的差值就越大，输出电压的幅值也就越大。

差动变压器式位移传感器的输出电压值 u_2 与衔铁位移 x 的关系，即差动变压器式位移传感器的特性曲线图如图 4.12 所示，具有 V 形特性。如果以适当方法测量 u_2，就可以得到反映位移 x 大小的量值。

$$u_2 = \pm 2\mathrm{j}\omega\Delta M\dot{I}_1 \tag{4.19}$$

式中，ΔM 为衔铁 C 跟随被测量变化而在平衡位置附近上下运动 x 后带来的互感量变化；$\dot{I}_1$ 为初级线圈中通过的电流；式中的正负号表示输出电压与激励源电压同相或反相。与差动自感式传感器相似，必须引入相敏检波电路或差动整流电路才能判断衔铁的位移方向。

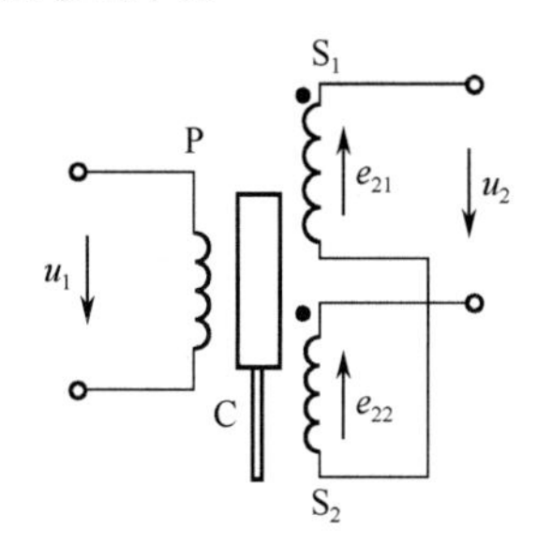

图 4.11　差动变压器式位移传感器的工作原理图

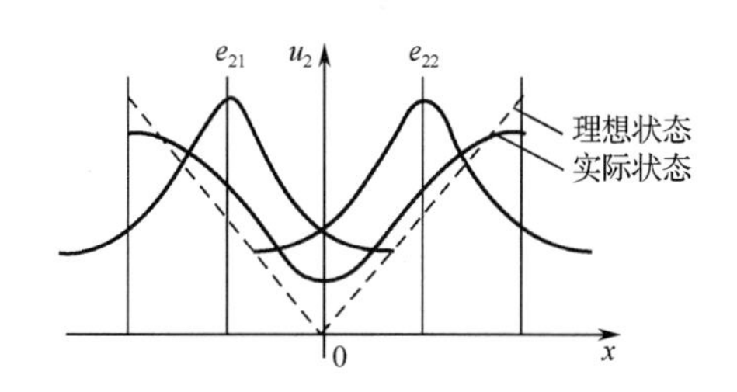

图 4.12　差动变压器式位移传感器的特性曲线图

4.2.2.3　差动变压器式位移传感器的主要特性参数

（1）灵敏度。差动变压器式位移传感器的灵敏度 K_E 是差动变压器式位移传感器在单位激励电源电压下衔铁移动单位位移时输出电压的变化，与结构、尺寸、激励电源频率 f 和电流 I_1、铁芯材料等诸多因素有关。

（2）激励电源频率与电压。在理想条件下，差动变压器式位移传感器的灵敏度 K_E 正比于激励电源频率 f。在实际工作中，由于结构不对称、负载阻抗存在等诸多因素的影响，灵敏度 K_E 与 f 存在非线性关系。

灵敏度与激励电源频率的实际关系曲线如图 4.13 所示，由图可见，差动变压器式位移传感器具有带通特性。在 f 从零开始增加的起始段，K_E 随着 f 的增加而增大；达到 f_L，如果 f 再继续增加，K_E 趋于定值；达到 f_H，如果 f 再继续增加，K_E 随着 f 的增加而减小。在 $f_L<f<f_H$ 区间，灵敏度 K_E 具有较大的稳定值，而且差动变压器式位移传感器的输出与输入的相位也基本同相或反相。

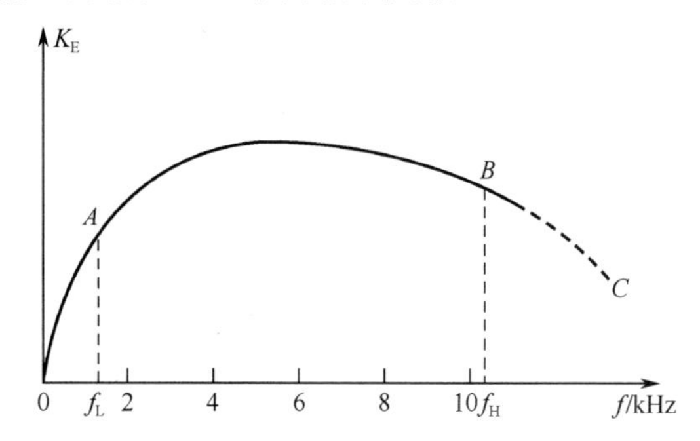

图 4.13　灵敏度与激励电源频率的实际关系曲线

一般取差动变压器式位移传感器的激励电源频率为 1～10kHz 较为适当。频率太低时，差动变压器式位移传感器的灵敏度显著降低，温度误差和频率误差增大。频率太高时，铁损和耦合电容等的影响增大。

灵敏度 K_E 与激励电源电压具有一定线性关系。提高激励电源电压，可使灵敏度线性增大。但是，由于差动变压器式位移传感器的允许功耗一般限制在 1W 左右，所以激励电源电压一般取 3～8V。

（3）线性度与测量范围。差动变压器式位移传感器的输出特性存在非线性。它的非线性误差与量程有关，量程越大，非线性误差也越大。考虑到这种因素，差动变压器式位移传感器实际的测量范围约为线圈全长的 1/10。

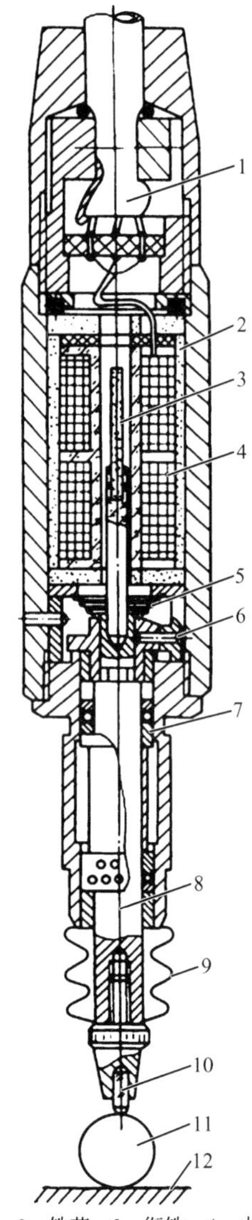

1—电缆；2—铁芯；3—衔铁；4—电感线圈；5—弹簧；6—防转销；7—钢球导轨；8—测杆；9—密封套；10—可换测头；11—被测物；12—基准面。

图 4.14　螺线管型差动自感式位移传感器的结构图

（4）温度特性。环境温度的变化，将使差动变压器的机械部分热胀冷缩，由于机械结构的变化，对测量准确度的影响可达数微米到 10μm 左右。

为了减小差动变压器式位移传感器的温度误差，可以采用以恒流源激励代替恒压源激励、适当提高线圈的品质因数和选择特殊的转换电路等措施。差动变压器式位移传感器的工作温度一般控制在 80℃以下，特别制造的高温型可以达到 150℃。

4.2.3　自感式与差动变压器式传感器的应用

自感式与差动变压器式传感器的应用

差动变压器式传感器的特点基本与自感式传感器的相同，均主要用于微小位移及其相关参量的检测；相较而言，差动变压器式传感器的输出较自感式传感器稳定。应用自感式传感器的场合基本上都可用差动变压器式传感器来代替。

4.2.3.1　位移测量

图 4.14 所示为螺线管型差动自感式位移传感器的结构图。可换测头 10 用螺纹固定在测杆 8 上，测杆可在钢球导轨 7 上轴向移动。测杆上端固定着衔铁 3。当测杆移动时，带动衔铁在电感线圈 4 中移动，电感线圈放在圆筒形磁芯 2 中。衔铁和磁芯都用铁氧体做成。线圈配置成差动形式，即当衔铁

由中间位置向上移动时，上线圈的电感量增加，下线圈的电感量减少。两个线圈的线端和公共端用电缆 1 引出，以便接入测量电路。传感器的测量力由弹簧 5 产生。防转销 6 用来限制测杆的转动，以减小测量的重复性误差。密封套 9 用来防止尘土进入测量头内。钢球导轨可减小径向间隙，使测量准确度提高，并且能使灵敏度和寿命达到较高指标。

当被测物 11 相对于基准面 12 移动时，带动测头、测杆和衔铁一起移动，从而使螺线管型差动自感式位移传感器的两线圈阻抗值发生大小相等、极性相反的变化，再经测量电路和指示仪表，指示被测位移的大小和方向。其非线性度一般为 0.1%～0.5%，分辨力可达 1μm 以下。该传感器广泛应用于几何量测量领域，如测量位移、轴的振动、工件的尺寸、零件的变形等。

4.2.3.2 压力测量

差动变气隙型压力传感器如图 4.15（a）所示，差动变气隙型压力传感器由 C 形弹簧管、铁芯、衔铁、线圈 1 和线圈 2 等组成，调机械零点螺钉用来调整机械零点，整个传感器装在一个圆形的金属盒内。当被测压力 P 变化时，弹簧管的自由端产生位移，带动与自由端连接的自感式传感器的衔铁移动，使传感器的线圈 1、2 中的电感量发生大小相等、符号相反的变化，再通过变压器电桥将电感量的变化转换成电压信号输出。传感器输出信号的大小取决于衔铁位移的大小，亦即被测压力 P 的大小。

图 4.15（b）所示为差动变压器式压力传感器的结构示意图。在该传感器中采用波纹膜盒作为敏感元件，将压力转换为位移。当被测压力未导入传感器时，波纹膜盒无位移。这时，活动衔铁处在差动变压器线圈的中间位置，因而输出电压为零。当被测压力从输入接头导入波纹膜盒时，波纹膜盒在被测压力作用下，其自由端产生一正比于被测压力的位移，通过测杆使衔铁向上移动，在差动变压器的次级线圈中产生的感应电动势发生变化，因而有电压输出。此电压经过安装在线路板上的电子线路处理后，正比于被测压力的信号通过接插件输出送给显示仪表加以显示。这种压力传感器适用于测量各种生产过程中液体、水蒸气及气体的微压力，测量范围为（−4～+6）×10^4Pa。

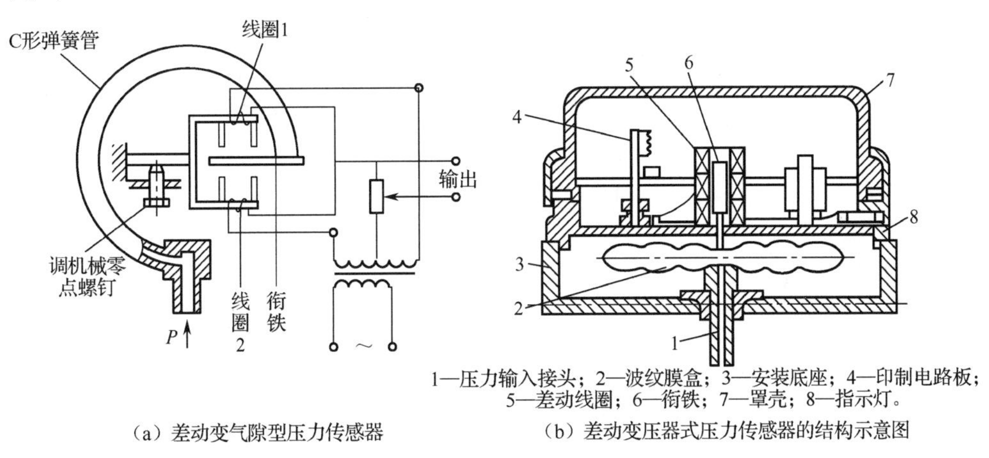

1—压力输入接头；2—波纹膜盒；3—安装底座；4—印制电路板；5—差动线圈；6—衔铁；7—罩壳；8—指示灯。

（a）差动变气隙型压力传感器　　（b）差动变压器式压力传感器的结构示意图

图 4.15　差动式压力传感器的结构与原理图

综合比较两种差动式压力传感器，两者的相同点在于都通过测量压力带来的微小位移变化来间接测量对象压力变化。主要区别：一是敏感元件不同，一个采用弹簧管将压力改变转为位移变化，另一个采用波纹膜盒将压力的变化转为位移改变；二为传感器元件不同，一个采用自感式传感器测位移，另一个采用差动变压器式传感器测位移。类似地，通过替换传感器的敏感元件和传感元件等就可形成新的差压或力敏传感器，这也是一种创新的形式。

4.2.3.3 加速度测量

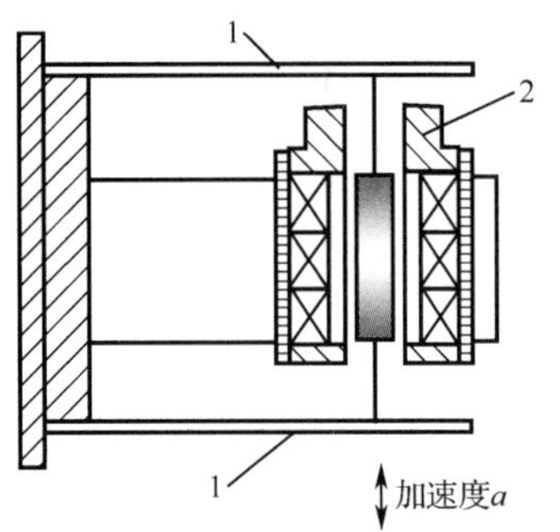

1—弹性支承；2—差动变压器。

图 4.16 差动变压器式加速度传感器的结构原理图

图 4.16 所示为差动变压器式加速度传感器的结构原理图。差动变压器式加速度传感器由悬臂梁和差动变压器组成。测量时，将悬臂梁底座及差动变压器的线圈骨架固定，将底座与被测物体相连。当被测物体振动时，带动衔铁以同样的频率振动，差动变压器的输出电压按相同的规律变化。

用于测定振动物体的频率和振幅时其激磁频率必须是振动频率的十倍以上，这样才能得到精确的测量结果。可测量的振幅为 0.1～5mm，振动频率为 0～150Hz。

4.2.3.4 圆度测量

机械加工中常需要测量工件的圆度误差或机床的主轴回转误差。圆度误差的评定过程就是将被测横截面的实际轮廓与理想圆比较的过程。

电感式圆度计采用如图 4.17（a）所示的旁向式电感测微头。在工作时，如图 4.17（b）所示，将被测工件放置在一个旋转的工作台上，通过传感器的测量头与被测工件轮廓接触，在转台转动过程中，传感器测端的径向变化与被测轮廓相当，此变化量由传感器接收，并转换成电信号输入信号调理电路，最后送入单片机进行数据处理和分析，可得到如图 4.17（c）所示的图形，从而获得对象的圆度。基于该原理，同样可测量对象表面的粗糙度、轮廓形状等。当测量范围较小时（如 8μm），高分辨力型电感式传感器的分辨力甚至可达 0.0001μm。

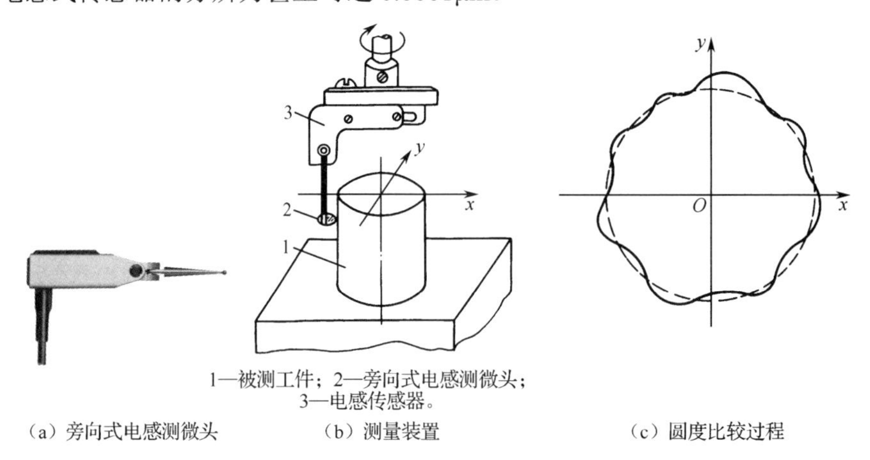

1—被测工件；2—旁向式电感测微头；3—电感传感器。

（a）旁向式电感测微头　（b）测量装置　（c）圆度比较过程

图 4.17 电感式圆度计

4.2.4 电涡流式传感器及其应用

电涡流式传感器是基于电涡流效应而工作的传感器。根据其激磁频率高低和工作机理不同，电涡流式传感器可以分为高频反射型或低频透射型两大类。其中高频反射型电涡流式传感器应用较为广泛，本节重点介绍此类传感器。

4.2.4.1 电涡流效应

当金属导体置于交变的磁场或在固定磁场中运动时，导体内会产生感应电动势并形成电流，该电流的流线在导体内呈闭合回线，通常称之为电涡流。这种现象称为电涡流效应。

电涡流式传感器的工作原理示意图如图 4.18 所示，若在一只固定的线圈中通入交变电流 I_1，在线圈周围空间就会产生一交变的磁场 φ_1。如果在磁场 φ_1 的范围内没有导体材料接近，则发射到这一范围内的能量都会全部释放；反之，置于该交变磁场作用范围内的导体中将产生与此磁场相交链的电涡流 I_2，该电涡流场会产生一个方向与 φ_1 相反的交变磁场 φ_2。φ_2 的反作用，会改变探头头部线圈高频电流的幅度和相位，即改变线圈的有效阻抗 Z，从而改变传感器的信号输出。

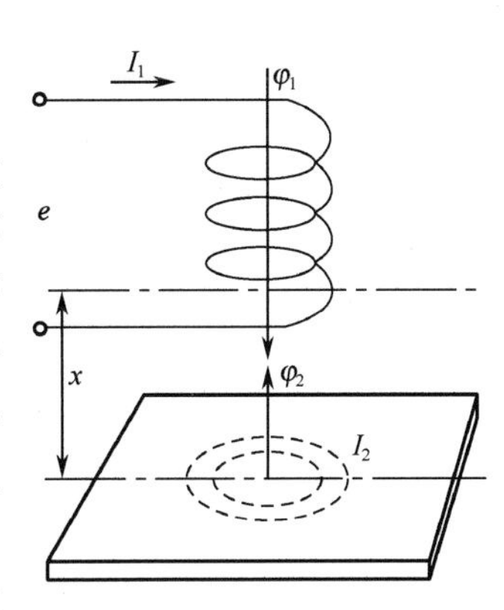

图 4.18 电涡流式传感器的工作原理示意图

理论分析和实验都已证明，金属导体表面的电涡流强度 I_2 随线圈与金属导体间的距离 x 的变化而变化。根据线圈-金属导体系统的电磁作用，若不考虑电涡流分布的不均匀性，可以得到金属导体表面的电涡流强度为

$$I_2 = I_1(1 - x/\sqrt{x^2 + r_2^2}) \tag{4.20}$$

式中，I_2 为金属导体表面的电涡流强度；I_1 是传感器线圈的激励电流；r_2 是传感器线圈的半径。

电涡流只能在金属导体表面一定深度范围内形成。激励电流频率越高，在导体中产生的涡流的趋肤效应越显著，则涡流的渗透深度越小。根据其激磁频率的高低，电涡流式传感器可以分为高频反射型或低频透射型两大类。

4.2.4.2 电涡流式传感器的类型结构及工作原理

（1）高频反射型电涡流式传感器。它主要由一只固定在框架上的激磁扁平线圈和置于该线圈附近的金属导体构成。图 4.19 所示为高频反射型电涡流式传感器的结构原理图，它采用将导线绕在聚四氟乙烯框架的窄槽内形成线圈的结构方式，聚四氟乙烯框架通过衬套固定在支架上，线圈通过电缆和插头连接转换电路。

除存在电涡流效应外，线圈与金属导体之间还存在磁效应，在金属导体中产生磁滞损耗，造成了交变磁场的能量损失。线圈等效电感 L、等效阻抗 Z 和品质因数 Q 值的变化与电涡流效应及磁效应的大小有关，亦即与金属导体的电阻率 ρ、磁导率 μ、厚度 t，以及产生交变磁场的线圈与金属导体间的距离 x、线圈激励电流的大小和角频率 ω、线圈的半径 r 等参数有关。因此线圈的等效阻抗 Z 是一个多元函数，可表示为

$$Z = F(\rho, \mu, t, x, I_1, \omega, r) \tag{4.21}$$

若固定其余参数，使线圈等效阻抗仅随其中某一参数变化，就能按线圈等效阻抗 Z 的大小测量出该参数。高频反射型电涡流式传感器就是基于以上原理工作的。

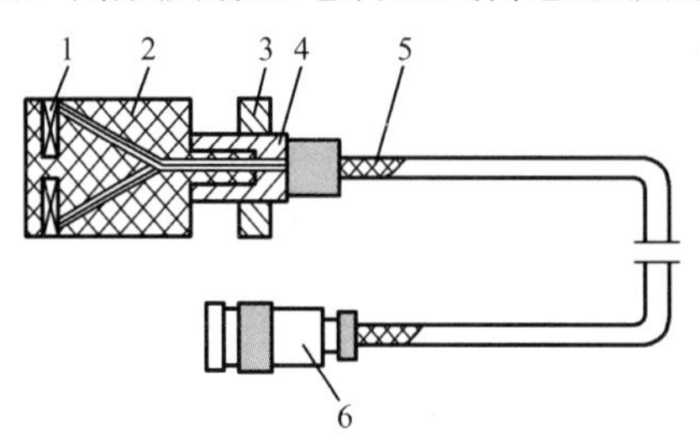

1—电涡流线圈；2—探头壳体；3—壳体上的位置调节螺纹；4—印制电路板；5—输出屏蔽电缆线；6—电缆插头。

图 4.19　高频反射型电涡流式传感器的结构原理图

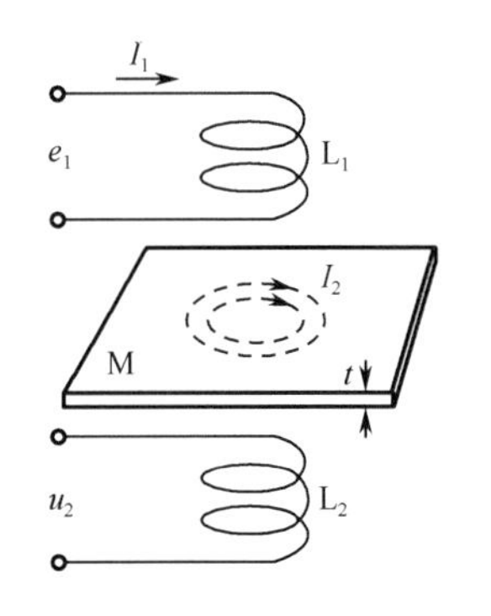

图 4.20　低频透射型电涡流式传感器测量金属导体厚度的原理图

（2）低频透射型电涡流式传感器。它的激磁频率较低，电涡流轴向贯穿深度较大，主要用于测量金属导体的厚度。图 4.20 所示为低频透射型电涡流式传感器测量金属导体厚度的原理图，图中的发射线圈 L_1 和接收线圈 L_2 分别位于被测金属导体 M 的两侧。低频激磁电压 e_1 加到 L_1 的两端后，线圈中即流过一个同频率的交流电流 I_1，并在其周围产生一个交变磁场。如果两线圈间不存在被测金属导体 M，L_1 的磁场就能直接贯穿 L_2，于是 L_2 的两端会感生出一交变电动势 u_2，它的大小与 e_1 的幅值、频率，以及 L_1 和 L_2 的匝数、结构和两者间的相对位置有关。

在 L_1 与 L_2 间放置一金属导体 M 后，L_1 产生的磁力线必然透过 M，并在其中产生涡流 I_2。涡流 I_2 损耗了部分磁场能量，使到达 L_2 上的磁通量减少，从而引起感应电动势 u_2 的下降。M 的厚度 t 越大，涡流也就越大，u_2 就越小。由此可知，u_2 的大小间接反映了 M 的厚度 t，这就是低频透射型电涡流式传感器测厚度的原理。

事实上，M 中电涡流 I_2 的大小，除了与 M 的厚度 t 有关，还与 M 的电阻率 ρ 以及 M 的化学成分和物理状态（特别是温度）有关，由此引起相应的误差，并限制了测厚度的范围，但可以采用样块校正和恒温的办法进行补偿。

为了得到较好的线性特性，增大电涡流轴向贯穿深度 h，使传感器有较宽的测量范围，使用中应根据被测金属导体的厚度和电阻率情况来选择激磁电压的频率 f，一般为 500～2000Hz。导体越厚、电阻率越低，则频率应越低。

4.2.4.3　电涡流式传感器的转换电路

根据电涡流式传感器的基本原理，传感器将被测量变换为传感器线圈的等效品质因数 Q、等效阻抗 Z 和等效电感 L 三个参数，再用相应的转换电路将三个参数中的一个变换为电压或电流信号输出。常用的转换电路有电桥转换电路和谐振式转换电路，一般采用交流电源供电。

4.2.4.4 电涡流式传感器的应用

电涡流式传感器的应用

电涡流式传感器由于具有测量线性范围大，灵敏度高，结构简单，抗干扰能力强，不受油污等介质的影响以及可非接触测量等优点，被广泛地应用于工业生产和科学研究的各个领域，可用来测量位移、振幅、尺寸、厚度、热膨胀系数、轴心轨迹、非铁磁材料导电率，以及进行金属件探伤等；在化工、动力等行业，电涡流式传感器被广泛用于汽轮机、压缩机、发电机等大型机械的监控设备。基于其工作原理，电涡流式传感器的测量对象为导体。

（1）位移测量。根据电涡流式传感器的工作原理，其最基本的形式就是作为位移传感器，可用来测量各种形状被测件的位移。测量的最大位移可达数百毫米，一般的分辨力为满量程的 0.1%；在对象固定、逐点标定和线性化处理后，它的分辨力可达亚微米级。

原则上，凡是可以转换为位移量的参数，都可以用电涡流式传感器来测量。图 4.21 所示为电涡流式传感器测量位移的原理图。图 4.21（a）所示为汽轮机主轴轴向位移的测量；图 4.21（b）所示为磨床换向阀、先导阀位移的测量；图 4.21（c）所示为金属试件热膨胀系数的测量。

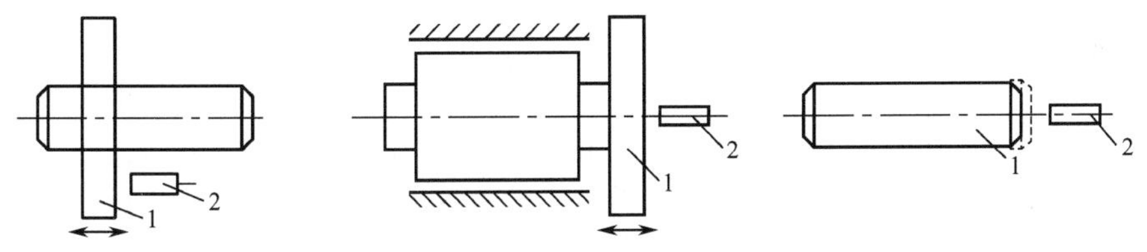

（a）汽轮机主轴轴向位移的测量　（b）磨床换向阀、先导阀位移的测量　（c）金属试件热膨胀系数的测量

1—被测件；2—传感器探头。

图 4.21　电涡流式传感器测量位移的原理图

基于同一原理，电涡流式传感器可无接触地测量旋转轴的径向振动。在汽轮机、空气压缩机中，常用电涡流式传感器监控主轴的径向振动，如图 4.22（a）所示；也可用电涡流式传感器测量汽轮机涡轮叶片的振幅，如图 4.22（b）所示。测量时除用仪表直接显示读数外，还可用记录仪器记录振动波形。它的振幅测量范围可从几微米到几毫米，频率测量范围可从零到几十千赫兹。

在研究轴的振动时，常需要了解轴的振动形状，绘制轴振形图。为此，可用数个电涡流式传感器探头并排地安置在轴附近，如图 4.22（c）所示，再将信号输出至多通道记录仪。在轴振动时，可以获得各个传感器所在位置轴的瞬时振幅，从而绘制出轴振形图。

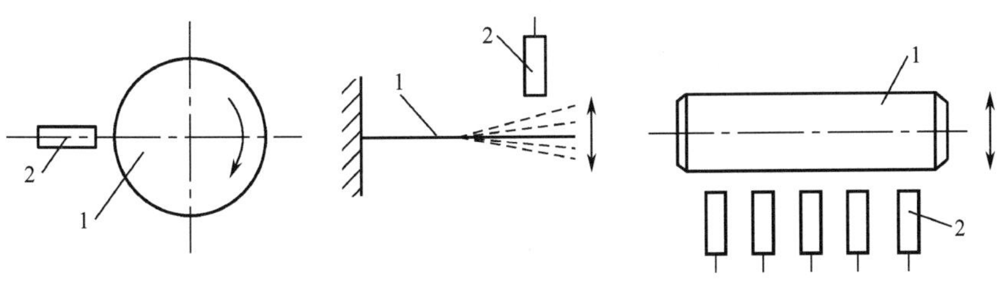

（a）监控主轴的径向振动　（b）测量汽轮机涡轮叶片的振幅　（c）绘制轴振形图

1—被测件；2—传感器探头。

图 4.22　电涡流式传感器振动测量原理图

（2）厚度测量。电涡流式传感器可无接触地测量金属板的厚度和非金属板的金属镀层厚度。图 4.23（a）所示为金属板的厚度测量，当金属板的厚度变化时，将使传感器探头与金属板间的距离改变，从而引起输出电压的变化。

由于在工作过程中金属板会上下波动，这将影响厚度测量的准确度，因此常用比较的方法进行测量，如图 4.23（b）所示。在金属板的上、下各装一只电涡流式传感器探头，其距离为 D，它们与板的上、下表面的距离分别为 x_1 和 x_2，这样板厚 $t=D-(x_1+x_2)$。当两个传感器探头工作时，分别把测得的 x_1 和 x_2 转换成电压值后送入加法器，相加后的电压值再与两传感器间距离 D 相应的设定电压相减，就得到与板厚度相对应的电压值。

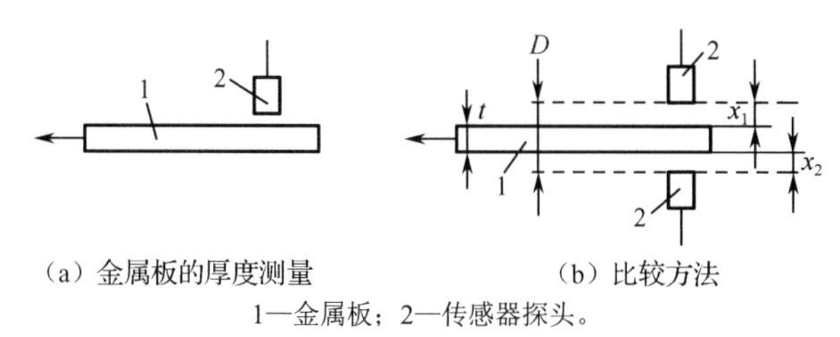

（a）金属板的厚度测量　　（b）比较方法

1—金属板；2—传感器探头。

图 4.23　电涡流式传感器厚度测量原理图

（3）转速测量。在一个旋转体 2 上开数条槽或者将其做成齿轮状，电涡流式传感器测量转速的原理图如图 4.24 所示，旁边安装一个电涡流式传感器 1。当旋转体转动时，电涡流式传感器将周期性地改变输出信号，此电压信号经放大、整形后，可用频率计指示出频率值。频率值与槽（齿）数和转速有关：

$$n = 60f/Z \tag{4.22}$$

式中，f 为频率值（Hz）；Z 为旋转体的槽（齿）数；n 为被测轴的转速（r/min）。

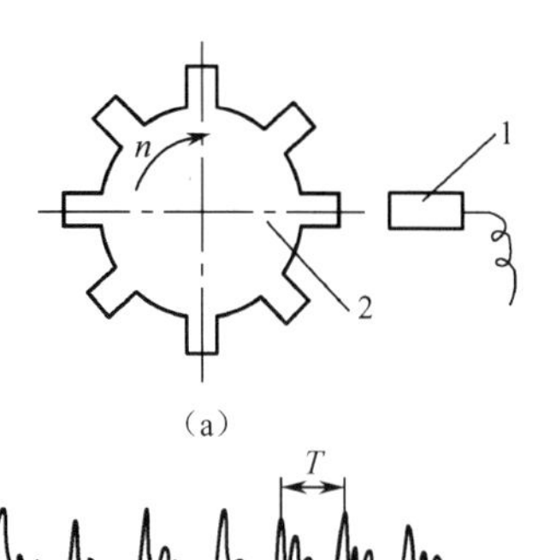

（a）

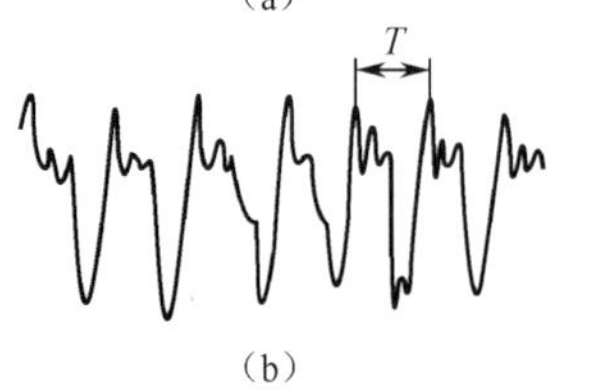

（b）

1—电涡流式传感器；2—旋转体。

图 4.24　电涡流式传感器测量转速的原理图

（4）表面探伤。电涡流式传感器可以做成无损探伤仪，用于非破坏性地探测金属材料（如输油管）的表面裂纹、热处理裂纹以及焊缝裂纹等。电涡流式传感器表面探伤的原理图如图 4.25 所示，探测时，电涡流式传感器与被测物体的距离不变，保持平行相对移动。遇有裂纹时，金属的电阻率、磁导率发生变化，引起传感器的等效阻抗发生变化，通过转换电路得到相关信号，达到探伤目的。

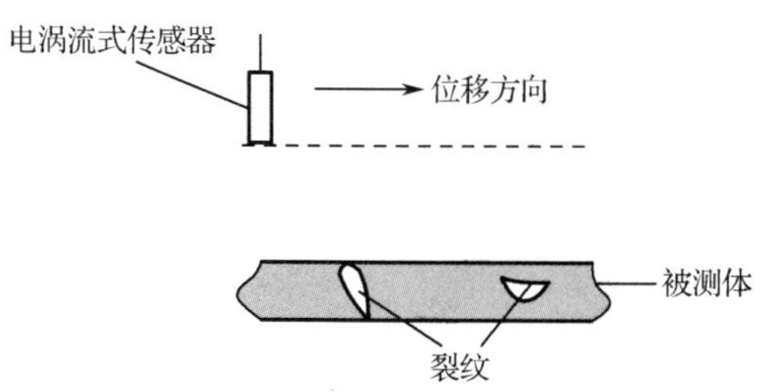

图 4.25　电涡流式传感器表面探伤的原理图

在实际使用中，电涡流探伤仪会受到环境温度、表面材质、机械抖动等因素的影响，因此单个设备测量准确度不高，此时可考虑引入两组电涡流探头并构成差动电路，从而有效克服外界干扰的影响。上述系统可实现非接触式测量、不磨损探头，检测速度可达几米每秒。

任务4.3 电容式传感器

电容式传感器是将被测物理量转换为电容量变化的装置，具有结构简单、性能可靠、成本低廉、容易实现参数改变等优点。以各种类型的电容器作为传感元件的电容式传感器，广泛应用于位移、振动、角度、加速度等机械量的精确测量，亦可扩展应用于压力、差压、液面、成分含量等参数的检测。下面我们将学习各类电容式传感器的结构、原理、特性和应用等内容。

知识目标：

（1）能识别电容式传感器的结构和典型转换电路，能解释其工作原理。

（2）能描述变极距型、变面积型和变介质型电容式传感器的特性和适用场合。

（3）能举例说明电容式传感器在差压、加速度、厚度、转速、声音等参数测量中的应用。

技能目标：

（1）能根据电容式传感器的特性以及项目需求进行传感器选型。

（2）能根据产品说明书，正确进行常见电容式传感器的安装、调试、标定和维护。

（3）能够规范编写电容式传感器的相关技术文档。

4.3.1 电容式传感器的工作原理和特性

为了便于研究和应用，先从电容式传感器结构原理最简单、应用最多的平板电容式传感器来进行研究。平板电容式传感器如图4.26所示，若忽略其边缘效应，平板电容式传感器的电容量可表示为

$$C=\varepsilon S/d=\varepsilon_{\mathrm{r}}\varepsilon_0 A/d \tag{4.23}$$

式中，A为极板相互遮盖面积（m^2）；d为两平行极板间的距离，简称极距（m）；ε为极板间介质的介电常数（$\varepsilon=\varepsilon_{\mathrm{r}}\varepsilon_0$），$\varepsilon_{\mathrm{r}}$是极板间介质的相对介电常数，$\varepsilon_0$是真空的介电常数，$\varepsilon_0=8.85\times10^{-12}$F/m。

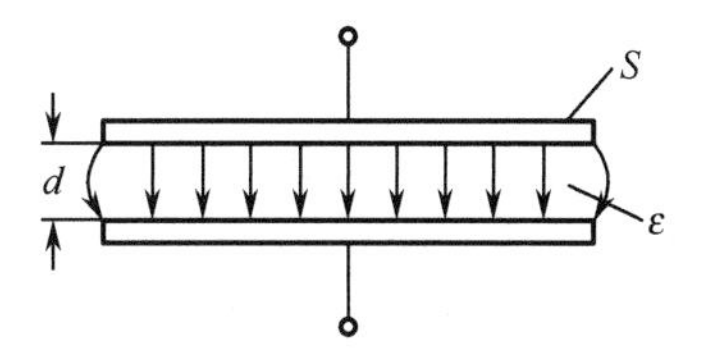

图4.26 平板电容式传感器

由式（4.23）可见，在ε_{r}、S、d三个参量中，只要保持其中两个不变，而使第三个参量随被测量的改变而改变，那么电容C也随被测量的改变而改变，通过测量电容C的变化量即可获得被测量的变化。所以，电容式传感器在实际应用中可分为三种基本类型：改变极板间距d的变极距型、改变极板相对面积A的变面积型和改变介质相对介电常数ε_{r}的变介质型。

电容式传感器的结构形式多种多样，图4.27展示了一些典型的结构形式。其中图4.27（a）～图4.27（f）所示为变面积型电容式传感器，图4.27（g）～图4.27（j）

所示为变介质型电容式传感器，图 4.27（k)、图 4.27（l）所示为变极距型电容式传感器。

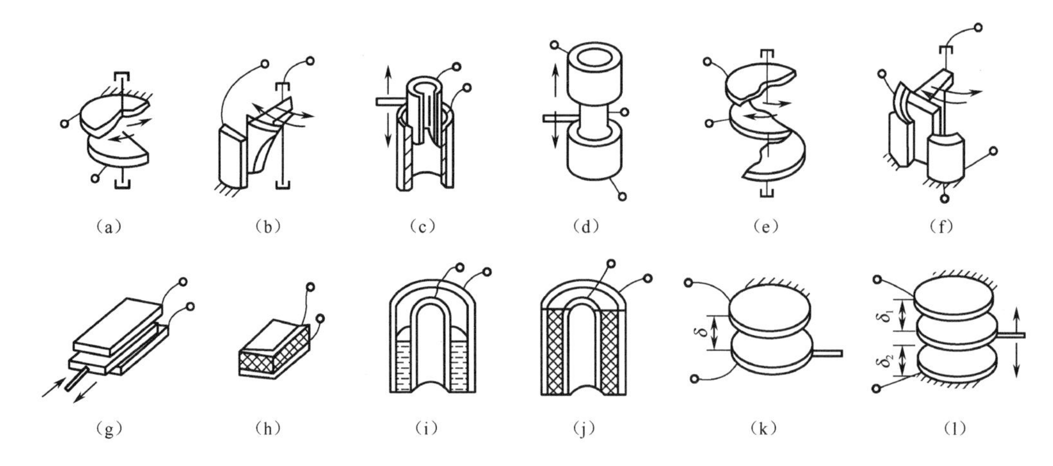

图 4.27　电容式传感器典型的结构形式

电容式传感器的特性是指传感器的电容变化量与输入量之间的关系。不同类型的电容式传感器，它们的特性是不同的。

4.3.1.1　变极距型电容式传感器的特性

1．空气介质的变极距型电容式传感器

变极距型电容式传感器保持两极板遮盖面积 A 和极板间介质不变，使极距 d 随被测量改变。图 4.28 所示为变极距型电容式传感器的工作原理图。

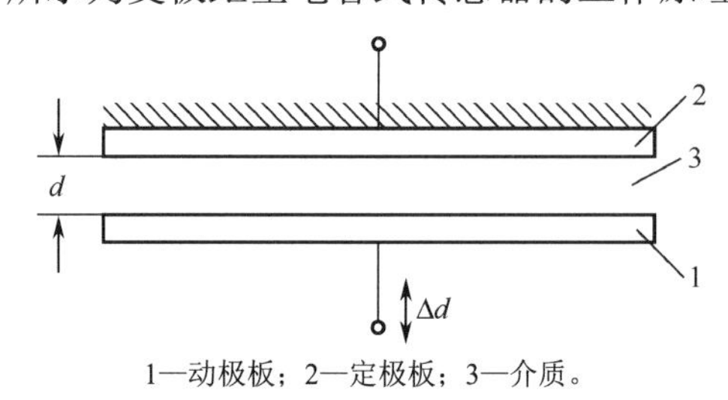

1—动极板；2—定极板；3—介质。

图 4.28　变极距型电容式传感器的工作原理图

在变极距型电容式传感器的两极板中，极板 2 是固定不变的，称为定极板；极板 1 是可动的，称为动极板。当动极板 1 随被测量的变化而移动时，就改变了两极板间的极距 d，从而使电容量发生变化。

设极板面积为 S，d_0 为起始极距，则初始电容 $C_0=S\varepsilon_0/d_0$，电容量的变化量 $\Delta C=C-C_0$，当动极板靠近定极板移动 Δd 后，其电容量为

$$C=C_0+\Delta C=\frac{\varepsilon_0\varepsilon_r S}{d_0-\Delta d}=\frac{C_0}{1-\dfrac{\Delta d}{d_0}}=\frac{C_0\left(1+\dfrac{\Delta d}{d_0}\right)}{1-\left(\dfrac{\Delta d}{d_0}\right)^2} \tag{4.24}$$

可见，C 与极距变化 Δd 为非线性关系；当 $\Delta d\ll d_0$，即位移 Δd 远小于初始极距

d_0时，式（4.24）可展开为级数形式，若忽略式中的高次项，得

$$C = C_0 + \Delta C \approx C_0 + C_0 \frac{\Delta d}{d_0} \tag{4.25}$$

式（4.25）表明，此时电容的变化量 ΔC 或相对变化量 $\Delta C/C_0$ 与极距变化量 Δd 近似呈线性关系。

由式（4.25）可得变极距型电容式传感器的灵敏度

$$K = \Delta C/C_0/\Delta d = 1/d_0 \tag{4.26}$$

即变极距型电容式传感器的灵敏度与起始极距 d_0 成反比，d_0 越小，灵敏度越高。

以式（4.26）所表示的近似线性关系作为参考直线，可求得变极距型电容式传感器的线性度（非线性误差）为

$$r_L = \pm|\Delta d/d_0| \times 100\% \tag{4.27}$$

式（4.27）表明，变极距型电容式传感器的非线性误差 r_L 与起始极距 d_0 也成反比，d_0 越小，非线性误差越大。

对比式（4.26）和式（4.27）可知，提高变极距型电容式传感器的灵敏度与减小非线性误差是相矛盾的。为保证传感器的灵敏度和线性度，起始位移和位移量程不能太大。一般取 d_0=0.1～1mm，$\Delta d/d_0$=0.01～0.1。此类电容式传感器仅适于微小位移（0.01μm 到数百微米）的测量。

2. 差动变极距型电容式传感器

在实际应用中，为了提高传感器的灵敏度，常做成差动结构的电容式传感器。差动变极距型电容式传感器如图 4.27（g）所示，共有三片极板，中间一片为动极板，两边的两片为定极板。起始时，动极板与两定极板的极距相等，均为 d_0，起始电容量均为 C_0。当动极板移动距离 Δd 后，一边的极距变为 $d_1=d_0-\Delta d$，另一边的极距则变为 $d_2=d_0+\Delta d$。将这两个差动电容接入相应的转换电路，转换电路的输出与两个差动电容的电容量的总变化量 $\Delta C=C_1-C_2$ 成正比。这时两电容的电容量的总变化量为

$$\Delta C = C_1 - C_2 = C_0/(1-\Delta d/d_0) - C_0/(1+\Delta d/d_0) \tag{4.28}$$

将式（4.28）展开为泰勒级数形式，并忽略式中的高次项，有

$$\Delta C = C_1 - C_2 \approx 2C_0 \frac{\Delta d}{d_0} \tag{4.29}$$

由此可得差动变极距型电容式传感器的灵敏度

$$K = \Delta C/C_0/\Delta d \approx 2/d_0 \tag{4.30}$$

以式（4.30）所表示的近似线性关系作为参考直线，可求得差动变极距型电容式传感器的线性度为

$$r_L = \pm(\Delta d / d_0)^2 \times 100\% \tag{4.31}$$

比较式（4.26）和式（4.30）、式（4.27）和式（4.31）可知，差动变极距型电容式传感器与单端结构相比，非线性误差可减小一个数量级，同时，灵敏度可提高约一倍。

3. 具有部分固体介质的变极距型电容式传感器

由上述分析知，减小极距 d 可使电容量加大，从而使灵敏度提高，但 d 过小容易引起电容击穿。为此，可以在极板间放置一层固体介质来改善电容式传感器的特性，如图 4.29 所示。

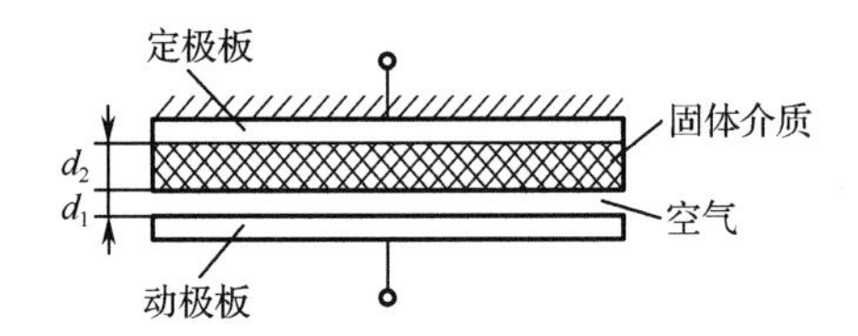

图 4.29　变极距型电容式传感器（含固体介质）

常用的固体介质为云母片或塑料膜。云母的介电系数为空气的 7 倍，云母的击穿电压不小于 10^3kV/mm（空气的击穿电压仅为 3kV/mm）。厚度仅为 0.01mm 的云母片，它的击穿电压也不小于 10kV，因此有了云母片，极板之间的距离可大大减小，还能提高电容式传感器的灵敏度。

4.3.1.2　变面积型电容式传感器的特性

变面积型电容式传感器的原理是保持极距 d 和极板间介质不变，使两极板遮盖面积 S 随被测量改变。变面积型电容式传感器有多种结构形式。

（1）线位移结构。图 4.30（a）所示为线位移结构。设起始时两极板完全覆盖，极板遮盖面积 $S=ab$，当动极板沿 x 方向移动时，遮盖面积发生变化，电容量 C 也随之改变。

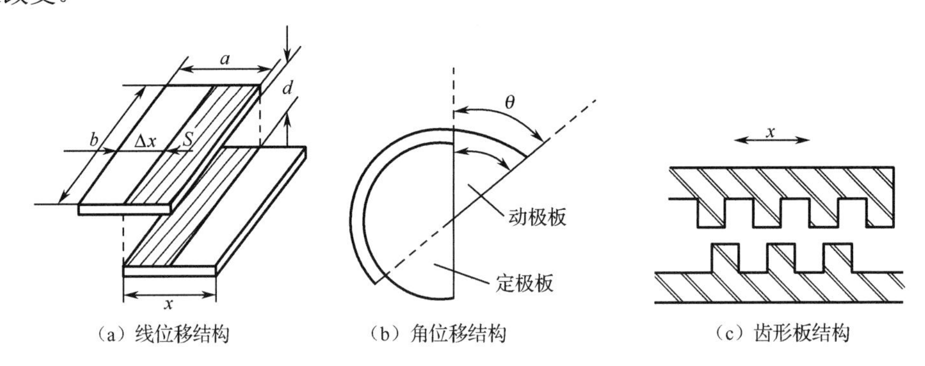

（a）线位移结构　（b）角位移结构　（c）齿形板结构

图 4.30　变面积型电容式传感器

设起始电容量 $C_0=\varepsilon ba/d$，当位移 $\Delta x\neq0$ 时，电容量

$$C=\varepsilon b(a-\Delta x)/d=C_0(1-\Delta x/a)=C_0+\Delta C \tag{4.32}$$

电容量的变化

$$\Delta C=C-C_0=-C_0\Delta x/a=-\varepsilon b\Delta x/d \tag{4.33}$$

由式（4.33）可见，这种形式的传感器，电容量的变化量 ΔC 与位移 Δx 成正比。传感器的灵敏度 K_x 为

$$K_x=\Delta C/\Delta x=-C_0/a=-\varepsilon b/d \tag{4.34}$$

由式（4.34）可见，这种形式的电容式传感器的灵敏度为常数。增大起始电容量 C_0，亦即增大 b 或减小 d，皆可提高传感器的灵敏度。但是，在实际情况下，b 值的增大要受结构的限制，而 d 值的减小要受电场强度的限制，传感器的灵敏度不高。

（2）角位移结构。图 4.30（b）所示为角位移结构。设起始时两极板完全覆盖。当动极板有一角位移 θ 时，两极板的覆盖面积改变，因而改变了两极板间的电容量 C。

当 $\theta=0$ 时，起始电容量 $C_0=\varepsilon A/d$，当 $\theta\neq0$ 时，电容量

$$C=\varepsilon A(1-\theta/\pi)/d=C_0(1-\theta/\pi)=C_0+\Delta C \tag{4.35}$$

可见，这种形式的传感器，电容量的变化量 ΔC 与角位移 θ 成正比。传感器的灵敏度 K_θ 为

$$K_\theta = \Delta C/\theta = -C_0/\pi \tag{4.36}$$

综上可知：变面积型电容式传感器具有线性特性，灵敏度为常数；传感器的灵敏度与起始电容量 C_0 有关，增大起始电容量 C_0 可提高传感器的灵敏度。

（3）齿形板结构。此种结构类型也称为容栅型，有长容栅和圆容栅之分。如图4.30（c）所示的长容栅，其目的是增加遮盖面积，提高灵敏度。设 a、b 分别为栅极片长度和宽度，齿形极板的齿数为 n，移动 Δx 后，其电容量为

$$C=\frac{n\varepsilon b(a-\Delta x)}{d}=n\left(C_0-\frac{\varepsilon b}{d}\Delta x\right)=nC_0+\Delta C \tag{4.37}$$

其灵敏度为

$$K_c=\frac{\Delta C}{\Delta x}=-n\frac{\varepsilon b}{d} \tag{4.38}$$

（4）差动结构。变面积型电容式传感器也可做成差动结构，如图4.27（d）～图4.27（f）所示。以图4.27（d）为例，其中上、下两个圆筒是定极片，而中间圆筒为动极片，当动极片向上移动时，与上极片的遮盖面积增大，而与下极片的遮盖面积减小，两者变化的数值相等，反之亦然。差动结构的变面积型电容式传感器，其灵敏度比单端结构的灵敏度提高一倍。

4.3.1.3 变介质型电容式传感器的特性

变介质型电容式传感器如图 4.31 所示，在两电极间加以一定介质，当介质或介质的介电常数发生变化时，电容量也随之改变。这种类型的电容式传感器称为变介质型电容式传感器，其结构形式有很多种。这类传感器常用来测量介质的介电常数、厚度和性能变化等，以及用于与介质介电常数相关的液位、线位移等的测量。

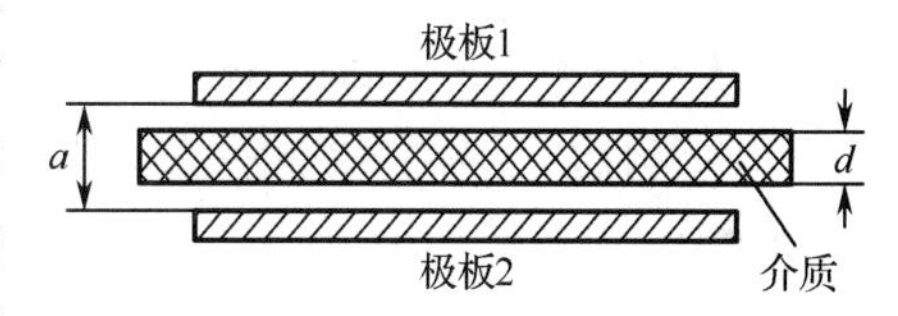

图4.31　变介质型电容式传感器

（1）液位测量。如图4.32（a）所示，圆筒形电容器的初始电容为 $C_0=2\pi\varepsilon H/\ln\dfrac{D}{d}$，当液位高度为 h 时，电容 C 为

$$C=\frac{2\pi\varepsilon_1 h}{\ln\dfrac{D}{d}}+\frac{2\pi\varepsilon(H-h)}{\ln\dfrac{D}{d}}=\frac{2\pi\varepsilon H}{\ln\dfrac{D}{d}}+\frac{2\pi h(\varepsilon_1-\varepsilon)}{\ln\dfrac{D}{d}}=C_0+\frac{2\pi h(\varepsilon_1-\varepsilon)}{\ln\dfrac{D}{d}} \tag{4.39}$$

可见，传感器的电容量 C 正比于液位的高度 h。

（2）线位移测量。如图4.32（b）所示，当两极板间无介质 ε_2 时，平行板电容器的初始电容为 $C_0=\dfrac{\varepsilon_1 bl}{d_1+d_2}$；插入介电常数为 ε_2 的介质时，电容为

$$C=C_A+C_B=\frac{bx}{d_1/\varepsilon_1+d_2/\varepsilon_2}+\frac{b(l-x)}{(d_1+d_2)/\varepsilon_1}=C_0\left(1+\frac{x}{l}\frac{1-\varepsilon_1/\varepsilon_2}{d_1/d_2+\varepsilon_1/\varepsilon_2}\right) \tag{4.40}$$

式（4.40）表明，电容量 C 与位移 x 呈线性关系。

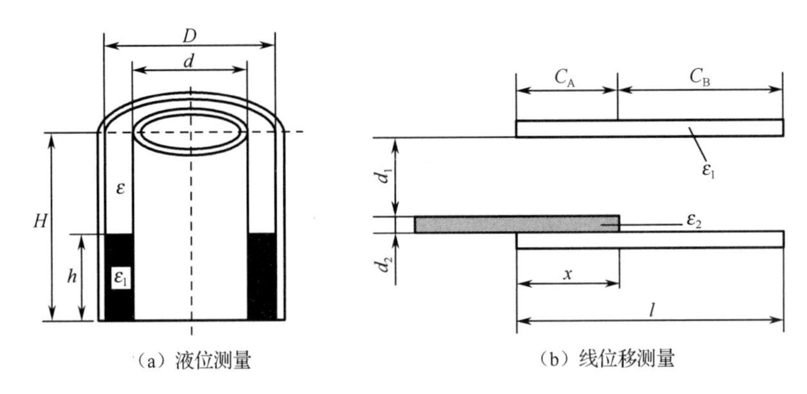

图 4.32　变介质型电容式传感器的应用

4.3.2　电容式传感器的转换电路

电容式传感器的电容量十分微小，一般为几皮法至几十皮法，这样微小的电容量不便于直接测量、显示，更不便于传输。为此，必须借助于转换电路，检测出这一微小的电容变化量，并转换为与其成比例的电压、电流或频率信号。实际应用中的转换电路种类很多，下面仅就常用的几种典型转换电路予以介绍。

（1）交流不平衡电桥。交流不平衡电桥是电容式传感器最基本的一种转换电路。应用于电容式传感器的交流电桥称为电容电桥。在电容电桥中，电容式传感器作为其中一个桥臂（差动电容式传感器则作为其中两个相邻桥臂），其余桥臂则由固定阻抗元件（固定电阻、固定电容或固定电感）构成。常见电容电桥的形式如图 4.33 所示。从灵敏度考虑，图 4.33（f）所示的电容电桥的灵敏度最高，图 4.33（d）所示的电容电桥次之。在设计和选择电桥形式时，还应考虑输出电压是否稳定、输出电压与电源电压间的相移大小、元件所允许的功耗、结构上是否容易实现等问题。在实际的电容电桥电路中，还应有零点平衡调整、灵敏度调整等附加电路。

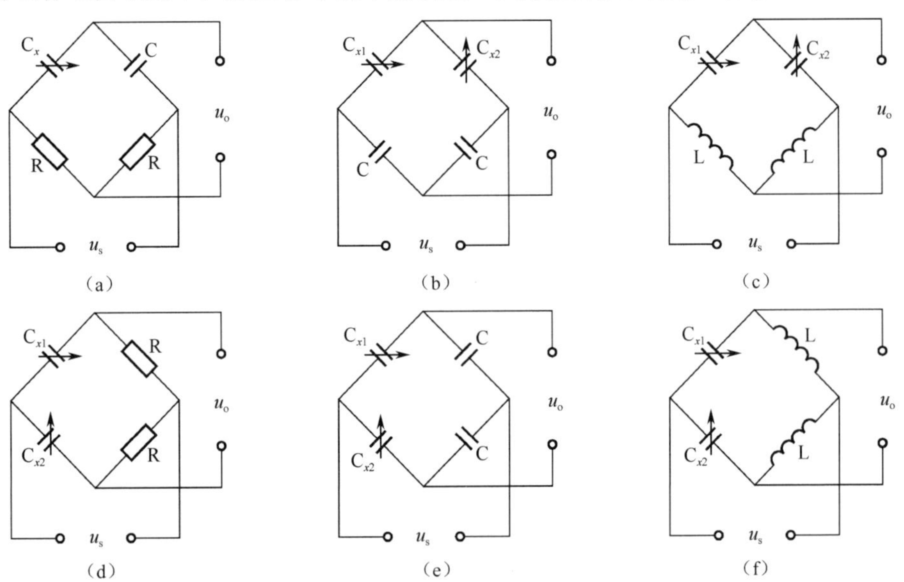

图 4.33　常见电容电桥的形式

（2）二极管双 T 电桥。二极管双 T 电桥是利用电容器充放电原理构成的转换电路，图 4.34 所示为它的原理图。其中 e 是高频电源，提供幅值电压为 U_E 的对称方波；C_1 和 C_2 为差动电容式传感器；VD_1 和 VD_2 为两只特性相同的理想二极管；R_1 和 R_2 为固定电阻，且 $R_1=R_2=R$；R_L 为负载电阻或后接仪器仪表的输入电阻。

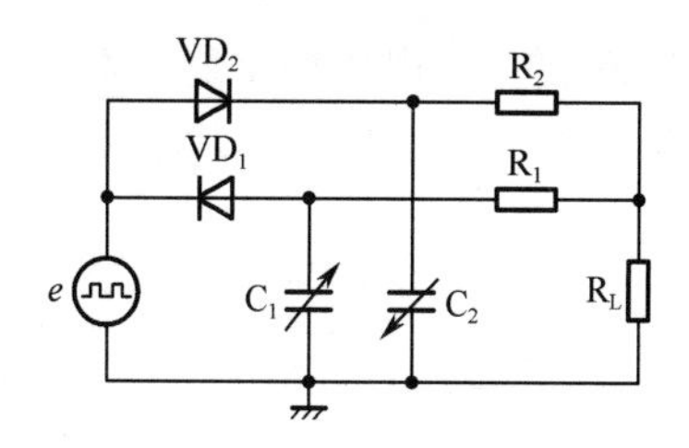

图 4.34　二极管双 T 电桥的原理图

分析可知，适当选择电路中元件的参数以及电源频率 f，可得输出电压的平均值为

$$\bar{U}_o \approx \frac{RR_L(R+2R_L)}{(R+R_L)^2}U_E f(C_1-C_2)=kU_E f(C_1-C_2) \tag{4.41}$$

式中，$k=\dfrac{RR_L(R+2R_L)}{(R+R_L)^2}$

由式（4.41）可知，当二极管双 T 电桥的结构确定和电源一定时，输出电压的平均值与（C_1-C_2）呈线性关系。

（3）差动脉冲宽度调制电路。图 4.35 所示为差动脉冲宽度调制电路的原理图，它由比较器 A_1、A_2 和双稳态触发器 T 以及由差动电容式传感器 C_1 和 C_2、电阻 R_1 和 R_2、二极管 VD_1 和 VD_2 构成的充放电回路所组成。VD_1 和 VD_2 为特性相同的二极管，且工作在线性区，它们的作用是加快电容的放电过程。充电电阻 $R_1=R_2=R$。U_r 为比较器的参考电压。工作电源 $U_E>U_r$。双稳态触发器的两个输出端之间的电压 u_{AB} 经低通滤波后作为差动脉冲宽度调制电路的输出。

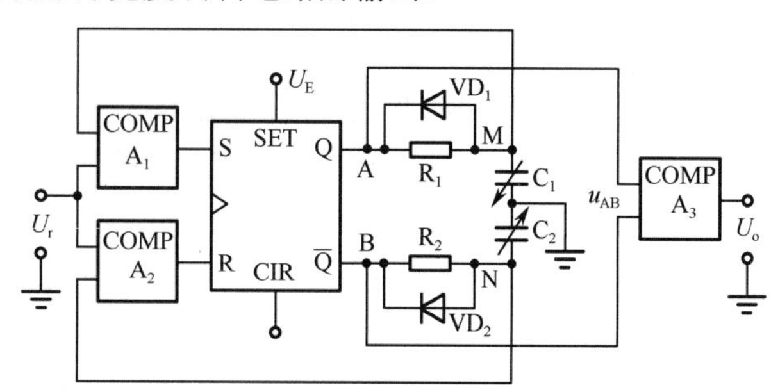

图 4.35　差动脉冲宽度调制电路的原理图

令充电电阻 $R_1=R_2=R$，则得输出电压

$$U_o=\frac{C_1-C_2}{C_1+C_2}U_1 \tag{4.42}$$

式中，U_1 为触发器输出的高电平。由式（4.42）可知，输出直流电压 U_o 正比于电容 C_1 和 C_2 的差值。

对于差动变极距型电容式传感器，$U_o=\dfrac{\Delta d}{d_0}U_1$；对于差动变面积型电容式传感器，同样有 $U_o=\dfrac{\Delta S}{S_0}U_1$。

根据以上分析可知，差动脉冲宽度调制电路具有如下特点：它的输出与输入变化量成正比；不需要特殊电路，只要经过低通滤波器就可以得到较大的直流输出；

只需要一个电压稳定度较高的直流电源；宽度调制频率的变化对输出无影响；由于低通滤波器的作用，对输出矩形波纯度要求不高。

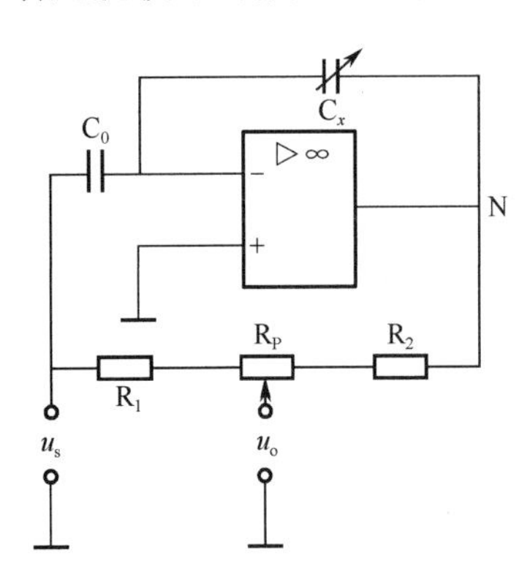

图 4.36　运算放大器电路（带零点调整）

（4）运算放大器转换电路。为了实现零点迁移，可采用图 4.36 所示的电路。图中，R_1 和 R_2 为平衡电阻，R_P 为调零电位器，u_s 为信号源电压，u_o 为从电位器 R_P 动点与地之间引出的输出电压。运算放大器的开环放大倍数为 K，负号表示输出与输入反相。

设运算放大器的输入阻抗很大，增益很大，根据运算放大器的“虚地”原理，可得输出电压

$$\dot{u}_o = -\frac{1}{2}\left(\frac{C_0}{C_x} - 1\right)\dot{u}_s \tag{4.43}$$

式（4.43）是在假设运算放大器增益 $K \to \infty$ 和输入阻抗 $Z_i \to \infty$ 的条件下得出的结果。实际中的运算转换电路的输出，仍具有一定的非线性误差，但是在增益和输入阻抗足够大时，这种误差是相当小的。此外，式（4.43）也表明，输出信号电压 U_o 还与信号源电压 u_s、固定电容 C_0 及电容式传感器其他参数 ε、S 等有关，这些参数的波动都将使输出产生误差。因此该电路要求固定电容 C_0 必须恒定，信号源电压必须采取稳压措施。

在上述运算放大器转换电路中，固定电容 C_0 在测量过程中，还起到了参比测量的作用。因而当 C_0 和 C_x 的结构参数及材料完全相同时，其环境温度对测量的影响可以得到补偿。

（5）谐振电路。还可采用谐振电路作为转换电路，振荡器的振荡频率为 $f = 1/(2\pi\sqrt{LC})$，式中，L 为谐振回路的电感，C 为谐振回路的总电容（包括谐振回路的固有电容 C_1、连接电缆的分布电容 C_C 和传感器电容 $C_0 \pm \Delta C$）。

调频振荡器的输出信号是一个受被测量调制的调频波，该调频波可以直接送入计数器测定其频率值，也可以通过限幅、鉴频、放大电路后输出一个幅值随被测量变化的电压信号，再送入显示仪表。

扫码看微课

电容式传感器的应用

4.3.3 电容式传感器的应用

电容式传感器具有输入能量小、灵敏度高、动态响应好、能量损耗小、结构简单、环境适应性强、可实现非接触式测量等优点。下面介绍电容式传感器的典型应用实例。

4.3.3.1 电容式差压传感器

图 4.37 所示为一种典型的电容式差压传感器的原理结构图。测量膜片 3 与两个固定凹球面电极 4、5 构成差动式球-平面型电容器。固定凹球面电极是在绝缘体 6 的凹球表面上蒸镀一层金属膜（如金、铝）制成的。绝缘体一般采用玻璃或陶瓷。测量膜片为圆形平膜片，并在圆周上加有预张力。隔离膜片 1、2 分别与测量膜片构成左右两室，两室中充满导压液体（硅油）。硅油是一种具有不可压缩性和流动性很好的传压介质。两隔离膜片分别与外壳 7 构成左右两个容室，称为高压容室 8 和低

压容室 9。高、低压被测介质分别通过入口引进高压容室和低压容室，隔离膜片与被测介质直接接触。当两隔离膜片分别承受高压侧压力 p_H 和低压侧压力 p_L 的作用时，硅油便将压力传递到测量膜片的两面。

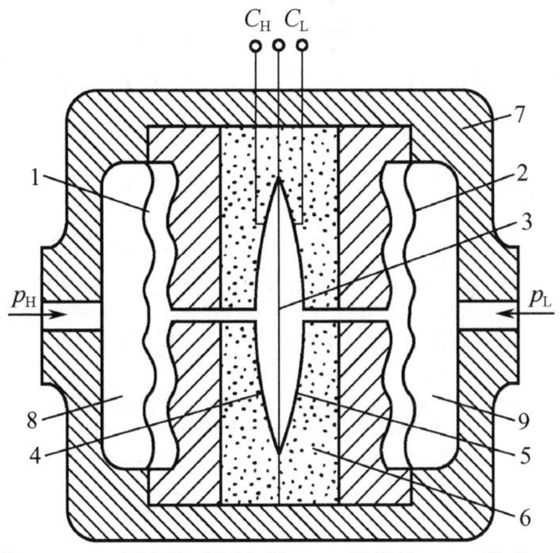

1、2—隔离膜片；3—测量膜片；4、5—固定凹球面电极；6—绝缘体；7—外壳；8—高压容室；9—低压容室。

图 4.37　一种典型的电容式差压传感器的原理结构图

测量膜片与两个固定凹球面电极构成的差动式球-平面型电容器，其中测量膜片与低压侧凹球面电极和高压侧凹球面电极的电容分别为 C_L 和 C_H。若不考虑边缘电场的影响，测量膜片与固定凹球面电极构成的两个电容器 C_L、C_H 可近似地看成平板电容器，差动电容的相对变化值与测量膜片中心位移 δ 成正比，即

$$\frac{C_L - C_H}{C_L + C_H} = \frac{\varepsilon A\left(\dfrac{1}{d_0 - \delta} - \dfrac{1}{d_0 + \delta}\right)}{\varepsilon A\left(\dfrac{1}{d_0 - \delta} + \dfrac{1}{d_0 + \delta}\right)} = \frac{\delta}{d_0} \tag{4.44}$$

测量膜片是在施加预张力的条件下焊接的，其厚度很小，致使膜片的特性趋近于柔性膜片在压力作用下的特性，因此测量膜片的中心位移 δ 与输入差压 Δp 的关系为

$$\delta = K_1 \Delta p \tag{4.45}$$

式中，K_1 为由膜片预张力、材料特性和结构参数所确定的系数。在电容式差压传感器制造好以后，膜片预张力、材料特性和结构参数均为定值，故 K_1 为常数，因此测量膜片的中心位移 δ 与输入差压 Δp 成正比，

$$\frac{C_L - C_H}{C_L + C_H} = \frac{K_1}{d_0}\Delta p = K\Delta p \tag{4.46}$$

式中，K 为比例系数，$K=K_1/d_0$ 为常数。

由式（4.46）可知，差动电容的相对变化值与被测差压成正比，且与导压液体的介电常数无关。这就从原理上消除了介质的介电常数变化给测量带来的误差。

电容式差压传感器与相应的转换电路一起构成电容式差压变送器，通过转换电路将差动电容的相对变化值成比例地转换成标准信号。它具有构造简单、小型轻量、准确度高、互换性强等优点，目前已广泛应用于工业生产。

4.3.3.2　电容式加速度传感器

电容式加速度传感器的原理结构图如图 4.38 所示。敏感质量块由两根弹簧片支承置于壳体内，质量块的上、下表面磨平抛光作为差动电容的活动极板。壳体的上、下部各有一固定极板，分别与活动极板构成差动电容 C_1、C_2。固定极板凭借绝缘体与壳体绝缘。弹簧片较硬致使系统有较高的固有频率。传感器的壳体固定在被测振动体上。当被测振动体做垂直方向的振动时，产生垂直方向的加速度。传感器的壳体随被测振动体相对于质量块产生垂直方向上的运动，致使差动电容 C_1、C_2 的电容量发生变化，一个增大，一个减小，它们的差值正比于被测加速度。由于采用空气作为阻尼，空气黏度的温度系数比液体的小得多，因此这种加速度传感器的准确度较高，频率响应范围宽，量程大，可以测量很高的加速度。

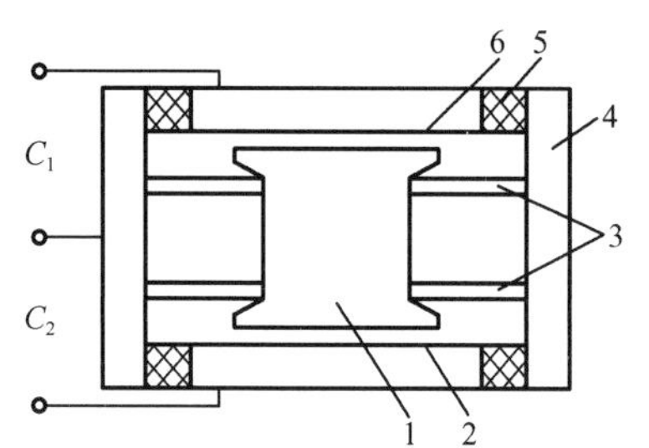

1—质量块；2、6—固定极板；3—弹簧片；4—壳体；5—绝缘体。

图 4.38　电容式加速度传感器的原理结构图

4.3.3.3　电容式测厚仪

电容式测厚仪是用来测量金属带材在轧制过程中的厚度的。电容式测厚仪的工作原理图如图 4.39 所示，其工作时，在被测带材的上/下两边各放置一块面积相等、与带材距离相同的极板，这样极板与带材就形成两个电容器（带材也作为一个极板）。把两块极板用导线连接起来，就成为一个极板，而带材则是电容器的另一极板，其总电容 $C=C_1+C_2$。

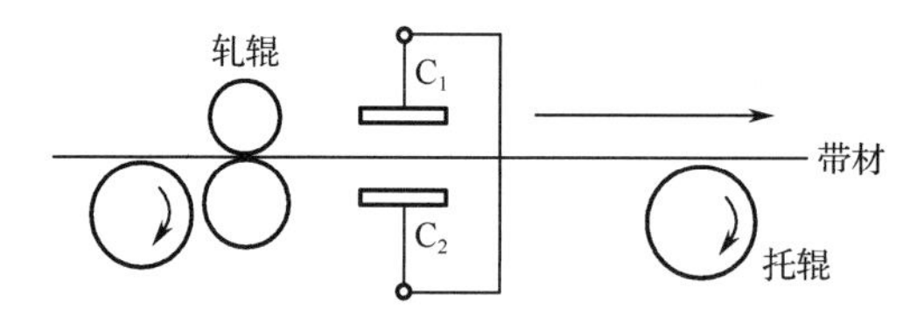

图 4.39　电容式测厚仪的工作原理图

金属带材在轧制过程中不断向前送进，如果带材厚度发生变化，将引起它与上、下两个极板的间距发生变化，即引起电容量的变化，如果总电容量 C 作为交流电桥的一个臂，C 的变化引起电桥不平衡输出，经过放大、检波、滤波，最后在仪表上显示出带材的厚度。这种测厚仪的优点是带材的振动不影响测量准确度。

4.3.3.4　电容式转速传感器

电容式转速传感器是一种电参数型数字式转速传感器。电容式转速传感器的原理图如图 4.40 所示，其工作时，齿轮随被测轴转动，周期性地改变电容器电极板之间的相对面积，电容量发生周期变化，即传感器利用电容变换原理将被测轴机械转速变换成电容参数量，输出的电容参数信号的频率 f 与被测转速 n 成正比，即 $n = 60f/z$，其中 z 为齿轮齿数。

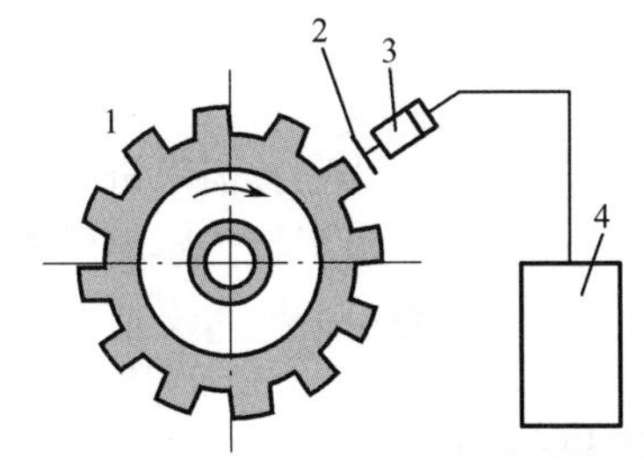

1—齿轮；2—电极；3—电容式传感器；4—频率计。

图 4.40　电容式转速传感器的原理图

4.3.3.5　电容式传声器

电容式传声器的核心是平板电容器，振动膜片是一片表面经过金属化处理的轻质弹性薄膜。电容式传声器的原理图如图 4.41 所示，当膜片随着声波压力的大小产生振动时，膜片与后极板之间的相对距离发生变化，膜片与极板所构成电容器的电容量就发生变化。极板上的电荷随之变化，电路中的电流也相应变化，负载电阻上也就有相应的电压输出，从而完成了声音信号与电信号的转换。

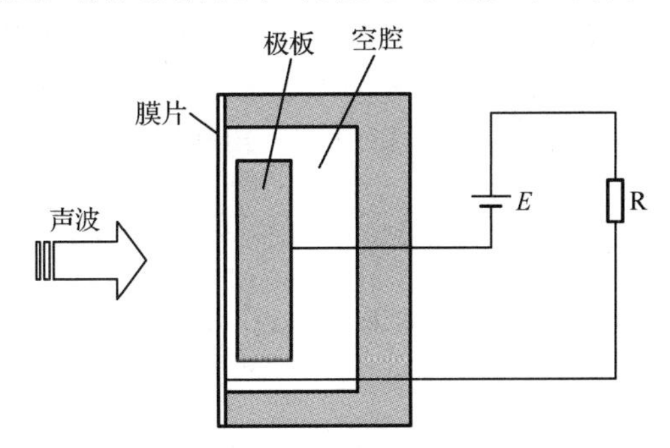

图 4.41　电容式传声器的原理图

任务 4.4　超声波传感器

超声波传感器是利用超声波的特性研制而成的传感器。超声波是一种振动频率高于声波的机械波，由换能晶片在电压的激励下发生振动产生，它具有频率高、波长短、绕射现象小等特点，特别是方向性好，能够成为射线而定向传播。超声波对液体、固体的穿透本领很大，尤其是在阳光下不透明的固体中，它可穿透几十米的深度。超声波碰到杂质或分界面会产生显著反射形成反射回波，碰到活动物体能产生多普勒效应。因此，超声波检测广泛应用在工业、国防、生物医学等方面。下面我们将学习超声波及其物理性质，超声波传感器的结构、分类、工作电路及其应用等内容。

知识目标：

（1）能陈述超声波的概念及其波形、声速、反射和折射等物理性质。

（2）能识别超声波传感器的结构以及发射和接收电路，能描述其工作原理和特性。

（3）能举例说明超声波传感器在物位测量、流量测量、防盗报警、无损探伤等方面的应用。

技能目标：

（1）能根据超声波传感器的特性以及项目需求进行传感器选型。

（2）能根据产品说明书，正确进行超声波传感器的安装、调试、标定和维护。

（3）能够规范编写超声波传感器的相关技术文档。

4.4.1 超声波及其物理性质

声音是由物体振动产生的。在振动介质（空气、液体或固体）中某一质点沿中间轴来回发生振动，并带动周围的质点也发生振动，逐渐向各方向扩展，这就是声波。声波是一种机械波，它的传播不是介质分子的直接位移，而是能量以波动形式的扩展。声波的能量随扩展距离的增大逐渐被消耗，最后声音消失。

根据频段的不同，机械波可分为多种类型。

振动频率在 20Hz～20kHz 的范围内，可被人耳感觉到的机械波称为可闻声波。

振动频率在 20Hz 以下，人耳无法感知的机械波为次声波。许多动物却能感受到次声波，比如地震发生前的次声波就会引起许多动物的异常反应。次声波的特点是波长大、传播远、穿透力强。人耳听不到，但可与人体器官发生共振，7～8Hz 的次声波会让人产生恐怖感，使动作不协调，甚至导致心脏停止跳动。

振动频率高于 20kHz 的机械波为超声波。超声波与可闻声波不同，它可以被聚焦，具有能量集中的特点。

4.4.1.1 超声波的波形

声源在介质中的施力方向与波在介质中的传播方向不同，声波的波形也不同，通常有以下四种类型。

（1）纵波（Longitudinal Wave）：质点振动方向与波的传播方向一致的波。当介质质点受到交变的拉伸或压缩应力作用时，质点之间产生相应的伸缩形变，从而形成纵波；凡能承受拉或压应力的介质都能传播纵波。固体介质能承受拉或压应力；液体和气体虽不能承受拉应力，但能承受压应力产生容积变化。因此固体、液体和气体都能传播纵波。纵波一般应用于钢板、锻件探伤。为了测量各种状态下的物理量，多采用纵波。纵波在液体介质中传播时，可在界面上产生强烈的冲击和空化现象。

（2）横波（Transverse Wave）：质点振动方向垂直于波的传播方向的波。当介质质点受到交变的剪切应力作用时，产生剪切形变，从而形成横波；只有固体介质才能承受剪切应力，液体和气体介质不能承受剪切应力，因此横波只能在固体介质中传播，不能在液体和气体介质中传播。横波一般应用于焊缝、钢管探伤。

（3）表面波（Surface Wave）：质点的振动介于横波与纵波之间，当介质表面受到交变应力作用时，沿着表面传播的波。表面波随深度增加衰减很快，只能在固体中传播，又称瑞利波（Rayleigh Wave）。

（4）板波（Plate Wave）：在平板中传播的机械波叫作板波。当板较薄（通常远小于一个波长）时，声波在两个自由边界上均会发生反射，介质体内所有质点的振幅均不为零，叠加后形成板波。

4.4.1.2 超声波的声速及指向性

影响超声波声速的主要因素是波形、传播介质的弹性性能、工件的尺寸和温度等，而与频率无关。

在固体中，纵波、横波及表面波的声速有一定的关系：通常可认为横波的声速为纵波的一半，表面波的声速为横波的 90%。在液体中，纵波的声速为 900～1900m/s。在气体中，纵波的声速约为 344m/s。

超声波具有指向性好、能量集中、穿透本领大等特点。超声波声源发出的超声波束是以一定的角度向外扩散的。超声波传播图形如图 4.42 所示。在声源的中心轴线上声强最大，随着扩散角度的增大，声强逐步减小。半扩散角 θ、声源直径 D 以及波长 λ 之间的关系为 $\sin\theta=1.22\lambda/D$。

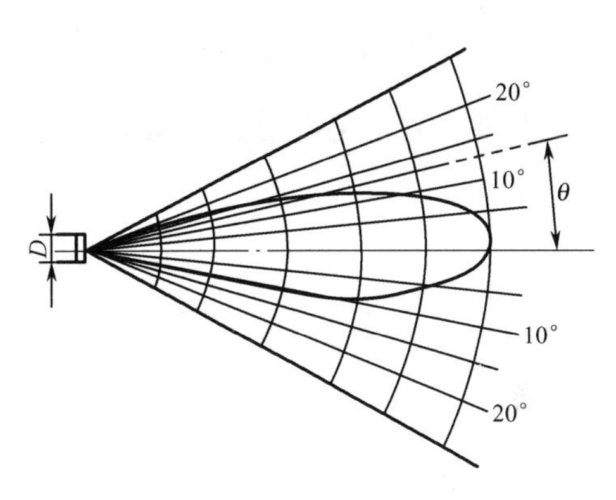

图 4.42 超声波传播图形

4.4.1.3 超声波的反射和折射

当超声波由一种介质入射到另一种介质中时，由于在两种介质中的传播速度不同，会在介质面上产生反射、折射和波形转换等现象，符合反射、折射定律等。

4.4.2 超声波传感器的结构及分类

利用超声波在超声场中的物理特性和各种效应而研制的装置可称为超声波换能器、探测器或传感器。

超声波探头按其工作原理可分为压电式、磁致伸缩式、电磁式等，其中以压电式最为常用。

压电式超声波探头常用的材料是压电晶体和压电陶瓷，相应传感器统称为压电式超声波传感器。它是利用压电材料的压电效应来工作的：利用逆压电效应，将施加在压电元件上的高频电振动转换成高频机械振动，从而产生超声波，可作为发射探头；而利用正压电效应，即接收到的超声振动波促使接收器的振子随着相应频率而振动，并转换成电信号，可作为接收探头。

铁磁材料在交变的磁场中沿着磁场方向产生伸缩的现象，称为磁致伸缩效应。基于该原理工作的磁致伸缩式超声波传感器同样包含发射探头和接收探头两部分。当把铁磁材料置于交变磁场中时，它会产生机械尺寸的交替变化，即机械振动，从而发出超声波；当超声波作用在磁致伸缩材料上时，会引起材料伸缩，从而导致它的内部磁场（即导磁特性）发生改变。由于电磁感应，磁致伸缩材料上所缠绕的线圈内会产生感应电动势，此电动势会被送到转换电路，最后被记录或显示出来。

4.4.3 超声波传感器的发射和接收电路

超声波传感器由发射电路和接收电路构成。为避开环境中可能存在的其他干扰，常用的谐振频率为40kHz。

4.4.3.1 超声波发射电路

图4.43所示为采用六反相缓冲器4049B的数字式超声波振荡电路。其U1A、U1B和R_2、C_1构成振荡电路，产生高频电压信号；U1C～U1F进行功率放大（多个反相器并联），再经过耦合电容C_2传给超声波振子MA40A3S。超声波振子上若长时间加直流电压，会使传感器特性明显变差，因此，一般用交流电压通过耦合电容C_2供给超声波振子，该电路通过调节R_2可改变振荡频率$f_0 \approx \dfrac{1}{2.2R_2 \times C_1}$（Hz）。

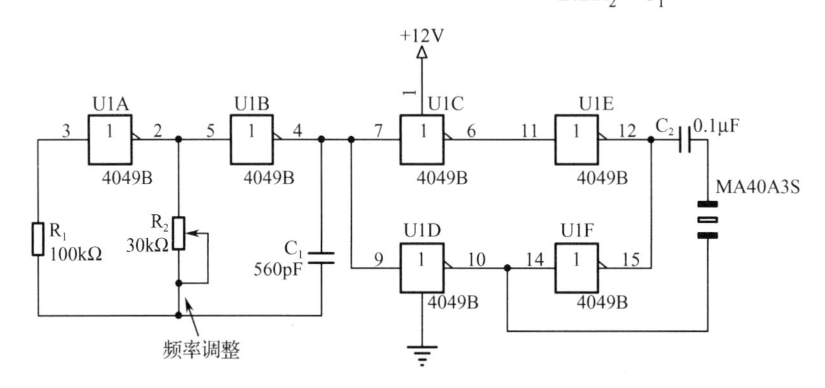

图4.43 采用六反相缓冲器4049B的数字式超声波振荡电路

图4.44所示为采用脉冲变压器的超声波振荡电路。电路中用NPN晶体管VT放大频率可调振荡器OSC的输出信号，放大的信号经脉冲变压器T升压为较高的交流电压供给超声波振子MA40S2S，从而产生40kHz的超声波。

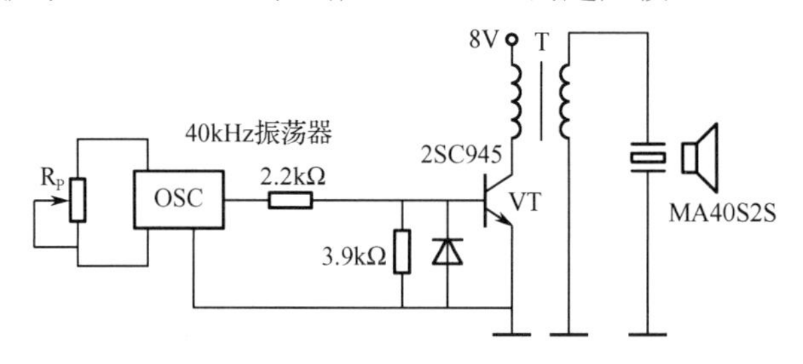

图4.44 采用脉冲变压器的超声波振荡电路

4.4.3.2 超声波接收电路

超声波接收电路一般用于检测反射波。当被测对象远离超声波发生源时，能量衰减较大，超声波传感器接收到的信号极其微弱，因此，一般要连接几十分贝以上的高增益放大器。

图4.45所示为采用集成运放的超声波接收电路，电路增益较大。电路输出为高频电压，实际上后面还要接检波电路、放大电路以及开关电路等。

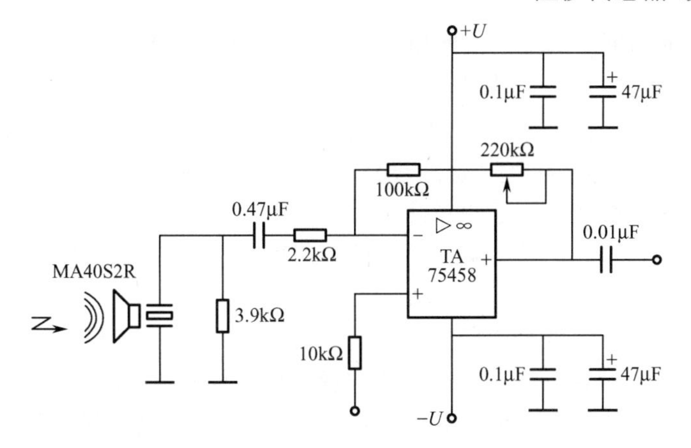

图 4.45　采用集成运放的超声波接收电路

4.4.4　超声波传感器的应用

超声波传感器的应用

超声效应目前在诸多领域得到了广泛应用，具体如下。

（1）超声检测：超声波的波长比一般声波要短，具有较好的方向性，而且能透过不透明物质，这一特性已被广泛用于超声波探伤、测厚、测距、遥控、超声成像和介质的温度/密度测量等。

（2）超声处理：利用超声的机械作用、空化作用、热效应和化学效应，可进行超声焊接、钻孔、固体粉碎、乳化、脱气、除尘、去锅垢、清洗、灭菌、促进化学反应和进行生物学研究等，在工矿业、农业、医疗等各领域获得了广泛应用。

（3）分子声学：借助于声波与物质分子间的相互作用，通过对声速、声衰减、声吸收及声散射等声波传播特性及其参数的测量和研究，研究声波传播的宏观参量与传声媒质的分子结构及分子动力学之间关系的一门学科，是现代声学的一个分支。声学参量的精确测量依赖于超声技术。

根据发射探头 TX 和接收探头 RX 的安装位置和使用形式不同，超声波传感器有直射型、反射型和兼用型三类，如图 4.46 所示。

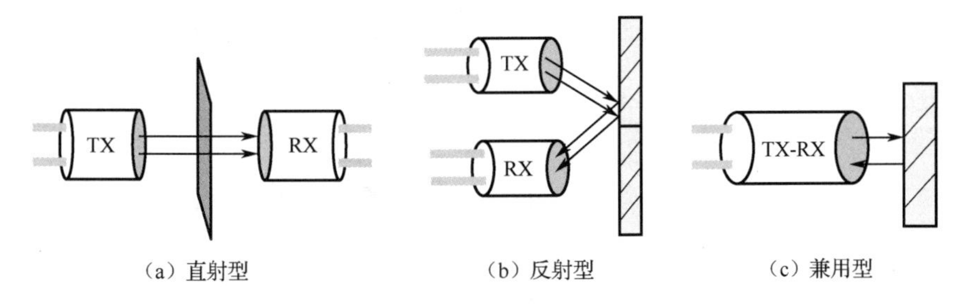

图 4.46　超声波传感器的类型

（1）直射型。如图 4.46（a）所示，当超声发射探头和接收探头分别位于被测物两侧时，称为直射型。直射型可用于防盗报警器、接近开关、测厚、无损探伤等。

（2）反射型。如图 4.46（b）所示，当超声发射探头和接收探头都位于被测物同侧时，称为反射型。反射型可用于接近开关、测距、测物位、测厚、无损探伤等。

（3）兼用型。如图 4.46（c）所示，部分超声波传感器将发射探头和接收探头融为一体，称为兼用型，其工作原理和适用场合与反射型类似。

超声波传感器主要基于时间差、频率差、能量差来进行工作。

（1）时间差法。根据发射和接收的时间差 Δt，超声波传感器可实现对位移 x、速度 v 及其相关参量的检测；超声波通过介质的振动来传递，因此其传播速度与介质密度、弹性特性等参数相关，这也意味着它可用于相应参数测量；若超声波在气体、液体等流体中传播，它的传播速度还受流体温度、速度、压强等因素影响，因此超声波传感器亦可用于这些因素的检测。

（2）频率差法。多普勒效应指出，波在波源移向观察者时接收频率变高，而在波源远离观察者时接收频率变低；当观察者移动时也能得到同样的结论。基于频率差法，超声波传感器可实现对对象或传播介质的运动速度及其相关参量的检测。

（3）能量差法。超声波作用于介质后，在介质中发生声散射、声衰减、声吸收等现象，因此可实现物体内部情况探测，如超声无损探伤等。

下面以超声波传感器在物位、流量等工程上的典型应用为例，介绍其工作原理和过程。

4.4.4.1 物位测量

超声波物位传感器是利用超声波在两种介质分界面上的反射特性制成的。如果从发射超声脉冲开始，到接收换能器接收到反射波为止的这个时间间隔为已知，那么基于时间差法可以对物位进行测量。

图 4.47 所示为几种超声波物位传感器的结构原理示意图。超声波发射和接收换能器可设置在水中，让超声波在液体中传播。由于超声波在液体中的衰减比较小，所以即使发射的超声脉冲幅度较小也可以传播。超声波发射和接收换能器也可以安装在液面的上方，让超声波在空气中传播，这种方式便于安装和维修，但超声波在空气中的衰减比较大。

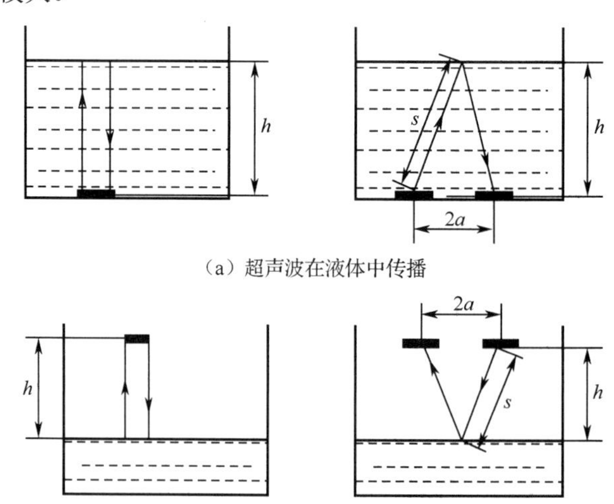

（a）超声波在液体中传播

（b）超声波在空气中传播

图 4.47　几种超声波物位传感器的结构原理示意图

对于单换能器来说，超声波从发射到液面，又从液面反射到换能器的时间为

$$t=\frac{2h}{c} \tag{4.47}$$

式中，c 为超声波在介质中传播的速度；h 为换能器距液面的距离，$h=ct/2$。

对于双换能器来说，超声波从发射到被接收经过的路程为 $2s$，而 $s=ct/2$，因此液位高度为

$$h=\sqrt{s^2-a^2} \tag{4.48}$$

式中，s 是超声波反射点到换能器的距离；a 是两探头的中心间距。

从以上公式可以看出，只要测得超声波脉冲从发射到接收的间隔时间 t，便可以求得待测的物位 h。

超声波物位传感器具有准确度高和使用寿命长的特点，但若液体中有气泡或液面发生波动，便会有较大的误差。在一般使用条件下，它的测量误差为±0.1%，检测物位的范围为 10^2～10^4m。

类似地，基于时间差法，超声波传感器还可用于物体高度、表面状况、流量等参数的测量。

4.4.4.2 流量测量

超声波流量传感器的测定原理是多样的，目前应用较广的主要是超声波传输时间差法和频率法。

根据矢量叠加原理，超声波在静止流体和流动流体中的传输速度是不同的，利用这一特点可以求出流体速度，再根据管道流体的截面积，便可知道流体流量。

（1）时间差法测量流量。时间差法测量流量的原理如图 4.48 所示，在被测管道上、下游的一定距离上，分别安装两组兼用型超声波传感器 F_1 和 F_2，它们是完全相同的超声探头，安装在管壁外面，通过电子开关的控制，交替地作为超声波发射器和接收器使用。其中，超声波由传感器 F_1 到传感器 F_2 为顺流传播；反之，则为逆流传播。受流体流速 v 的影响，超声波在液体中的传播速度不同，它经过同样路程 $L=D/\cos\theta$ 所需的时间分别为

$$t_1=\frac{\dfrac{D}{\cos\theta}}{c+v\sin\theta}, \qquad t_2=\frac{\dfrac{D}{\cos\theta}}{c-v\sin\theta} \tag{4.49}$$

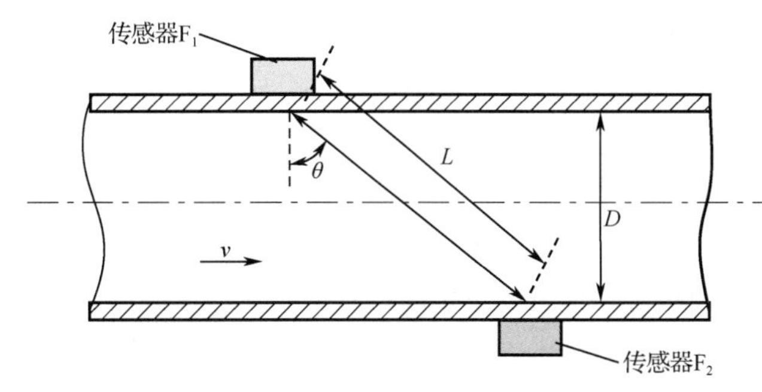

图 4.48　时间差法和频率法测量流量的原理

因为 $v\ll c$，所以两接收探头上的超声波到达时间差 Δt 为

$$\Delta t\approx\frac{2Dv}{c^2\tan\theta}\Rightarrow v=\frac{c^2}{2D\tan\theta}\Delta t \tag{4.50}$$

（2）频率法测量流量。频率法测量流量的原理如图 4.48 所示。在 t_1、t_2 时间内，分别对频率为 f_0 的脉冲进行计数，记得脉冲数为 N_1、N_2，则

$$N_1 = f_0 t_1,\quad N_2 = f_0 t_2 \tag{4.51}$$

顺流发射频率 f_1 与逆流发射频率 f_2 的频率差 Δf 为

$$\Delta f = f_1 - f_2 = \frac{c + v\sin\theta}{L} - \frac{c - v\sin\theta}{L} = \frac{2v\sin\theta}{L} = \frac{f_0}{N_1} - \frac{f_0}{N_2} = \frac{f_0(N_2 - N_1)}{N_1 N_2} \tag{4.52}$$

由式（4.52）可知，Δf 只与被测流速 $v = \dfrac{\Delta f L}{2\sin\theta}$ 成正比，而与声速 c 无关，所以频率法的温漂较小。

（3）相位差法测量流量。当两组超声波传感器的发射探头发射连续的超声波信号时，它们的接收探头能接收到的信号之间的相位差 $\Delta\phi$ 为

$$\Delta\phi = 2\pi f \Delta t \Rightarrow v = \frac{c^2}{2D}\frac{\Delta\phi}{2\pi f}\tan\theta \tag{4.53}$$

获得管道横截面积 A 后，可求得流体体积流量 q_{V} 约为

$$q_{\mathrm{V}} \approx Av = \frac{c^2}{2D}A\Delta t\cot\theta \tag{4.54}$$

超声波流量传感器具有不阻碍流体流动的特点，可测流体的种类很多，不论是非导电的流体、高黏度的流体，还是浆状流体，只要是能传输超声波的流体都可以用其进行测量。

4.4.4.3 超声防盗报警

超声防盗报警器基于多普勒效应制作而成，接收器接收到的频率与超声波波源发射的频率产生的频偏 f 与二者相对速度的大小及方向有关。图 4.49 所示为超声防盗报警器的原理框图。图中上部分为发射部分，图中下部分为接收部分，它们装在同一块线路板上。

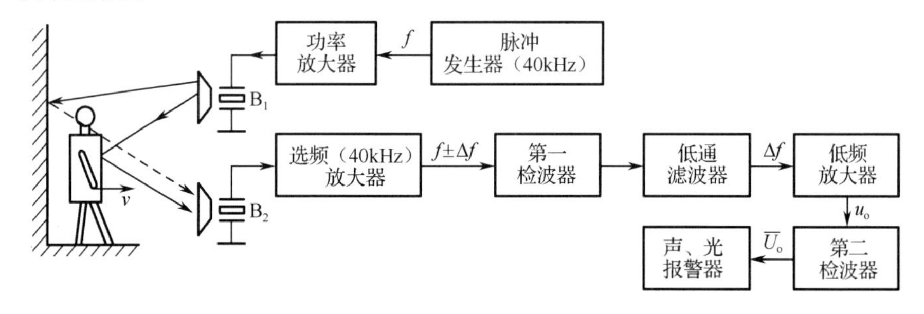

图 4.49　超声防盗报警器的原理框图

发射探头中的压电晶片 B_1 发射出频率 f=40kHz 左右的连续超声波（空气超声探头选用 40kHz 工作频率可获得较高灵敏度，并可避开环境噪声干扰）。如果有人进入信号的有效区域，相对速度为 v，从人体反射回接收器的超声波将由于多普勒效应，而发生频率偏移 Δf。

接收探头中的压电晶片 B_2 接收到两种不同频率所组成的信号（40kHz 以及偏移的频率 40kHz±Δf）。这些信号由 40kHz 选频放大器放大，并经第一检波器检波后，由低通滤波器滤去 40kHz 信号，而留下频率为 Δf 的多普勒信号。此信号经低频放大器放大后，由第二检波器转换为直流电压，去控制声、光报警器。

基于多普勒效应制作的超声防盗报警器可以有效排除墙壁、家具的影响，只对

运动的物体起作用。由于振动和气流也会产生多普勒效应，故该防盗报警器多用于室内。类似地，它还可测量运动物体的速度，如液体、气体的流速或流量等。

4.4.4.4 无损探伤

无损探伤一般有三种含义：

（1）无损检测（Nondestructive Testing，NDT）；

（2）无损检查（Nondestructive Inspection，NDI）；

（3）无损评价（Nondestructive Evaluation，NDE）。

NDT 仅仅是检测出缺陷；NDI 则以 NDT 结果为判定基础；而 NDE 则是对被测对象的完整性、可靠性等进行综合评价。近年来，无损探伤已逐步从 NDT 向 NDE 过渡。

常见的无损检测方式包括磁粉检测（MT）、渗透检测（PT）、涡流检测（ET）、射线检测（RT）和超声检测（UT）等，主要应用于金属材料制造的机械、器件等的原材料、零部件和焊缝，也可用于玻璃等其他制品。其中，超声波检测和探伤是目前应用十分广泛的无损探伤手段。它既可检测材料表面的缺陷，又可检测内部几米深的缺陷，这是 X 光探伤所达不到的深度。

（1）按原理分类。超声波探伤方法按原理分类，可分为穿透法、脉冲反射法和共振法。

穿透法是依据脉冲波或连续波穿透试件之后的能量变化来判断缺陷情况的方法。穿透法探伤如图 4.50 所示，穿透法常采用两个探头，一收一发，分别放置在试件的两侧进行探测。此法的优点是指示简单，适用于自动探伤，可避免盲区，适宜探测薄板；缺点是探测灵敏度较低，不能发现小缺陷，根据能量的变化可判断有无缺陷，但不能定位，而且对两探头的相对位置要求较高。

脉冲反射法是根据反射波的情况来检测试件缺陷的方法。脉冲反射法探伤如图 4.51 所示，超声波探头发射脉冲波到试件内，脉冲反射法包括缺陷回波法、底波高度法和多次底波法。

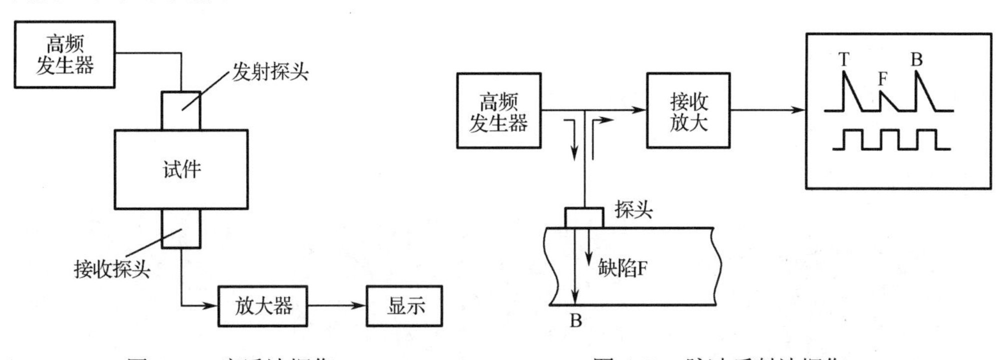

图 4.50　穿透法探伤　　　图 4.51　脉冲反射法探伤

共振法是依据试件的共振频率特性来判断缺陷情况和试件厚度变化情况的方法。若声波（频率可调的连续波）在试件内传播，当试件的厚度为超声波半波长的整数倍时，将引起共振，仪器显示出共振频率。当试件内存在缺陷或试件厚度发生变化时，将改变试件的共振频率。共振法常用于试件测厚。

（2）按波形分类。根据探伤采用的波形，超声波探伤方法可分为纵波法、横波法、表面波法、板波法等。

使用直探头发射纵波进行探伤的方法，称为纵波法。此时波束垂直入射至试件探测面，以不变的波形和方向透入试件，所以又称为垂直入射法，简称垂直法。纵波法主要用于铸造、锻压、轧材及其制品的探伤，该法对与探测面平行的缺陷检出效果最佳；若缺陷和纵波相垂直，则探测不到，需采用横波辅助探测。

将纵波通过楔块、水等介质倾斜入射至试件探测面，利用波型转换得到横波进行探伤的方法，称为横波法。此方法主要用于管材、焊缝的探伤；对其他试件探伤时，其则作为一种有效的辅助手段，用以发现纵波法不易发现的缺陷。

使用表面波进行探伤的方法，称为表面波法。这种方法主要用于表面光滑的试件。表面波波长很短，衰减很大。同时，表面波仅沿表面传播，对于表面上的复层、油污、不光洁等，反应敏感，并被大量地衰减。利用此特点可通过手沾油在声束传播方向上进行触摸并观察缺陷回波高度的变化来对缺陷定位。

使用板波进行探伤的方法，称为板波法。它主要用于薄板、薄壁管等形状简单的试件探伤。探伤时板波充塞于整个试件，可以发现内部和表面的缺陷。

（3）按探伤结果表示形式分类。根据探伤结果的表示形式，超声波探伤方法可分为 A、B、C 型三类。

A 型如图 4.52（a）所示，A 型探伤的结果以二维坐标图形式给出。它的横坐标为时间，纵坐标为反射波强度。可以从二维坐标图上分析出缺陷的深度、大致尺寸，但较难识别缺陷的性质、类型。

B 型超声探伤的原理类似于医学上的 B 超。B 型如图 4.52（b）所示，它将探头的扫描距离作为横坐标，探伤深度作为纵坐标，以屏幕的辉度（亮度）来反映反射波的强度。它可以绘制被测材料的纵截面图形。探头的扫描可以是机械式的，更多的是用计算机来控制一组发射晶片阵列（线阵）来完成与机械式移动探头相似的扫描动作，但扫描速度更快，定位更准确。

C 型超声探伤类似于医学上的计算机断层扫描（CT）技术。计算机控制探头中的三维晶片阵列（面阵），使探头在材料的纵、深方向上扫描，因此可绘制出材料内部缺陷的横截面图，这个横截面与扫描声束相垂直。横截面图上各点的反射波强通过相对应的几十种颜色，在计算机的高分辨率彩色显示器上显示出来。经过复杂的算法，如图 4.52（c）所示，可以得到对象（如缺陷、胎儿等）的立体图像和每一个断面的切片图像。

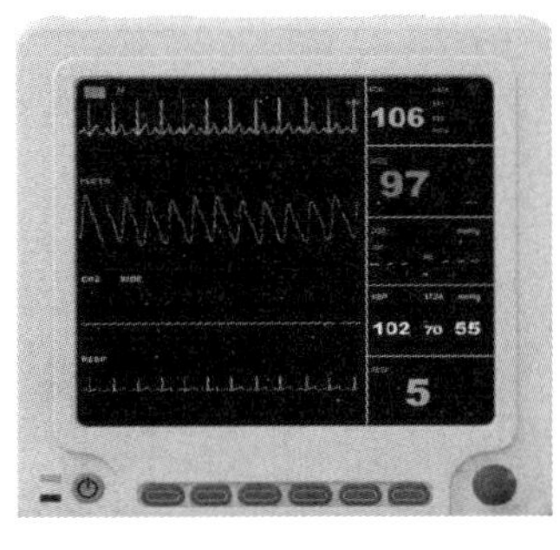

（a）A 型

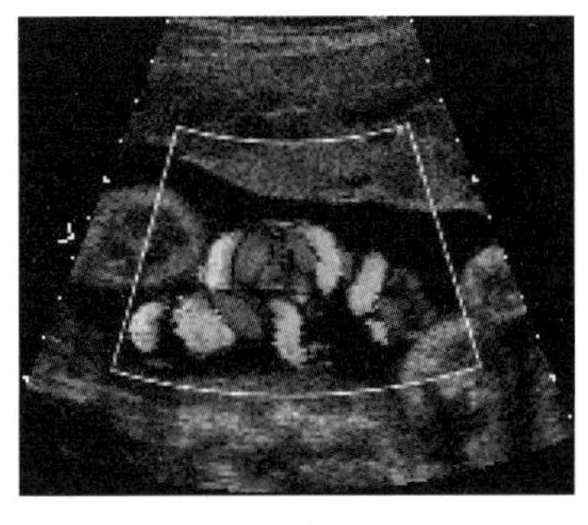

（b）B 型

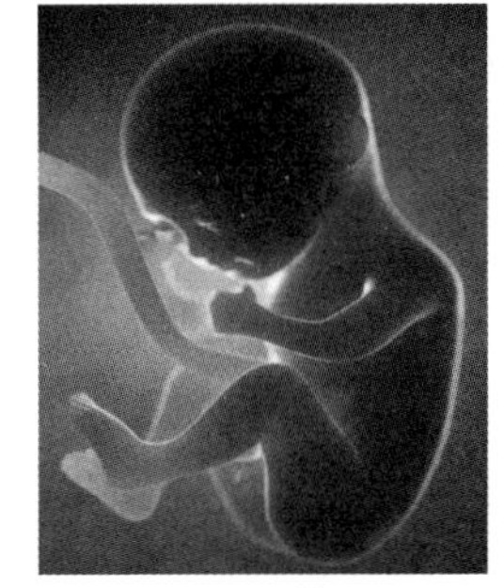

（c）C 型

图 4.52　超声探测影像

任务 4.5 数字式位移传感器

数字式传感器是测试技术、微电子技术与计算机技术相结合的产物，是传感器技术发展的重要方向之一。数字式位移传感器抗干扰能力强、稳定可靠、易于远传，可与微处理器直接相连，易于实现测量的自动化和数字化，其发展迅速，应用日益广泛。常见的数字式位移传感器有编码器、光栅传感器、磁栅传感器、感应同步器等，下面我们将学习它们的结构、原理和特性等内容。

知识目标：

（1）能陈述编码器、光栅传感器、磁栅传感器的结构，能解释其工作原理。

（2）能描述各类数字式位移传感器的特性。

（3）能举例说明数字式位移传感器在位移、转速等参数测量中的应用。

技能目标：

（1）能够根据各类数字式位移传感器的特性和项目需求进行传感器选型。

（2）能根据产品说明书，正确进行数字式位移传感器的安装、调试、标定和维护。

（3）能够规范编写数字式位移传感器的相关技术文档。

4.5.1 编码器及其应用

编码器（Encoder），又称角编码器，用于角位移及其相关参量的检测，是将信号（如比特流）或数据进行编制，转换为用以通信、传输和存储的信号形式的设备。

4.5.1.1 编码器分类

编码器的分类很多，根据检测原理，编码器可分为光学式、磁式、感应式和电容式。

按照读出方式的不同，编码器可以分为接触式和非接触式两种。接触式通常采用电刷输出，电刷接触导电区或绝缘区来表示代码的状态是“1”还是“0”；非接触式的敏感元件一般为光敏元件或磁敏元件，采用光敏元件时以透光区和不透光区来表示代码的状态是“1”还是“0”，通过该二进制编码来将采集到的物理信号转换为机器码可读取的电信号，用于通信、传输和储存。

按照其输出信号对应的被测量不同，编码器可分为绝对式和增量式两类。

（1）绝对式编码器。绝对式编码器按照角度直接进行编码，可直接把被测转角用数字代码表示出来。绝对式编码器的每一个位置和确定的数字码（通常为二进制码或 BCD 码）一一对应，从代码数大小的变化可以判别位移的正反方向和所处的位置，绝对零位代码还可以用于停电位置记忆。

按照测量原理的不同，绝对式编码器通常可分为接触式（见图 4.53）、光电式（见图 4.54）和电磁式等类型。测量范围常规为 0～360°，称为单圈绝对式编码器；如果要测量旋转超过 360°的范围，就要用到多圈绝对式编码器。

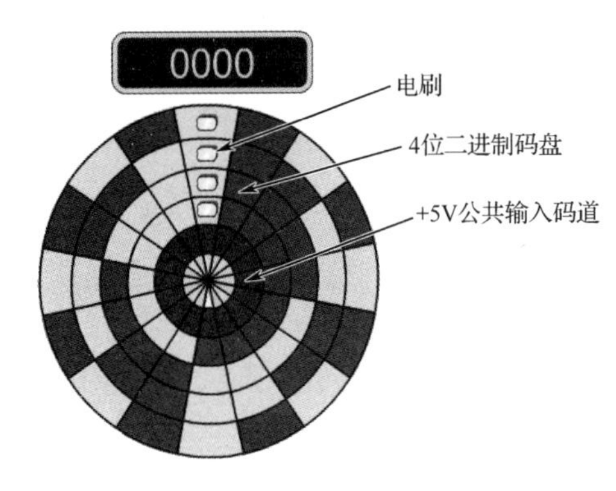

图 4.53　绝对式接触码盘

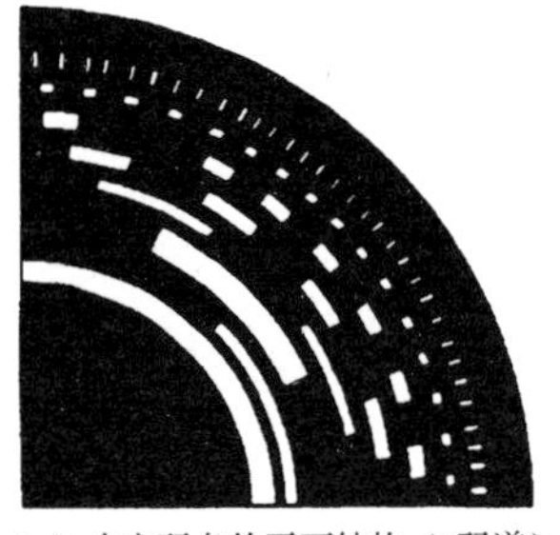
（a）光电码盘的平面结构（8码道）

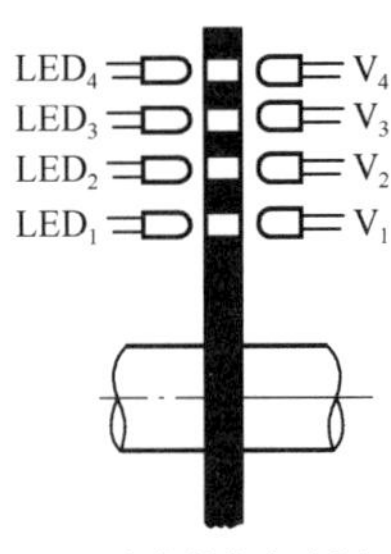

（b）光电码盘与光源、光敏元件的对应关系

图 4.54　绝对式光电码盘

绝对式编码器的测量准确度取决于其所能分辨的最小角度，而这与码道数有关，其分辨力 α 和分辨率 r_α 分别为

$$\alpha = 360°/2^n,\qquad r_\alpha = 1/2^n \tag{4.55}$$

例 4.1　某 8 码道的绝对式编码器，其每圈的位置数为 2^8=256，能分辨的角度为 α=360°/2^8≈1.41°；若为 10 码道，则能分辨的角度为 $\alpha = 360°/2^{10} \approx 0.35°$。

（2）增量式编码器。增量式编码器的输出和角位移的增量相对应。它的转轴旋转时，有相应的脉冲输出，其计数起点任意设定，可实现多圈的无限累加测量。编码器转轴旋转一圈会输出固定的脉冲，脉冲数由编码器光栅的线数决定。需要提高分辨率时，可利用 90°相位差的 A、B 两路信号进行倍频或更换高分辨率编码器。

增量式光电码盘的结构示意图如图 4.55 所示。光电码盘与转轴连在一起。码盘可用玻璃材料制成，表面镀上一层不透光的金属铬，然后在边缘制成向心的透光狭缝。透光狭缝在码盘圆周上等分，数量从几百条到几千条不等。这样，整个码盘圆周就被等分成 n 个透光的槽。

（a）外形

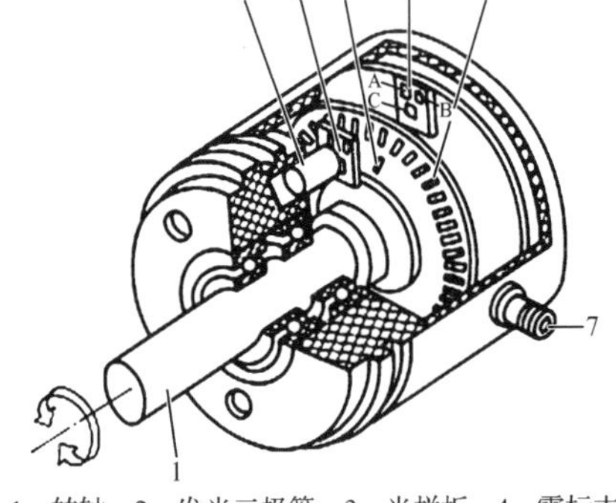

1—转轴；2—发光二极管；3—光栏板；4—零标志位光槽；5—A、B、C光敏元件；6—码盘；7—电源及信号线连接座。
（b）内部结构

图 4.55　增量式光电码盘的结构示意图

光电码盘的光源最常用的是自身有聚光效果的发光二极管。当光电码盘随工作轴一起转动时，光线透过光电码盘和光栏板狭缝，形成忽明忽暗的光信号。光敏元件把此光信号转换成电脉冲信号，通过信号处理电路后，向数控系统输出脉冲信号，也可由数码管直接显示位移量。

增量式光电编码器的测量准确度与码盘圆周上的狭缝条纹数 n 有关，它的分辨

力和分辨率分别为

$$\alpha=360^\circ/n,\quad r_\alpha=1/n \tag{4.56}$$

例 4.2 某码盘边缘的透光槽数为 2048 个，则该编码器能分辨的最小角度 $\alpha=360^\circ/2048\approx0.176^\circ$。

为了得到码盘转动的绝对位置，还须设置一个基准点，如图 4.55 所示的零标志位光槽。码盘每转一圈，零标志位光槽对应的光敏元件 C 产生一个脉冲。

为了判断码盘旋转的方向，必须在光栏板上设置两个狭缝，其距离是码盘上的两个狭缝距离的（m+1/4）倍，m 为正整数，并设置了两组对应的光敏元件，如图 4.55 所示的 A、B 光敏元件，有时也称为 sin、cos 元件，根据二者输出信号相位的超前或滞后可判断方向。

编码器的应用

4.5.1.2 编码器的应用

编码器一般采用套式或轴式安装。除了能直接测量角位移或间接测量线位移，编码器还可用于数字测速、工位编码、伺服电机控制等。

1. 数字测速

由于增量式编码器的输出信号是脉冲形式，因此，可以通过测量脉冲频率或周期的方法来测量转速。

（1）M 法测速。在一定的时间间隔 t_s 内，用编码器所产生的脉冲数来确定速度的方法称为 M 法测速，适用于高转速场合。

若编码器每转一圈产生 N 个脉冲，在时间间隔 t_s 内得到 m_1 个脉冲，则角编码器所产生的脉冲频率为 $f=m_1/t_s$，则转速 n（单位为 r/min）为

$$n=60f/N=60m_1/(t_sN) \tag{4.57}$$

例 4.3 有一增量式光电编码器，其参数（线数）为 1024p/r，在 5s 时间内测得 65536 个脉冲，求其转速。

解：$n=60\times65536/(1024\times5)$r/min=768r/min

（2）T 法测速。用编码器所产生的相邻两个脉冲之间的时间来确定被测速度的方法称为 T 法测速，适用于中低转速场合。

若编码器每转一圈产生 N 个脉冲，脉冲频率为 f，用标准频率 f_c（其周期 T_c）作为时钟，测出编码器输出的两个相邻脉冲上升沿（或下降沿）之间填充的标准时钟数 m_2，则转速 n 为

$$n=60f/N=60/(TN)=60/(m_2T_c)N=60/(m_2/f_c)N=60f_c/(Nm_2) \tag{4.58}$$

例 4.4 有一增量式光电编码器，其参数为 1024p/r，测得两个相邻脉冲之间的脉冲数为 3000，时钟频率 f_c 为 1MHz，试求其转速 n。

解：$n=60f_c/(Nm_2)=60\times1000000/(1024\times3000)\approx19.53$r/min

2. 工位编码

由于绝对式编码器每一转角位置均有一个固定的编码输出，若编码器与转盘同轴相连，则转盘上每一工位安装的被加工工件均可以有一个编码相对应，转盘工位编码如图 4.56 所示。当转盘上某一工位转到加工点时，该工位对应的编码由编码器输出给控制系统。

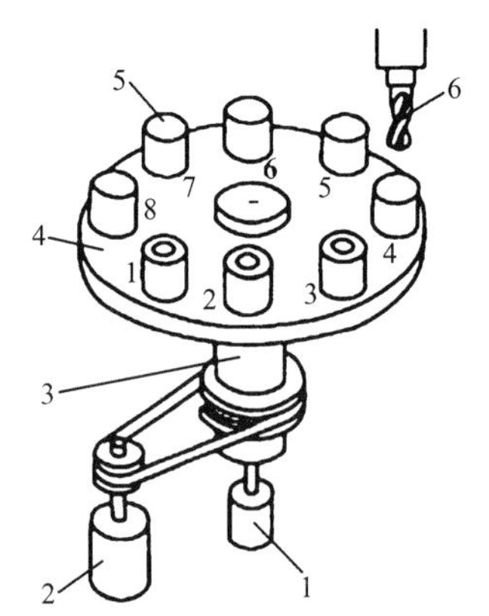

1—绝对式编码器；2—电动机；3—转轴；4—转盘；5—工件；6—刀具。

图 4.56 转盘工位编码

类似地，编码器可用于数控加工中心的刀库选刀控制。

3. 伺服电机控制

伺服电机控制的原理图如图 4.57 所示，编码器可安装在伺服电机上用来测量磁极位置和伺服电机转角及转速，在调节器中引入 PID 控制等，可实现伺服电机的自动控制。

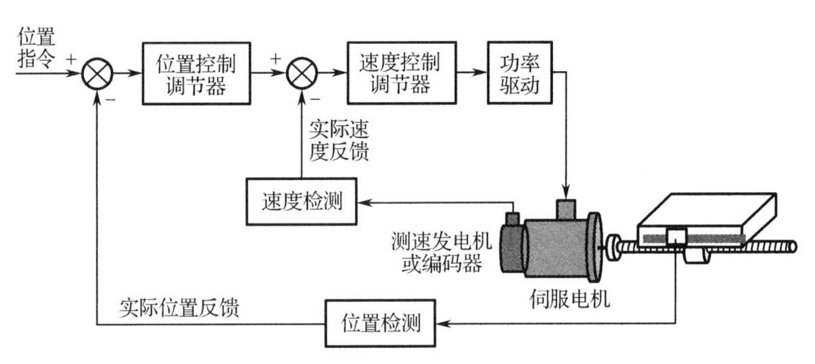

图 4.57 伺服电机控制的原理图

4.5.2 光栅传感器及其应用

光栅传感器是利用光栅的光学原理工作的测量反馈装置。它经常应用于机床与加工中心等场合，根据其结构不同，可用作直线位移或者角位移的检测。其测量输出的信号为数字脉冲，具有检测范围大、检测准确度高、响应速度快的特点。

4.5.2.1 光栅的概念

光栅也称为衍射光栅，是一块刻有大量平行等宽、等距狭缝（刻线）的平面玻璃或金属片。光栅的狭缝数量很大，一般每毫米几十至几千条。单色平行光通过光栅每个缝的衍射和各缝间的干涉，形成暗条纹很宽、明条纹很细的条纹，即谱线。谱线的位置随波长而异，当复色光通过光栅后，不同波长的谱线在不同的位置出现而形成光谱。光通过光栅形成光谱是单缝衍射和多缝干涉的共同结果。

光栅位移传感器，按用途不同可分为长光栅（测线位移，见图 4.58）和圆光栅

（测角位移，见图 4.59）；按照制造方法和光学原理的不同，分为透射光栅和反射光栅。一般情况下，透射光栅指玻璃光栅，反射光栅指金属光栅。

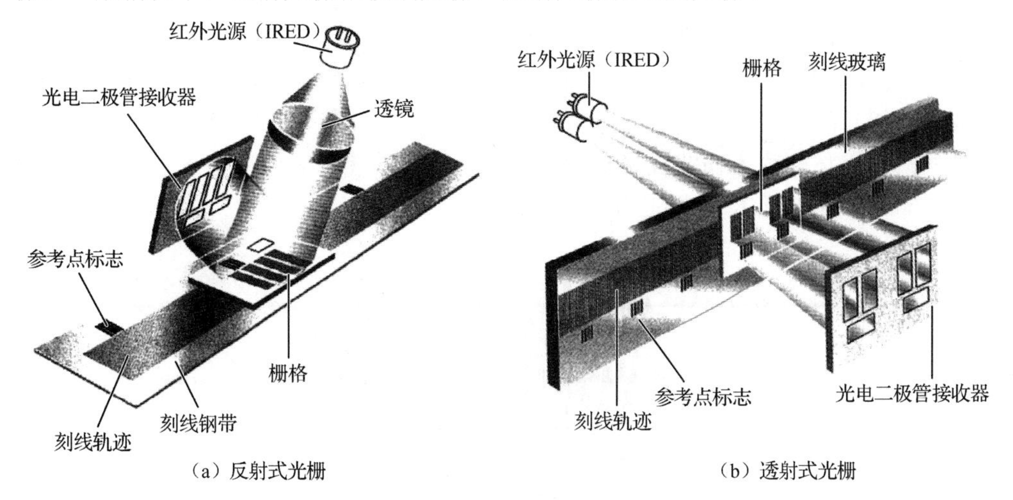

（a）反射式光栅　　（b）透射式光栅

图 4.58　长光栅传感器的结构示意图

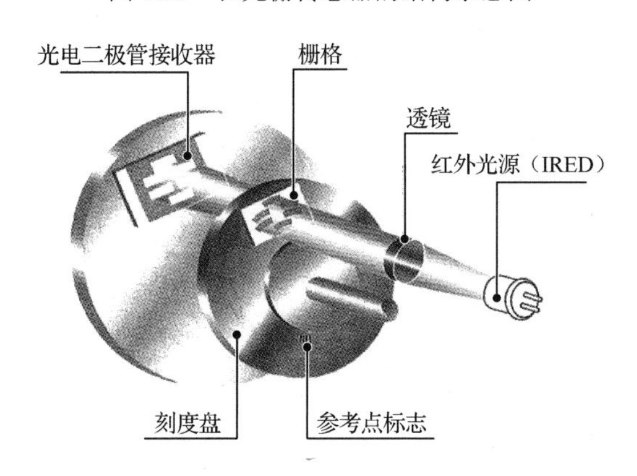

图 4.59　圆光栅传感器的结构示意图

4.5.2.2　结构及工作原理

光栅式位移传感器由标尺光栅和光栅读数头两部分组成。标尺光栅一般固定在机床活动部件上，光栅读数头装在机床固定部件上，指示光栅装在光栅读数头中。图 4.58 所示为长光栅传感器的结构示意图。

光栅检测装置的关键部分是光栅读数头，它由光源、会聚透镜、指示光栅、光电元件及调整机构等组成。

常见光栅的工作原理都是根据物理上莫尔条纹的形成原理进行工作的。当使指示光栅上的线纹与标尺光栅上的线纹成一角度来放置两光栅尺时，必然会造成两光栅尺上的线纹互相交叉。在光源的照射下，交叉点近旁的小区域内由于黑色线纹重叠，因而遮光面积最小，挡光效应最弱，光的累积作用使得这个区域出现亮带。相反，距交叉点较远的区域，因两光栅尺不透明的黑色线纹的重叠部分变得越来越少，不透明区域面积逐渐变大，即遮光面积逐渐变大，使得挡光效应变强，只有较少的光线能通过这个区域透过光栅，使这个区域出现暗带。

4.5.2.3 莫尔条纹

光栅测量位移的实质是以光栅栅距为一把标准尺子进行测量。

以透射光栅为例，当指示光栅上的线纹和标尺光栅上的线纹之间形成一个小角度 θ，并且两个光栅尺刻面相对平行放置时，在光源的照射下，在几乎垂直的栅纹上，形成明暗相间的条纹，这种条纹称为“莫尔条纹”（见图 4.60）。严格地说，莫尔条纹排列的方向与两片光栅线纹夹角的平分线相垂直。莫尔条纹中两条亮纹或两条暗纹之间的距离称为莫尔条纹的宽度，以 L 表示。

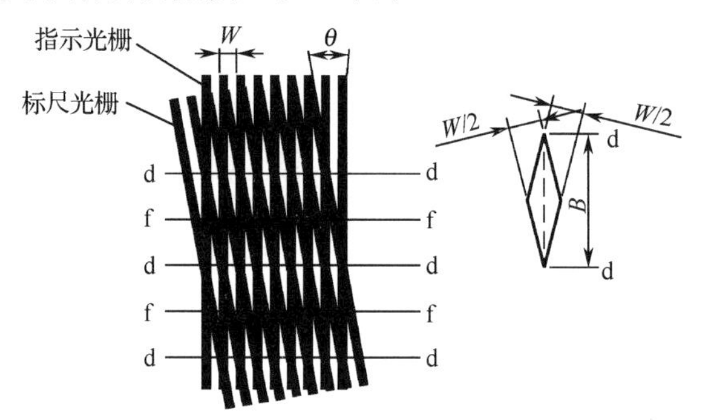

图 4.60 莫尔条纹

莫尔条纹具有以下特征。

（1）莫尔条纹的变化规律。两片光栅相对移过一个栅距，莫尔条纹移过一个条纹距离。由于光的衍射与干涉作用，莫尔条纹的变化规律近似正（余）弦函数，变化周期数与光栅相对位移的栅距数同步。

（2）放大作用。在两光栅栅线夹角较小的情况下，莫尔条纹宽度 L 和光栅栅距 W、栅线角 θ 之间有下列关系。由于倾角很小，$\sin\theta$ 很小，则

$$L = W/[2\times\sin(\theta/2)] \approx W/\theta \tag{4.59}$$

式中，θ 的单位为 rad；W 的单位为 mm。若 ω=0.01mm，θ=0.01rad，则由式（4.59）可得 W=1，即光栅放大了 100 倍。

（3）均化误差作用。莫尔条纹由若干光栅条纹共用形成，例如每毫米 100 线的光栅，10mm 宽度的莫尔条纹就有 1000 条线纹，这样栅距之间的相邻误差就被平均化了，消除了由于栅距不均匀、断裂等造成的误差。

4.5.2.4 辨向与细分

（1）辨向原理。如果传感器只安装一套光电元件，则在实际应用中，无论光栅做正向移动还是反向移动，光敏元件都产生相同的正弦信号，是无法分辨移动方向的。为此，必须设置辨向电路。

通常可以在沿光栅线的 y 方向上相距（m±1/4）L（相当于电相角 1/4 周期）的距离上设置 sin 和 cos 两套光电元件。这样就可以得到两个相位相差 $\pi/2$ 的电信号 u_{os} 和 u_{oc}，经放大、整形后得到 u'_{os} 和 u'_{oc} 两个方波信号，分别送到计算机的两路接口，由计算机判断两路信号的相位差。当指示光栅向右移动时，u_{os} 滞后于 u_{oc}；当指示光栅向左移动时，u_{os} 超前于 u_{oc}。计算机据此判断指示光栅的移动方向。

（2）细分技术。细分技术又称倍频技术。如将光敏元件的输出电信号直接计数，则光栅的分辨力只有一个 W 的大小。为了能够分辨比 W 更小的位移量，必须采用细

分电路。

细分电路能在不增加光栅刻线数（线数越多，成本越大）的情况下提高光栅的分辨力。该电路能在一个 W 的距离内等间隔地给出 n 个计数脉冲。

细分后计数脉冲的频率是原来的 n 倍，传感器的分辨力会有较大的提高。通常采用的细分方法有 4 倍频法、16 倍频法等，可通过专用集成电路来实现。

（3）零位光栅。在增量式光栅中，为了寻找坐标原点、消除误差积累，在测量系统中需要有零位标记（位移的起始点），因此在光栅尺上除了主光栅刻线，还必须刻有零位基准的零位光栅，以形成零位脉冲，又称参考脉冲。把整形后的零位信号作为计数开始的条件。

4.5.3 磁栅传感器

磁栅传感器也主要用于数控机床。与其他类型的位置检测元件相比，磁栅具有结构简单，录磁方便，价格低于光栅，测量范围宽，易安装和调整，抗干扰能力强的优点，但要注意防止退磁和定期更换磁头。

4.5.3.1 磁栅传感器的工作原理

磁栅传感器通常由磁栅（磁尺）、磁头、信号处理电路组成，其工作原理如图 4.61 所示。

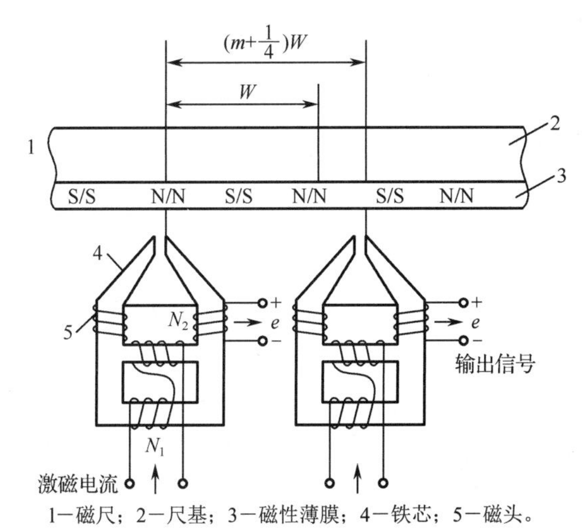

图 4.61 磁栅传感器的工作原理

磁尺用非导磁性材料做尺基，在尺基的上面镀一层均匀的磁性薄膜，通过录磁磁头在磁尺上录制出节距严格相等的磁信号作为计数信号。磁信号的波长（周期）又称节距，用 W 表示。节距（栅距）W 通常为 0.05mm、0.1mm、0.2mm。磁信号的极性是首尾相接的，在 N、N 重叠处为正的最强，在 S、S 重叠处为负的最强。

磁头有两组绕组 N_1 和 N_2。其中，N_1 为励磁绕组，N_2 为感应输出绕组。在励磁绕组中通入交变的励磁电流。励磁电流使磁芯的可饱和部分（截面较小）在每周期内发生两次磁饱和。磁饱和时磁芯的磁阻很大，磁栅上的漏磁通不能通过铁芯，输出绕组不产生感应电动势。只有在励磁电流每周两次过零时，可饱和磁芯才能导磁，磁栅上的漏磁通使输出绕组产生感应电动势 E。可见感应电动势的频率为励磁电流频率的两倍，而 E 的包络线反映了磁头与磁尺的位置关系，其幅值与磁栅到磁芯漏磁通的大小成正比。

磁头输出的电动势信号经检波，保留其基波成分，则有

$$E = E_{\mathrm{m}} \cos\frac{2\pi x}{W} \cdot \sin(\omega t) \tag{4.60}$$

式中，E_{m} 是感应电动势的幅值；W 是磁栅信号的节距；x 是机械位移量。

4.5.3.2 信号处理

磁栅传感器的信号处理方式有鉴相式、鉴幅式等。下面以鉴相式为例介绍其信号处理过程。

将第二个磁头的电压读出信号移相 90°，两磁头的输出信号则变为

$$\begin{cases} E_1' = E_{\mathrm{m}} \cos\dfrac{2\pi x}{W} \cdot \sin(\omega t) \\ E_2' = E_{\mathrm{m}} \sin\dfrac{2\pi x}{W} \cdot \cos(\omega t) \end{cases}$$

将两路输出相加，则获得总输出：

$$E = E_{\mathrm{m}} \sin\left(\omega t + \frac{2\pi x}{W}\right) \tag{4.61}$$

式（4.61）表明，鉴相处理后，电动势的幅值为常数，其载波相位正比于位移量。用电子线路判断相位角，即可获知位移量和位移的方向。

4.5.4 其他电磁感应式位移传感器

除磁栅传感器外，常见的基于电磁感应原理来检测位移的传感器还有感应同步器、旋转变压器等。

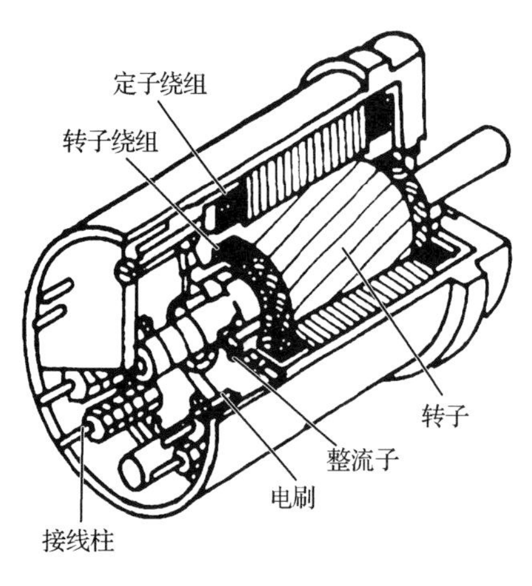

图 4.62 旋转变压器

旋转变压器如图 4.62 所示，其是一种输出电压随转子转角变化的信号元件。当励磁绕组中通入交流电时，输出绕组的电压幅值与转子转角成正弦、余弦函数关系，或保持某一比例关系，或在一定转角范围内与转角呈线性关系。它主要用于坐标变换、三角运算和数据传输，也可以作为两相移相用在角度-数字转换装置中。

感应同步器，是一种将角度或直线位移信号变换为交流电压的位移传感器。它有圆盘式和直线式两种。在高准确度数字显示系统或数控闭环系统中，圆盘式感应同步器用以检测角位移信号，直线式感应同步器用以检测线位移。感应同步器广泛应用于高准确度伺服转台、雷达天线、火炮和无线电望远镜的定位跟踪、精密数控机床以及高准确度位置检测系统。

以直线式感应同步器为例，如图 4.63 所示，其主要部件包括定尺和滑尺，分别

安装在设备的固定部件和运动部件上，利用两个平面形绕组的互感随位置不同而变化的原理制成。与磁栅传感器相同，感应同步器的输出信号也可采用不同的处理方式。从励磁形式来说一般可分为两大类：一类以滑尺（或转子）励磁，由定尺（或定子）取出感应电动势；另一类则相反，目前较多采用的是前一类激励形式。依据信号处理方式，一般可分为鉴相型、鉴幅型和脉冲调宽型三种，而脉冲调宽型本质上也是一种鉴幅型信号处理方式。

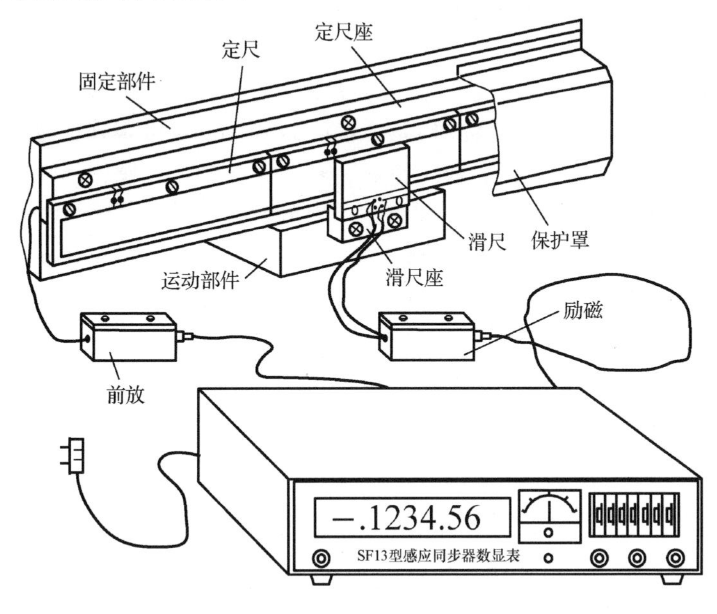

图 4.63　直线式感应同步器

任务 4.6 物位传感器

物位传感器(Level Sensor)，是指能感受被测物的位置并转换成可用输出信号(一般为开关量）的传感器，主要用于监测容器中液位（液体物位）或料位（固体颗粒或粉末物位），广泛用于工业过程控制、仓储管理等场景。物位传感器和位移传感器不一样，它所测量的不是位移或其变化量，而是检测判定被测物位置（如高度）。因此，在大多数情况下，它不需要产生连续变化的模拟量，只需要产生能反映某种状态的开关量就可以了。它常用于数控机床换刀具、工件或工作台到位或行程限制等辅助机能的信号检测。

物位传感器主要分为接触式和非接触式（接近式）两大类。接触式物位传感器，又称机械开关，是能获取两个物体是否接触的信息的一种传感器；而开关型非接触式物位传感器，又称接近开关，是用来判别在某一范围内是否存在某一物体的一种传感器。下面我们将学习常见物位传感器的分类、原理、特性、选型及应用等。

学习目标：

（1）能陈述物位传感器的概念及类型。

（2）能说明各类接触式和非接触式物位传感器的工作原理，并比较其特性。

（3）能举例说明电涡流式、电容式、光电式等接近开关的典型应用。

技能目标：

（1）能够根据各类接近开关的特性和项目需求进行物位传感器选型。

（2）能根据产品说明书，正确进行各类接近开关的安装、调试、标定和维护。

（3）能够规范编写物位传感器的相关技术文档。

（4）具备查阅和实施物位传感器的相关国家标准及行业规范的能力。

4.6.1 接触式物位传感器

这类传感器用微动开关之类的触点器件便可构成。它主要有以下两种：一种是微动开关物位传感器，常用于检测物体位置；另一种是二维矩阵式物位传感器，它一般用于机械手掌内侧，若在手掌内侧安装多个二值触觉传感器，可检测自身与某一物体的接触位置。

传统的物位传感器多为接触式物位传感器，如电位器式物位传感器。此类传感器具备结构简单、价格低廉等优点，但是由于工作过程中摩擦的存在，长期使用必然会导致测量准确度下降，使用寿命缩短。

4.6.2 接近开关的类型及工作原理

接近开关是理想的非接触式物位传感器，其输出为开关量。它能在一定的距离内检测有无物体靠近。当物体与其接近到设定距离时，就可以发出“动作”信号。

根据测量原理和工作场合的不同，常见的接近开关有电涡流式、电容式、霍尔式、光电式等类型。

4.6.2.1 电涡流式接近开关

电涡流式接近开关又称电感式接近开关，它基于电涡流效应工作，其工作原理图如图 4.64 所示。当导体靠近电涡流式接近开关时，其表面产生感应电流，即电涡流。此电涡流反作用到接近开关，使开关内部等效阻抗等电路参数发生变化，由此识别出有无导电物体移近，进而控制开关的通或断。这种接近开关所能检测的物体必须是导电体。

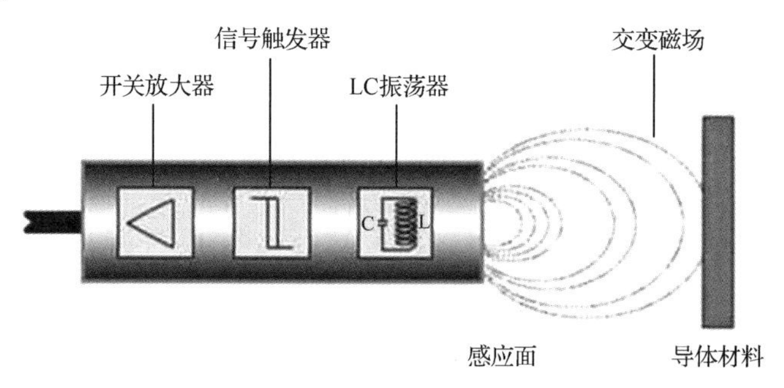

图 4.64 电涡流式接近开关的工作原理图

电涡流式接近开关具有结构简单、响应频率高（大于 200Hz）、抗环境干扰性能好、价格较低等优点，特别适合用于酸类、碱类、氯化物、有机溶剂、液态 CO_2、氨水、PVC 粉料、灰料、油水界面等的液位测量，被广泛应用于各种自动化生产线，机电一体化设备及石油化工、军工、科研等领域，在物理实验中也有应用。

4.6.2.2 电容式接近开关

电容式接近开关的工作原理图如图 4.65 所示，电容式接近开关通常是构成电容器的一个极板，而另一个极板是开关的外壳。这个外壳在测量过程中通常接地或与设备的机壳相连接。当有物体移向接近开关时，电容的介电常数发生变化，从而使电容量发生变化，使得和测量头相连的电路状态也随之发生变化，由此便可控制开关的通或断。这种接近开关检测的物件，不限于导体，可以是绝缘的液体或粉状物等。

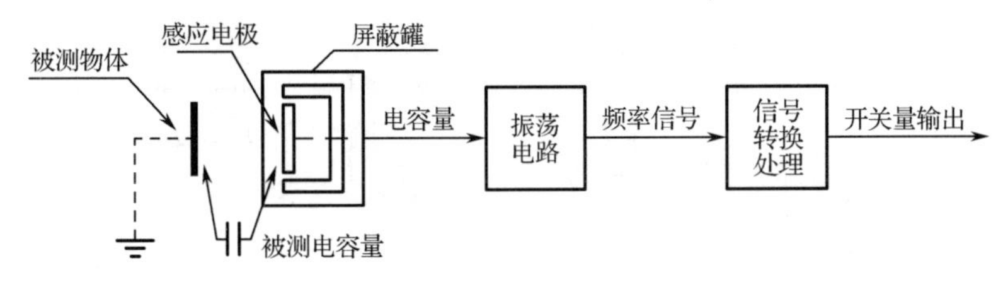

图 4.65　电容式接近开关的工作原理图

4.6.2.3 霍尔式接近开关

霍尔式接近开关基于霍尔效应工作。当磁性物件移近霍尔开关时，开关检测面上的霍尔元件因产生霍尔效应而出现霍尔电动势，从而使开关内部的电路状态发生变化，由此识别出附近有磁性物体存在，进而控制开关的通或断。这种接近开关的检测物件必须是磁性物体。

4.6.2.4 磁簧开关

磁簧开关也称为磁力感应开关，其内部结构类似于通常所说的干簧继电器。它是一种触点传感器，它由两片具有高磁导率的合金簧片组成，密封在一个充满惰性气体的玻璃管中。两个簧片之间保持一定的重叠和适当的间隙，末端镀金作为触点，管外焊接引线。当干簧管所处位置的磁场强度足够大，使触点弹簧片磁化后所产生的磁性吸引力克服弹簧片的弹力时，两弹簧片互相吸引而使触点导通。当磁场减弱到一定程度，借助弹簧片本身的弹力使它释放。体积小、惯性小、动作快是磁簧开关突出的特点，其接点寿命可每次精确且高速动作达数百万次。辅之以磁铁等，磁簧开关可用于风压、流量等参数的超限检测（见图 4.66）。

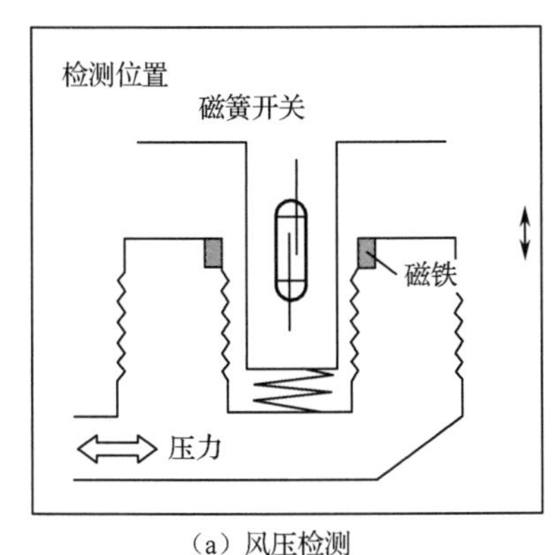

（a）风压检测

检测旋转
磁簧开关
N　S　磁铁
流体
叶轮

（b）流量检测

图 4.66　磁簧开关的应用

4.6.2.5　光电式接近开关

光电式接近开关又称为光电开关，其基于光电效应工作。光电开关有四种工作类型。其中，反射式光电式接式开关将发光器件与光电器件按一定方向安装在同一个检测头内，遮断式则将二者分离，其应用如图 4.67 所示，当有反光面（被检测物）接近时，光电器件接收到反射光后便有信号输出，由此便可“感知”有物体接近。

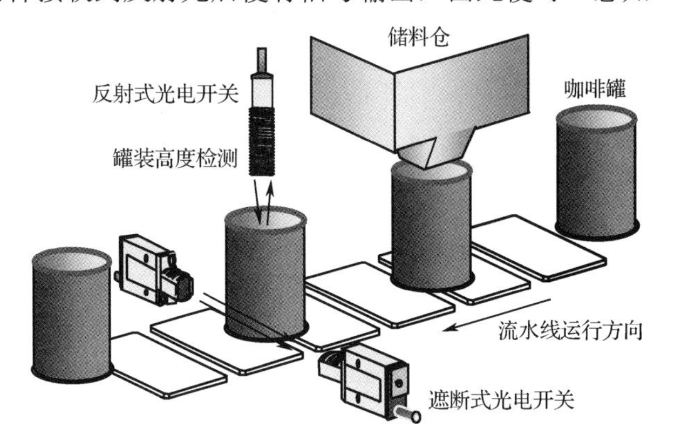

图 4.67　反射式与遮断式光电式接近开关的应用

光电式接近开关具有动作可靠，性能稳定，频率响应快，应用寿命长，抗干扰能力强等优点；并具有防水、防振、耐腐蚀等特点，理论上，任何能使到达光电式接近开关上的光发生变化的对象，都可以利用其进行检测，因此其应用范围非常广泛。不足之处在于对测量的环境条件要求高，适合工作在无粉尘污染、水汽少的场合。

4.6.2.6　热释电式接近开关

热释电式接近开关用能感知温度变化的热释电元件做成。它将热释电元件安装在开关的检测面上，当与环境温度不同的物体接近时，热释电元件的输出发生变化，由此便可检测出有物体接近。

4.6.2.7　超声波式和微波式接近开关

此类接近开关的使用方式和光电式接近开关类似，应用范围非常广泛，基于接收波和发射波的时间差、频率差或相位差，可用于液位、物位、距离、数量等参数的检测，其典型测量范围是 2.5cm～10m。其检测对象可以是固体、液体、粉末，甚至是透明物体。检测与表面的性质无关，表面可以粗糙或平滑、清洁或脏污、潮湿或干燥。

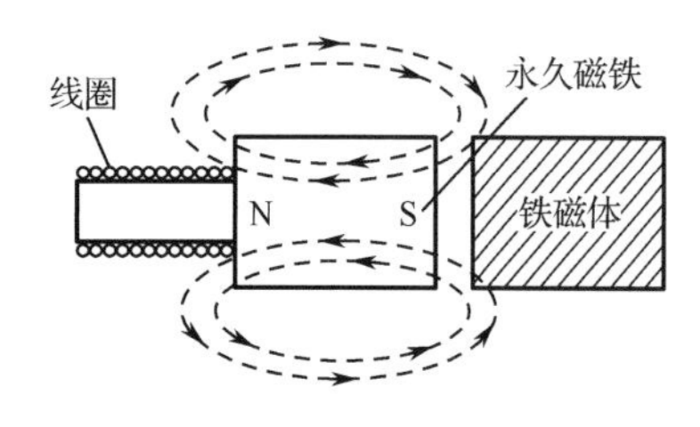

图 4.68　电磁感应式接近开关的工作原理图

4.6.2.8　电磁感应式接近开关

电磁感应式接近开关的工作原理图如图 4.68 所示，当传感器与铁磁体之间有相对运动时，磁力线会发生变化，线圈中能产生感应电流。随着距离的减小，输出信号明显增大。电磁感应式接近开关可用于探测运动磁体。

4.6.3 接近开关的特点及主要性能指标

与机械开关相比，接近开关具有如下特点。

（1）非接触检测，不影响被测物的运行工况；

（2）不产生机械磨损和疲劳损伤，工作寿命长；

（3）响应快，一般响应时间可达几毫秒或十几毫秒；

（4）采用全密封结构，防潮、防尘性能较好，工作可靠性强；

（5）无触点、无火花、无噪声，所以适用于要求防爆的场合（防爆型）；

（6）输出信号大，易于与计算机或 PLC 等连接；

（7）体积小，安装、调整方便。

它的缺点是“触点”容量较小，输出短路时易烧毁。

接近开关的主要性能指标如下。

（1）工作距离：接近开关在实际使用中被设定的安装距离。在此距离内，不产生误动作。

（2）动作距离：又称检测距离，是指被测物按一定方式移动时，从基准位置（接近开关的感应表面）到开关动作时测得的基准位置到检测面的空间距离。额定动作距离是指接近开关动作距离的标称值。

（3）复位距离：接近开关动作后，又再次复位时与被测物的距离，它略大于动作距离。

（4）动作滞差：又称回差值，指动作距离与复位距离之差的绝对值。滞差大，对外界的干扰以及被测物的抖动等的抗干扰能力就强。

（5）重复定位准确度（重复性）：它表征多次测量动作距离。其数值离散性的大小一般为动作距离的 1%～5%。离散性越小，重复定位准确度越高。

（6）动作频率：又称响应频率，指每秒连续不断地进入接近开关的动作距离后又离开的被测物的个数或次数。以产品计数器为例，单位时间内通过的被测产品数应低于接近开关的额定动作频率。

扫码看微课

接近开关的选型及应用

4.6.4 接近开关的选型及应用

接近开关在日常生活、工业生产、航空航天等场合中都有广泛的应用。在日常生活中，如在银行、宾馆、车库的自动门上，自动热风机上都有应用；在安全防盗方面，如资料档案、财会、金融、博物馆、金库等重地，通常都装有由各种接近开关组成的防盗装置；在控制领域，如对位移、速度、加速度等的极限控制，也都使用了大量的接近开关。

在一般的工业生产场所，通常都选用电涡流式接近开关和电容式接近开关，这是因为这两种接近开关对环境的要求条件较低。当被测物是导电物体或可以固定在一块金属物上时，一般都选用电涡流式接近开关，因为它的动作频率高、抗环境干扰性能好、应用范围广、价格较低。

若被检测的是非金属（或金属）、液位元高度、粉状物高度、塑胶、烟草等，则应选用电容式接近开关。这种开关的动作频率低，但稳定性好。安装时应考虑环境因素的影响。

若被测物为导磁材料或者内置磁钢等形成的导磁物体，应选用霍尔式接近开关，它的价格最低。

在环境条件比较好、无粉尘污染的场合，可采用光电式接近开关。它在工作时对被测物几乎无任何影响。因此，其在要求较高的传真机、烟草机械上都有广泛的应用。

在防盗系统中，自动门通常使用热释电式接近开关、超声波式接近开关或微波式接近开关。有时为了提高识别的可靠性，上述几种接近开关往往被复合使用。

无论选用哪种接近开关，都应注意对工作电压、负载电流、响应频率、检测距离等各项指标的要求。

任务 4.7 位移传感器的应用及特性测试

在空间中，如果要准确描述物体位置，就需要采用位移传感器来进行测量。在本任务中，我们将进一步学习位移传感器的应用，并开展电涡流式传感器、电容式传感器、超声波传感器的特性测试。

知识目标：

（1）结合测试过程和结果，能识别差动螺线管式传感器、差动变压器式传感器、电涡流式传感器、电容式传感器和超声波传感器模块的电路构成，能归纳总结其工作原理、特性和应用。

（2）学会位移传感器的校验标定方法。

技能目标：

（1）能正确使用万用表、示波器等工具和仪器仪表。

（2）能根据技术规范要求正确进行系统装调、位移传感器标定、相关参量测量、数据记录和实验报告撰写。

4.7.1 差动螺线管式传感器的标定及频率特性测试

差动螺线管式传感器由两个次级线圈、衔铁等组成。当衔铁和线圈的相对位置变化时，呈差动连接的螺线管线圈的等效电感值发生改变，一个减小，一个增大。

本节的目的是让读者了解差动螺线管式传感器的原理、特性和应用及其标定。

（1）按图 4.69 所示的接线图连接差动螺线管式传感器模块各器件。

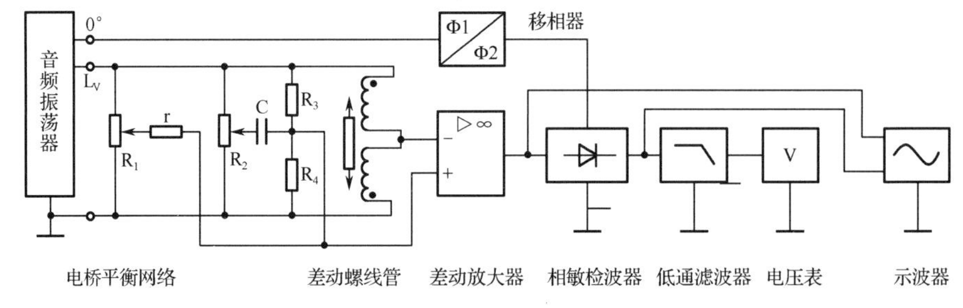

图 4.69 差动螺线管式传感器模块的接线图

（2）装上测微头上下调整使差动螺线管铁芯处于线圈中段位置。

（3）开启主、副电源，利用示波器进行测量，调整音频振荡器幅值调节旋钮，使激励电压峰-峰值 V_{P-P} 为 2V。

（4）利用示波器和电压表进行测量，调整各调零及平衡电位器，使电压表指示为零。

（5）给梁一个较大的位移，调整移相器，使电压表指示为最大；同时用示波器观察相敏检波器的输出波形。

（6）旋转测微头，每隔 0.1mm 读数，记录测试数据填入表 4.1 中。

表 4.1　差动螺线管式传感器的标定

x/mm									
V_{P-P}/V									

（7）转动测微头，脱离振动平台并远离，使振动台振动时不至于再被吸住，这时振动台处于自由静止状态；开启主、副电源。

（8）调整电桥平衡网络的电位器 R_1 和 R_2，使差动放大器输出端输出的信号最小，这时差动放大器的增益旋钮旋至最大（如果电桥平衡网络调整不过零，则需要调整电感中铁芯上下的位置）。

（9）调整差动放大器的调零电位器，使相敏检波器输出端的两个半波的基准一致。

（10）将低频振荡器输出接入激振线圈，调节低频振荡器的频率旋钮和幅度旋钮，固定至某一位置，使振幅适中。

（11）将音频旋钮置 5kHz 挡，幅度旋钮置 $2V_{P-P}$ 挡；用示波器观察各单元（即差放、检波、低通）输出的波形（示波器 X 轴扫描为 5～10ms/div，Y 轴 CH1 或 CH2 旋钮调至 0.2～2V 挡）。

（12）保持低频振荡器幅度不变，调节低频振荡器的频率 f，用示波器观察低通滤波器的输出，读出峰-峰电压值 V_{P-P}，记录结果并填入表 4.2 中。

表 4.2　差动螺线管式传感器的频率特性测试

f/Hz									
V_{P-P}/V									

【任务拓展】

（1）根据表 4.1 中所记录的测试结果，绘制差动螺线管式传感器的位移特性曲线，指出其线性范围、灵敏度和线性度。

（2）用测微头调节振动平台位置，使在示波器上观察到的差动螺线管式传感器的输出端信号为最小，这个最小电压是多少？是由于什么原因造成的？怎么解决？

（3）根据表 4.2 所示的实验结果，绘制梁的幅频特性曲线，给出振动平台谐振频率的范围。

4.7.2　差动变压器式传感器的标定及频率特性测试

差动变压器式传感器由衔铁、初级线圈、次级线圈和线圈骨架等组成。当衔铁跟随被测物在平衡位置附近上下运动时，两次级线圈的互感量一增一减，相应的感应电压随着改变。

本节的目的是让读者了解差动变压器式传感器的原理、特性和应用及其标定。

将图 4.69 所示的差动螺线管式传感器替换为差动变压器式传感器，重复 4.7.1 节的步骤，完成相应参数的测量和记录。

【任务拓展】

（1）根据所记录的测试结果，绘制差动变压器式传感器的位移特性曲线，指出其线性范围、灵敏度和线性度。

（2）根据所记录的测试结果，绘制梁的幅频特性曲线，给出振动台谐振频率的范围，和 4.7.1 节中所得的结果进行比较，并给出解释。

4.7.3 电涡流式传感器的标定及频率特性测试

电涡流式传感器由平面线圈和金属涡流片组成，基于电涡流效应工作。当线圈中通以高频交变电流后，线圈中的等效阻抗与进入其中的导体的电阻率、磁导率、厚度、温度以及二者间的距离 x 有关。固定其他参数，则线圈的阻抗 Z 只与距离 x 有关。将阻抗 Z 变化经涡流变换成电压 V 输出，则输出电压是距离 x 的单值函数。

本节的目的是让读者了解电涡流式传感器的原理、特性及应用。

（1）观察电涡流式传感器的结构，完成电涡流式传感器模块的安装，其安装示意图如图 4.70 所示。

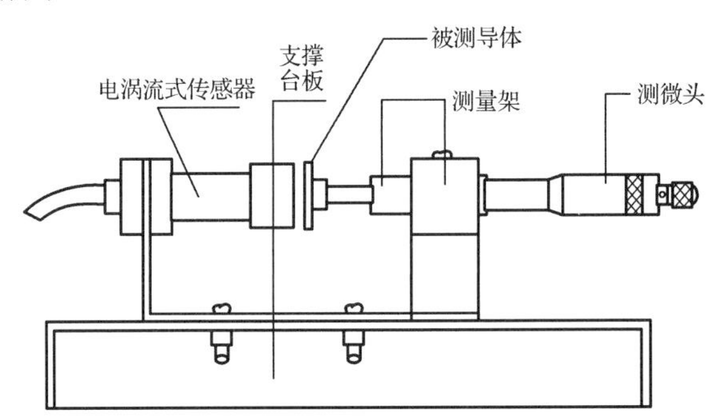

图 4.70　电涡流式传感器模块的安装示意图

（2）用导线将传感器输出端连接图 4.71 所示的转换电路模块输入端，将电路输出端接至 F/V 表，电压表置于 20V 挡，开启主、副电源。

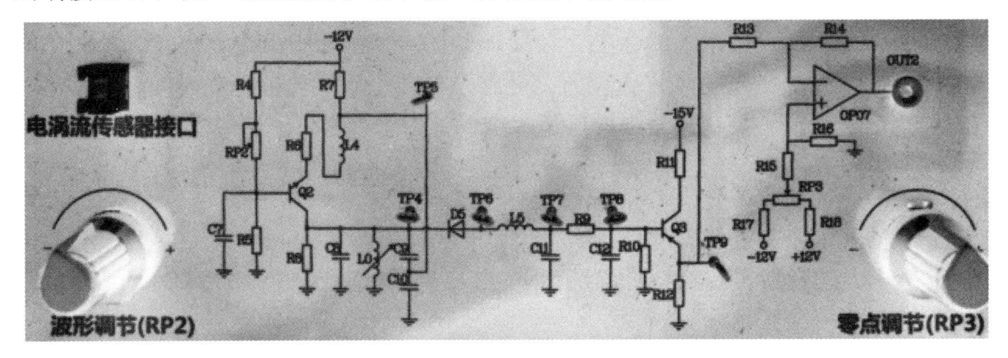

图 4.71　电涡流式传感器的测试模块

（3）用示波器观察转换电路（测试）模块输出端的波形，调节波形调节旋钮 RP2 以形成振荡波形。

（4）调节传感器的位置，使其与被测导体（如铁皮）接触，调节零点调节旋钮 RP3 使输出电压为 0V；选定测微头旋钮，每隔 0.2mm 进行一次测量，结果填入表 4.3 中。

表 4.3　电涡流式传感器的标定

x/mm									
V/V									

（5）更换被测导体（如铜片等），重复步骤（1）～（4），完成相应参数的测量和记录。

（6）将差动螺线管式传感器替换为电涡流式传感器，重复 4.7.1 节的步骤（7）～（12），完成相应测试，将结果填入表 4.4 中。

表 4.4　电涡流式传感器的频率特性测试

f/Hz									
V/V									

【任务拓展】

（1）根据表 4.3 中所记录的测试结果，绘制电涡流式传感器的位移特性曲线，指出其线性范围、灵敏度和线性度。

（2）用电涡流式传感器进行非接触位移测量时，应如何选择？

4.7.4　电容式传感器的标定及位移特性测试

差动变面积式电容式传感器由两组定片和一组动片组成。当安装于平台上的动片随被测物体移动时，与两组定片之间的重叠面积发生变化，极间电容也发生相应的变化，成为差动电容，经电容转换电路输出电信号。

本节的目的是让读者了解电容式传感器的原理、特性和应用及其标定。

（1）将图 4.71 所示的电涡流式传感器替换为差动变面积式电容式传感器，完成各模块接线。

（2）将电容式传感器模块的输出与电容转换电路相连；转换电路输出接 F/V 表或万用表（20V 挡）；调节零点调节旋钮，使输出电压为 0V。

（3）转动测微头（初始值为旋进最大位移），每次 0.1mm，记录此时测微头的读数及电压表的读数填入表 4.5，直至电容动片与定片覆盖面积最大为止。

表 4.5　差动变面积式电容式传感器的标定

正向	x/mm									
	V/V									
反向	x/mm									
	V/V									

（4）反方向旋转测微头，重复步骤（3），测试并记录值于表 4.5。

【任务拓展】

根据表 4.5 所记录的测试结果，绘制电容式传感器的位移特性曲线，指出其线性范围、灵敏度和线性度。

4.7.5　超声波传感器的标定及位移特性测试

反射型超声波传感器的超声发射探头和接收探头均位于被测物同侧，根据发射和接收的时间差，经计算可获得两者间的距离。

本节的目的是让读者了解超声波传感器的原理、特性和应用及其标定。

（1）将图 4.71 所示的电涡流式传感器替换为超声波传感器，完成各模块接线。

（2）将超声波传感器模块的输出接 F/V 表或万用表（20V 挡）；当超声波传感器与被测物初接触时，调节零点调节旋钮，使输出电压为 0V。

（3）转动测微头，每次 0.2mm，记录此时测微头的读数及输出电压填入表 4.6。

表 4.6　超声波传感器的标定

x/mm									
V/V									

【任务拓展】

根据表 4.6 中所记录的测试结果，绘制超声波传感器的位移特性曲线，指出其线性范围、灵敏度和线性度。

习　题

一、选择题

1．电涡流式接近开关可以利用电涡流原理检测出________的靠近程度。

A．人体　　B．水　　C．金属零件　　D．塑料零件

2．电涡流探头的外壳用________制作较为恰当。

A．不锈钢　　B．塑料　　C．黄铜　　D．玻璃

3．在两片间隙为 1mm 的平行极板的间隙中插入________，可测得最大的电容量。

A．塑料薄膜　　B．干的纸　　C．湿的纸　　D．玻璃薄片

4．轿车的保护气囊可用________来控制。

A．气敏传感器　　B．湿敏传感器

C．差动变压器　　D．电容式加速度传感器

5．用图 4.72 所示的方法测量齿数 z=8 的齿轮的转速，测得 f=400Hz，则该齿轮的转速 n=________r/min。

A．400　　B．300　　C．3000　　D．3600

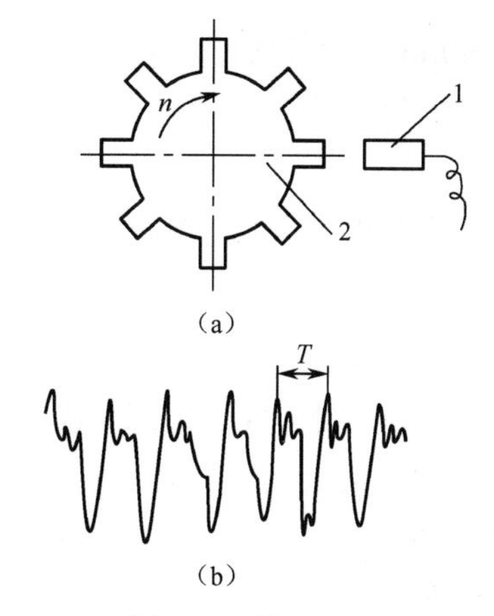

(a)

(b)

图4.72　转速测量

6．对港口吊车吊臂深部的缺陷定期探伤，宜采用________；对涂覆防锈漆的输油管外表面缺陷探伤，宜采用________。

A．电涡流，测量电阻值　　B．超声波，荧光染色渗透

C．测量电阻值，X光　　D．超声波，电涡流

7．电容式传感器测量固体或液体物位时，应该选用________。

A．变间隙式　　B．变面积式

C．变介电常数式　　D．空气介质变间隙式

8．电子卡尺的分辨率可达0.01mm，行程可达200mm，它的内部所采用的电容式传感器形式是________。

A．变极距式　　B．变面积式　　C．变介电常数式

9．大面积钢板探伤时，耦合剂应选________为宜；给人体做B超时，耦合剂应选________。

A．自来水　　B．机油　　C．液体石蜡　　D．化学浆糊

10．不能用涡流式传感器进行测量的是________。

A．位移　　B．材质鉴别　　C．探伤　　D．非金属材料

11．在电容式传感器中，若采用调频法转换电路，则电路中________。

A．电容和电感均为变量　　B．电容是变量，电感保持不变

C．电容保持常数，电感为变量　　D．电容和电感均保持不变

12．有一只十码道的绝对式编码器，其分辨率为________，可分辨的最小角位移是________。

A．$\frac{1}{2^{10}}$,0.35°　　B．$\frac{1}{10}$,0.35°　　C．$\frac{1}{2^{10}}$,3.6°　　D．$\frac{1}{10}$,0.01°

13．有一个2048位增量式编码器，其光敏元件在30s内连续输出了204800个脉冲，则该编码器转轴的转速为________。

A．204800r/min　　B．60×204800r/min

C．(100÷30)r/min　　D．200r/min

14．数字式物位传感器不能用于________的测量。

A．机床刀具的位移　　B．机械手的旋转角度

C．人体步行速度　　D．机床的位置控制

15．欲测量微小（例如 50μm）的位移，应选择________自感式传感器。希望线性好、灵敏度高、量程为 1mm 左右、分辨力为 1μm 左右，应选择________自感式传感器为宜。

A．变隙式　　B．变面积式　　C．螺线管式　　D．互感式

二、计算分析题

1．用某电涡流式测振仪测量某机器主轴的轴向窜动，其安装如图 4.73（a）所示。已知传感器的灵敏度 K=25mV/mm。最大线性范围（优于 1%时）为 5mm。现将传感器安装在主轴的右侧，使用计算机记录下的振动波形如图 4.73（b）所示。求：

（1）轴向振动的振幅 A 为多少？

（2）主轴振动的基频 f 是多少？

（3）为了得到较好的线性度与最大的测量范围，传感器与被测金属的安装距离 l 为多少毫米为佳？

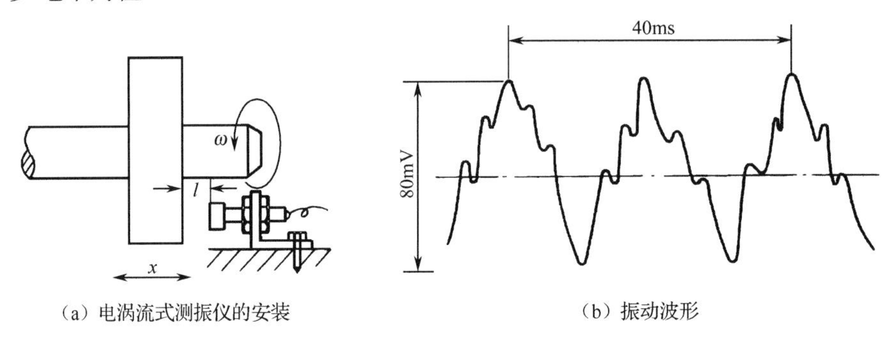

（a）电涡流式测振仪的安装　　（b）振动波形

图 4.73　电涡流式测振仪测量示意图

2．现有一电容式油量仪，如图 4.74 所示，试分析其工作原理。

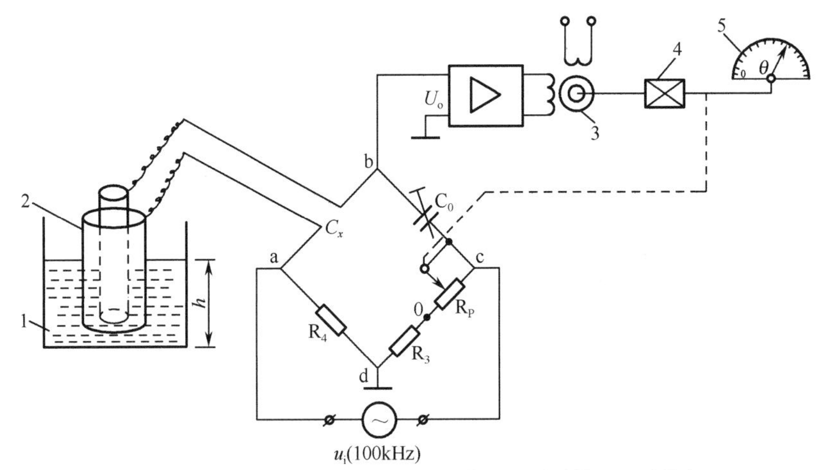

1—油箱；2—圆柱形电容器；3—伺服电动机；4—减速箱；5—油量表。

图 4.74　电容式油量仪

3．根据已学过的知识设计一个超声波探伤实用装置（画出原理框图），并简要说明它探伤的工作过程。

4．如果要求监测钻井过程的进尺和机械钻速，你认为采用何种检测原理（或传

感器）较合适？请简述其检测流程和原理。

5．光柱显示编码式液位计的原理示意图如图 4.75 所示。玻璃连通器 3 的外圆壁上等间隔地套着 n 个不锈钢圆环，显示器采用 101 线 LED 光柱（第一线常亮，作为电源指示）。请结合所学知识，回答下列问题。

（1）该方法肯定不是采用电容式传感器中的变________原理；

（2）被测液体应该是导________液体；

（3）设 n=32，h_2=8m，该液位计的分辨率为________%；

（4）该液位计的分辨力 h_2/n 为________；

（5）设当液体上升到第 32 个不锈钢圆环的高度时，101 线 LED 光柱全亮，则当液体上升到 m=8 个不锈钢圆环的高度时，共有________线 LED 光柱被点亮。

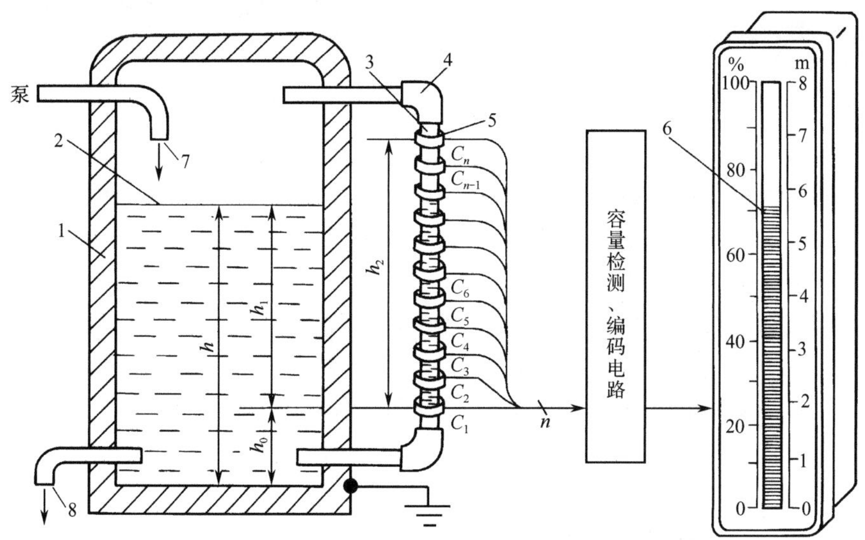

1—储液罐；2—液面；3—玻璃连通器；4—钢质直角接头；5—不锈钢圆环；
6—101 线 LED 光柱；7—进水口；8—出水口。

图 4.75　光柱显示编码式液位计的原理示意图

6．粮食部门在收购、存储谷物、菜籽等时，需测定这些粮食、种子的干燥程度，以防霉变。请根据已学过的知识，设计一台粮食含水量测试仪，要求：

（1）能显示在标准质量（100g）条件下粮食的含水量（一般在 10%～20%）；

（2）能进行粮食品种的选择（能输入不同的纠正系数）；

（3）粮食易于倒入及倒出；

（4）外壳对操作者有静电屏蔽作用（可减少手的影响），引线从下方中心处接出，并考虑与周边接地外壳绝缘；

（5）画出传感器的结构简图、信号调理框图，并说明其工作原理及优、缺点。

7．工业生产中常常需要对产品进行计数（产品的性能可假设，如反光固体、磁性固体等），请设计一种计数方法并说明其工作原理（文字+示意图）。

答题要点：（1）说明选用何种检测原理（或传感器）进行计数的理由；

（2）用“文字+示意图”说明如何把生产线上的产品数量转换为可用信号的输出；

（3）要求技术思路逻辑合理，变换流程清晰；

（4）可以是“奇思妙想”，但必须具有可行性。

项目 5 力学量传感器

在现代物理中，力是最基本和最常见的工作载荷，也是引起物质运动变化的直接原因。力学量传感器，又称力敏传感器，是对张力、拉力、压力、重量、扭矩、内应力和应变等力学量敏感的一类器件或装置，通过对这些参数的测量，可分析构件的受力状况和工作状态，验证设计计算，确定工作过程和某些物理现象的机理。

力学量传感器的种类繁多，其中应用最为广泛的是电阻应变式传感器，它具有极低的价格和较高的准确度以及较好的线性特性。

任务 5.1 电阻应变式传感器

电阻应变式力传感器基于电阻应变效应制作而成，主要由电阻应变片及转换电路等构成。当导体或半导体电阻受到外力作用后，内部产生机械变形（拉伸、压缩、弯曲、扭转形变或切变），其阻值也发生变化，这种现象称为应变效应。下面我们将学习电阻应变式传感器的结构、原理和特性，温漂与补偿，应用案例等内容。

知识目标：

（1）能陈述电阻应变式传感器的结构和分类，并能描述其工作原理和特性。

（2）能陈述应变片的选用和粘贴方法，并能归纳应变片的布片和组桥方法。

（3）能解释温漂现象，描述电桥电路补偿等补偿方法。

（4）能举例说明应变式力敏传感器在力、压力、加速度等测量中的应用。

技能目标：

（1）能够根据电阻应变式传感器的特性和项目需求进行传感器选型。

（2）能根据产品说明书，正确进行电阻应变式传感器的安装、调试、标定和维护。

（3）能够规范编写电阻应变式传感器的相关技术文档。

（4）具备查阅和实施电阻应变式传感器的相关国家标准及行业规范的能力。

5.1.1 应变片的构成及工作原理

根据材料的不同，电阻应变式力传感器可分为金属丝式［见图 5.1（a）］、金属箔式［见图 5.1（b）］、薄膜式和半导体式等类型。它们的结构和工作原理基本相同，下面以金属丝式电阻应变式力传感器为例展开介绍。

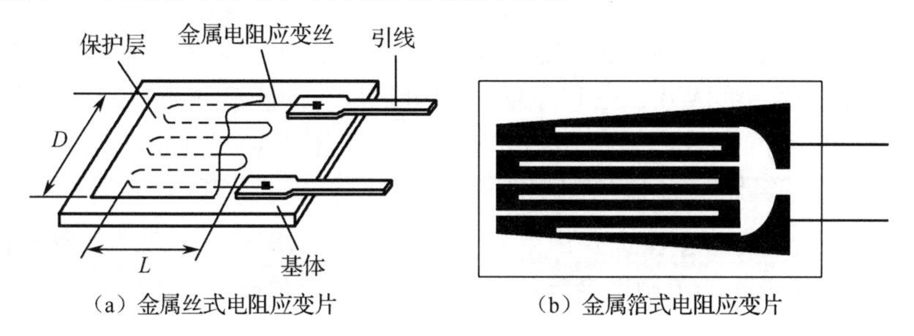

（a）金属丝式电阻应变片　（b）金属箔式电阻应变片

图 5.1　电阻应变式力传感器的类型

如图 5.1（a）所示，电阻应变片由敏感栅（金属电阻应变丝）、基底（基体）、盖片（保护层）、引线和黏结剂等组成。这些部分所选用的材料将直接影响应变片的性能，因此，应根据使用条件和要求合理地加以选择。其中，电阻应变片的电阻值有 60Ω、120Ω、200Ω 等多种规格，以 120Ω 最为常用。

金属丝拉伸如图 5.2 所示，设有一根长度为 l、截面积为 S、电阻率为 ρ 的金属丝，其电阻为 R，其阻值可表示为

$$R=\rho\frac{l}{S}=\rho\frac{l}{\pi r^2} \tag{5.1}$$

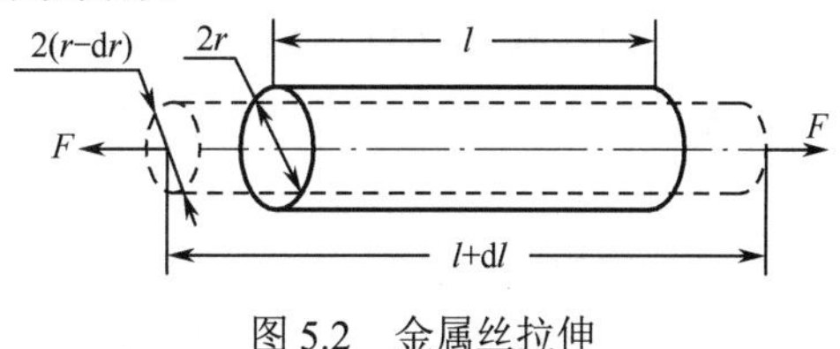

图 5.2　金属丝拉伸

当沿金属丝的长度方向作用均匀时，式（5.1）中的 ρ、l、r 都将发生变化，从而导致其阻值发生变化，

$$\frac{\mathrm{d}R}{R}=\frac{\mathrm{d}\rho}{\rho}+\frac{\mathrm{d}l}{l}-2\frac{\mathrm{d}r}{r} \tag{5.2}$$

由材料力学知，径向（横向）应变 $\varepsilon_r=-\mu\varepsilon$，$\mu$ 为电阻丝材料的泊松比，如钢的泊松比约为 0.3，则

$$\frac{\mathrm{d}R}{R}=\frac{\mathrm{d}\rho}{\rho}+\frac{\mathrm{d}l}{l}(1+2\mu)=\frac{\mathrm{d}\rho}{\rho}+\varepsilon(1+2\mu) \tag{5.3}$$

由于相应参量变化非常微小，故将微分 dR、dρ 改写成增量 ΔR、$\Delta\rho$，则

$$\frac{\Delta R}{R}=\left(1+2\mu+\frac{\Delta\rho/\rho}{\Delta l/l}\right)\frac{\Delta l}{l}=K_S\varepsilon \tag{5.4}$$

式中，ε 为材料的轴向（纵向）应变；比例系数 K_S 称为金属丝的应变灵敏系数，表示单位应变引起的电阻相对变化。

K_S 由两部分组成：前一部分是（$1+2\mu$），由材料的几何尺寸变化引起，一般金属 $\mu\approx0.3$，因此（$1+2\mu$）≈1.6；后一部分为 $\dfrac{\Delta\rho/\rho}{\Delta l/l}$，电阻率变化随应变而引起（称为“压阻效应”）。

对于金属材料，以前者为主，则 $K_S\approx1+2\mu$，实验表明，在金属丝拉伸比例极限内，

电阻相对变化量与轴向应变成正比，通常在 1.8～4.6 范围内。金属应变片的敏感栅有丝式、箔式和薄膜式三类，在外表面积一定的情况下，与粘贴对象的接触面积依次递增，故随着工艺的改善，应变片漂移、蠕变、疲劳等弱点都有很大的改善。金属丝式应变片蠕变较大，金属丝易脱胶，但其价格便宜，多用于应变、应力的大批量、一次性试验；金属箔式应变片的敏感元件是通过光刻、腐蚀等工序制成的薄金属箔栅，散热条件较好，在长时间测量中的蠕变较小，一致性较好，适合于大批量生产，目前广泛用于各种应变式传感器中；薄膜式应变片采用真空蒸或真空沉积法等在薄的绝缘基片上形成 0.1μm 以下的金属电阻材料薄膜敏感栅，最后加上保护层，易实现工业批量生产，其电阻值比箔式应变片高，形状和尺寸也比箔式应变片的更小、更精确，是一种很有前途的新型应变片。

对于半导体材料，K_S 值主要由电阻率相对变化所决定，通常是金属材料的几十倍甚至上百倍。但过高的灵敏度会导致其抗温漂能力相对较弱，且其一致性存在不足。

5.1.2　应变片的布片和组桥形式

金属应变片的电阻变化范围很小，如果直接用欧姆表测量其电阻值的变化将十分困难，且误差很大，因此要把应变片发生机械形变后带来的电阻变化 ΔR 转换成电压或电流的变化并放大后，才能用电测仪表进行测量。

5.1.2.1　桥式转换电路

由于交流运算放大器的温漂较小，故电阻应变片多采用交流电桥电路，四个桥臂为电阻，将阻值变化转变为电信号，然后再用交流放大器放大输出。其原理和直流电桥电路相似，若采用四个完全相同的应变电阻 $R_i(i=1,2,3,4)$构成四臂全桥电路，则电桥电路的输出电压 U_o 和四个应变电阻感受到的应变 $\varepsilon_i(i=1,2,3,4)$之间的关系为

$$U_o=\frac{U}{4}\left(\frac{\Delta R_1}{R}-\frac{\Delta R_2}{R}-\frac{\Delta R_3}{R}+\frac{\Delta R_4}{R}\right)=\frac{UK}{4}(\varepsilon_1-\varepsilon_2-\varepsilon_3+\varepsilon_4)\tag{5.5}$$

在实际应用中，应变电阻 R_i 不可能严格呈比例关系，因此即使在未受力时，电桥电路的输出也不应定为零，因此必须设置调零电路，带调零的桥式电路如图 5.3 所示。

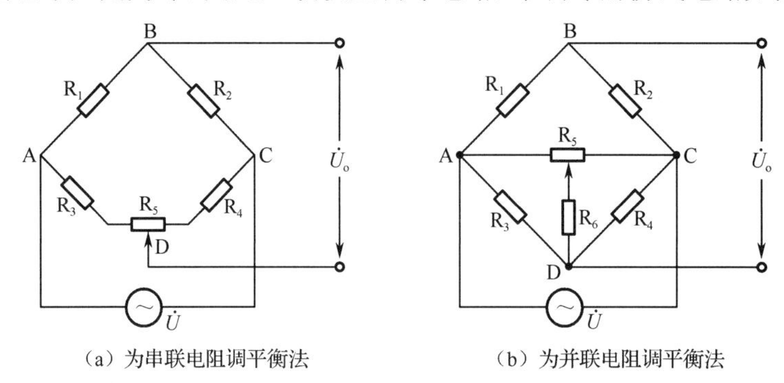

图 5.3　带调零的桥式电路

5.1.2.2　应变片布片及组桥

在采用电阻应变片进行测量时，应变片的布片方向必须与被测物体的应变方向一致。为提高传感器的灵敏度，应变片应尽可能粘贴在应变程度最大位置处。典型

的拉伸（压缩）、弯曲应变的布片和组桥形式分别如表 5.1 和表 5.2 所示。若为扭转或其他复杂应变，则布片及组桥形式又有所区别。

表 5.1　拉伸（压缩）应变的布片和组桥形式

序号	受力状态简图	应变片数量	组桥形式：电桥形式	组桥形式：电桥接法	温度补偿情况	电桥输出电压	测量项目及应变值	特点
1	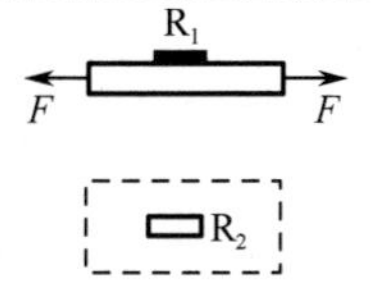 R_1; F, F; R_2	2	半桥式	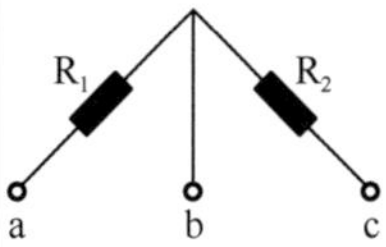 R_1, R_2; a, b, c	R_1与R_2同温	$u_o=\frac{1}{4}u_iS_g\varepsilon$	拉（压）应变 $\varepsilon=\varepsilon_r$	不能消除弯矩的影响
2	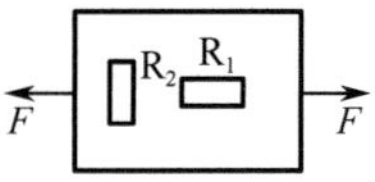 R_2, R_1; F, F	2			互为补偿	$u_o=\frac{1}{4}u_iS_g\varepsilon(1+\mu)$	拉（压）应变 $\varepsilon=\frac{\varepsilon_r}{(1+\mu)}$	输出电压提高到（1+μ）倍，不能消除弯矩的影响
3	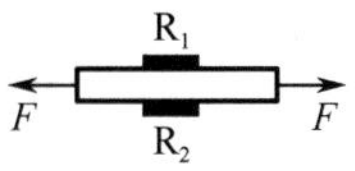 R_1, R_2; F, F	4	半桥式	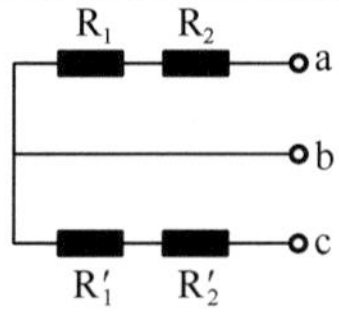 R_1, R_2, R_1', R_2'; a, b, c	R_1、R_2、R_1'、R_2'四片同温	$u_o=\frac{1}{4}u_iS_g\varepsilon$	拉（压）应变 $\varepsilon=\varepsilon_r$	可以消除弯矩的影响
4	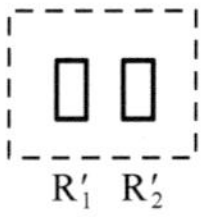 R_1', R_2'	4	全桥式	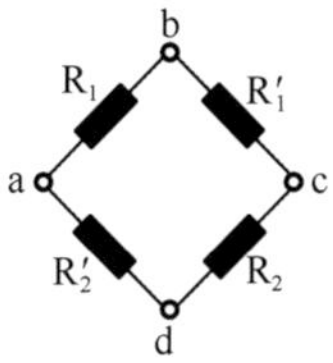 R_1, R_1', R_2', R_2; a, b, c, d		$u_o=\frac{1}{2}u_iS_g\varepsilon$	拉（压）应变 $\varepsilon=\varepsilon_r/2$	输出电压提高一倍，且可消除弯矩的影响
5	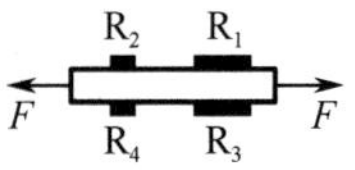 R_2, R_1, R_4, R_3; F, F	4	半桥式	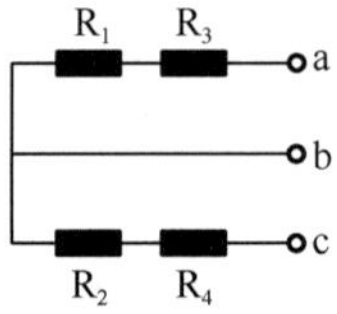 R_1, R_3, R_2, R_4; a, b, c	互为补偿	$u_o=\frac{1}{4}u_iS_g\varepsilon(1+\mu)$	拉（压）应变 $\varepsilon=\frac{\varepsilon_r}{(1+\mu)}$	输出电压提高（1+μ）倍，且可消除弯矩的影响
6	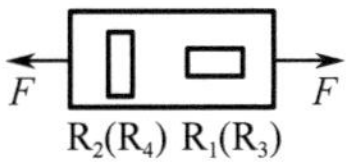 F, F; $R_2(R_4)$ $R_1(R_3)$	4	全桥式	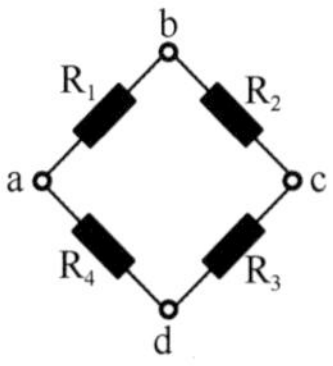 R_1, R_2, R_4, R_3; a, b, c, d		$u_o=\frac{1}{2}u_iS_g\varepsilon(1+\mu)$	拉（压）应变 $\varepsilon=\frac{\varepsilon_r}{2(1+\mu)}$	输出电压提高2（1+μ）倍，且可消除弯矩的影响

表中符号说明：S_g—应变片的灵敏度；u_i—供桥电压；μ—被测物体的泊松比；ε_r—应变仪读数，即指示应变；ε—所要测量的机械应变值。

表 5.2　弯曲应变的布片和组桥形式

序号	受力状态简图	应变片数量	组桥形式		温度补偿情况	电桥输出电压	测量项目及应变值	特点
			电桥形式	电桥接法				
1	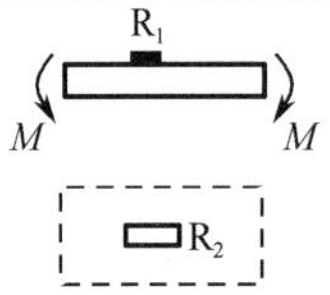 R_1 M M R_2	2	半桥式	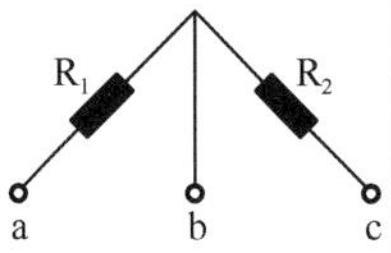 R_1 R_2 a b c	R_1与R_2同温	$u_o=\frac{1}{4}u_iS_g\varepsilon$	弯曲最大应变 $\varepsilon=\varepsilon_r$	不能消除拉伸的影响
2	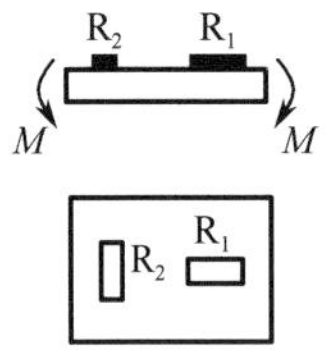 R_2 R_1 M M R_2 R_1	2			互为补偿	$u_o=\frac{1}{4}u_iS_g\varepsilon(1+\mu)$	弯曲最大应变 $\varepsilon=\frac{\varepsilon_r}{(1+\mu)}$	输出电压提高到$(1+\mu)$倍，不能消除拉伸的影响
3	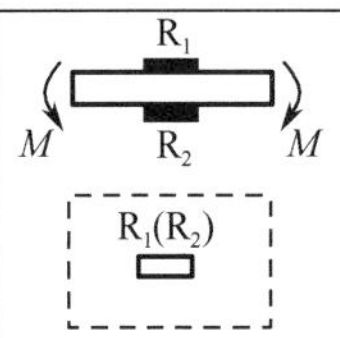 R_1 M R_2 M $R_1(R_2)$	2	半桥式	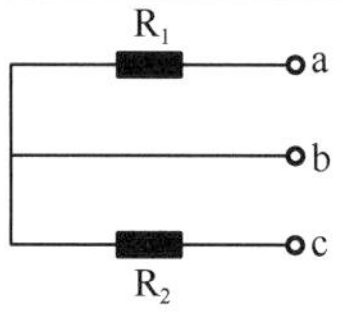 R_1 a b c R_2	互为补偿	$u_o=\frac{1}{2}u_iS_g\varepsilon$	弯曲最大应变 $\varepsilon=\frac{\varepsilon_r}{2}$	输出电压提高一倍，且可消除拉伸的影响
4	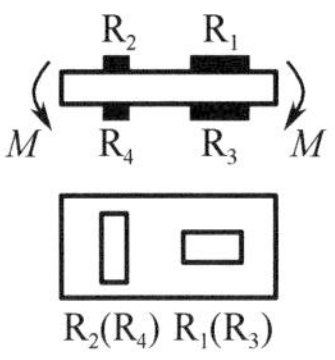 R_2 R_1 M R_4 R_3 M $R_2(R_4)$ $R_1(R_3)$	4	全桥式	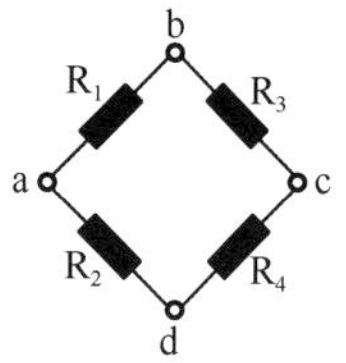 b R_1 R_3 a c R_2 R_4 d		$u_o=\frac{1}{2}u_iS_g\varepsilon(1+\mu)$	弯曲最大应变 $\varepsilon=\frac{\varepsilon_r}{2(1+\mu)}$	输出电压提高到$2(1+\mu)$倍，且可消除拉伸的影响

5.1.3　温漂及其补偿

理论上，应变片的阻值仅随被测物体的应变而变化，不受其他因素的影响。实际上，应变片的阻值受环境温度（包括被测物体的温度）的影响很大。环境温度变化引起的电阻变化与物体应变所造成的电阻变化几乎有相同的数量级，从而产生很大的测量误差，称为应变片的温度误差，又称热输出。因环境温度改变而引起电阻变化的两个主要因素：一是应变片的电阻丝（敏感栅）具有一定的温度系数 α_t；二是电阻丝材料与测试材料的线膨胀系数 β_g、β_e 不同。

常见的克服温漂的方法有单丝自补偿、双丝自补偿、电桥电路补偿、线路补偿（采用热敏电阻）等。其中，电桥电路补偿法较为常见，且易于实现。

采用图 5.3 所示的桥式电路，应选择两个或四个相同的应变电阻以构成双臂半桥或四臂全桥电路，当它们处于同一温度环境下时，温度引起的电阻变化值均相同，不会影响电压引出点处的电位，从而克服温漂。

由式（5.5）可知，在应变测量过程中，电桥中相邻桥臂的应变电阻阻值变化趋势应相反，以提高传感器的灵敏度。

5.1.4　应变片的选用与粘贴

应变片是通过黏结剂粘贴到被测物体上的，其粘贴质量直接影响应变量的准确度。选用电阻应变片进行测量时，通常需要经过选片、表面处理与划线定位、贴片、接桥、密封防潮等步骤，从而使粘贴方向和应变（最大）方向一致、应变片和粘贴对象应变程度一致。干燥固化后的应变片用数字万用表检查有无短路、断路现象，并测出应变片与被测物体之间的绝缘电阻，长期测量时应大于 500MΩ，临时测量大于 20MΩ。

扫码看微课

电阻应变式传感器的应用

5.1.5　电阻应变式传感器的应用

电阻应变式传感器适用于缓变量的检测，其应用可分为两大类：第一类是将应变片粘贴于某些弹性体上，并将其连接转换电路，这样就构成测量各种物理量的专用应变式传感器，此时敏感元件一般为各种弹性体，转换元件就是应变片，转换电路一般为电桥电路；第二类是将应变片贴于被测物体上，然后将其接到应变仪上就可直接从应变仪上读取被测物体的应变量。

5.1.5.1　应变式力敏传感器

力的测量可以在被测物体上直接布片组桥，也可以在弹性元件上布片组桥，组成各种测力仪。常用的用于变换力的弹性元件有柱式、梁式、环式、轮辐式等多种形式。

如图 5.4 所示的汽车衡称重系统，当有车辆经过时，金属板下方的 4 个荷重传感器承受一定的力的作用，其内部的柱式弹性元件发生应变，因此粘贴于其表面的应变片跟随发生同样大小的应变 ε，则应变电阻成比例地发生变化，经图 5.4（c）所示的电桥转换为电压信号输出。

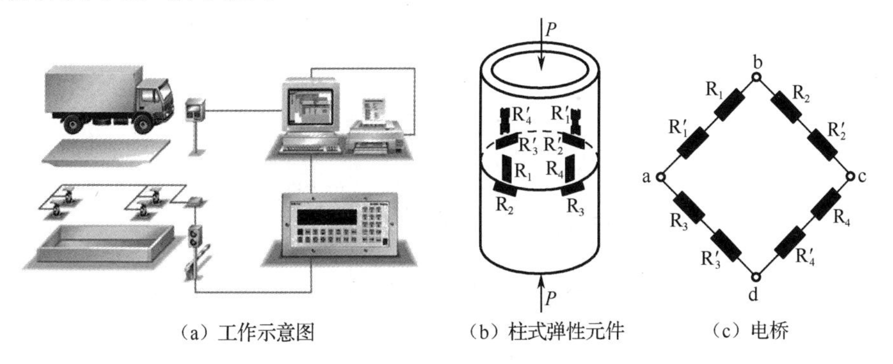

（a）工作示意图　（b）柱式弹性元件　（c）电桥

图 5.4　汽车衡称重系统

5.1.5.2　应变式压力传感器

常见的用于压力变换的弹性敏感元件有弹簧管、波纹管、薄壁圆筒、膜片、膜盒等。

如图 5.5 所示的弹簧管式压力计，被测压力由接头 9 进入弹簧管 1，导致自由端 B 向右上方扩张，通过拉杆 2 使锥齿轮 3 做逆时针偏转，从而使中心齿轮 4 带动同轴的指针 5 做顺时针偏转，在标尺板 6 上指示出被测压力的数值。游丝 7 用来克服锥齿轮和中心齿轮的间隙，调整螺钉 8 用来改变压力计的量程。

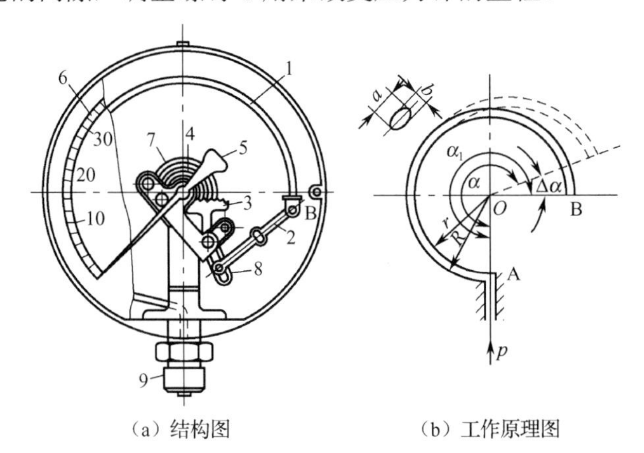

（a）结构图　　（b）工作原理图

1—弹簧管；2—拉杆；3—锥齿轮；4—中心齿轮；5—指针；6—标尺板；7—游丝；8—调整螺钉；9—接头。

图 5.5　弹簧管式压力计

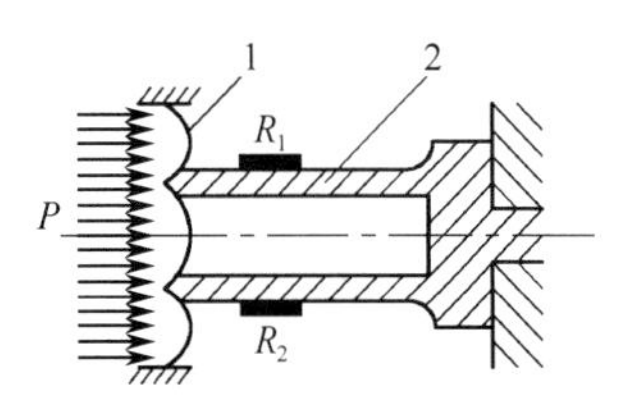

1—弹性膜片；2—薄壁圆筒。

图 5.6　组合式压力传感器

如图 5.6 所示的组合式压力传感器，随着被测压力 P 的变化，弹性膜片 1 和薄壁圆筒 2 均会出现同方向的形变，粘贴于圆筒外的应变片跟随发生应变并转换为电阻值的改变，之后再通过电桥即可转换为电信号输出。

5.1.5.3　应变式加速度传感器

应变式加速度传感器通常由悬臂梁、质量块和壳体组成，如图 5.7 所示。质量块固定在悬臂梁的一端，梁的上、下表面粘贴有应变片。测量时将传感器的壳体与被测物体刚性连接，在一定的频率范围内，质量块产生的加速度与被测加速度相等，因而作用于悬臂梁上的惯性力亦与被测加速度成正比。应变式加速度传感器常用于低频振动测量。

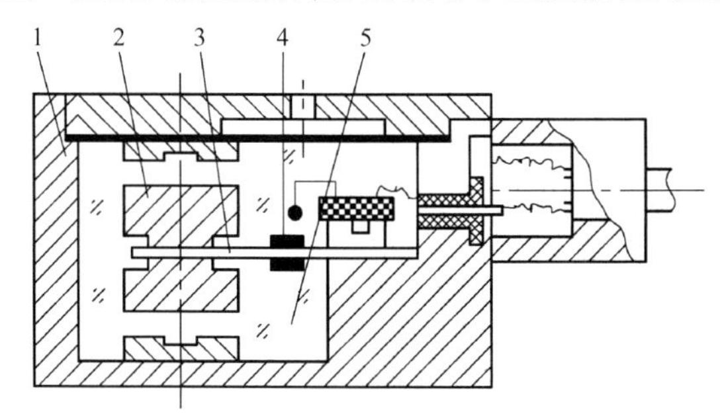

1—壳体；2—质量块；3—悬臂梁；4—应变片；5—阻尼油。

图 5.7　应变式加速度传感器

5.1.5.4　应变式扭矩传感器

应变式扭矩传感器采用实心圆柱或空心圆柱形式的弹性元件，如图 5.8 所示。其应变片按 45°方向粘贴在圆柱外表面上，通常贴 4 片组成全桥，这样既可以提高灵敏度，又可以消除弯曲产生的影响。但是，由于传动轴是转动的，因而不能直接从应变片引出信号，可采用电刷式或水银槽式集流环将应变信号由旋转轴引到静止的导线和仪器上，也可以采用非接触式测量方法（如感应式或遥测式）。

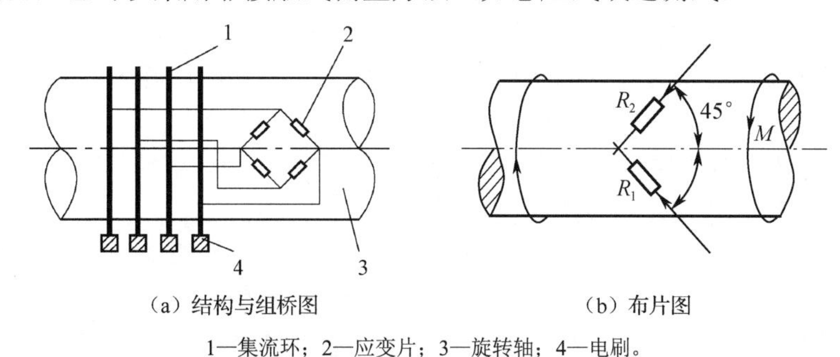

（a）结构与组桥图　　（b）布片图

1—集流环；2—应变片；3—旋转轴；4—电刷。

图 5.8　应变式扭矩传感器

5.1.5.5　压阻式压力计与差压式流量计

压阻式压力计如图 5.9（a）所示，其由外壳、硅膜片和引线等组成。其核心部分是做成杯状的硅膜片。在硅膜片上，用半导体工艺中的扩散掺杂法做成四个相等的电阻，接成全桥，并用引线引出。在四片应变电阻中，其中两片受拉应力，另外两片受压应力。膜片的一侧是高压腔，与被测系统相连接；另一侧是低压腔，通常和大气相通。当膜片两侧存在压力差而发生形变时，膜片上各点产生应力，电桥失去平衡，输出相应的电压，其电压值反映了膜片所受的压力差值。

如图 5.9（b）所示，差压式流量计由节流装置 1、引压管路 2、三阀组 3 和差压计 4 组成。节流装置是差压式流量计的流量敏感元件（有孔板、喷嘴、文丘里管等类型），是安装在流体流动的管道中的阻力元件，其前后的压力差与流体流量之间有确定的函数关系，通过测量压力差值可以求得流体的流量。引压管路将节流装置前后产生的差压传送给差压计，差压计将节流装置前、后产生的差压转换成标准的电信号输出。

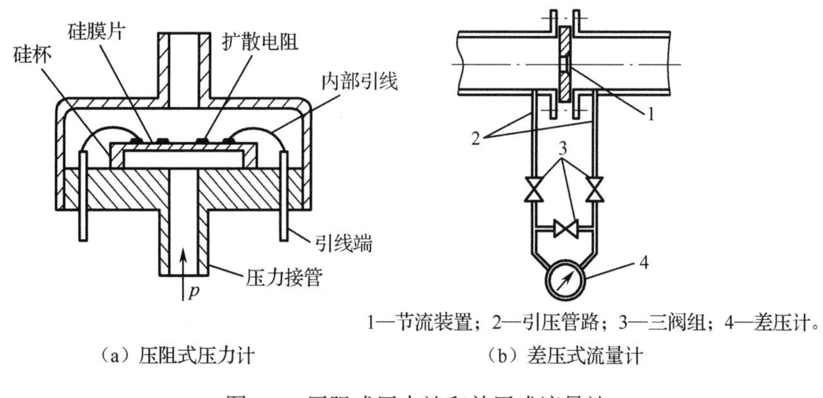

1—节流装置；2—引压管路；3—三阀组；4—差压计。

（a）压阻式压力计　　（b）差压式流量计

图 5.9　压阻式压力计和差压式流量计

任务 5.2　压电式传感器

压电式传感器是一种自发电式传感器。它以某些电介质的压电效应为基础，在外力作用下，在电介质表面产生电荷，从而实现非电量电测的目的。

压电式传感器具有体积小、质量小、工作频带宽、信噪比大等特点，同时由于它没有运动部件，因此结构坚固、可靠性高、稳定性高。在各种动态力、机械冲击与振动的测量中，以及声学、医学、力学、宇航等方面都得到了非常广泛的应用。下面我们将学习压电式传感器的原理、材料、转换电路和应用等内容。

知识目标：

（1）能陈述压电式传感器的结构和材料，结合转换电路，解释其工作原理和特性。

（2）能说明压电元件的多片级联作用。

（3）能举例说明压电式传感器在加速度、动态力和压力等测量中的应用。

技能目标：

（1）能根据压电式传感器的特性及项目需求进行传感器选型。

（2）能根据产品说明书，正确进行压电式传感器的安装、调试、标定和维护。

（3）能够规范编写压电式传感器的相关技术文档。

5.2.1 压电式传感器的工作原理

压电式传感器基于正压电效应制作而成。当某些电介质在沿一定方向上受到外力的作用而变形时，其内部会产生极化现象，同时在它的两个相对表面上出现正负相反的电荷。当外力去掉后，它又恢复到不带电的状态，这种现象称为正压电效应。从能量的角度看，这是一个机械能转换为电能的过程。相反地，如果在电介质的极化方向上施加电场，它会产生机械形变；当去掉外加电场时，电介质的形变随之消失，这种现象称为逆压电效应（电致伸缩效应），这是一个电能转换为机械能的过程。

5.2.2 压电材料

具有压电特性的电介质称为压电材料或压电元件。压电材料的种类很多，从取材方面看，有天然的和人工合成的，有有机的和无机的；从晶体结构方面讲，有单晶的和多晶的。压电材料通常分为压电单晶体、压电陶瓷、有机聚合物及压电复合材料四类。由于它们具有不同的工艺及应用特点，因此应用领域各有不同。

5.2.2.1 压电单晶体

常用的压电单晶体有石英（SiO_2）、铌酸锂（$LiNbO_3$）、α 碘酸锂（$\alpha\text{-}LiIO_3$）、硫酸锂（Li_2SO_4）等。

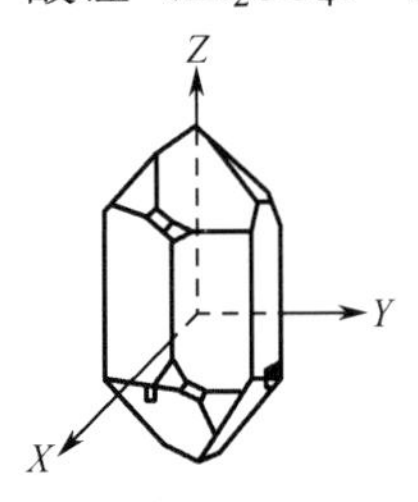

图 5.10 石英晶体

石英晶体如图 5.10 所示，其是单晶结构，它有三个互相垂直的轴。其中 X 轴称为电气轴，Y 轴称为机械轴，Z 轴称为光学轴。石英晶体的压电效应具有各向异性，电荷的符号由受拉力还是受压力作用所决定；沿电气轴方向施加的作用力 Q_X 与晶片几何尺寸无关，而沿机械轴方向施加的作用力 Q_Y 则与晶片几何尺寸有关；沿光学轴方向施加的作用力则不产生压电效应，即 Q_Z=0。

石英等压电单晶体压电系数小，介电常数很低，受切形限制而存在尺寸局限，但机械强度和品质因数高，稳定性好，多用作标准频率控制的振子、高选择性（多属高频狭带通）的滤波器以及高频、高温超声换能器等。

5.2.2.2 压电陶瓷

压电陶瓷由人工制造的钛酸钡（$BaTiO_3$）或锆钛酸铅（PZT）等多晶压电材料构成，它比石英晶体的压电灵敏度高得多，工艺性好，而制造成本却较低，因此目前国内外生产的压电元件绝大多数都采用压电陶瓷。相较而言，压电陶瓷的机械品质因数较低、电损耗较大、稳定性差，因而它适用于大功率换能器和宽带滤波器等，但对于高频、高稳定应用不理想。

5.2.2.3 有机聚合物

有机聚合物又称压电聚合物或高分子压电材料，典型的材料有聚偏氟乙烯（PVDF）、聚偏二氟乙烯（PVF_2）、聚氟乙烯（PVF）、改性聚氯乙烯（PVC）等。

这类材料具有材质柔韧、低密度、低阻抗和高压电常数等优点。它是一种柔软的压电材料，可根据需要制成薄膜或电缆套管等形状；它不易破碎，具有防水性，可以大量连续拉制，制成较大面积或较长的尺度，价格便宜，频率响应范围较宽，测量动态范围可达80dB；它的声阻抗约为0.02MPa/s，与空气的声阻抗有较好的匹配，可以制成特大口径的壁挂式低音扬声器。

高分子压电材料的工作温度一般低于100℃。温度升高时，灵敏度将降低。它的机械强度不够高，耐紫外线能力较差，不宜暴晒，以免老化。

5.2.2.4 压电复合材料

压电复合材料又称复合型高分子压电材料，这类材料是在有机聚合物基底材料中嵌入片状、棒状、杆状或粉末状压电材料构成的，兼有无机压电材料的优良压电性和高分子压电材料的优良加工性能，而且不需要进行拉伸等处理，即可获得压电性。而这种压电性在薄膜内无各向异性，故在任何方向上都显示出相同的压电性。

压电复合材料至今已在水声、电声、超声、医学等领域得到了广泛的应用。如采用它制成的水声换能器，不仅具有高的静水压响应速率，而且耐冲击，不易受损且可用于不同的深度。

从上述顺序可看出，压电材料经历了从自然界存在的、简单的单晶材料发展到结构复杂的复合材料的过程。

5.2.3 压电式传感器的转换电路

5.2.3.1 压电元件的等效电路

当压电式传感器中的压电晶体承受被测机械应力的作用时，在它的两个极面上出现极性相反但电量相等的电荷，形成电场。因此，可把压电式传感器看成一个静电发生器，等效静电发生器如图5.11（a）所示；也可把它视为两极板上聚集异性电荷，中间为绝缘体的电容器，等效电容器如图5.11（b）所示。因此，压电元件可等效为电压源U_a和一个容器C_a的串联电路，电压等效电路如图5.12（a）所示；也可等效为一个电荷源q和一个电容器C_a的并联电路，电荷等效电路如图5.12（b）所示。

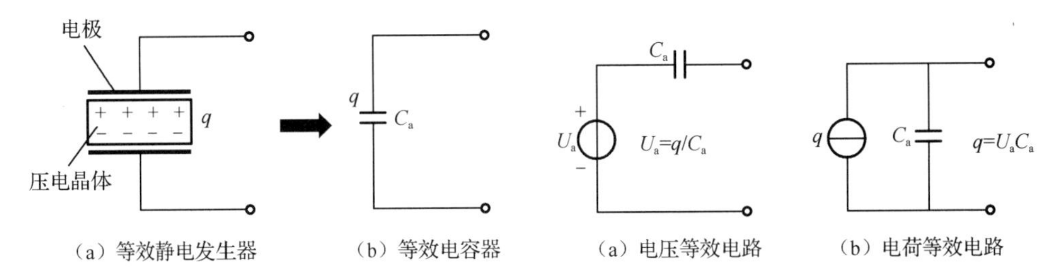

图 5.11　压电元件的等效电路　　图 5.12　压电式传感器的等效原理图

5.2.3.2　压电式传感器的等效电路

压电元件在实际使用时总要与测量仪器或转换电路相连接，因此还须考虑连接电缆的等效电容 C_c、放大器的输入电阻 R_i、输入电容 C_i 以及压电式传感器的泄漏电阻 R_a，这样压电式传感器在测量系统中的实际等效电路如图 5.13 所示。

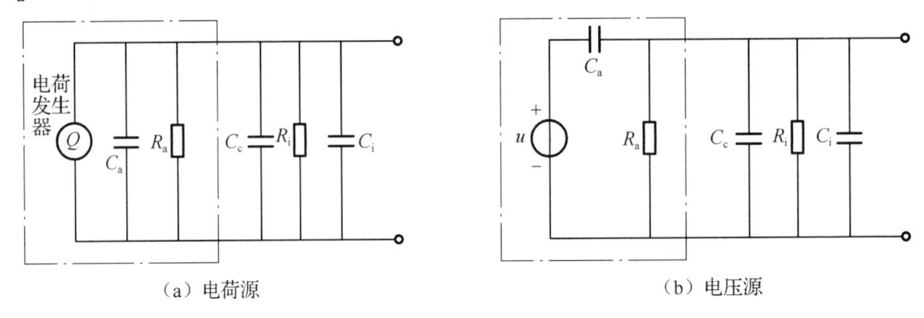

图 5.13　压电式传感器在测量系统中的实际等效电路

5.2.3.3　压电式传感器的转换电路

压电元件输出的电信号很微弱，通常应把信号先输入高输入阻抗的前置放大器，经过阻抗变换后，方可输入后续显示仪表。前置放大器的作用：一是把它的高输出阻抗变换为低输出阻抗；二是放大传感器输出的微弱信号。

压电元件的输出可以是电压信号，也可以是电荷信号，因此前置放大器也有两种形式：电压放大器和电荷放大器。

1．电压放大器

电压放大器的电路原理图及其等效电路如图 5.14 所示。图中，电阻 $R=R_a//R_i$，电容 $C=C_c+C_i$，而 $U_a=q/C_a$，若压电元件受正弦力 $F=F_m\sin(\omega t)$的作用，则其电压为

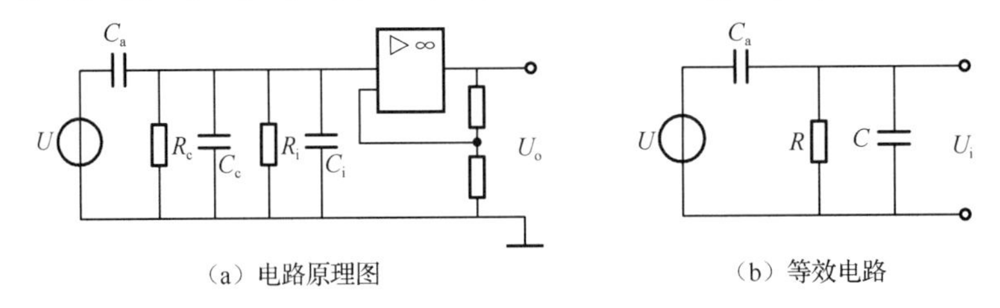

图 5.14　电压放大器的电路原理图及其等效电路

$$u_a=\frac{dF_m\sin(\omega t)}{C_a}=U_m\sin(\omega t)\tag{5.6}$$

式中，d 为压电系数（取决于切割方向及受力情况）；U_m 为压电元件输出电压的幅值，$U_m = dF_m/ C_a$。

由此可得放大器输入端电压 U_i，其复数形式为

$$\dot{U}_i = \frac{R\frac{1}{j\omega C}\Big/\left(R+\frac{1}{j\omega C}\right)}{\frac{1}{j\omega C_a}+R\frac{1}{j\omega C}\Big/\left(R+\frac{1}{j\omega C}\right)}\dot{U}_a = dF_m\frac{j\omega R}{1+j\omega R(C+C_a)} \tag{5.7}$$

由式（5.7）可知，放大器输入端电压的幅值及与所测量作用力的相位差为

$$\begin{cases} U_{im} = \dfrac{dF_m\omega R}{\sqrt{1+\omega^2R^2(C_a+C)^2}} \\ \varphi = \dfrac{\pi}{2} - \arctan[\omega R(C_a+C)] \end{cases} \tag{5.8}$$

在理想情况下，传感器的泄漏电阻 R_a 与前置放大器输入电阻 R_i 都为无限大，即 $\omega R(C_a+C)>>1$，令 $t = 1/\omega_0 = R(C_a+C) = R(C_a+C_c+C_i)$，$t$ 为转换电路的时间常数，则理想情况下输入电压幅值 U_{im} 为

$$U_{im} = \frac{dF_m\omega R}{\sqrt{1+(\omega/\omega_0)^2}} = \frac{dF_m}{C_a+C} = \frac{dF_m}{C_a+C_c+C_i} \tag{5.9}$$

式(5.9)表明，$\omega/\omega_0 \gg 1$ 时，前置放大器输入电压 U_{im} 与频率无关。一般当 $\omega/\omega_0 >3$ 时，就可以认为 U_{im} 与 ω 无关。这说明在转换电路时间常数一定的条件下，压电式传感器高频响应很好，这是压电式传感器的优点之一。

当 $\omega/\omega_0 <3$，即被测动态量变化缓慢，而转换电路时间常数也不大时，会造成传感器灵敏度下降。因此，为降低频带下限，就须提高测量回路的时间常数 τ，增大回路电容。

2．电荷放大器

为改善压电式传感器的低频特性，常采用电荷放大器。电荷放大器实际上是一种具有深度负反馈的高增益运算放大器，电荷放大器的原理图如图 5.15 所示。

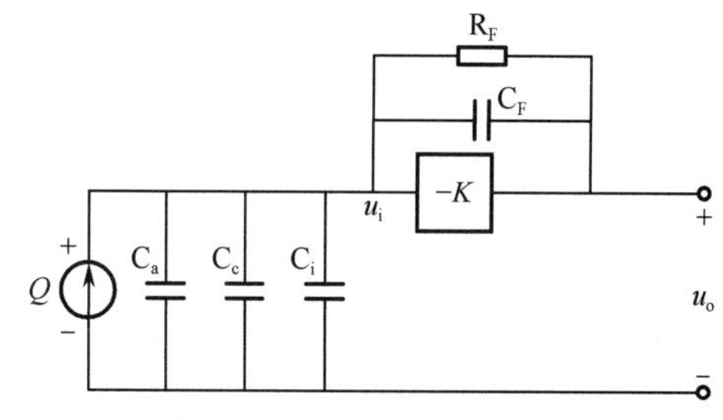

图 5.15　电荷放大器的原理图

图中 C_F 为电荷放大器的反馈电容，R_F 为反馈电阻。在理想情况下，传感器泄漏电阻 R_a、放大器的输入电阻 R_i 和反馈电阻 R_F 都趋于无穷大，因此可以略去 R_a、R_i 和 R_F，由此可知

$$U_i = \frac{q}{C_a+C_c+C_i+(1+A)C_F} \tag{5.10}$$

由运算放大器的特性，可求得电荷放大器的输出电压为

$$U_o = -AU_i = -\frac{Aq}{C_a+C_c+C_i+(1+A)C_F} \tag{5.11}$$

通常 $A=10^4$～10^8，因此，当满足$(1+A)C_F \gg C_a+C_c+C_i$时，式（5.11）可表示为

$$U_0 = -\frac{q}{C_F} \tag{5.12}$$

由式（5.12）可见，当 A 足够大时，电荷放大器的输出电压只取决于输入电荷 q 和反馈电容 C_F，且与 q 成正比，与电缆电容 C_c 无关。因此可以采用长电缆进行远距离测量，并且电缆电容变化不影响灵敏度，这是电荷放大器的最大特点。

与电压放大器相比，电荷放大器的价格较高，电路也较复杂，调整也较困难，这是电荷放大器的不足之处。

扫码看微课

压电式传感器的应用

5.2.4 压电式传感器的应用

由于外力作用在压电元件上产生的电荷只有在无泄漏的情况下才能保存，即需要测量回路具有无限大的输入阻抗，这实际上是不可能的，因此压电式传感器不能用于静态测量。压电元件在交变力的作用下，电荷可以不断补充，可以供给测量回路以一定的电流，故适用于加速度、动态力、压力等动态参数的测量（一般高于 100Hz，但在 50kHz 以上时，灵敏度下降）。

5.2.4.1 压电元件的多片级联

在压电式传感器中，为了提高压电元件的灵敏度，通常不采用单片结构，而是采用两片或多片组合结构。由于压电元件是有极性的，因此连接的方法有两种。

一种为并联接法，如图 5.16（a）所示，两压电晶片的负极都集中在中间电极上，正电极在两边的电极上，其输出的电容 C'和极板上的电荷量 q'为单片的两倍，但输出电压 U'等于单片电压，即 $q' = 2q$，$C' = 2C$，$U' = U$ 。

另一种为串联接法，如图 5.16（b）所示，正电荷集中在上极板，负电荷集中在下极板，而中间极板的上片产生的负电荷与下片产生的正电荷相互抵消。串联接法的输出电压 U'等于单片电压的两倍，输出的电荷量 q'等于单片电荷量，总电容 C'为单片的 1/2，即 $q' = q$，$C' = C/2$，$U' = 2U$ 。

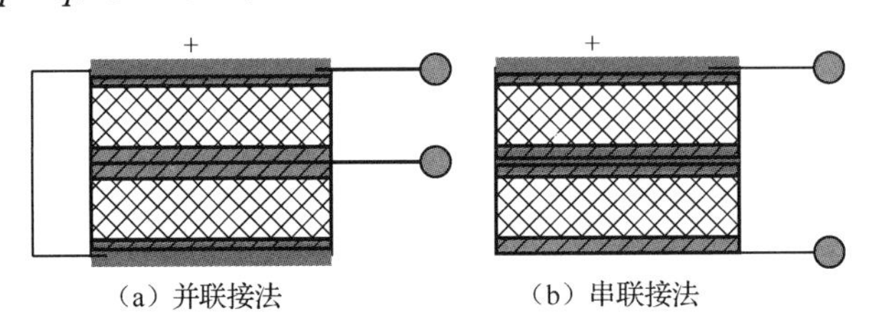

图 5.16 压电元件的连接方式

在这两种接法中，并联接法输出的电荷大，本身的电容也大，故时间常数大，宜用于测量缓变信号及以电荷为输出量的场合；而串联接法，输出电压大，本身电容小，故时间常数小，适用于以电压作为输出信号和频率较高的场合。

5.2.4.2 压电式加速度传感器

压电式加速度传感器的结构和原理图如图 5.17 所示。压电元件一般由两块压电片（石英晶片或压电陶瓷片）组成，在压电片的两个表面上镀银层，并在银层上焊接输出引线。输出端的另一端直接与底座相连，相当于并联连接。在压电元件上，以一定的预紧力安装一惯性质量块 m，整个组件装在一个有厚底座的金属壳体中。

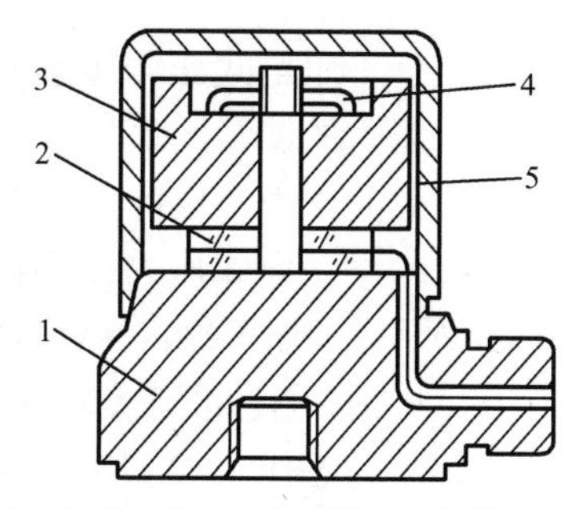

1—底座；2—压电片；3—质量块；4—压簧；5—壳体。

图 5.17　压电式加速度传感器的结构和原理图

当传感器跟随被测物体以加速度 a 运动时，压电元件承受的力 $F=ma$，即 $F\propto a$；压电系数为常数，压电元件上出现的电荷量 $q\propto F$；因此 $q\propto a$，只要测量出 q，就实现了对运动加速度的测量。

5.2.4.3　压电式力传感器

图 5.18 所示为单向压电式力传感器的结构图，在装配时用顶螺纹给晶片组件一定的预紧力，以保证活塞、砧盘、晶片、电导片之间压紧，避免受冲击时有间隙晶片损坏，并提高传感器的固有频率。

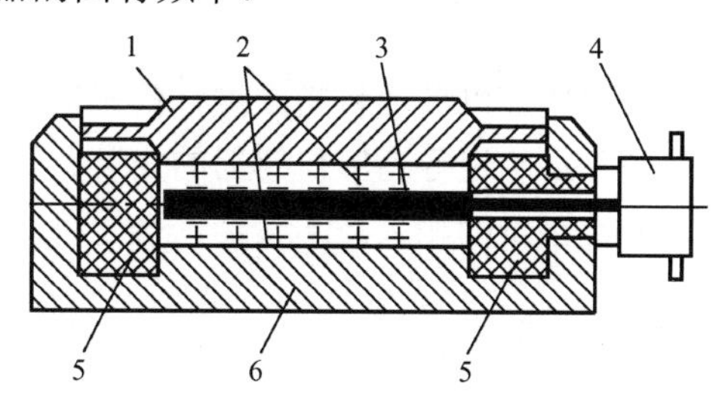

1—传力上盖；2—压电片；3—电极；4—电极引出插头；5—绝缘材料；6—底座。

图 5.18　单向压电式力传感器的结构图

压电式力传感器具有灵敏度高、线性度好、刚度大、频率范围宽、稳定性好等特点，主要用于变化频率不高的动态力测量，如车床动态切削力的测量等）（见图 5.19）。

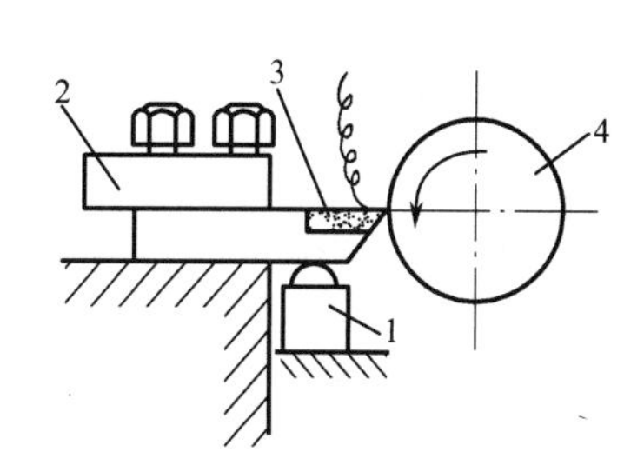

1—单向动态力传感器；2—刀架；
3—车刀；4—工件。

图 5.19　车床动态切削力的测量

压电式力传感器对温度变化较为敏感，须进行补偿：一种方法是采用水冷的办法以防止温度的影响；另一种方法是在晶片的前面安装一块金属片，选用线膨胀系数大的金属（如纯铝等），当温度变化时补偿片的线膨胀可以弥补晶体与金属线膨胀之间的差值，以保证预紧力的稳定。这两种办法常同时使用。

5.2.4.4　压电式压力传感器

压电式压力传感器如图 5.20 所示，将图 5.18 所示的传力上盖替换为薄壁圆筒或膜片等变换压力的弹性元件并将压电片包裹在内，则可构成压电式压力传感器。

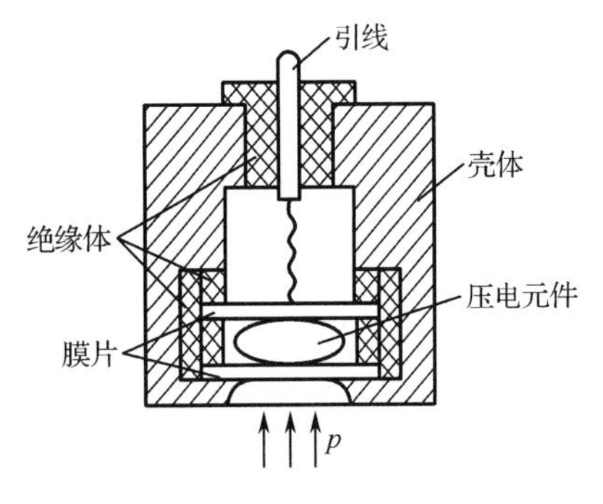

图 5.20　压电式压力传感器

压电式压力传感器主要用于发动机内部燃烧压力的测量与真空度的测量，它既可以用来测量大的压力，也可以用来测量微小的压力。

压电式压力传感器的特点：体积小，结构简单，工作可靠；测量范围宽，可测 100MPa 以下的压力；测量准确度较高；频率响应高，可达 30kHz，是动态压力检测中常用的传感器，但由于压电元件存在电荷泄漏，故不适宜测量缓慢变化的压力和静态压力。

任务 5.3　其他力敏传感器

力敏传感器类型众多，除了前述常见的应变式、压阻式、压电式外，实际中还有我们将要学习的谐振式、压磁式、差动变压器式、电容式等力敏传感器。

知识目标：

（1）能陈述谐振式、压磁式等力敏传感器的原理、结构。

（2）能描述谐振式、压磁式等力敏传感器的特性和举例说明其典型应用。

技能目标：

（1）能根据力敏传感器的特性以及项目需求进行传感器选型。

（2）能根据产品说明书，正确进行力敏传感器的安装、调试、标定和维护。

（3）能够规范编写力敏传感器的相关技术文档。

5.3.1　谐振式力敏传感器

谐振式力敏传感器利用谐振元件把被测参量转换为频率信号，又称频率式力敏传感器。谐振元件的原理图和结构图如图 5.21 所示，当被测参量（如压力 p、张力 T 等）发生变化时，振动元件的固有振动频率随之改变，通过相应的转换电路，就可得到与被测参量呈一定关系的电信号。谐振式力敏传感器的优点是体积小、质量小、结构紧凑、分辨率高、准确度高以及便于数据传输、处理和存储等。

按谐振元件的不同，谐振式力敏传感器可分为振弦式、振梁式、振膜式、振筒式等。

谐振式传感器主要用于测量压力，也用于测量转矩、密度、加速度和温度等。

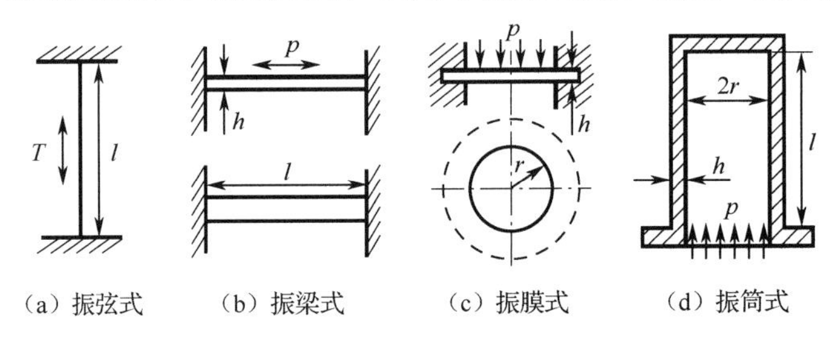

图 5.21　谐振元件的原理图和结构图

5.3.2 压磁式力敏传感器

压磁式力敏传感器也称为磁弹性传感器，是利用铁磁材料的压磁效应制成的传感器。压磁效应是指某些铁磁材料在受到外力作用后，其内部产生应力，因此引起铁磁材料磁导率变化的物理现象。其逆效应称作磁致伸缩效应。这种传感器将作用力（如弹性应力、残余应力等）的变化转化成传感器导磁体的磁导率变化并输出电信号。

硅钢受应力作用被压缩时，其磁导率沿应力方向减小，而沿应力的垂直方向增大；在受拉伸时，磁导率的变化正好相反。压磁元件的工作原理图如图 5.22 所示，如果在硅钢叠片上开有 4 个对称的通孔 1～4，孔中分别绕有互相垂直的两个线圈，如图 5.22（a）所示，一个线圈为励磁绕组，另一个为测量绕组；如图 5.22（b）所示，当无外力作用时，磁力线不和测量绕组交链，测量绕组不产生感应电动势；如图 5.22（c）所示，当受外力 F 作用时，磁力线分布发生变化，部分磁力线和测量绕组交链，并在绕组中产生感应电动势，且作用力 F 愈大，感应电动势愈大。

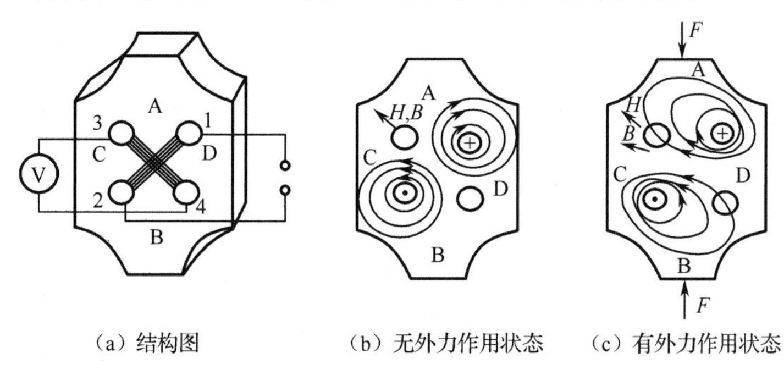

（a）结构图　（b）无外力作用状态　（c）有外力作用状态

图 5.22　压磁元件的工作原理图

压磁式力敏传感器的优点很多，如输出功率大、信号强、结构简单、牢固可靠、抗干扰性能好、过载能力强、便于制造、经济实用，可用在给定参数的自动控制电路中，但测量准确度一般，频响较低。

近年来，压磁式力敏传感器不仅在自动控制上得到越来越多的应用，而且在对机械力（弹性应力、残余应力）的无损测量方面，也为人们所重视，并得到相当成功的应用。在生物医学领域，骨科及运动医学测试也正在应用该类传感器。

5.3.3 差动变压器式力敏传感器

差动变压器式力敏传感器通常用于微小位移的直接检测，如果被测量变化能带来微小位移量的变化，它也能用于该量的测量。差动变压器式力敏传感器如图 5.23 所示，其弹性元件是薄壁圆筒，在外力 F 作用下，薄壁圆筒变形使差动变压器的铁芯 4 产生微位移，变压器次级线圈产生相

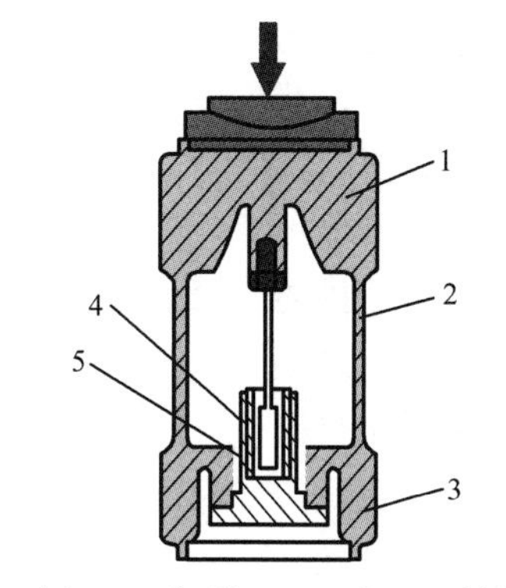

1—上部；2—变形部；3—下部；4—铁芯；
5—差动变压器线圈。

图 5.23　差动变压器式力敏传感器

应电信号。

差动变压器式力敏传感器的工作温度范围较宽，受弹性敏感元件承载力制约，主要用于测量力或压力等微小变化量。在实际应用中，为了减小横向力或偏心力的影响，该传感器的高径比应较小。

5.3.4 电容式力敏传感器

电容式力敏传感器是一种利用电容敏感元件将被测力或压力转换成与之呈一定关系的电量输出的力敏传感器。

电容式压力传感器如图 5.24 所示，它一般采用圆形金属薄膜或镀金属薄膜作为电容器的一个电极，当薄膜感受压力而变形时，两极板间距 d 发生变化，电容量随之改变，之后通过转换电路即可输出与所受力或压力呈一定关系的电信号。电容式压力传感器属于变极距型电容式传感器，根据结构不同，可分为单电容式压力传感器和差动电容式压力传感器。差动电容式压力传感器的工作频率通常在 100kHz 左右，其采用双电容平板的结构，当压力向极板方向运动时，会使得距离增大或者减小，从而引起差动电容的变化。它的灵敏度相较于其他压力传感器而言有明显提高，因此深受广大消费者的喜爱。

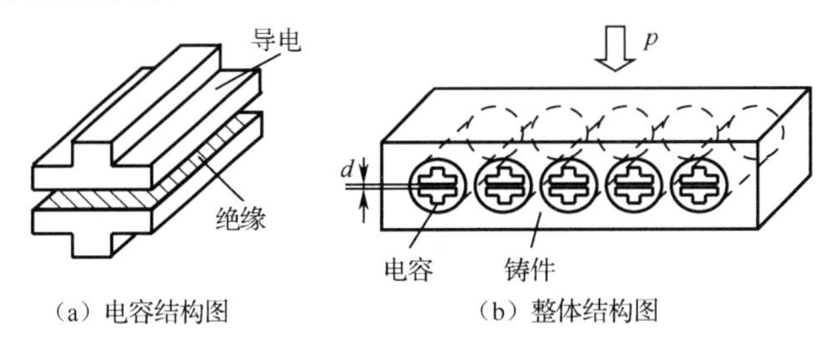

图 5.24 电容式压力传感器

任务 5.4 力学量传感器的应用及特性测试

通过对应力、压力等力学量的测量，我们可获知构件的受力状况和工作状态。在本任务中，我们将进一步学习力学量传感器的应用，并开展半导体压阻式、压电式等传感器的特性测试。

知识目标：

（1）能描述应变式、压电式等传感器的工作原理。

（2）结合测试数据，能识别应变式、压电式等传感器模块的电路构成，并归纳总结其工作原理和特性。

（3）学会力学量传感器的校验标定方法。

技能目标：

（1）能正确使用万用表、示波器等工具和仪器仪表。

（2）能根据技术规范要求，正确进行系统装调、力学量传感器标定、相关参量测量、数据记录和实验报告撰写。

5.4.1 金属箔式应变式传感器称重

应变片是最常用的测力传感元件。应变片通常粘贴在测试体表面，当测试体受力发生形变时，应变片的敏感栅随同变形，其电阻也随之发生相应的变化，通过电桥等转换电路输出电信号。

本节的目的是让读者了解金属箔式应变式传感器的原理、特性和应用及其标定。

（1）差动放大器调整为零，将差动放大器（+）、（−）输入端与地短接，输出端与 F/V 表输入端 V_i 相连；开启主、副电源后，调节差动放大器的调零旋钮，使 F/V 表显示为零；将 F/V 表切换开关置 2V 挡，再细调旋钮使 F/V 表显示为零，然后关闭主、副电源。

（2）将各器件按图 5.25 所示的接线图进行连接，图中 R_1、R_2、R_3、R_4 为应变片，R_5、R_6、C、r 组成交流电桥平衡网络，电桥交流激励源必须从音频振荡器的 L_V 输出口引入，音频振荡器旋钮置中间位置。

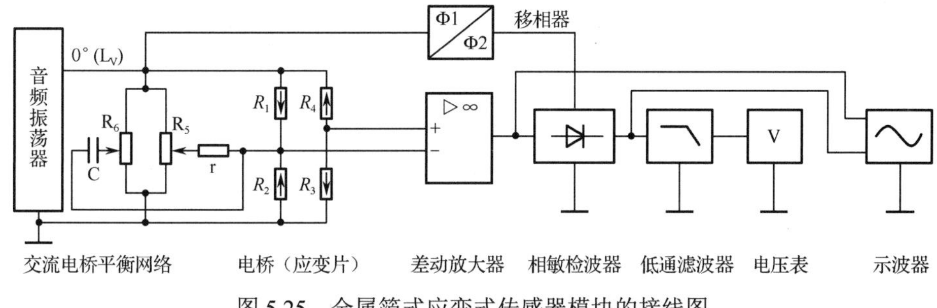

图 5.25 金属箔式应变式传感器模块的接线图

（3）将 F/V 表的切换开关置 20V 挡，示波器 X 轴扫描时间切换到合适范围（0.1～0.5ms），*Y* 轴 CH1 和 CH2 切换开关置 5V/div 挡，音频振荡器的频率旋钮置 5kHz 挡，幅度旋钮置中间幅度；开启主、副电源，调节电桥网络中的 R_5 和 R_6，使 F/V 表和示波器显示最小值；再把 F/V 表和示波器 Y 轴的切换开关分别置 2V 挡和 50mV/div 挡，细调 R_5 和 R_6 及差动放大器调零旋钮，使 F/V 表的显示值最小，示波器的波形大致为一条水平线（二者尽量兼顾）；用手极轻地按住双孔悬臂梁称重传感器托盘的中间，产生一个极小的位移，调节移相器的移相旋钮，使示波器显示全波检波的图形。放手后，示波器图形基本成一条直线。

（4）在传感器模块托盘上放上所有的砝码，调节差动放大器增益旋钮使 F/V 表的数值为相应砝码的比例值；然后拿掉所有的砝码，调节差动放大器调零旋钮使 F/V 表的数值为零；重复操作这个标定过程数次，该装置即可作为电子秤使用。

（5）开始称重：逐渐增加砝码，记录质量 *W* 和 F/V 表的输出电压 *U*，并填入表 5.3 中。

表 5.3 金属箔式应变式传感器称重

W/g									
U/mV									

（6）在托盘中间放上一个质量未知的重物，记录 F/V 表的显示值，计算未知重物的质量。

（7）实验完毕，关闭主、副电源，所有旋钮置初始位置。

【任务拓展】

（1）根据表 5.3 中所记录的测试结果，绘制金属箔式应变式传感器的质量特性曲线（*V-W*），指出其线性范围、灵敏度和线性度。

（2）若要将该电子秤方案投入实际应用，应如何改进？

5.4.2 半导体压阻式传感器测压力

扩散硅压阻式压力传感器基于单晶硅的压阻效应工作。当应变元件受到压力作用时其电阻发生变化，经电桥转换为电信号输出。

本节的目的是让读者了解半导体压阻式传感器的原理、特性和应用及其标定。

（1）半导体压阻式传感器模块的接线图如图 5.26 所示，连接传感器模块、转换电路模块和 F/V 表或万用表；注意接线正确，否则易损坏元器件，差放电路接成同相、反相均可。

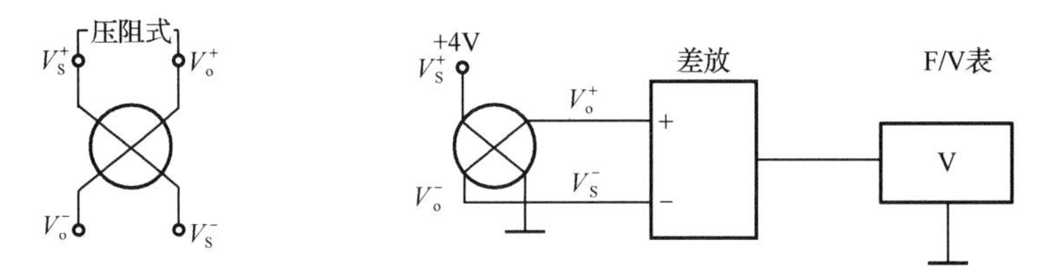

图 5.26 半导体压阻式传感器模块的接线图

（2）传感器有两个供压通道，应变片承受的压差取决于其两侧通道的压力情况；结合压力表的显示值，手动调节使两侧压力一致；开启主、副电源，调整差放电路的零位旋钮，使电压表指示值尽可能为 0V。

（3）手动调节一侧供压通道的压力值 p，当两侧压差为 4～32kPa 时，测量并记录对应的电压值 U 填入表 5.4。

表 5.4 半导体压阻式传感器测压力

p/kPa									
U/mV									

【任务拓展】

根据表 5.4 中所记录的测试结果，绘制半导体压阻式传感器的压力特性曲线，指出其线性范围、灵敏度和线性度。

5.4.3 压电式传感器的标定

压电式传感器基于压电效应工作。当作用于压电片的力发生变化时，其表面有电荷出现，经电压放大器或电荷放大器转换后输出电压信号。

本节的目的是让读者了解压电式传感器的原理、特性和应用及其标定。

（1）预热压电式传感器、电荷放大器、数字电压表等，以烘烤驱潮；校准活塞式压力计的水平，检查压力计的油路是否通畅并排尽内部空气。

（2）压电式传感器模块的接线图如图 5.27 所示，将传感器装在活塞式压力计接头上；由零开始，每次增加 0.1MPa 标准砝码，并转动砝码盘，记录砝码值 p、电压值 U，直至 10MPa，记录数据填入表 5.5。

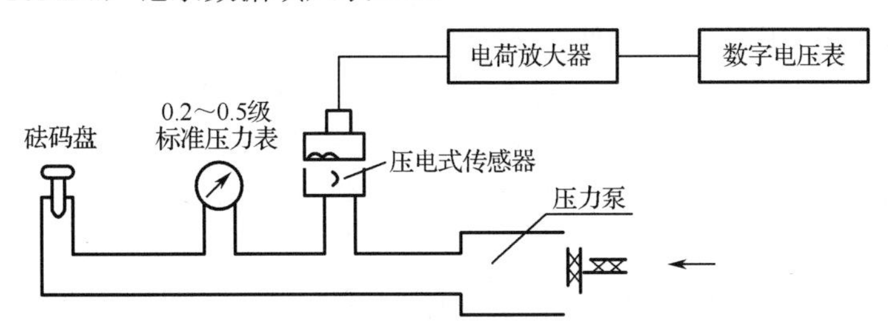

图 5.27　压电式传感器模块的接线图

（3）用同样的方法由 10MPa 减至零，递减砝码并记录数据填入表 5.5。

表 5.5　压电式传感器的标定

加砝码	p/MPa											
	U/mV											
减砝码	p/MPa											
	U/mV											

【任务拓展】

（1）根据表 5.5 中所记录的测试结果，绘制压电式传感器的压力特性曲线，指出其线性范围、灵敏度和线性度。

（2）本测试中的迟滞误差的主要来源有哪些？测试结果为什么与出厂标定值有差异？

习　题

一、选择题

1. 将超声波（机械振动波）转换成电信号利用的是压电材料的________；蜂鸣器中发出“嘀……嘀……”声的压电片发声原理利用的是压电材料的________。

A．应变效应　　B．电涡流效应　　C．压电效应　　D．逆压电效应

2. 使用压电陶瓷制作的力或压力传感器可测量________。

A．人的体重　　B．车刀的压紧力

C．自来水管中水的压力　　D．车刀在切削时感受到的切削力的变化量

3. 在应变测量中，希望灵敏度高、线性度好、有温度自补偿功能，应选择________转换电路。

A．单臂半桥　　B．双臂半桥　　C．四臂全桥

4. 自来水公司到用户家中抄自来水表数据，得到的是________。

A．瞬时流量，单位为 t/h　　B．累积流量，单位为 t 或 m^3

C．瞬时流量，单位为 k/g　　D．累积流量，单位为 kg

5．压电式加速度传感器是（　　）信号的传感器。

A．适于测量任意　　　　　B．适于测量直流

C．适于测量缓变　　　　　D．适于测量动态

6．通常采用的压力敏感元件有（　　）。

A．柱形弹性元件　　　　　B．环形弹性元件

C．梁形弹性元件　　　　　D．波登管

7．用图 5.28 所示的方法测量齿数 z=8 的齿轮的转速，测得 f=400Hz，则该齿轮的转速 n=________r/min。

A．400　　　B．300　　　C．3000　　　D．3600

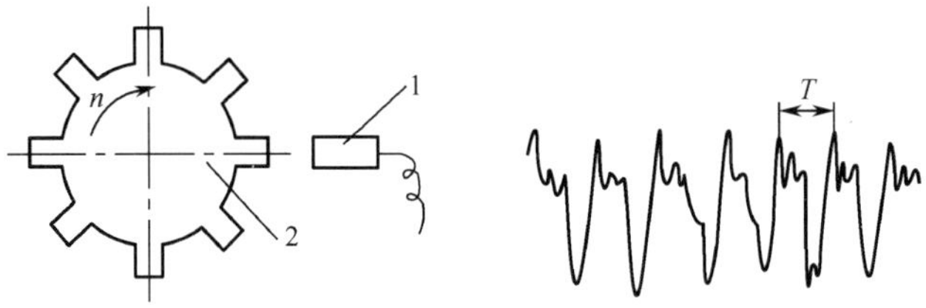

图 5.28　转速测量

8．电子秤中所使用的应变片应选择________应变片；为提高集成度，测量气体压力应选择________。

A．金属丝式　　　　　B．金属箔式

C．电阻应变仪　　　　D．固态压阻式传感器

9. 在实验室作为检验标准用的压电仪表应采用________压电材料；能制成薄膜，粘贴在一个微小探头上、用于测量人的脉搏的压电材料应采用________；用在压电加速度传感器中测量振动的压电材料应采用________。

A．PTC　　　B．PZT　　　C．PVDF　　　D．SiO_2

10．在动态力传感器中，两片压电片多采用________接法，可增大输出电荷量；在电子打火机和煤气灶点火装置中，多片压电片采用________接法，可使输出电压达上万伏，从而产生电火花。

A．串联　　　　　　B．并联

C．既串联又并联　　D．既不串联又不并联

11．单晶直探头发射超声波时，利用的是压电晶片的________，而接收超声波时利用的是压电晶片的________。

A．压电效应　　B．逆压电效应　　C．电涡流效应　　D．光电效应

二、计算分析题

1．为什么常用等强度悬臂梁作为应变式传感器的力敏元件？现用一等强度梁：有效长度 l=150mm，固支处宽度 b=18mm，厚度 h=5mm，弹性模量 $E=2\times105\text{N/mm}^2$，贴上 4 片等阻值、$K$=2 的电阻应变计，并接入四等臂差动电桥构成称重传感器。试问：

（1）悬臂梁上如何布片？又如何接桥？为什么？

（2）当输入电压为 3V，输出电压为 2mV 时的称重量为多少？

2．两根高分子压电电缆相距 2m，平行埋设于柏油公路的路面下约 5cm，压电电

缆埋设示意图及输出信号波形如图 5.29 所示。它可以用来测量车速及汽车的载重量，并根据存储在计算机内部的档案数据，判定汽车的车型。

现有一辆肇事车辆以较快的车速通过测速传感器，两根 PVDF 压电电缆的输出信号如图 5.29（b）所示（时间轴刻度为 25ms/div，幅值轴刻度为 200mV/div），求：

（1）估算车速为多少千米每小时？

（2）估算汽车前后轮间距（可据此判定车型）；轮距与哪些因素有关？

（3）说明载重量 m 以及车速 v 与 A、B 压电电缆输出信号波形的幅度或时间间隔之间的关系。

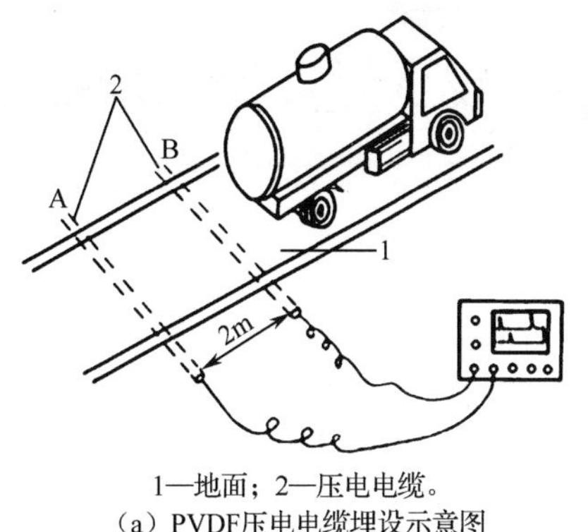

1—地面；2—压电电缆。

（a）PVDF压电电缆埋设示意图

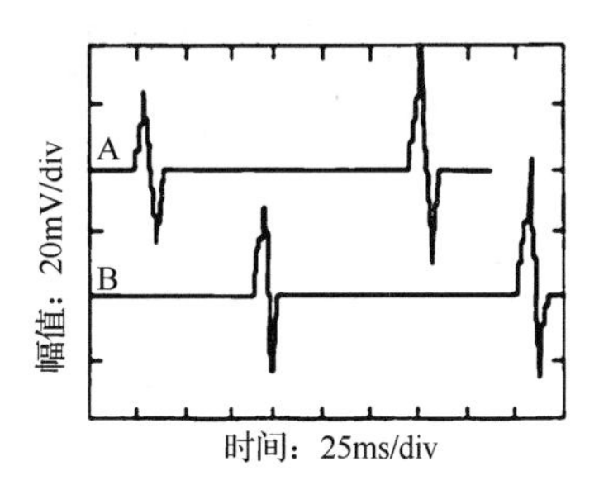

（b）A、B压电电缆的输出信号波形

图 5.29　压电电缆埋设示意图及输出信号波形

项目 6

化学传感器与生物传感器

环境污染是一个持续性的问题，不仅影响人类和其他物种的健康，还制约社会经济的可持续发展。环境中存在的各种毒素、重金属和有机污染物，无论是人为合成的、还是在自然发展进程中产生的，都给环境带来了极大的威胁。要想实现可持续发展，就必须立马实施保护环境的行动，刻不容缓。在处理环境污染问题之前需要检测污染物的种类和含量，才好“对症下药”，进行治理。

化学传感器是对各种化学物质敏感并将其浓度转换为电信号进行检测的仪器。生物传感器实际上是化学传感器的子系统，与普通化学传感器不同的关键在于其识别元件在性质上是生物质。

按传感方式的不同，化学传感器可分为接触式与非接触式两类。化学传感器的结构形式有两种：一种是分离型传感器，如离子传感器，其液膜或固体膜具有接收器功能，膜用于实现电信号的转换功能，接收和转换部分是分离的，这有利于对每种功能分别进行优化；另一种是组装一体化传感器，如半导体气体传感器，其分子俘获功能与电流转换功能在同一部位进行，这有利于化学传感器的微型化。

按工作原理的不同，化学传感器可分为电化学式、光学式、热学式等。

按检测对象的不同，化学传感器可分为气体传感器、湿度传感器、离子传感器、生物传感器等。

化学传感器常用于生产流程分析和环境污染监测，并在矿产资源探测、气象观测和遥测、工业自动化、远距离医学诊断和实时监测、农业生鲜保存和鱼群探测、防盗、安全报警和节能等方面都有重要的应用。接下来，根据检测对象的不同，我们将分别学习气体传感器、湿度传感器、离子传感器、生物传感器的相关内容。

任务6.1 气体传感器

气体传感器的类型及应用

气体传感器，又称气敏传感器，是指利用各种化学、物理效应将气体成分、浓度按一定规律转换成电信号输出的传感器件，是化学传感器中最活跃的一种，常用于气体泄漏检测、环境检测等。目前，各国研究的主要对象是有毒性气体和可燃性气体，研究的主要方向是提高传感器的敏感度和工作性能、延长传感器在恶劣环境中的工作时间、降低成本以及实现传感器智能化等。气体传感器的主要产品包括可燃性气敏传感器，CO、H_2S、NH_3、SO_2、NO、NO_2等毒性气体气敏传感器，氧传感器，溶氧传感器，CO_2传感器等，下面我们将学习气体传感器的结构、原理、特性和应用等内容。

知识目标：

（1）能陈述气体传感器的作用、分类和结构。

（2）比较各类气体传感器的工作原理、特性和适用场合。

（3）能说明气体传感器的选型及使用注意事项。

（4）能举例说明电阻式气体传感器在气体浓度测量中的应用。

技能目标：

（1）能根据气体传感器的特性以及项目需求进行传感器选型。

（2）能根据产品说明书，正确进行气体传感器的安装、调试、标定和维护。

（3）能够规范编写气体传感器的相关技术文档。

6.1.1 气体传感器的分类

按检测气体种类的不同，气体传感器常分为可燃气体传感器（常采用催化燃烧式、红外、热导、半导体式等类型）、有毒气体传感器（一般采用电化学、金属半导体、光离子化、火焰离子化等类型）、有害气体传感器（常采用红外光、紫外光等类型）、氧气传感器（常采用顺磁式、氧化锆式等类型）等；按传感器检测原理的不同，气体传感器又分为半导体式、电容式、电化学式、光学式、热学式、磁学式、声表面波型等。

（1）半导体式。半导体式气体传感器是根据由金属氧化物或金属半导体氧化物材料制成的检测元件，与气体相互作用时产生表面吸附或反应，引起以载流子运动为特征的电导率、伏安特性或表面电位变化而进行气体浓度测量的。

（2）电容式。电容式气体传感器则是根据敏感材料吸附气体后，其介电常数发生改变导致电容变化的原理而设计的。

（3）电化学式。电化学式气体传感器主要利用两个电极之间的化学电位差来实现检测，一个电极在气体中测量气体浓度，另一个是固定的参比电极。目前，电化学式气体传感器是检测有毒、有害气体最常见和最成熟的传感器，也可用于测量含氧量。

（4）光学式。光学式气体传感器可分为吸收型、荧光型、干涉型、散射型等，其内部光源一般为红外光或紫外光。以红外吸收型为例，由于不同气体对红外光波的吸收程度不同，可以通过测量红外光吸收波长来检测气体。由于它的结构连接较复杂，当前的费用一般较高。

（5）热学式。热学式气体传感器主要有热导式和热化学式两大类。根据气体热导率的不同，热导式气体传感器通过对其中热敏元件电阻的变化来测量一种或几种气体组分浓度，其在工业界的应用已有几十年的历史，仪表类型较多，能分析的气体也较广泛。热化学式气体传感器是基于被分析气体化学反应的热效应工作的，其中广泛应用的是气体的氧化反应（即燃烧）。

（6）磁学式。磁学式气体传感器利用氧气的高磁化特性来测量氧气浓度，其氧量的测量范围最宽。

（7）声表面波（Surface Acoustic Wave，SAW）型。当电压加到发射叉指换能器（Interdigital Transducer，IDT）上时，其发射的声表面波沿基体表面传播，当温度、压力、气体等物理或化学参量作用到压电声表面波传感器表面时，声表面波传播速度/频率发生改变，并通过接收叉指换能器测量得到。

目前应用最广泛的是用于可燃性气体测量的气体传感器，已普及应用于气体泄漏检测和监控，从工厂企业到居民家庭，应用十分广泛。下面以常见的电阻式气体传感器为例，介绍气体传感器的工作原理、结构和特性。

6.1.2 电阻式气体传感器

电阻式气体传感器是利用气体的吸附使半导体本身的电导率发生变化这一机理来进行检测的，常用于还原性气体和氧气含量的检测。

6.1.2.1 电阻式还原性气体传感器

所谓还原性气体是指在化学反应中能给出电子、化学价升高的气体。还原性气体多数属于可燃性气体，如石油蒸气、酒精蒸气、甲烷、乙烷、煤气、天然气、氢气等。

测量还原性气体的气敏电阻一般是用 SnO_2、ZnO 或 Fe_2O_3 等金属氧化物粉料添加少量铂催化剂、激活剂及其他添加剂，按一定比例烧结而成的半导体器件。

以 SnO_2 气敏电阻为例，它由 0.1～10μm 的晶体集合而成，这种晶体是作为 N 型半导体而工作的。在正常情况下，其处于氧离子缺位的状态。当遇到离解能较小且易于失去电子的可燃性气体分子时，电子从气体分子向半导体迁移，半导体的载流子浓度增大，因此电导率增大。而对于 P 型半导体来说，它的晶格处于阳离子缺位状态，当遇到可燃性气体时其电导率则减小。

气敏电阻工作时通常需要加热。加热能使附着在气敏元件上的油污、尘埃等被烧掉（起清洁作用），同时加速气体的化学吸附和电离过程，从而提高器件的灵敏度和响应速度。

气敏电阻类型众多。MQN 型气敏半导体如图 6.1 所示，其由塑料底座、电极引线、不锈钢网罩、气敏烧结体以及包裹在烧结体中的两组铂丝组成。一组铂丝为工作电极，另一组为加热电极兼工作电极。随着气体浓度变化，气敏电阻阻值 R_g 随之发生变化，经图 6.1（c）所示的直流分压电路转换后输出电压 U_L，其中 $U_L = ER_L/(R_L + R_g)$。

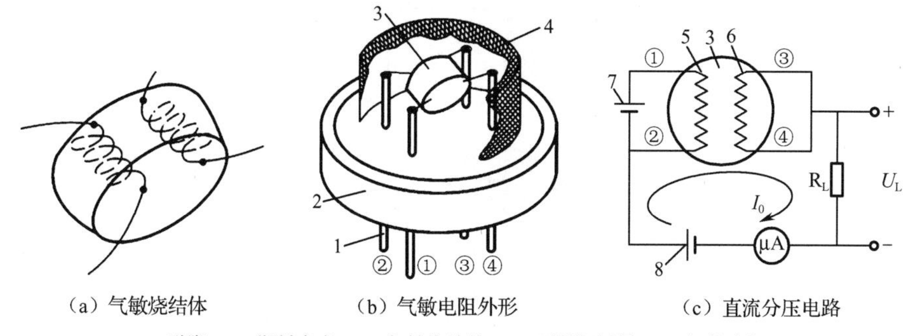

（a）气敏烧结体　（b）气敏电阻外形　（c）直流分压电路

1—引脚；2—塑料底座；3—气敏烧结体；4—不锈钢网罩；5—加热电极；

6—工作电极；7—加热回路电源；8—测量回路电源 E。

图 6.1　MQN 型气敏半导体

6.1.2.2　电阻式氧传感器

电阻式氧传感器的原理是，氧化物半导体（TiO_2、Nb_2O_5 和 CeO_2）根据周围气氛的分压自身进行氧化或还原反应，从而导致材料的电阻发生变化。

二氧化钛（TiO_2）系列电阻式氧传感器是各种金属氧化物材料中研究得最多，也是较为成熟的一类气体传感器。半导体材料二氧化钛属于 N 型半导体，对氧气十分敏感，其电阻值的大小取决于周围环境的氧气浓度。当周围氧气浓度较大时，氧原子进入二氧化钛晶格，改变了半导体的电阻率，使其电阻值增大。

氧化物电阻式氧传感器具有结构简单、轻巧、便宜、响应速度快且抗铅污染能力强的特点，但这种氧传感器的阻值在理论空燃比附近急剧变化，输出电压也急剧变化，在整个稀薄燃烧区内受到应用上的限制。并且，其寿命与灵敏度不如氧化锆氧传感器，输入和输出信号处理设备比较昂贵，因此应用不如氧化锆氧传感器广泛。

6.1.3　气体传感器的应用

气体传感器是暴露在各种成分的气体中使用的，由于检测现场温度、湿度的变化很大，又存在大量粉尘和油雾等，所以其工作条件较恶劣，而且气体有时会与传感元件的材料产生化学反应物，附着在元件表面，从而使其性能变差。

6.1.3.1　微量瓦斯气体检测

气敏电阻由于具有灵敏度高、恢复时间短、使用寿命长、成本低等特点，广泛应用于防灾报警中，如可制成液化石油气、天然气、城市煤气、煤矿瓦斯以及有毒气体等方面的报警器；也可用于对大气污染进行监测以及在医疗上用于对 O_2、CO_2 等气体的测量；生活中则可用于空调机、烹调装置、酒精浓度探测仪等方面。

图 6.2 所示为矿井瓦斯报警器的原理图。瓦斯探头由 QM-N5 型气敏元件、R_1 及 4V 矿灯蓄电池等组成。R_1 为传感器加热线圈的限流电阻，R_P 为瓦斯报警设定电位器。当电位器的阻值超过某一设定值时，R_P 的输出信号通过二极管 VD 加到 VT_3 基极上，VT_3 导通，VT_2、VT_1 便开始工作。VT_1、VT_2 为互补式自激多谐振荡器，它们的工作使继电器吸合与释放，从而使信号灯闪光报警。

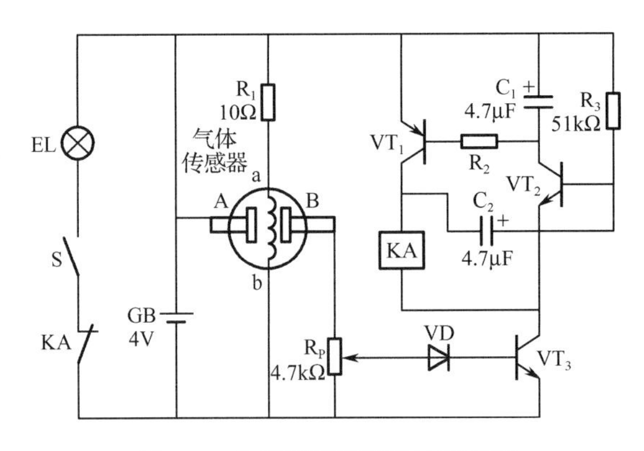

图 6.2　矿井瓦斯报警器的原理图

6.1.3.2　汽车中的氧浓度检测

氧化锆氧浓度传感器的结构如图 6.3 所示，其工作原理与干电池类似，其中的氧化锆元素起类似电解液的作用。在高温和铂催化等条件下，带负电的氧离子吸附在氧化锆套管的内、外表面上，传感器的输出电位差与氧化锆内、外两侧的氧浓度差成正比。氧化锆氧浓度传感器安装在三元催化器上，用来检测发动机排放气体中的氧气含量，电子控制单元（Electronic Control Unit，ECU）根据其检测结果不断地对喷油时间和喷油量进行修正，使混合气体浓度保持在理想的范围内（如理论空燃比 14.7 : 1），实现空燃比的最佳反馈控制，从而降低有害气体的排放量和节约燃油。

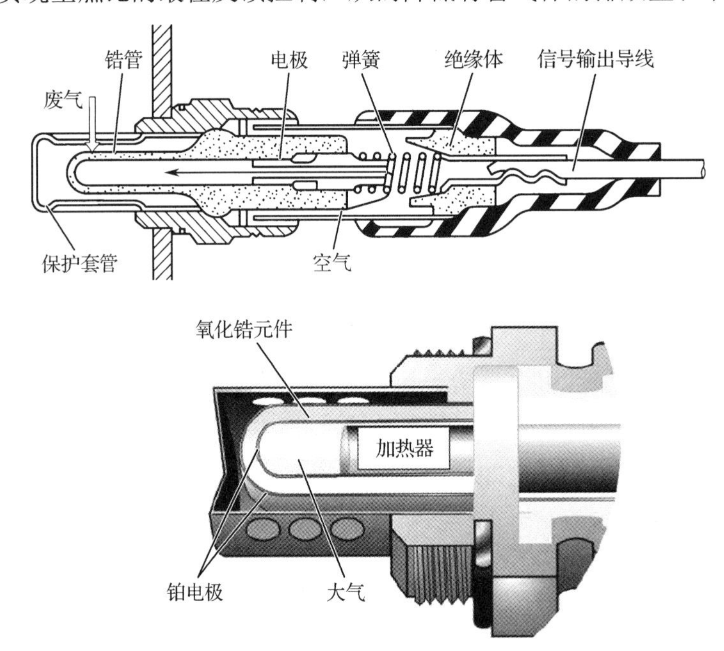

图 6.3　氧化锆氧浓度传感器的结构

6.1.3.3　气体传感器的选型及使用注意事项

气体传感器选型时应尽量满足以下要求：气体选择性好（只能对一种气体敏感，对干扰气体不敏感）；对被测气体有较高的灵敏度；能够长期稳定工作（取决于零点漂移和区间漂移，在理想情况下，一个传感器在连续工作条件下，每年零点漂移小于 10%）；响应速度快；抗腐蚀性强。

气体传感器是暴露在各种成分的气体中使用的，由于检测对象和现场的温度、湿度和压力的变化及粉尘、油雾等的存在都可能使其输出发生漂移，因此需要定期维护，保证其存放和使用均符合规定。

任务 6.2 湿度传感器

湿度传感器，又称湿敏传感器，是能够感受外界湿度变化，并通过器件材料的物理或化学性质变化，将湿度转化成有用信号的器件。湿度检测较之其他物理量的检测显得困难，这首先是因为空气中的水蒸气含量要比空气少得多；其次，液态水会使一些高分子材料和电解质材料溶解，一部分水分子电离后与溶入水中的空气中的杂质结合成酸或碱，使湿敏材料不同程度地受到腐蚀和老化，从而丧失其原有的性质；最后，湿度信息的传递必须靠水对湿敏器件直接接触来完成，因此湿敏器件只能直接暴露于待测环境中，不能密封。

随着时代的发展，科研、农业、暖通、纺织、机房、航空航天、电力等领域，越来越需要采用湿度传感器，对产品质量的要求越来越高，对环境温、湿度的控制以及对工业材料水分的监测与分析都已成为比较普遍的技术条件之一。

下面我们将学习湿度的概念，湿度传感器的工作原理、特性和应用等内容。

知识目标：

（1）能陈述湿度的概念及常见测量方法。

（2）能描述电阻式、电容式等湿度传感器的结构、原理和特性。

（3）能说明湿度传感器的选型及使用注意事项。

（4）能举例说明湿度传感器的典型应用。

技能目标：

（1）能根据常见湿度传感器的特性以及项目需求进行传感器选型。

（2）能根据产品说明书，正确进行常见湿度传感器的安装、调试、标定和维护。

（3）能够规范编写湿度传感器的相关技术文档。

6.2.1 湿度及其表示

湿度是指大气中的水蒸气含量，通常采用绝对湿度、相对湿度和露点等来表示。

1. 绝对湿度

所谓绝对湿度（Absolute Humidity）就是单位体积空气内所含水蒸气的质量，也就是指空气中水蒸气的密度，一般用一立方米空气中所含水蒸气的克数表示，单位为 g/m^3。

2. 相对湿度

相对湿度（Relative Humidity）表示空气中实际所含水蒸气的分压和同温度下饱和水蒸气的分压的百分比，通常用%RH 表示相对湿度。当温度和压力变化时，因饱和水蒸气变化，气体中的水蒸气分压即使相同，其相对湿度也发生变化。日常生活中所说的空气湿度，就是指相对湿度，目前应用最多的也是相对湿度。

3. 露点

温度越高的气体，含水蒸气越多。若将气体冷却，即使其中所含水蒸气的量不变，相对湿度将逐渐增大，到某一个温度时，相对湿度达100%，呈饱和状态，再冷却时，水蒸气的一部分凝聚生成露，把这个温度称为露点（Dew Point）温度，即空气在气压不变条件下为了使其所含水蒸气达到饱和状态所必须冷却到的温度。气温和露点的差越小，表示空气越接近饱和。

当环境的相对湿度增大时，物体表面就会附着一层水膜，并渗入材料内部，这不仅降低了绝缘强度，还会造成漏电、击穿和短路现象；潮湿还会加速金属材料的腐蚀并引起有机材料的霉烂。

6.2.2 湿度的测量

湿度的常见测量方式有伸缩式湿度计、干湿球湿度计、露点计和阻抗式湿度计等。其中，伸缩式湿度计利用毛发、纤维素等物质随湿度变化而伸缩的性质来进行测量，不需要进行温度补偿，但不能转换为电信号。

按照制作原理通常可将湿度传感器分成三大类：电子湿度传感器、声学湿度传感器和光学湿度传感器。第一类传感器利用敏感材料的电子和机械特性与湿度的关系制作，以电容式湿度传感器和电阻式湿度传感器为主；第二类传感器是根据声学信号随湿度的变化而发生变化的性质制作的传感器，目前主要利用的是表面波、微波、石英晶体微天平和体声波特性（如声波频率随材料对水蒸气的吸收而发生变化）；第三类是光学湿度传感器，它是根据湿度的变化会引起媒介层性质的变化，进而使光传播性质（吸收、反射系数、频率等）发生变化而制作的传感器，研究比较多的主要有光纤湿度传感器和干涉测量湿度传感器。下面介绍常见的电阻式湿度传感器和电容式湿度传感器。

6.2.2.1 电阻式湿度传感器

水是一种强极性的电解质。水分子极易吸附于固体表面并渗透到固体内部，会引起半导体的电阻值降低，因此可以利用多孔陶瓷、三氧化二铝等吸湿材料制作湿敏电阻。当空气中的水蒸气吸附在感湿膜上时，元件的电阻率和电阻值都发生变化，利用这一特性即可测量湿度。湿敏电阻的种类很多，如金属氧化物湿敏电阻、硅湿敏电阻、氯化锂湿敏电阻、陶瓷湿敏电阻等。湿敏电阻的优点是灵敏度高，主要缺点是线性度和产品的互换性差。

（1）$MgCr_2O_4$-TiO_2 半导体陶瓷湿度传感器。它主要利用陶瓷烧结体微结晶表面在吸湿和脱湿过程中电极之间电阻的变化来检测相对湿度。$MgCr_2O_4$-TiO_2 湿敏元件的结构图如图 6.4 所示，在 $MgCr_2O_4$-TiO_2 陶瓷片的两面，设置金电极，并用掺金玻璃粉将引线与金电极烧结在一起。在半导体陶瓷片的外面，安放一个由镍铅丝烧制而成的加热清洗圈，以便经常对元件进行加热清洗，排除有害气体对元件的污染。元件安放在一种高度致密的、疏水性的陶瓷基片上。为消除底座上测量电极和引线之间由于吸温和污染而引起的漏电，在其四周设置金短路环。

陶瓷烧结体微结晶表面对水分子进行吸湿或脱湿时，引起电极间电阻值随相对湿度呈指数级变化，从而将湿度信息转化为电信号。显然，这类传感器适合在高温和高湿环境中使用，也是目前在高温环境中测湿的少数有效传感器之一。

（2）氯化锂电阻式湿度传感器。氯化锂湿敏电阻是利用吸湿性盐类潮解，离子电导率发生变化而制成的测湿元件。氯化锂湿敏电阻结构图如图 6.5 所示，它主要由引脚、基片、感湿膜与电极组成。它具有滞后小、不受测试环境风速影响、检测准确度高达±5%等优点；但其耐热性差，器件性能的重复性不理想，使用寿命短。

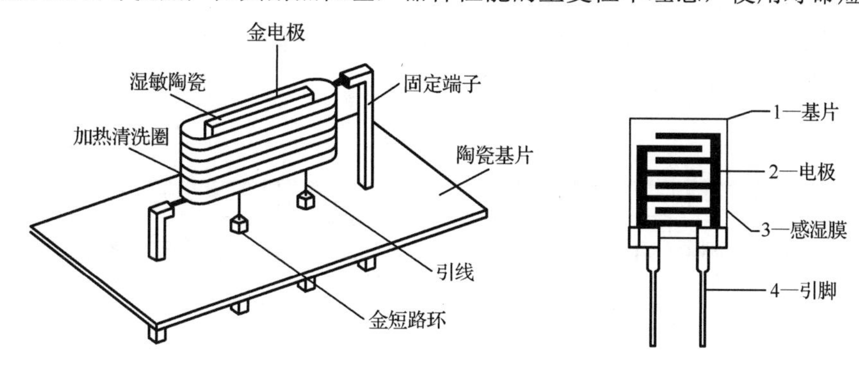

图 6.4 $MgCr_2O_4$-TiO_2 湿敏元件的结构图　　图 6.5 氯化锂湿敏电阻的结构图

6.2.2.2 电容式湿度传感器

湿敏电容一般是用高分子薄膜电容制成的，常用的高分子材料有聚苯乙烯、聚酰亚胺、酪酸乙酸纤维等。电容式湿度传感器如图 6.6 所示，当环境湿度发生改变时，湿敏电容的介电常数发生变化，使其电容量也发生变化，其电容变化量与相对湿度成正比，之后利用 RC 振荡器等转换电路转换为电信号输出。

电容式湿度传感器的主要优点是灵敏度高、产品互换性好、响应速度快、湿度的滞后量小、便于制造、容易实现小型化和集成化，但其准确度一般比电阻式湿度传感器要低一些。

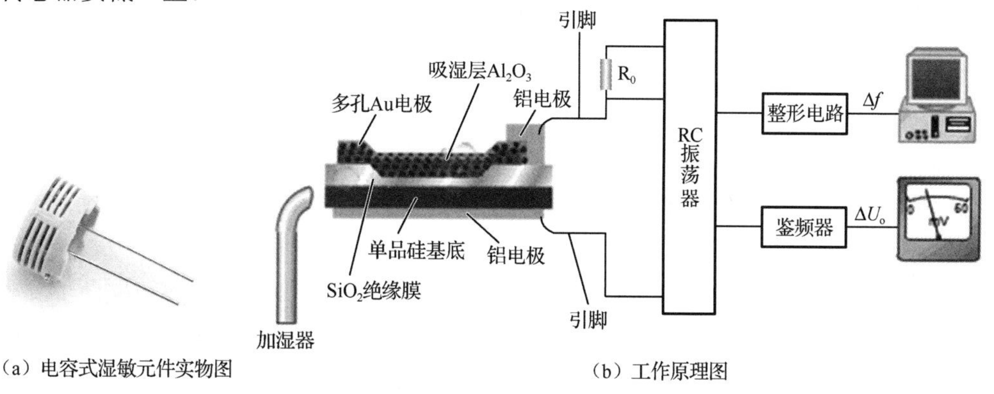

图 6.6 电容式湿度传感器

6.2.3 湿度传感器的应用

湿度的检测与控制在现代科研、生产、生活中的地位越来越重要。例如，许多储物仓库在湿度超过某一程度时，物品易发生变质或霉变现象；居室的湿度应当适中（35%～80%RH）；而纺织厂要求车间湿度保持在 60%～70%RH；在农业生产中的温室育苗、食用菌培养、水果保鲜等方面都需要对湿度进行检测和控制。

6.2.3.1 直读式湿度计

直读式湿度计的电路图如图 6.7 所示。其中，R_H 为氯化锂湿敏电阻器，它属水分子亲和力型湿敏元件，水分子会很容易地在湿敏膜中被吸附或释放，从而使湿敏电阻器的电阻值迅速发生变化。由 VT_1、VT_2 和 T_1 等组成负责湿度检测与转换电桥的电源，其振荡频率为 250～1000Hz。电桥的输出信号经变压器 T_2、C_3 耦合到 VT_3，经 VT_3 放大后的信号由 VD_1～VD_4 桥式整流后输入微安表，指示出由于相对湿度的变化而引起的电流改变。

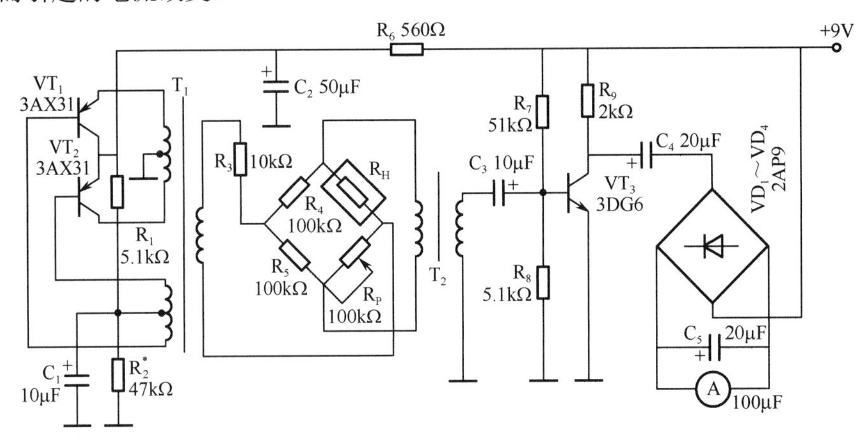

图 6.7 直读式湿度计的电路图

目前此类湿敏电阻的测量范围较狭窄，只有将多个湿敏电阻器组合使用，其测量范围才能达到 20%～80%RH。

6.2.3.2 湿度传感器的选型及使用注意事项

国内外各厂家的湿度传感器产品的水平不一，质量和价格都相差较大，在选择湿度传感器时，通常要注意准确度、长期稳定性、温度系数等特性参数。

（1）准确度和长期稳定性。通常产品资料中给出的特性是在常温（20℃±10℃）和洁净的气体中测量的。在实际使用中，由于尘土、油污及有害气体的影响，长期使用会产生老化，使准确度下降，因此湿度传感器的准确度水平要结合其长期稳定性去判断。湿度传感器的准确度应达到±2%～±5%RH、年漂移量在±2%左右，否则难以作为计量器具使用。

（2）湿度传感器的温度系数。湿敏元件除对环境湿度敏感外，对温度亦十分敏感，其温度系数一般在 0.2%～0.8%RH/℃范围内。温漂非线性，这需要在电路中加温度补偿。

图 6.8 所示为带温度补偿的湿度测量电路。图中 R_t 是热敏电阻器（20kΩ，B=4100K），R_H 为 H204C 湿敏电阻，运算放大器型号为 LM2904。该电路的湿度电压特性及温度特性表明，在 30%～90%RH、15～35℃范围内，输出电压表示的湿度误差不超过 3%RH。

（3）湿度传感器的供电。对金属氧化物陶瓷、高分子聚合物和氯化锂等湿敏材料施加直流电压时，会导致其性能发生变化，甚至失效，所以这类湿度传感器不能用直流电压或含直流成分的交流电压供电，必须用交流电供电。

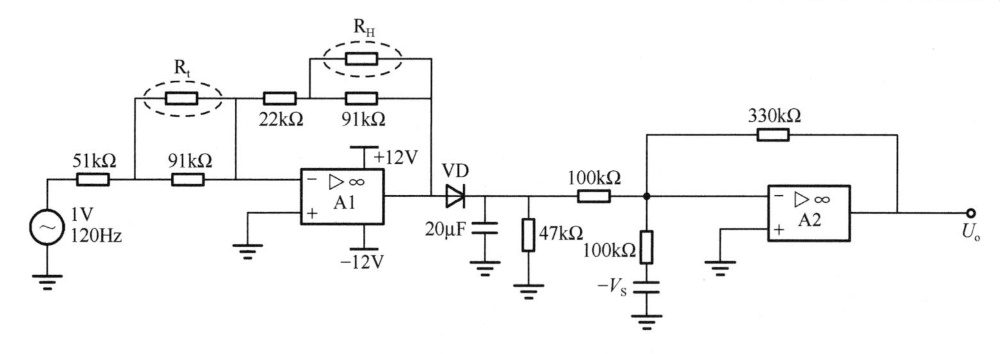

图 6.8　带温度补偿的湿度测量电路

（4）湿度校正。通常利用湿度基准或者和已知性能的仪器进行比较来进行校准，湿度基准可利用硫酮或盐酸钾溶液来建立，或利用饱和盐类溶液来建立。

任务 6.3　离子传感器

离子传感器（Ion Transducer）是具有离子选择性的传感器，能检测出溶液中特定离子的浓度。近年来，由于半导体集成技术的发展，离子传感器也在朝着多元化、智能化遥测方向发展。下面我们将学习离子传感器的结构、原理、特性和应用等内容。

知识目标：

（1）能陈述离子传感器的概念、结构及分类。

（2）能描述电极型、场效应晶体管型离子传感器的原理。

（3）能说明离子传感器的典型应用。

技能目标：

（1）初步具备查阅和实施离子传感器的相关国家标准及行业规范的能力。

（2）能够规范编写离子传感器的相关技术文档。

6.3.1　离子传感器的结构与分类

离子传感器主要由敏感膜、换能器等构成。敏感膜的作用是选择待测离子，换能器的作用是将待测离子的浓度转换为电信号输出。

敏感膜与换能器是离子传感器的关键部件，因此其分类通常是根据敏感膜的种类和换能器的类型来划分的。根据敏感膜的种类不同，离子传感器可分为玻璃膜式离子传感器、液态膜式离子传感器、固态膜式离子传感器和以离子传感器为基本体的隔膜式离子传感器等；根据换能器的类型不同，离子传感器可分为电极型离子传感器、场效应晶体管型离子传感器、光导传感型离子传感器、声表面波型离子传感器等。其中，玻璃膜式离子传感器和固态膜式离子传感器应用最广，最易与各种换能器结合。根据换能器类型的不同，电极型离子传感器应用最广，但目前发展最快的是场效应晶体管型离子传感器；这一方面受益于飞速发展的半导体制造技术，另一方面则是因为它性能可靠、应用方便、集成度高。下面主要介绍这两类离子传感器。

6.3.2 电极型离子传感器

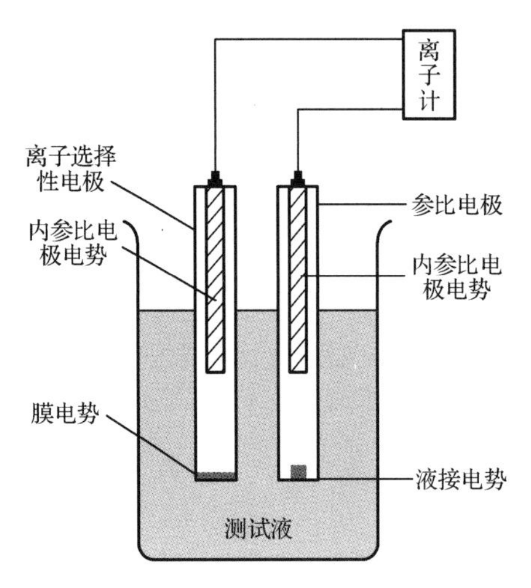

图 6.9 电极型离子传感器的结构

电极型离子传感器又称离子选择电极。它的结构如图 6.9 所示。它利用固定在敏感膜上的离子选择性电极有选择性地结合被测量的离子，从而发生膜电势或膜电流的改变。

电极型离子传感器采用的是一种直接的、非破坏性的分析方法，不受样品颜色、浊度、悬浮物、黏度的影响，样品用量少；所需设备简单，操作方便、便于携带、适合现场测定，价格便宜，维护费用低；分析速度快，典型单次分析只需 1～2min。电极型离子传感器的输出为电信号，不需经过转换就可直接放大输出和记录；测量范围广、灵敏度高，一般可达 4～6 个体积浓度数量级范围，电极响应为对数特性，所以在整个范围内具有同样的准确度。

6.3.3 场效应晶体管型离子传感器

场效应晶体管型离子传感器又称离子敏场效应晶体管，是在金属氧化物半导体场效应晶体管（MOSFET）基础上制成的、对特定离子敏感的离子检测器件，是集半导体制造工艺和普通离子电极特性于一体的传感器。场效应晶体管型离子传感器如图 6.10 所示，其结构与普通的 MOSFET 类似，但 MOSFET 金属栅极被特定的离子敏感膜、被测电解液及参比电极代替了。如果固定 U_{DS}，则漏极电流 I_D 的大小反映被测溶液中离子活度的变化。

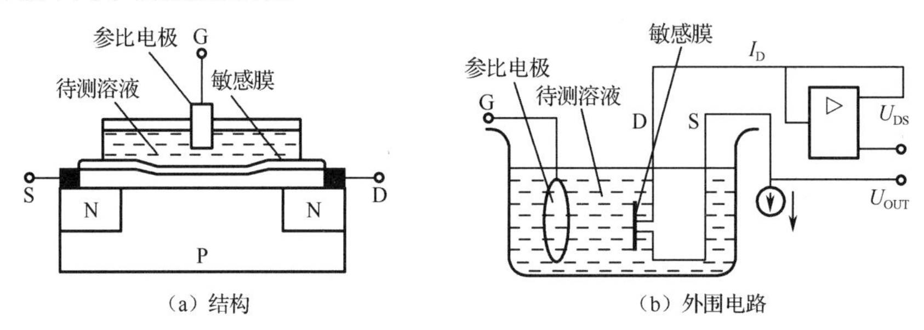

图 6.10 场效应晶体管型离子传感器

6.3.4 离子传感器的应用

离子传感器常用于实验室分析、工业流程分析、医学分析等，广泛应用于地表水、地下水、工业过程以及污水处理中的氨氮、硝氮等离子的在线监测。

6.3.4.1 电极型离子传感器的应用

电极型离子传感器直接响应溶液中的离子组分，因此应用电极对溶液体系（如各种水质、工业流程溶液、生理溶液等）的分析是最为方便的。固体样品（如矿石、土壤、生物组织等）可以经过溶解、浸取或消煮后进行测定，气体组分或大气中的微粒可以用溶液吸收后进行测定。

一般而言，电极型离子传感器可实现灵活选择一个或两个离子选择性电极，同时默认标配 pH 值及温度电极，可同时监测多个参数。离子选择性电极可选参数有铵离子（NH_4^+）、硝酸盐离子（NO_3^-）、钾离子（K^+）、氯离子（Cl^-）、氟离子（F^-）等。不同的参数组合，还可以实现相互补偿的作用，使得测量数据更加准确。使用气敏电极还可以直接测定溶液中的气体组分（NH_3、CO_2、NO_x 及 SO_2 等）。电极型离子传感器可以直接测定许多有机化合物（如氨基酸、苦杏仁苷、尿素、青霉素等）。

6.3.4.2 场效应晶体管型离子传感器的应用

场效应晶体管型离子传感器在生物医学上得到了广泛的应用。例如，ISFET 做成的微型探针嵌入注射器针头内，可直接检测生物体内所需部位的瞬态离子状况。已做成的微型结构，端部宽仅为 30μm，可插入细胞中直接测量像神经细胞等随着兴奋状态变化的离子体积浓度的变化情况，能鉴别正常细胞和癌细胞。

利用集成化技术做成的多功能场效应晶体管型离子传感器，在同一探头上可以同时测量和综合诊断；场效应晶体管型离子传感器不仅可以测量离子，还可以通过气透膜检测溶解在溶液中的气体含量；用生物敏感膜做出的场效应晶体管型离子传感器可以检测生物体内的各种物质，这是非常有发展前途的敏感器件。

6.3.4.3 离子传感器的使用注意事项

离子计的输入端（即电极插孔）必须保持清洁，若环境湿度较大，应将其用干净布擦干；测量电极敏感膜必须保持清洁，使用前须先浸入溶液使其活化；测量时，如发现显示读数溢出、测量部件断路或电势过高（超过仪表规定值），应关机检测测量部分，观察其是否有气泡、断线等现象；当测量 pX 值（离子活度对数的负数）时，定位调节器调节不到溶液规定值，即说明测量电极零电位相差太大，此时必须调节定位补偿器和斜率补偿器以抵消此电势，再进行测量。

任务 6.4 生物传感器

生物体具有独特的生物化学识别能力，能够对外界刺激做出反应，并将这些信号转换成体内能接收并处理的信号，使其获得营养物质或远离危险。人类利用生物识别的敏感性来观察和了解生存环境，即模拟自然界的细胞、组织、蛋白质和酶等，将可观察的事物转变为可测量的物理量，作为这种生物模拟的结果，这类传感器被称为生物传感器。

生物传感器是一种由生物、化学、物理、医学、电子技术等多种学科互相渗透成长起来的高新技术，因其具有选择性好、灵敏度高、分析速度快、成本低、可在复杂的体系中进行在线连续监测等特点，特别是它的高度自动化、微型化与集成化的特点，使其在近几十年获得蓬勃而迅速的发展。生物传感器在各个领域都有应用的需求，尤其在生物医学研究、药物合成筛选、环境监测与保护、卫生检疫、司法鉴定、生物标志物的检测等众多领域的应用拥有极为广阔的前景。

在本任务中，我们将学习生物传感器的概念、特点、发展历程和趋势等内容。

知识目标：

（1）能陈述生物传感器的概念、构成、特点和发展历程。

（2）能举例说明生物传感器的典型应用。

技能目标：

（1）初步具备查阅和实施生物传感器的相关国家标准及行业规范的能力。

（2）能够规范编写生物传感器的相关技术文档。

6.4.1 生物传感器概述

生物传感器是一种用于检测被分析物的分析设备，顾名思义，生物传感器就是把生物成分和物理/化学检测器结合在一起的设备。

生物传感器的组成如图 6.11 所示，生物传感器主要由生物敏感元件、转换元件和转换电路等组成。其中，生物敏感元件是由特定的生物敏感材料（酶、核酸、细胞器、组织、微生物、抗体、抗原等生物活性物质）制成的分子识别元件，当某化合物质与分子识别元件相互作用时发生物理或化学反应，会产生光、声、热、质量、电等易于测量的信号；转换元件，如气敏电极、光敏管、场效应管、压电晶体及表面等离子共振器等，将前述信号转换为电阻、电荷等电参数或电压、电流等电信号；转换电路对电参数或电信号等进行滤波、放大等处理后输出，从而获得待测物种类、浓度等量化数据，便于信号处理系统分析参数。跟普通的物理传感器一样，并不是所有的生物传感器都可以严格拆分为三部分。

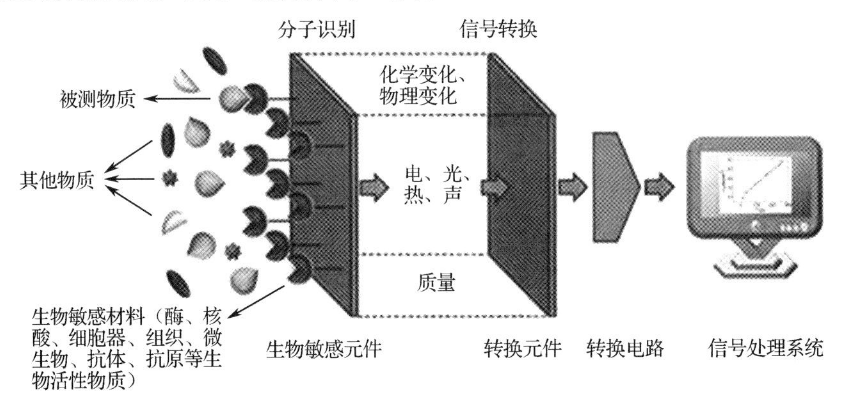

图 6.11 生物传感器的组成

6.4.2 生物传感器的发展历程

自 1967 年第一个氧气生物传感器诞生以来，研究人员已经开发了应用于不同领域的生物传感器。生物传感器通常被定义为将生物学组分与物理、化学装置相结合，用于检测有生物学意义分析物的一种特殊装置。生物传感器研究过程中的关键步骤是生物分子的固定化，根据其形式不同，生物传感器的发展主要经历了 3 个阶段。

6.4.2.1 第一代生物传感器——无介质安培型生物传感器

第一代生物传感器将分析物或酶催化反应底物结合至传感器表面，再通过电信号形式传送表达。其传感原理：当被测物扩散进入生物敏感膜层后，经过分子识别发生生物学反应，反应产生的信息被相应的物理或化学换能器转换成可定量处理的电信号，再经检测放大器放大并输出，实现对被测物的定量检测。

酶生物传感器是典型的第一代生物传感器，它以自然物质如氧气作为酶与电极之间的电子通道，通过氧电极测量氧的消耗或过氧化氢的产生来测定底物。

自 20 世纪 70 年代起，人们开始用小分子电子媒介体来代替氧沟通酶活性中心与电极之间的电子通道，通过检测媒介体中的电流变化来检测底物浓度的变化。因此，第二代生物传感器又被称为介体型生物传感器。

6.4.2.2 第二代生物传感器——介体型生物传感器

第二代生物传感器采用化学介质或特定生物分子取代 O_2/H_2O_2 在酶促反应中和电极进行电子传递。常见的第二代生物传感器是核酸适配体传感器和转录因子传感器。

（1）核酸适配体传感器。核酸适配体是指双链 DNA 或单链 DNA/RNA 分子像抗体一样可以与靶分子特异性结合，由于其变化多端的空间构象使之能结合的分子更为广泛，且具有比抗体更容易获取、储存的特点。

新型核酸适配体传感器主要致力于设计几类新型的核酸分子适配体传感器，以进一步提高对基因片段、重金属离子 Hg^{2+}和 Pb^{2+}等的检测特异性和灵敏度。

（2）转录因子传感器。转录因子传感器在第二代生物传感器中应用最多、最广泛，因为小分子对转录因子的变构调节是自然界普遍存在的机制，且易用于工程细胞。

转录因子的表达水平与癌症、炎症、异常激素响应、发育障碍等一系列疾病的发生、发展密切相关。目前，转录因子已成为疾病诊断和药物开发的重要生物标志物。

6.4.2.3 第三代生物传感器——纳米生物传感器

近年来，研究人员将纳米材料引入到生物传感器中，提高了其检测灵敏度和使用性能。将纳米材料修饰到电极表面可以有效固定生物分子并促进其氧化还原中心与电极之间的直接电子转移，再运用纳米生物传感器亚微米尺寸的换能器、探针和纳米微系统，从而研制成第三代生物传感器。

第三代生物传感器的传导效率更高，受到的干扰更少，准确性更好，应用前景可观。

6.4.3 生物传感器的特点

生物传感器具有如下特点。

（1）采用固定化生物活性物质作催化剂，价值昂贵的试剂可以重复多次使用，克服了过去酶法分析试剂费用高和化学分析烦琐复杂的缺点。

（2）专一性强，只对特定的底物起反应，而且不受颜色、浊度的影响。

（3）分析速度快，可以一分钟得到结果。

（4）准确度高，一般相对误差可以达到 1%。

（5）操作系统比较简单，容易实现自动分析。

（6）成本低，在连续使用时，每例测定仅需要几分钱。

（7）有的生物传感器能够可靠地指示微生物培养系统内的供氧状况和副产物的产生，能得到许多复杂的物理、化学传感器综合作用才能获得的信息，同时它们还指明了增加产物得率的方向。

6.4.4 典型生物传感器及其应用

生物传感器并不专指用于生物技术领域的传感器，它的应用领域包括医学、食品和环境监测等。

6.4.4.1 在医学领域的应用

生物传感器具有能够及时告知健康相关信息的独特优势，使之成为早期疾病检测和治疗的有力工具。

在临床医学中，酶电极是最早研制且应用最多的一种传感器，已成功地应用于血糖、乳酸、维生素 C、尿酸、尿素、谷氨酸、转氨酶等物质的检测。

DNA 传感器可以帮助医生从 DNA、RNA、蛋白质及其相互作用层次上了解疾病的发生、发展过程，有助于对疾病的及时诊断和治疗。此外，进行药物检测也是 DNA 传感器的一大亮点，如利用 DNA 传感器研究常用铂类抗癌药物的作用机理并测定血液中该类药物的浓度。

纳米生物传感器通过纳米材料识别疾病相对应的生物标记物，可用于预防和早期发现心血管疾病。同时，纳米生物传感器也显示了对于特定疾病的生物标记物的体内感知能力。在体内环境中，可以监测实时生物信号，如释放蛋白质或抗体以应对组织损伤、肌肉萎缩、心肌梗死、炎症或感染。

在军事医学中，对生物毒素的及时快速检测是防御生物武器的有效措施。生物传感器已应用于监测多种细菌、病毒及其毒素，如炭疽芽孢杆菌、鼠疫耶尔森菌、埃博拉出血热病毒、肉毒梭菌类毒素等。

6.4.4.2 在食品领域的应用

生物传感器在食品分析中的应用包括食品成分、食品添加剂、农药残留量及微生物和毒素等的测定分析。

（1）食品成分分析。在食品工业中，葡萄糖的含量是衡量水果成熟度和贮藏寿命的一个重要指标。已开发的酶电极型生物传感器可用来分析白酒、苹果汁、果酱和蜂蜜中的葡萄糖。其他糖类，如果糖，啤酒、麦芽汁中的麦芽糖，也有成熟的测定传感器。

（2）食品添加剂分析。亚硫酸盐通常用作食品工业的漂白剂和防腐剂，采用亚硫酸盐氧化酶为敏感材料制成的电流型二氧化硫酶电极可用于测定食品中的亚硫酸盐含量；饮料、布丁、醋等食品中的甜味素，可采用天冬氨酶结合氨电极测定。此外，还可以用生物传感器测定色素和乳化剂。

（3）农药残留量分析。人们对食品中的农药残留问题越来越重视，各国政府也在不断加强对食品中的有机磷杀虫剂等农药残留的检测工作。

（4）微生物和毒素分析。食品中病原性微生物的存在会给消费者的健康带来极大的危害，食品中的毒素不仅种类很多而且毒性大，大多有致癌、致畸、致突变作用，因此，加强对食品中的大肠杆菌等病原性微生物及毒素的检测至关重要。

6.4.4.3 在环境监测领域的应用

环境污染问题日益严重，人们迫切希望拥有一种能对污染物进行连续、快速、在线监测的仪器，生物传感器满足了人们的这种要求。已有相当多的生物传感器应用于环境监测，检测重金属离子、诱变物、污染物毒性、激素类污染物，这为环境监测提供了有力工具。如金属纳米材料，因为其优异的光学性能，它可以在比色分析法中作为良好的光学信号传导单元，再通过与待测重金属有特异性识别作用的分子结合，可实现对待测重金属高灵敏度以及高选择性的检测。

6.4.5 生物传感器的发展趋势

生物传感器属于多学科交叉融合的高科技领域，相比传统技术具有更高的敏感性、准确性、稳定性和实时性，从而被广泛应用，目前已取得良好效果，但仍需提高其检测灵敏度、结果的稳定性和精确度。随着技术、工艺等的改善和提高，生物传感器呈现出功能多样化、微型化、集成化、智能化等发展趋势。

（1）功能多样化。未来的生物传感器将会深度涉及医疗卫生保健、疾病诊断治疗、食品安全检测、环境污染检测、气候变化追踪、发酵工业以及军事国防、民用等各个领域。

（2）微型化。微型生物传感器（微电极）是指至少有一维尺寸达到 10^{-6}m 数量级的一类电极。当电极达到微电极水平时，由于扩散效应变化，电化学特性随之显著变化。随着加工工艺和材料科学的不断进步，生物传感器将会越来越微型化、便携化，各种体积小、功能强大的生物传感器的出现，实现了对生物活体及细胞的监测，如利用微小电极成功测定小鼠脑脊液中的活性氧、pH 值、Cu 离子等。

（3）集成化和智能化。未来的生物传感器必定会与各种计算机紧密结合，自动采集，分析所需的各种数据，更科学、快速、精准地提供分析结果，实现数据采集、分析处理、结果呈现的一条龙，形成分析检测的集成化、一体化和智能化。

任务6.5 气体传感器与湿度传感器的特性测试

通过对特定气体浓度的检测，我们可以准确获知对象或环境的状态。在本任务中，我们将开展气体传感器与湿度传感器的特性测试。

知识目标：

（1）能描述气体传感器、湿度传感器的工作原理。

（2）结合测试数据，能识别气体传感器、电阻式湿度传感器模块的电路构成，并归纳总结其工作原理和特性。

技能目标：

（1）能正确使用万用表、示波器等工具和仪器仪表。

（2）能根据技术规范要求正确进行系统装调、浓度参量测量、数据记录和实验报告撰写。

6.5.1 气体传感器的特性测试

气体传感器的核心器件是半导体气敏元件，不同的气敏元件对不同气体的灵敏度不同。当传感器暴露于被测气体之中时，气敏元件的阻值跟随气体浓度的变化而改变，负载电路两端的电压也发生变化，之后经放大器放大后输出电压 u_o，由此可测得被测气体浓度的变化。

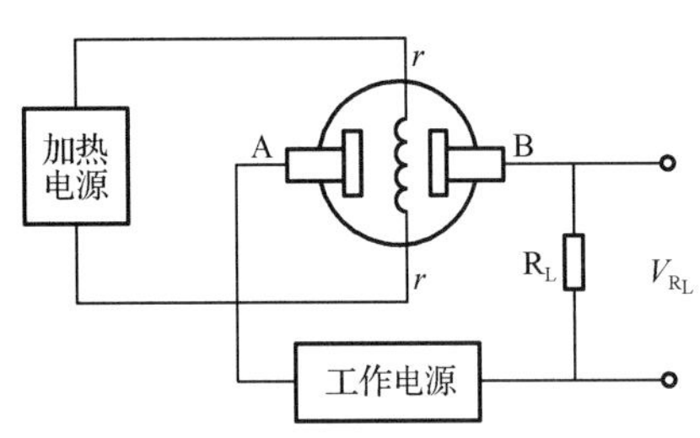

图 6.12 气体传感器的原理图

本节的目的是让读者了解气体传感器的工作原理和特性。

（1）气体传感器的原理图如图 6.12 所示，连接电源；将万用表接在负载电阻 R_L 的两端，测其输出电压。

（2）打开直流恒压源，预热 5～15min 后，用浸有酒精的棉球靠近传感器，轻轻吹气使酒精挥发并进入传感器金属网内，同时观察万用表数值的变化，此时电压读数为________；它反映了传感器 AB 两端间的电阻随着________发生了变化。这说明 MQN 气敏电阻检测到了酒精气体的存在与否，如果万用表变化不够明显，可适当调大差动放大器的增益。

【任务拓展】

利用现有的条件是否可以设计出一个酒精气体报警器，你认为还需要哪些条件？（提示：①需进行浓度标定；②还需增加信号放大等电路。）

6.5.2 电阻式湿度传感器的特性测试

湿敏电阻是利用湿敏材料吸收空气中的水分而导致本身电阻值发生变化这一原理制成的。

本节的目的是让读者了解电阻式湿度传感器的工作原理和特性。

（1）观察湿敏电阻结构。它是在一块特殊的绝缘基底上覆盖了一层高分子薄膜而形成的，先将差动放大器调零，再按图 6.13 所示的电路原理图接线。

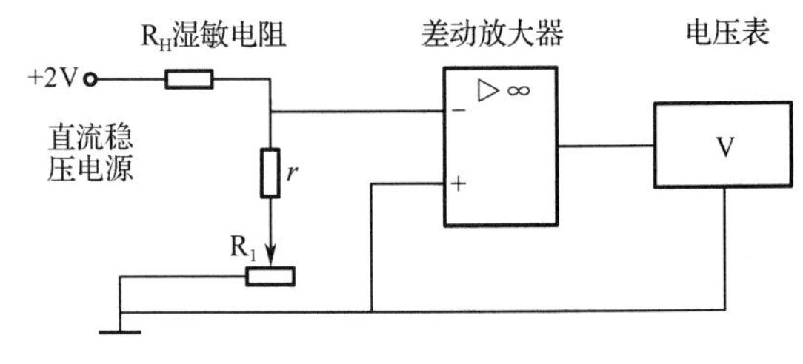

图 6.13 电阻式湿敏传感器的电路原理图

（2）用两种不同潮湿度的海绵或其他易吸潮的材料，分别轻轻地与传感器接触，观察万用表数字变化，此时万用表的示数变________，也就是 R_H 阻值在变________，说明 R_H 检测到了湿度的变化，而且湿度不同，阻值也不一样。（备注：吸湿材料不能太湿，否则会产生湿度饱和现象，延长脱湿时间；R_H 的通电稳定时间、脱湿时间与环境的湿度、温度都有一定的关系。）

【任务拓展】

参考以上电路，设计一湿度测量仪，请给出电路原理图和简要的文字说明。

习 题

一、选择题

1．湿敏电阻用交流电作为激励电源是为了________。

A．提高灵敏度　　B．防止产生极化、电解作用

C．减小交流电桥平衡难度

2．在使用测谎器时，被测试人由于说谎、紧张而手心出汗，可用________传感器来检测。

A．应变片　　B．热敏电阻　　C．气敏电阻　　D．湿敏电阻

3．MQN 气敏电阻可测量________的浓度。

A．CO　　B．N_2

C．气体打火机车间的有害气体　　D．锅炉烟道中剩余的氧气

4．当天气变化时，有时会发现在地下设施（如地下室）中工作的仪器内部印制板漏电增大，机箱上有小水珠出现，磁粉式记录磁带结露等，影响了仪器的正常工作。该水珠的来源是________。

A．从天花板上滴下来的

B．由于空气的绝对湿度达到饱和点而凝结成水滴

C．空气的绝对湿度基本不变，但气温下降，室内的空气相对湿度接近饱和，当接触到温度比大气更低的仪器外壳时，空气的相对湿度达到饱和状态，而凝结成水滴

5．二线制齐纳安全栅用于液化气灌装站的汽油压力变送器的信号传导，其接线示意图如图 6.14 所示。安全栅应安装在________上；熔断器一侧的 1、2 接线端应该接到________上；电流限制回路的 3、4 接线端应该接到________上。

A．控制室的二次仪表　　B．液化气灌装区的压力变送器

C．液化气灌装区的内墙面　　D．液化气灌装区的外墙面

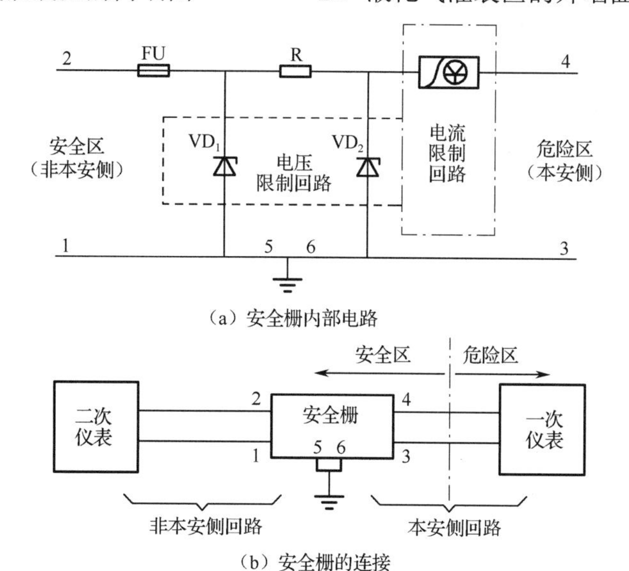

图 6.14　二线制齐纳安全栅的接线示意图

6．相对湿度是气体的绝对湿度与同一________下水蒸气达到饱和时的气体的绝对湿度之比。

A．体积　　B．温度　　C．环境　　D．质量

7．酶是生物体产生的具有催化作用的________，它与生命活动息息相关。

A．细胞组织　　B．维生素　　C．蛋白质　　D．基因组织

8．在校准 pH 传感器时，若测量值与标准缓冲液的值偏差较大，最可能的原因是（　　）。

A．标准缓冲液温度未达到校准要求

B．玻璃电极表面老化或受污染

C．校准过程中未使用温度补偿装置

D．以上均有可能

9.在对气体传感器（如 CO 传感器）进行校准时，发现传感器在低浓度范围内的响应时间明显变长，最可能的原因是（　　）。

A．校准气体浓度过高　　B．传感器的活性电极老化

C．传感器未经过足够的预热时间　　D．校准环境温度过低

10．微生物的呼吸可用氧电极或________电极来测定结构。

A．二氧化碳　　B．二氧化氮　　C．二氧化硫　　D．一氧化碳

二、简答题

1．化学传感器需要对特定物质具有高选择性。查阅资料，请简述影响化学传感器选择性的主要因素，以及提高选择性的常见方法。

2．为什么气敏元件大都附有加热丝？

3．在使用气敏传感器检测空气中的氨气浓度时，发现湿度变化显著影响检测信号。问：（1）湿度是如何干扰传感器信号的？（2）查阅资料，请提出解决湿度干扰的设计思路。

4．查阅资料，设计一款可用于检测食品中农药残留的生物传感器，提出以下关键要素：敏感元件的选择；信号转化机制；提高灵敏度的具体措施。

5．请简述生物传感器的工作原理。

6．目前单一功能的生物传感器难以满足复杂环境下的需求。查阅资料，设计一款能够同时检测多种血液指标（如葡萄糖、乳酸、尿酸）的生物传感器系统，并说明如何实现多功能整合。

项目 7

传感器技术综合应用

人类步入 21 世纪，全面进入信息时代，从一定意义上讲，也就进入了传感器时代。在现代控制系统中，传感器处于连接被测对象和监控系统的接口位置，可直接或间接接触被测对象，是信息输入的“窗口”，是万物互联的“眼睛”，是数据信息获取的功能器件，传感器性能的优劣与适用状况将直接影响甚至决定系统的性能。当前备受国际关注的物联网（Internet of Things，IoT）、大数据、云计算技术，乃至智慧城市中的各种技术的实现，均依赖于传感器获取的信息。本项目以传感器在智能家居、现代汽车、机器人等中的应用为例，介绍传感器的典型应用。

任务 7.1 传感器与智能家居

智能家居是指通过综合采用先进的计算机技术、通信技术和控制技术，建立一个由家庭安全防护系统、网络服务系统和家庭自动化系统组成的家庭综合服务与管理集成系统，从而实现拥有全面的安全防护、便利的通信网络以及舒适的居住环境的家庭住宅。智能家居能够快速响应家庭需求变化，开启新的智慧生活探索，为人们提供更美好的生活体验。下面我们将学习智能家居的结构、发展历程和发展趋势，以及智能家居中的传感器等内容。

知识目标：

（1）能陈述智能家居的概念、结构、发展历程和发展趋势。

（2）能描述基于物联网的智能家居的结构。

（3）能举例说明传感器在智能家居的温度、湿度、光强、磁场强度等参数测量中的应用。

技能目标：

（1）初步具备查阅和实施智能家居及其传感器系列国内外标准的能力。

（2）能根据传感器的特点和智能家居工程需求，正确进行传感器选型。

（3）能根据技术规范要求正确进行各种检测仪表的日常养护与定期维修。

（4）能够规范编写智能家居传感器的相关技术文档。

7.1.1 智能家居的发展历程

随着科学技术、生产研发能力的不断进步，以及厂家对市场的认知，智能家居的设备种类越来越多，功能也越来越丰富，用户的体验度也在不断地提升。

（1）阶段一——以产品为中心的智能单品阶段。智能家居一开始是单品和全屋智能一起发展的。但是率先被大众认可的是各类智能单品，如智能门锁、智能音箱，它们已经成为人们生活的一部分。近几年流行的与智能音箱绑定出售的智能插座和智能红外设备，也受到市场的热捧，但是智能单品带给用户的体验感并不足。在此阶段，实现对家电的控制主要依靠人为干涉，是一个开环系统，能远程控制，但不能获得家电的自身数据，不能实现自动控制。

（2）阶段二——以场景为中心的智慧联动阶段。智能家居的联动从两个维度得到体现：一是智能家居各个系统内部进行联动，在多个场景中为用户提供更为舒适、便捷、健康的人性化家居环境，其核心为自动化与控制，根据具体功能的不同，它可以划分为娱乐、安防、开关控制、照明、厨卫家电、健康医疗、室内环境七大系统；二是基于不同场景的全屋联动，基于物联网的智能家居的目标是发展绿色全技术，包括感知、通信等，这不仅要求极低的功耗，且要求全覆盖、高可靠连接、强安全通信并能实现自我修复。物联网智能家居涉及智能照明、智能开关、智能家电、智能传感、智能安防、智能健康等各个领域，这些设备在一个现代家庭中的平均数量达到 50～100 个。在不同场景下，不同系统之间互相感知与影响，通过全屋联动达到资源的优化配置等。

在此阶段，智能家居加入了更多传感器，可以感知环境及自身的状况，如光线、温/湿度、空气质量、家电自身工作状态等，数据被上传到云平台，平台根据用户设置的条件自动触发控制。此阶段的数据流向可以形成一个闭环，但云平台还不够“智慧”，不能自我学习。

（3）阶段三——以用户为中心的智慧人居阶段。此时，智能家居系统拥有了“大脑”，具有思考能力、学习能力。云平台收集智能家电反馈回来的数据，随着采集到的数据越来越多、人工智能与大数据分析技术的提高，云平台可以学习用户的使用习惯，基于语音、人脸、手势和体感等人体信息，“思考”用户在相应时空下的需求，进行自动控制。未来，家居生活场景将提供千人千面、家庭成员的个性化服务。在设备自适应运行的同时，设备之间可以协同并进行全屋资源智能协同，为用户提供便捷、舒适、节能、健康的生活方式。

7.1.2 基于物联网的智能家居

物联网是指传感器网络、射频标签阅读装置、条码与二维码设备、全球定位系统和其他基于物-物通信模式的短距无线自组织网络等各种信息传感设备及系统，通过各种接入网与互联网结合起来而形成的一个巨大的智能网络。

根据国际电信联盟（ITU）的建议，物联网自下而上一般可以分为三个层次：感知层、网络层和应用层。与此对应，基于物联网的智能家居物理结构如图 7.1 所示。

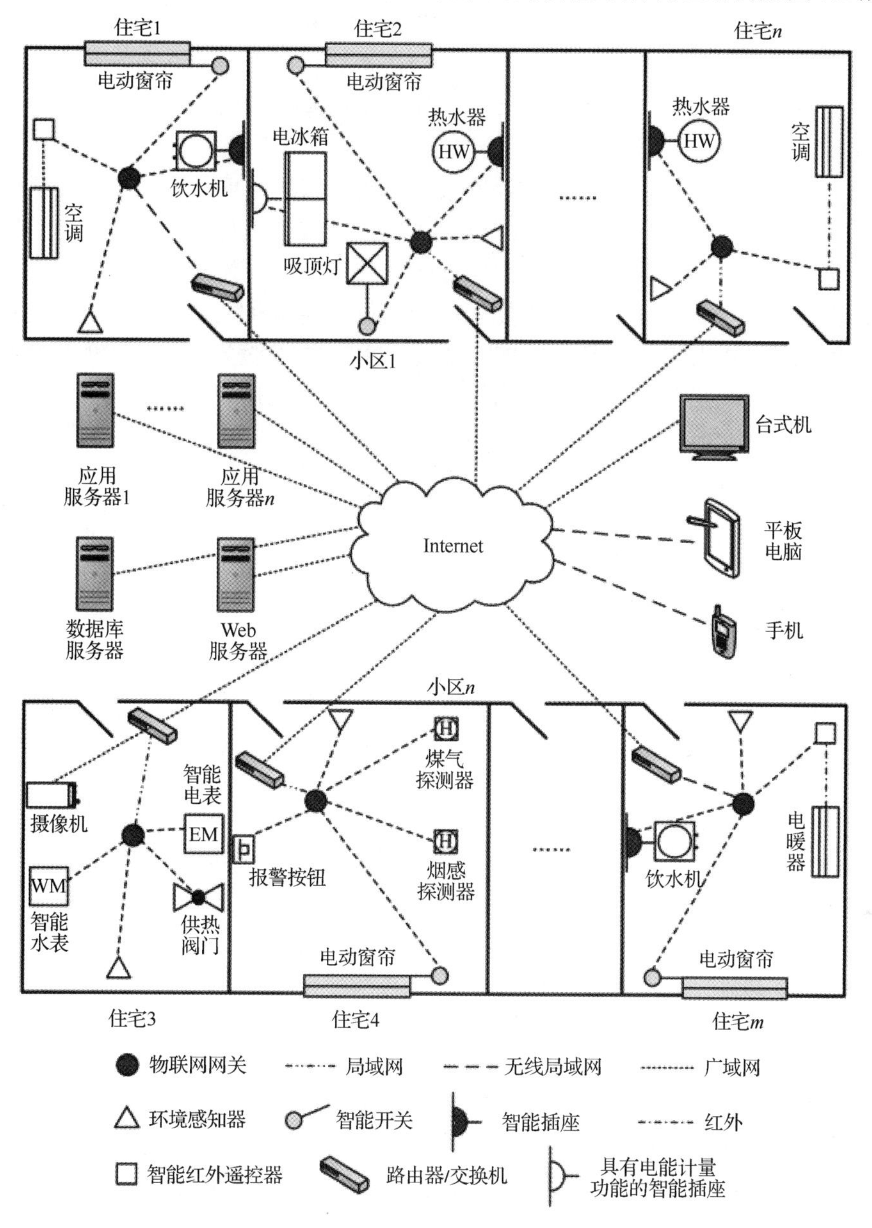

图 7.1　基于物联网的智能家居物理结构

（1）感知层。该层的主要作用是“感知”环境参数及电气设备的工作参数，并根据需要改变电气设备的工作状态。主要设备包括环境感知器、智能开关、智能插座、具有电能计量功能的智能插座和智能红外遥控器，也包括智能水表、智能电表和智能温度表，以及可以进行开度控制或者简单通断控制的供热阀门，还包括煤气探测器、烟感探测器以及报警按钮等安全报警装置。这些设备均具有 ZigBee 等无线接口，能与位于接入层的物联网网关通信。除此之外，感知层还包括一些自身带有通信接口的电器，如用于视频监控的带网络接口的数字摄像机，它可以直接与网络层的家庭路由器通信，以及某些自身带有诸如串口、GPRS 或者 3G 等通信接口的电器。

（2）网络层。物联网中的网络层包括各种通信网络与互联网形成的融合网络。除此之外，网络层还包括家居物联网管理中心、应用服务器、Web 服务器和数据库服务器等对海量信息进行智能处理的部分。在智能家居中，网络层不但要具备网络运营的能力，还要提升信息运营的能力，如对数据库的应用等。在网络层中，尤其要处理好可靠传送和智能处理这两个问题。

（3）应用层。应用层是指将物联网技术和智能家居专业技术相结合来实现家居智能化应用的解决方案集。物联网通过应用层最终实现信息技术和传统家居的深度融合，这主要体现在智能电网应用、家庭医疗应用、多媒体娱乐应用、家庭安防应用和家庭控制应用等方面。该层主要包括台式机、便携式电脑、平板电脑及智能手机等各种设备，以及应用服务器、Web 服务器和数据库服务器等，实现数据的存储和响应。其主要功能是通过 Web 浏览器或客户端软件为用户提供一个可以与系统进行远程交互的人机接口。除此之外，应用层还为家庭服务商提供第三方接口，以提供便于人们生活的各种服务。

7.1.3 智能家居中的传感器

扫码看微课

智能家居中的传感器

在万物互联时代，传感器是智能家居中最关键的组件之一。作为物联网中从外界接收信息的载体、重要的感知层前端，智能家居中的传感器主要涉及温度、湿度、亮度、声音等参数的检测。

7.1.3.1 温、湿度传感器

温度传感器主要用于探测室内、室外环境的温度。家庭环境中应用最多的热敏元件是热敏电阻，它由金属氧化物等半导体制作而成，其阻值随温度变化而改变。

湿度传感器主要用于探测室内、室外环境的湿度。在家用场合，湿敏元件主要有电阻式、电容式两大类。湿敏电阻的特点是在基片上覆盖一层用感湿材料制成的膜，当空气中的水蒸气吸附到感湿膜上时，元件的电阻率和电阻值都发生变化，利用这一特性即可测量湿度。湿敏电容一般是用高分子薄膜电容制成的，常用的高分子材料有聚苯乙烯、聚酰亚胺等。当环境湿度发生改变时，湿敏电容的介电常数发生变化，使其电容量也发生变化，其电容变化量与相对湿度成正比。

通过对室内温、湿度进行高准确度的测量，然后配合空调、加湿器等终端设备实现室内温、湿度自动调节，可让居家人员一直处于舒适的环境中。

7.1.3.2 磁敏传感器

智能家居中的磁敏传感器通常由磁铁、磁簧开关等组成，可用于异常情况的检测。如图 7.2（a）所示的紧急按钮可安装于床头等位置，一旦遭遇险情，触发按钮，可实现远程报警；门窗开关检测如图 7.2（b）所示，将磁敏传感器粘贴于家里的门窗上，处于工作状态时，一旦门窗被打开，到达磁簧开关的磁场减弱，其输出将跳变，配合其他智能安防产品使用，可防止入侵危险的发生。

7.1.3.3 光敏传感器

不同材料制作的光敏元件对不同波长的光的灵敏度不同。智能家居中常用的光敏传感器包括可见光传感器、红外光传感器、紫外光传感器等。

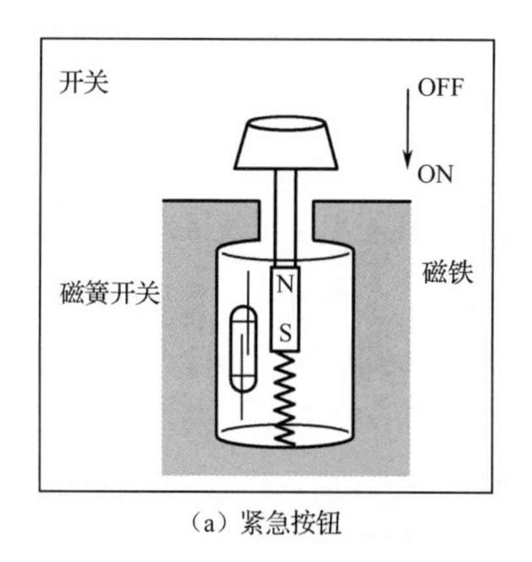

(a) 紧急按钮

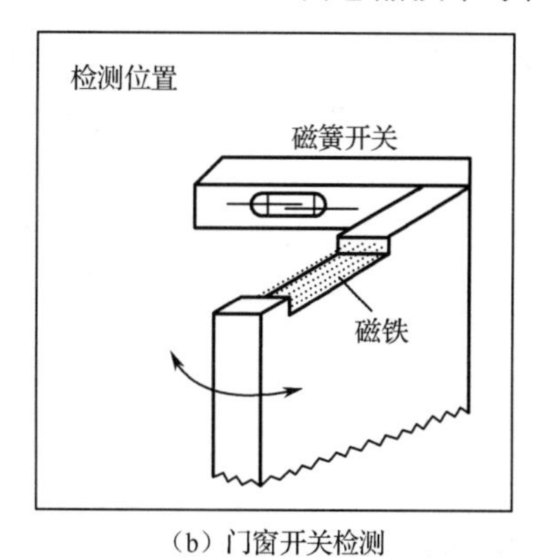

(b) 门窗开关检测

图 7.2　磁簧开关的应用

可见光传感器主要用于测量室内可见光的亮度，用于调整室内亮度。可见光传感器将光信号转化为电信号输出。通过传感器的检测和驱动控制可实现：室内光充裕时，窗帘、灯光自动关闭；而室内光不足时，灯光、窗帘自动开启。

红外光传感器常用于非接触式温度测量、气体成分分析和无损探伤，在智能家居中可用于人体探测、开关控制、火焰检测等场合。

7.1.3.4　声音传感器

很多智能家居中的电器设备可以通过人的语音来进行操作，不需要人为去按开关。声音可通过电容式传感器或压电式传感器来进行测量。

7.1.3.5　烟雾传感器

烟雾探测器可响应燃烧或热解等产生的固体、液体、微粒，常用于探测 PM2.5、可见或不可见的燃烧产物及起火速度缓慢的初期火灾等。

离子式烟雾传感器在电离室里面有放射源镅-241，电离产生的正、负离子，在电场的作用下各自向负、正电极移动。没有烟雾的情况如图 7.3（a）所示，在正常的情况下，电离室的电流、电压都是稳定的；有烟雾的情况如图 7.3（b）所示，一旦有烟雾进入电离室，干扰了带电粒子的正常运动，电流、电压就会有所改变，破坏内、外电离室之间的平衡。

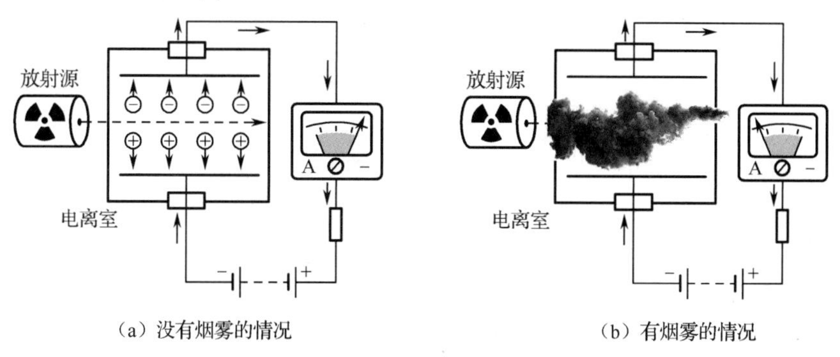

(a) 没有烟雾的情况　　(b) 有烟雾的情况

图 7.3　离子式烟雾传感器

光电烟雾报警器内装有红外对管。当烟尘进入装置时，红外光发生折射、反射，接收管接收到的红外光发生变化，智能报警电路对此进行判断是否超过阈值，如果超过，则发出警报。

PM2.5 粉尘传感器常在空调、新风系统等设备中用于空气质量检测。其一般采用光学方式进行测量，当光照射空气中的悬浮颗粒时，不同尺寸和浓度的粒子会有不同的散射图像，通过对散射光分布进行检测就能实现对粉尘浓度的测量。

7.1.3.6 气体传感器

气体传感器将气体种类及其与浓度有关的信息转换成电信号，根据这些电信号的强弱就可以获得与待测气体在环境中的存在情况有关的信息，从而可以进行检测、监控、报警。

气体传感器的种类很多，其中以半导体型和声表面波型最为常见，智能家居中的气体传感器主要用于 O_2、天然气、CO 等气体的检测，实现屋内空气新鲜程度的保持、煤气泄漏等的检测与报警。

7.1.3.7 水传感器

水传感器主要用于水体的浑浊度、颜色、表面张力、pH 值等参数或水的存在性检测。

接触式水浸探测器利用液体导电原理进行检测。正常时，两极探头被空气绝缘；在浸水状态下探头导通，传感器输出发生跳变，产生报警信号。

智能家居环境监测系统既有温/湿度检测、有害气体检测等检测功能，又有火灾报警和防盗报警等控制功能，是一个典型的多传感器测控系统。

7.1.4 智能家居的发展趋势

基于传感器数据、用户操作数据、专家信息等，人工智能技术将在交互方式与执行决策两个维度对智能家居行业产生深刻影响。

在交互方式上，人工智能对智能家居交互方式产生着革命性影响。如今，语音识别已经成为智能家居控制必备的交互方式，同时指纹识别、人脸识别、手势识别等交互方式也已成为辅助交互方式，如智能门锁的指纹识别、监控摄像头的人脸识别开门功能，此外通过感应用户体感、感应识别手势的传感器及摄像头等设备可以接收和执行用户发出的指令。

在执行决策上，人工智能提供了机器自我学习、自主决策的实现路径，这将使个人身份识别、用户数据收集、产品联动在潜移默化中变成现实。未来，家居生活场景将提供千人千面、家庭成员的个性化服务。

在互联互通的基础上，凭借大数据、云计算、人工智能等技术，智能家居有望进一步进化，从而步入智慧家庭时代。因此，应重视研发，让智能家居更加“懂得”用户需求，同时真正以用户需求为出发点，解决用户需求痛点。

任务 7.2 传感器与现代汽车

智能车辆是一个集环境感知、规划决策、多等级辅助驾驶等功能于一体的综合系统，它集中运用了计算机、现代传感、信息融合、通信、人工智能及自动控制等技术，是典型的高新技术综合体。目前对智能车辆的研究主要致力于提高汽车的安全性、舒适性，以及提供优良的人车交互界面。近年来，智能车辆已经成为世界车辆工程领域研究的热点和汽车工业增长的新动力，很多发达国家都将其纳入到了各自重点发展的智能交通系统当中。中国国家发展改革委、中央网信办、科技部等 11 个部门于 2020 年 2 月联合印发的《智能汽车创新发展战略》提出，“到 2025 年，中国标准智能汽车的技术创新、产业生态、基础设施、法规标准、产品监管和网络安全体系基本形成”。同时还提出，“实现有条件自动驾驶的智能汽车达到规模化生产，实现高度自动驾驶的智能汽车在特定环境下市场化应用”。

根据传感器的功能不同，汽车上应用的传感器可分为提升单车信息化水平的传统微机电系统传感器（MEMS 传感器）和为自动驾驶提供支持的智能传感器两大类。MEMS 传感器用于获取车身信息，如胎压、油压、车速等，是维持汽车正常、稳定、安全行驶所必备的基础传感器。智能传感器主要用于探测和感知环境，可以搜集信息并把有价值的信息传输到终端。

汽车通常由发动机、底盘、车身和电气设备等部分构成，以下我们将学习传感器在各组成部分中的应用。

知识目标：

（1）能陈述汽车传感器的类型及发展趋势。

（2）能举例说明传感器在汽车发动机、车身控制、环境感知和汽车自动驾驶中的应用。

技能目标：

（1）初步具备查阅和实施汽车传感器系列国内外标准的能力。

（2）能根据传感器的特点和汽车工程需求正确进行传感器选型。

（3）能根据技术规范要求正确进行各种检测仪表的日常养护与定期维修。

（4）能够规范编写汽车传感器的相关技术文档。

7.2.1 传感器在汽车发动机中的作用

燃油发动机及其传感器分布图如图 7.4 所示。发动机管理系统采用了多种多样的传感器，包括压力传感器、温度传感器、位置和转速传感器、流量传感器、爆震传感器和气体浓度传感器等。

（1）压力传感器。压力传感器是汽车中用得最多的传感器，主要用于检测气囊贮气压力、传动系统流体压力、注入燃料压力、发动机机油压力、进气管道压力、空气过滤系统的流体压力等。比较常用的汽车压力传感器有电容式、压阻式、差动变压器式、声表面波式。

电容式压力传感器主要用于检测负压、液压、气压，测量范围为 20～100kPa，其特性是输入能量高、动态响应特性好、环境适应性好。

压阻式压力传感器常用于测量油压和大气压力，它的性能受温度影响较大，需要另设温度补偿电路。

（2）温度传感器。温度传感器用来测定发动机冷却液或进气温度。NTC 热敏电阻的阻值随着温度上升而减小，冷却液或进气温度的变化将引起电阻值的变化，最后通过一个分压电路转换为电压信号送往电子控制单元（ECU）。

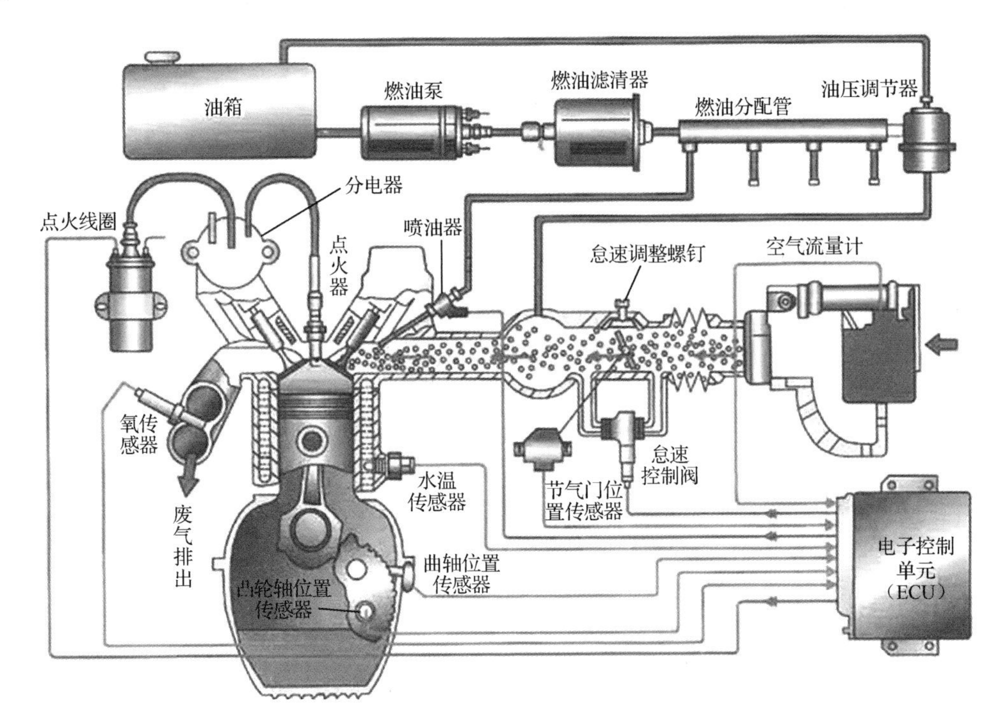

图 7.4 燃油发动机及其传感器分布图

市场上的产品有热敏电阻式温度传感器（通用型测温范围为-50～130℃，准确度为 1.5%，响应时间为 10ms；高温型测温范围为 600～1000℃，准确度为 5%，响应时间为 10ms）、铁氧体式温度传感器（ON/OFF 型测温范围为-40～120℃，准确度为 2.0%）、金属或半导体膜空气温度传感器（测温范围为-40～150℃，准确度为 2.0%、5%，响应时间为 20ms）等。

（3）位置和转速传感器。位置和转速传感器主要用于检测发动机曲轴转角、发动机转速、节气门的开度、车速等，为点火时刻和喷油时刻提供参考点信号；同时，提供发动机转速信号。

目前，汽车运用的位置和转速传感器主要有交流发电机式、磁阻式、霍尔效应式、簧片开关式、光学式、半导体磁性晶体管式等，其测量范围为 0°～360°，准确度优于±0.5°，测弯曲角达±0.1°。

车速传感器种类繁多，有敏感车轮旋转的，也有敏感动力传动轴转动的，还有敏感差速从动轴转动的。当车速高于 100km/h 时，一般测量误差较大，需采用非接触式光电速度传感器，测速范围为 0.5～250km/h，重复准确度为 0.1%，距离测量误差优于 0.3%。

（4）流量传感器。为了得到最佳的燃烧状态和最小的排放污染，必须对油气混合气体中的空气-燃油比例（空燃比）进行精确的控制，这就需要采用相应的流量传感器进行测量。空气流量传感器感知空气流量的大小，并将其转换成电信号传输给发动机的 ECU。其测量结果可用于发动机控制系统确定燃烧条件、控制空燃比、启动、点火等，主要有旋转翼片式、卡门涡旋式、热线式、热膜式 4 种类型。

空气流量传感器的主要技术指标：工作范围为 0.11～103m^3/min，工作温度为-40～120℃，准确度≤1%。燃料流量传感器用于检测燃料流量，主要有水轮式和循环球式，其动态范围是 0～60kg/h，工作温度为-40～120℃，准确度为±1%，响应时间小于 10ms。

（5）爆震传感器。爆震传感器检测发动机缸体的振动情况，以供 ECU 识别发动机爆震工况。它是一种振动加速度传感器，装在发动机气缸体上，可装一只或多只。发动机爆震的检测方法有气缸压力法、发动机机体振动法和燃烧噪声法等。其中气缸压力法准确度高，但存在爆震传感器的耐久性差和安装困难等问题。燃烧噪声法是非接触式的，它的耐久性好，但灵敏度低。

爆震传感器主要采用压电式传感器等。它的敏感元件为一压电晶体，发动机爆震时，发动机的振动通过传感器内的质块传递到晶体上。压电晶体受质量块振动产生的压力作用而在两个极面上产生电荷，经转换后输出为电压信号。

（6）气体浓度传感器。它主要用于检测车体内气体和废气的排放。其中，最主要的是氧传感器，实用化的有氧化锆传感器（使用温度为-40～900℃，准确度为 1%）、氧化锆浓差电池型气体传感器（使用温度为 300～800℃）、固体电解质式氧化锆气体传感器（使用温度为 0～400℃，准确度为 0.5%），另外还有二氧化钛氧传感器。与氧化锆传感器相比，二氧化钛氧传感器具有结构简单、轻巧、便宜，且抗铅污染能力强的特点。

7.2.2 传感器在底盘控制中的应用

汽车底盘控制系统传感器是指分布在变速器控制系统、悬架控制系统、动力转向系统、防抱死制动系统中的传感器。系统要求盘底控制系统传感器能提供精确的信号，同时还能适应恶劣的环境。

（1）变速器控制系统相关传感器。其多用于电控自动变速器的控制，系统根据车速传感器、加速度传感器、发动机负荷传感器、发动机转速传感器、水温传感器、油温传感器检测所获得的、经过处理的信息，使电控装置控制换挡点和液力变矩器锁止，实现最大动力和最大燃油经济性。

（2）悬架控制系统相关传感器。其主要包括车速传感器、节气门开度传感器、加速度传感器、车身高度传感器、转向盘转角传感器等。系统根据检测到的信息自动调整车高，抑制车辆姿态的变化等，实现对车辆舒适性、操纵稳定性和行车稳定性的控制。

（3）动力转向系统相关传感器。系统根据车速传感器、发动机转速传感器、转矩传感器等控制动力转向电控系统，实现转向操纵轻便、响应特性提高、发动机损耗减少、输出功率增大、节省燃油等目的。

（4）防抱死制动系统相关传感器。系统根据车轮角速度传感器检测车轮转速，在各车轮的滑移率约为 20%时，控制制动油压、改善制动性能，确保车辆的操纵稳定性。

7.2.3 传感器在车身控制中的应用

传感器用于汽车车身，主要目的是提高汽车的安全性、可靠性和舒适性等，主要有应用于自动空调系统中的多种温度传感器、风量传感器、日照传感器等，自动门锁系统中的车速传感器，安全气囊系统中的加速度传感器，亮度自控中的光传感器，死角报警系统中的超声波传感器、视觉（图像）传感器等。

7.2.4 传感器在汽车环境感知中的应用

用于汽车环境感知的传感器主要包括视觉（图像）传感器、激光雷达、毫米波雷达、红外线传感器、超声波传感器等。这些传感器各有其使用特性，分别适用于车体不同位置及不同功能的应用。

汽车环境感知中的传感器如图 7.5 所示。环境感知包括对车辆自身、道路、行人、交通信号、交通标识、交通状况和周围车辆状态等的感知。在复杂的路况交通环境下，单一传感器无法完成全部环境感知，必须整合各种类型的传感器，利用传感器融合技术，使其为智能网联汽车提供更加真实可靠的路况环境信息。

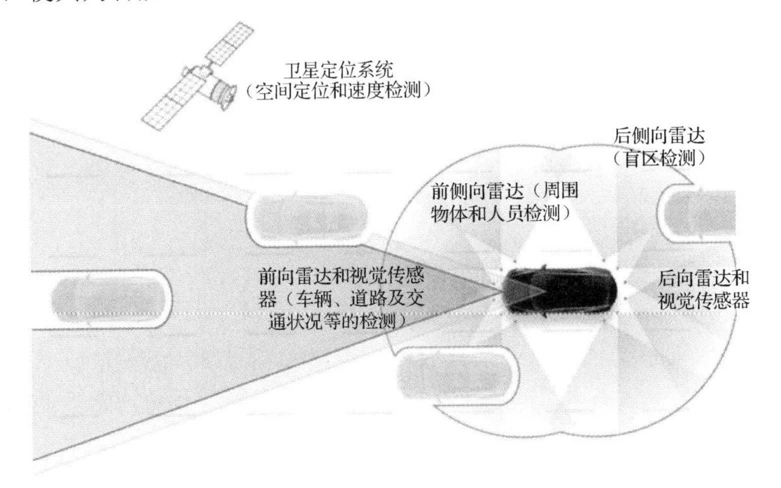

图 7.5 汽车环境感知中的传感器

以跟随前车及防撞预警功能为例，其通常使用的传感器为毫米波雷达或激光雷达。其中，激光雷达的波长比较短，所以在下雨天难以达到理想的测量要求，为了提高驾驶的安全性能，高端车大多选择毫米波雷达。而在行人、道路、障碍物的辨别以及视野辅助方面，监视器技术主要采用红外线传感器及影像传感器。红外线监视器又分为远红外线监视器和近红外线监视器两种。远红外线监视器的原理是，检测出物体的热量再将温差影像化，适合检测具有体温的人体及动物。近红外线监视器则具有夜视能力，能够在视线不良的情况下辅助显示前方的路况，而且能显示比车灯距离更远的位置。

扫码看微课

传感器在汽车自动驾驶中的应用

7.2.5 传感器在汽车自动驾驶中的应用

汽车驾驶通常被认为是需要人类智能参与才能完成的一项工作，因此自主驾驶从一出现就被作为一种非常困难的人工智能问题来研究。汽车自主驾驶中有关环境感知、状态感知的一系列重要问题都是模式识别所要研究的问题。

在自动驾驶系统发展的过程中，目前在感知和决策方面都遇到了技术瓶颈。在感知方面，主要是视觉感知和雷达传感，而这两种感知方向分别有其自身的缺陷，包括但不限于分辨率不够高、受气候等外部环境影响大、成本高昂等，从而导致系统难以应对更复杂的道路情况，或安全性难以保证；在决策方面，硬件端存在算力不足或功耗过高的问题，软件端则在数据量越来越大的情况下出现了效率不足的问题，无法保证未来数据量进一步膨胀之后车辆行驶的安全性。

目前从事自动驾驶系统开发的厂商数量众多且分布广泛，如国内的百度、华为和国外的 Google、Tesla 等。整个系统涉及从硬件架构到软件编写再到车企验证的多个环节，整个产业链涉及的内容也很多，但从总体来讲，在能够实现量产装车上路的基础上还停留在 L2.5（组合自动驾驶）级别，部分功能可以达到 L3（有条件自动驾驶）级别或以上，距离 L4（高度自动驾驶）级别和 L5（完全自动驾驶）级别还有很长的一段路要走。

从技术路径来看，软件端分歧不大，本质上都是依靠机器学习算法，结合实际路测数据和模拟路测数据实现迭代。而硬件端的分歧主要在于是否使用激光雷达：由于其优异的性能，为了保证自动驾驶的安全性，绝大多数厂商选择搭载激光雷达，其中包括了谷歌 Waymo、华为、百度等。据统计，L2 级别的汽车预计会携带 6 个传感器，L5 级别的汽车预计会携带 32 个传感器（超声波雷达10 个+长距离雷达传感器 2 个+短距离雷达传感器 6 个+环视摄像头 5 个+长距离摄像头 4 个+立体摄像机 2 个+3D 汽车惯性导航装置 1 个+激光雷达 1 个+航位推算 1 个）。基于商业化量产考虑，为减少成本，特斯拉不采用激光雷达，而是采用以视觉方式为主，超声波传感器、毫米波雷达为辅的方式来构建其感知模块。

从优先保证安全性的角度出发，未来激光雷达仍将是自动驾驶系统最重要的传感器之一，而其目前高昂的成本会在技术进步和规模效应的多重作用下明显降低，从而使其具有足够的经济性。

从自动驾驶的终局模式来考虑，车路一体化是最终的理想状态，但这也会是一个极其漫长的发展过程。在这个过程中，我们相信国家推动的数字经济发展战略将持续为车路协同发展提供支持。

7.2.6　汽车传感器的发展趋势

以上介绍的是现代汽车上运用最多、最常见和最传统的传感器，随着社会的不断发展，人们对汽车的性能要求越来越精细，因此，传感器的种类也逐渐增多，如空气质量/流量传感器、线性加速度惯性传感器、角速率传感器、日照/微光/闪光检测器、湿度/雨量传感器和近距离障碍物检测传感器等不同类型的传感器已经出现。同时还有一些难度更大、更复杂的汽车传感器正在研制过程当中，如汽车发动机燃烧传感器、燃油质量检测传感器、发动机传动和方向盘力矩传感器、多轴向微机械加工惯性传感器等。

现代汽车的车用传感器的发展趋势是多功能化、模块化、智能化、微型化和网络化。

自动驾驶需要汽车配备大量的传感器，单一传感器的功能有限，而增加传感器的数量和类别对于汽车制造企业而言意味着成本和售价的上升，因此利用先进制造技术和精细加工技术制作模块化、多功能化的传感器成为当前的一大趋势。

现在几乎所有汽车上的机械部件都受到电子控制单元的控制，但因为车体内空间狭小，控制组件系统在空间上受到很大限制，未来的发展趋势是，受控部件与电子控制单元更紧密地结合在一起，而逐渐形成一个整体，实现集成化与微型化。

随着智能化浪潮加速，汽车行业有望实现产业变革升级，加速步入“万物互联+万物智联”的新时代。随着电子设备在汽车上越来越多地应用，各种电子设备间的数据通信变得更加频繁，以分布式控制系统为基础构造汽车车载电子网络系统是十分必要的，传感器作为汽车内外环境感知的核心部件，势必与互联网、大数据形成相辅相成之势，同时将收集到的数据与信息送给控制器进行决策，实现网络化与智能化。

任务 7.3 传感器与机器人

古代人们期望生产机器替代人类劳动，一直梦想能制造一种类人机器，以便代替人类完成各种工作。在古希腊和古代中国的历史文献中，都有自动玩偶和自动作业机的记载，记录了古人设计自动机械代替人工劳动或从事娱乐的实践活动，展示了古代人的智慧，在不同程度上体现了人类拓展自身能力，甚至是自我复制的原始思想。

随着信息技术和人工智能的飞速发展，机器人在功能和技术层次上有了很大的提高，推动了机器人概念的延伸。20 世纪 80 年代，将具有感觉、思考、决策和动作能力的系统称为智能机器人，这是一个概括的、含义广泛的概念。与众多学科高度交叉综合的智能机器人技术扩散和渗透到了各个领域，形成了各式各样的机器人化的机器和系统——智能化机器、智能化系统；与多媒体和网络技术的交互和融合又产生了“软件机器人”“网络机器人”。近年来，各类教育、娱乐机器人相继诞生，机器人正在一步步地融入我们的社会、融入我们的校园、融入我们的生活，必将对未来社会产生深远的影响。下面我们将学习机器人的概念和机器人中的传感器等内容。

知识目标：

（1）能陈述机器人的概念和构成。

（2）能陈述机器人传感器的分类、作用及发展趋势。

（3）能举例说明传感器在机器人的位移、速度、力等参数测量中的应用。

技能目标：

（1）初步具备查阅和实施机器人传感器系列国内外标准的能力。

（2）能根据传感器的特性和机器人行业工程需求正确进行传感器选型。

（3）能根据技术规范要求正确进行各种检测仪表的日常养护与定期维修。

（4）能够规范编写机器人传感器的相关技术文档。

7.3.1 机器人的概念、构成及分类

自机器人诞生的那天起，关于其定义的问题一直争吵不休，原因主要在于其随着社会的进步在不断更新扩展新的功能，因此对它的定义一直很模糊。国际标准化组织（ISO）认为，机器人是具有两个或两个以上可编程的轴，以及一定程度的自主能力，可在其环境内运动以执行预期的任务的执行机构。我国科学家对机器人的定义：“机器人是一种自动化的机器，所不同的是这种机器具备一些与人或生物相似的

智能能力，如感知能力、规划能力、动作能力和协同能力，是一种具有高度灵活性的自动化机器。”

机器人及其组成如图 7.6 所示，机器人由机械部分、传感部分、控制部分三大部分组成。这三大部分可分成驱动系统、机械结构系统、感受系统、机器人-环境交互系统、人-机交互系统、控制系统六个子系统。

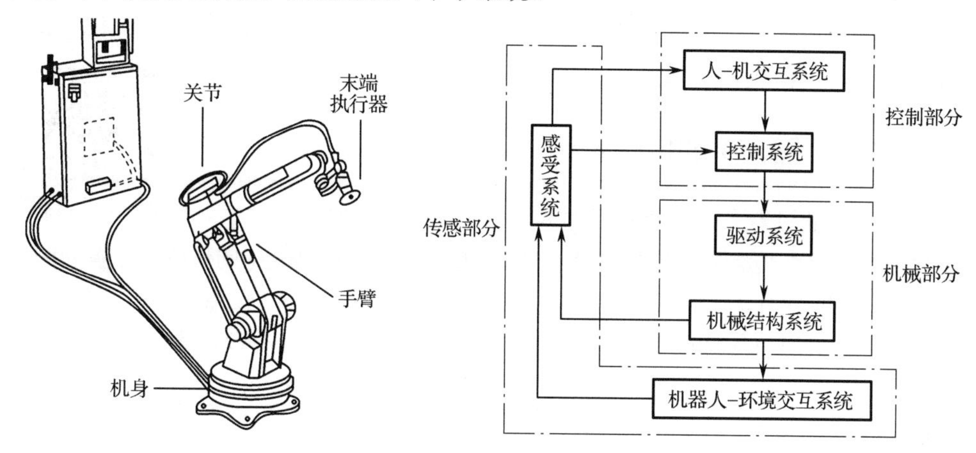

图 7.6　机器人及其组成

驱动系统的作用是提供机器人各部位、各关节动作的原动力。根据驱动源的不同，驱动系统可分为电动、液压和气动 3 种，也包括把它们结合起来应用的综合系统。驱动系统可以与机械结构系统直接相连，也可通过同步带、链条、齿轮、谐波传动装置等与机械结构系统间接相连。

机械结构系统又称为操作机构系统或执行机构系统，是机器人的主要承载体，它由机身、手臂、关节和末端执行器等组成，具有多自由度。

感受系统通常由内部传感器模块和外部传感器模块组成，用于获取内部和外部环境中有意义的信息。智能传感器的使用提高了机器人的机动性、适应性和智能化。人类的感受系统对外部世界信息的感知是极其灵巧的，然而，对于一些特殊的信息，传感器比人类的感受系统更有效率。

机器人-环境交互系统是实现机器人与外部环境中的设备相互联系和协调的系统。工业机器人往往与外部设备集成为一个功能单元，如加工制造单元、焊接单元、装配单元等；工业机器人也可以是多台机器人、多台机床或设备、多个零件存储装置等集成为一个执行复杂任务的功能单元。

人-机交互系统是人与机器人进行联系和参与机器人控制的装置，如计算机的标准终端、指令控制台、信息显示板及危险信号报警器等。该系统归纳起来实际上就是两大类，即指令给定装置和信息显示装置。

控制系统的任务是根据机器人的作业指令程序及从传感器反馈回来的信号，控制机器人的执行机构去完成规定的动作。若机器人不具备信息反馈特征，则该控制系统为开环控制系统；若具备信息反馈特征，则该控制系统为闭环控制系统。

根据制造领域等应用环境的不同，机器人有工业机器人和特种机器人之分。

工业机器人是能模仿人体某些器官的功能（主要是动作功能）、有独立的控制系统、可以改变工作程序和编程的多用途自动操作装置。换而言之，工业机器人就是面向工业领域的多关节机械手或多自由度机器人，如机械手。它在工业生产中能代替人做些单调、频繁和重复的长时间作业，或是危险、恶劣环境下的作业，如在冲压、压力铸造、热处理、焊接、涂装、塑料制品成形、机械加工和简单装配等工序上，以及在原子能工业等部门中，完成对人体有害的物料的搬运或工艺操作。

特种机器人则是除工业机器人之外的、用于非制造业并服务于人类的各种先进机器人，包括服务机器人、水下机器人、微操作机器人、娱乐机器人、军用机器人、农业机器人、机器人化机器等。

扫码看微课

机器人中的传感器

7.3.2 机器人中的传感器

不管是工业机器人还是特种机器人，它们的规划、动作、协同等操作都是建立在传感器对内外部环境感知的基础上的。机器人中的传感器布置如图 7.7 所示，传感器是机器人完成感知的必要手段，通过传感器的感知作用，将机器人自身的相关特性或相关对象的特性转化为机器人执行某项功能时所需要的信息。

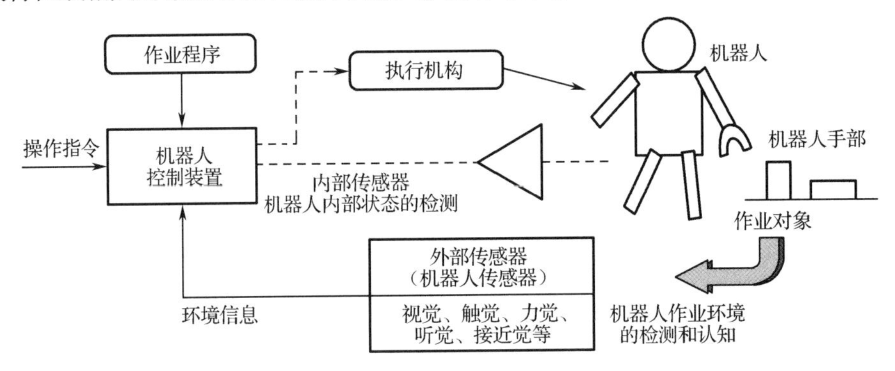

图 7.7 机器人中的传感器布置

根据传感器在机器人中应用的目的和使用范围不同，可分为内部传感器和外部传感器。机器人的内部传感器安装在机器人自身中，用来感知它自身的状态，如关节的线位移、角位移等几何量，速度、角速度、加速度等运动量，倾斜角、方位角、振动等物理量等，以调整并控制机器人的行动，通常由位移、加速度、速度及压力等传感器组成。机器人的外部传感器用于检测外部环境、目标的状态特征等，如抓取对象的形状、空间位置、有没有障碍物、物体是否滑落等，使机器人与环境发生交互作用，从而使机器人对环境有自校正和自适应能力，包括触觉传感器、视觉传感器、接近觉传感器、听觉传感器等。

机器人常用传感器分类如表 7.1 所示。

表 7.1 机器人常用传感器分类

类　别	检测内容	检测器件	应　用
位移	位置、角度	直线式电位器、直线感应同步器 圆盘式电位器、光电编码器	位置移动检测 角度变化检测
速度	速度	测速发电机、增量式光电编码器	速度检测
加速度	加速度	压电式加速度传感器、压阻式加速度传感器	加速度检测

续表

类　别	检 测 内 容	检 测 器 件	应　用
接近觉	接近	电感式、光电式、电容式、超声波式等传感器	避障、防止冲击
视觉	存在性 平面位置 距离 形状 缺陷 颜色	光学量传感器 摄像机、物位传感器 测距仪 线阵图像传感器 面阵图像传感器 彩色摄像机、滤色器、彩色 CCD	对象存在性检测 位置决定、控制 移动控制 物体识别、判别 检查、异常检测 颜色识别
触觉	接触 把握力 荷重 分布压力 多元力 力矩 滑动	限制开关 应变计、半导体感压元件 弹簧变位测量器 导电橡胶、感压高分子材料 应变计、半导体感压元件 压阻式传感器 光学旋转检测器、光纤	动作顺序控制 把握力控制 张力控制、指压控制 姿势、形状判别 装配力控制 协调控制 滑动判定、力控制
听觉	声音 超声波	压电式传感器 超声波传感器	语言控制（人机接口） 导航、位移检测
嗅觉	气体成分、浓度	气体传感器、射线传感器	化学成分探测
味觉	气体化学成分	离子敏感器、pH 计	化学成分分析

机器人传感器的选择取决于机器人的工作需要和应用特点，对机器人感知系统的要求是选择传感器的基本依据。

机器人传感器选择的一般要求：准确度高、重复性好；稳定性和可靠性好；抗干扰能力强；质量小、体积小、安装方便。

7.3.3 机器人内部传感器

机器人内部传感器包括位移、速度、加速度等传感器。

7.3.3.1 位移传感器

（1）电位器式传感器。其包括直线式电位器和圆盘式电位器，分别用于直线位移检测和角位移检测。电位器式传感器结构简单、性能稳定可靠，但分辨力较低、动态响应较差、耐振动性差，适合于测量变化较缓慢的量。

（2）光电编码器。它是角度/角速度检测装置，通过光电转换，将输出轴上的机械几何位移量转换成脉冲数字量。它有绝对式和增量式两种类型，具有体积小、准确度高、工作可靠等优点，应用广泛。一般装在机器人各关节的转轴上，用来测量各关节转轴转过的角度。

7.3.3.2 速度传感器

速度传感器用于测量机器人关节速度，主要有测速发电机、增量式光电编码器。

测速发电机把机械转速变换成电压信号，输出电压与输入的转速成正比，有直流、交流测速发电机之分。测速发电机转子与机器人关节伺服驱动电机相连，能测出机器人运动过程中的关节转动速度。

7.3.4 机器人外部传感器

外部传感器用来检测机器人所处环境及目标状况，从而使机器人能够与环境发生交互作用并对环境具有自我校正和适应能力，如是什么物体、离物体的距离有多远、抓取的物体是否滑落等。

从广义上来看，机器人外部传感器就是具有（甚至超越）人类五官感知能力的传感器。

7.3.4.1 接近觉传感器

接近觉传感器感知传感器与物体之间的接近程度。它主要用于避障（绕开障碍物）和防止冲击（机械手抓取物体时柔性接触），探测的距离一般在几毫米到十几厘米之间。一般采用非接触型位移测量元件，主要有电感式、光电式、电容式、光纤式、超声波式及红外线式等类型。

7.3.4.2 触觉传感器

触觉是仅次于视觉的一种重要感知形式，用于获取操作对象的状态、物理性质，以及机械手与操作对象的接触状态等。触觉能保证机器人可靠地抓握各种物体，也能使机器人获取环境信息，识别物体形状和表面纹理，确定物体空间位置和姿态参数。例如，感知操作手指的作用力，使手指动作适当；识别操作物的大小、形状、质量及硬度等；躲避危险，以防碰撞障碍物。

机器人触觉与视觉一样，基本上是模拟人的感觉，测量自身敏感面和外界物体的相互作用。从广义上，它包括接触觉、压觉、力觉、滑觉等与接触有关的感觉；从狭义上，它是机械手与对象接触面上的力感觉。

（1）接触觉传感器。接触觉传感器如图 7.8 所示，它检测机器人手指与外界物体是否接触，如感受是否接触地面、是否抓住物体等。当传感器与物体接触时，电极导通工作，输出“0”“1”信号，用于表示接触与不接触。

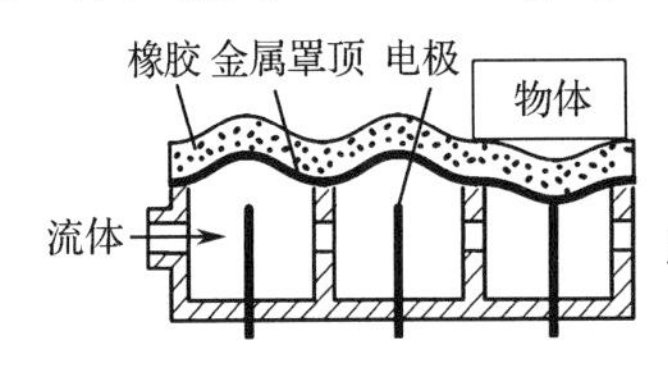

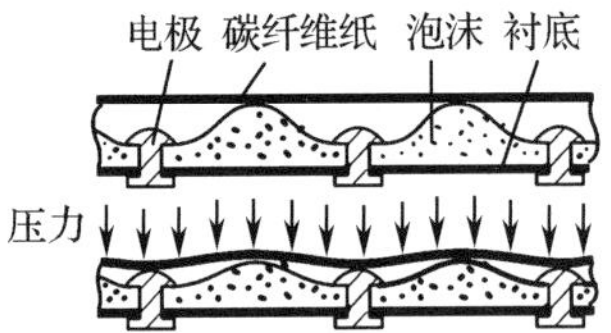

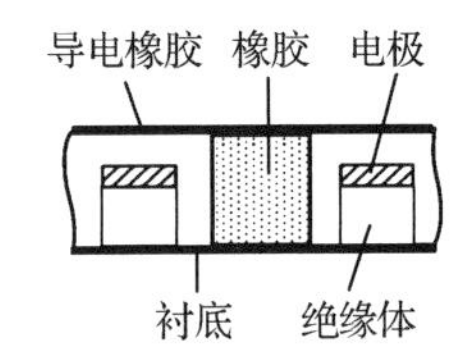

图 7.8 接触觉传感器

它的最经济实用的形式是各种微动开关。常用的微动开关由滑柱、弹簧、基板和引线构成，具有性能可靠、成本低、使用方便等特点。接触觉传感器不仅可以判断是否接触物体，而且可以大致判断物体的形状。接触觉传感器一般装于机器人末端执行器上。除微动开关外，接触觉传感器还采用碳纤维及聚氨基甲酸酯为基本材料。机器人与物体接触，通过碳纤维与金属针之间建立导通电路，与微动开关相比，碳纤维具有更高的触电安装密度、更好的柔性，可以安装于机械手的曲面手掌上。

（2）压觉传感器。它用于检测机器人手指握持面上承受的压力，有压阻型、光电型等。

压阻型压觉传感器是利用弹性材料的电阻率随压力大小的变化而变化的性质制成的，并把接触面上的压力信号变为电信号。如图 7.9 所示的光电型压觉传感器，当弹性触头受压时，触杆下伸，发光二极管射向光敏二极管的部分光线被遮挡，于是光敏二极管输出的电信号随压力增大而减小，通过多路模拟开关依次选通阵列中的感知单元，并经 A/D 转换即可感知物体的形状。

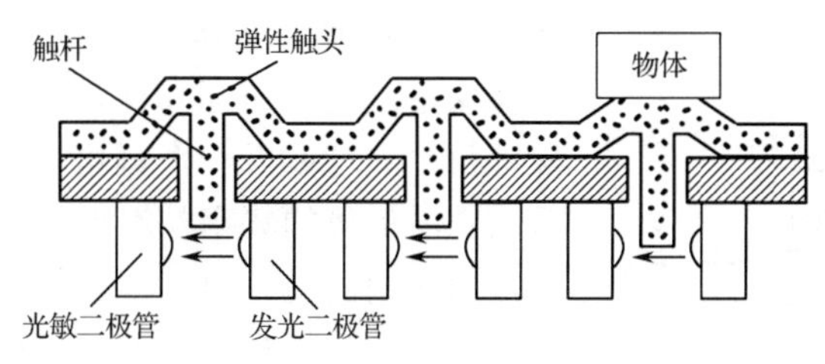

图 7.9　光电型压觉传感器

（3）力觉传感器。它用于感知机器人的手指、肢体或关节等在工作和运动时所受力的大小和方向，主要包括腕力、关节力、指力和支座力传感器，是机器人重要的传感器之一。关节力传感器测量驱动器本身的输出力和力矩，用于控制中的力反馈；腕力传感器测量作用在末端执行器上的各向力和力矩；指力传感器测量夹持物体的手指的受力情况。

如图 7.10（a）所示的六维腕力传感器具有 8 个窄长的弹性梁，每个梁只传递力。梁的另一头贴有应变片，图中从 P_{X^+} 到 Q_{Y^-} 代表了 8 根应变梁的变形信号的输出，可测得施加于传感器 X、Y、Z 方向的力和力矩；如图 7.10（b）所示的六维关节力传感器，整体采用轮辐式结构，传感器在十字梁与轮缘联结处有一个柔性环节，在 4 根交叉梁上共贴有 32 个应变片，组成 8 路全桥输出。

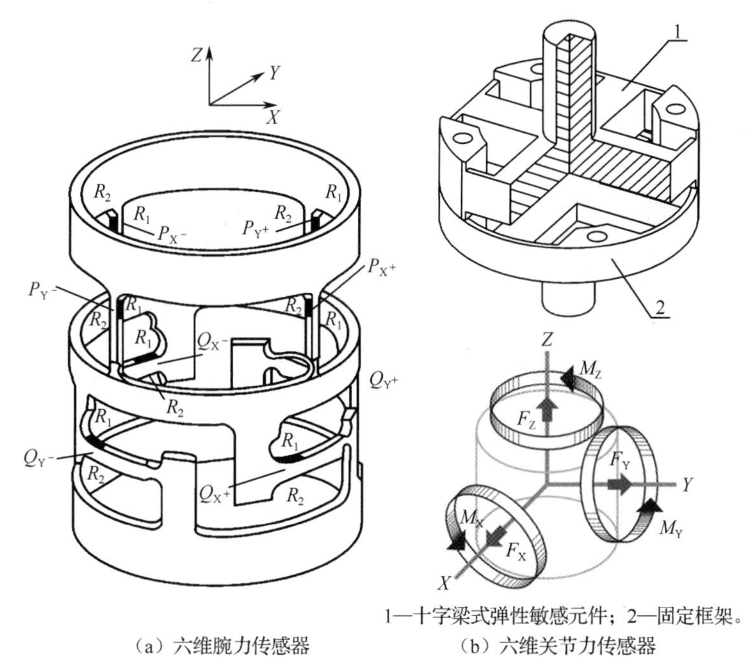

1—十字梁式弹性敏感元件；2—固定框架。

（a）六维腕力传感器　（b）六维关节力传感器

图 7.10　机器人中的力和力矩传感器

机器人中的力觉传感器主要是电阻应变式传感器。如任务 5.1 所述，随着力、力矩等的变化，粘贴在弹性敏感元件上的电阻应变片随之发生机械形变（应变）并带来阻值变化，之后经电桥等转换为电压等信号输出。

（4）滑觉传感器。它检测垂直于握持方向物体的位移、旋转、由重力引起的变形，以达到修正夹紧力、防止抓取物滑动的目的，有光电式、滚球式等。

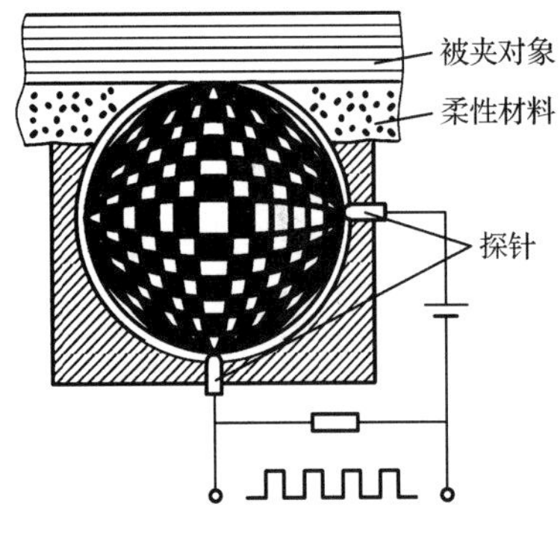

图 7.11　滚球式滑觉传感器

图 7.11 所示为滚球式滑觉传感器，主要由一个可自由滚动的金属球和探针（光学量传感器）组成。探针每次只能触及一个网格，输出为一系列脉冲信号。脉冲信号的频率与滑动速度有关，脉冲信号的个数对应滑移的距离，能够检测任意方向的滑动。

（5）仿生触觉传感器。柔性电子皮肤一直是学术界和业界的热门话题，其中用于模仿人体皮肤功能的仿生触觉传感器是研究的重点之一。图 7.12 所示为哈尔滨工业大学与香港城市大学提出的新型柔性触觉传感器阵列。该传感器阵列采用多层结构设计，从上到下依次为保护层、上感知层、隔离层、下感知层、保护层；触觉传感器阵列将外界刺激（温觉、触觉、压觉、滑觉等）转换为电信号，电信号经过信号处理后可以实时判断外界刺激的大小和模式，进而用于外部设备。

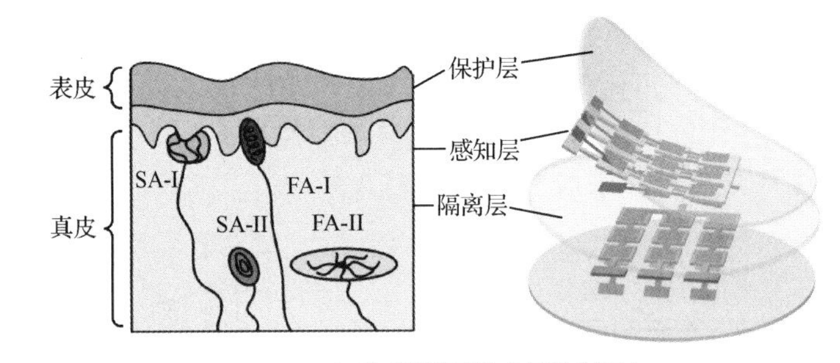

（a）传感器阵列的多层结构设计

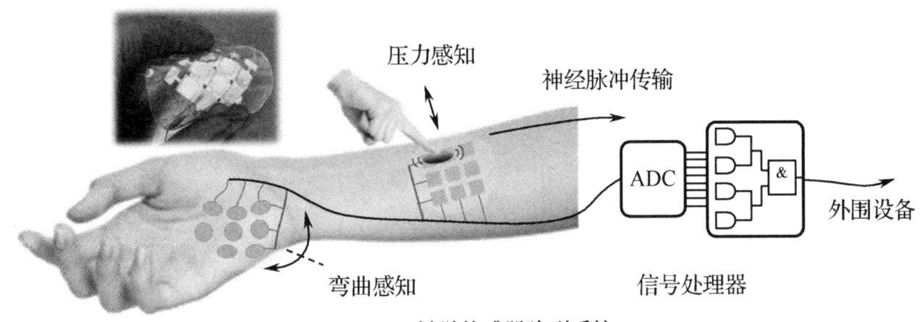

（b）触觉传感器阵列系统

图 7.12　新型柔性触觉传感器阵列

7.3.4.3　视觉传感器

视觉传感器主要用于位置检测、图像识别、物体形状识别、尺寸缺陷检测等。视觉传感器以光电变换为基础，主要由照明部、接收部、光电转换部和扫描部等组成。根据接收部和工作原理的不同，可分为光导视觉传感器、CCD（电荷耦合器）

视觉传感器、CMOS（互补金属氧化物半导体）视觉传感器等类型。

光导视觉传感器主要用于光导式摄像机，是一种利用物质在光的照射下发射电子的外光电效应而制成的真空或充气的光电器件，其核心是光电管和光电倍增管（PMT）。

CCD 由大量独立的光敏二极管以矩阵等形式排列而成，CCD 视觉传感器可分为线型和面型，其中线型用于图像扫描仪和传真机，而面型主要用于数码相机、摄像机、监控摄像机等图像输入产品。一般来说，CCD 视觉传感器具有分析度高、噪声低、动态范围广、线性度高、转换效率高、光谱响应广、图像失真低、体积小、质量小、功耗低、电荷传输效率好、不受强电磁场影响、可批量生产等优点，但感光能力比 PMT 低，不适用于高清监控摄像头的高分辨率逐步扫描。

CMOS 也采用光敏二极管作为感光元件，基于半导体表面的电场效应进行工作，广泛应用于高清监控摄像头中。CMOS 视觉传感器芯片一般采用适合大规模生产的标准工艺，批量生产时单位成本远低于 CCD；它可以将图像采集单元和信号处理单元集成到同一基板上，具有体积小、功耗低、发热低等优点。

管内作业机器人是一种可沿管道内壁行走的机构，带有多种传感器及操作装置，可实现管道焊接、防腐喷涂、测量、管道的无损检测、获取管道的内部状况及定位等。图 7.13 所示为管内 X 射线探伤机器人的结构示意图。光源及面阵 CCD 采集管道内的图像，利用图像处理算法检测焊缝的相对位置。控制及驱动装置根据焊缝的位置牵引机器人运动，实现其定位。通过外接监视器也可以人工完成管道内壁质量检查等工作。

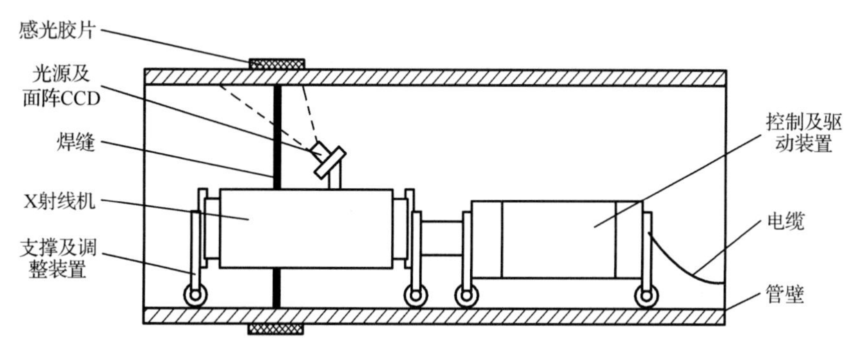

图 7.13　管内 X 射线探伤机器人的结构示意图

7.3.4.4　听觉传感器

声波是一种机械波，由物体（声源）振动产生，声波传播的空间称为声场。声波的探测有动圈式、电容式、压电式等传感器类型。

（1）动圈式传声器。动圈与振膜连接在一起，振膜随声音振动带动动圈在磁铁形成的磁场中运动，进而产生感应电动势。感应电动势与振膜振动的振幅和频率相对应，因此动圈输出的电信号与声音的强弱、频率相对应，即将声音转换为音频信号。

（2）电容式传声器。其结构示意图如图 7.14 所示，它由固定电极和振膜构成电容器，电源电压 U 经过固定电阻 R 送至电容器的固定电极。振膜随声音振动引起振膜与固定电极间的电容量发生变化，从而引起电容器的容抗变化。容抗变化使 A 点电位变化，经电容 C 耦合后，对 A 点电位进行前置放大，最终得到音频信号输出。

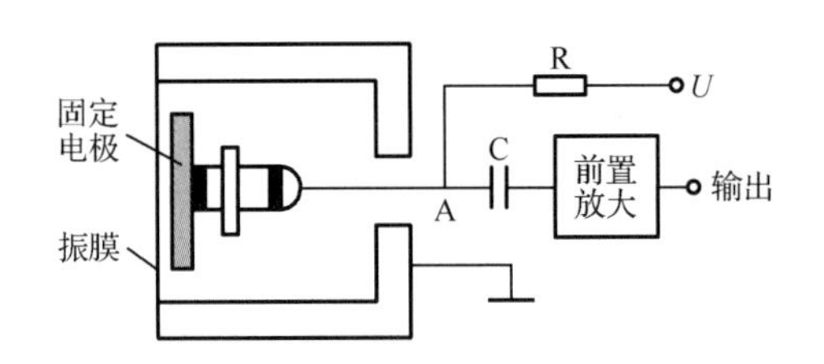

图 7.14 电容式传声器的结构示意图

7.3.5 机器人及其传感器的发展

机器人的应用范围日益广泛，从事的工作越来越复杂，对环境的变化也拥有更强的适应能力，这一切都必须借助于各种传感器获取类似于人类的感觉信息，并做出相应的判断、控制，来实现有效工作。

在人类的产生和进化过程中，劳动是原动力，正是劳动创造了人类本身。人的自我实现是一个通过劳动而自我诞生、自我创造和自我发展的过程，但在现实生活中，劳动对人的脑力和体力又会产生消耗，在一定意义上损耗人的脑力和体力。机器人的引入不仅可提升生产效率，还可让人类摆脱繁重的体力型、危险型、单调型和低水平等劳动，让人复归劳动的快乐本质。

由于人类自身的天然局限性，人类的活动空间受到极大限制。人类只能在很有限的宏观世界里生活，只能感知到很有限的物理世界。借助于传感器、机器人等装置，人的感官和身体能力得到延伸，人类改造自然的能力将大大提高，从而真正推动人类劳动的解放，推动人类社会的进步。

习　题

一、选择题

1．若模/数转换器输出二进制数的位数为 10，最大输入信号为 2.5V，则该转换器能分辨出的最小输入电压信号为________。

A．1.22mV　　B．2.44mV　　C．3.66mV　　D．4.88mV

2．常用于测量大位移的传感器有（　　）。

A．感应同步器　　B．应变电阻式　　C．霍尔式　　D．涡流式

3．检测仪表附近存在的一个漏感很大的 50Hz 电源变压器时，该仪表的机箱和信号线必须采用________。

A．静电屏蔽　　B．低频电磁屏蔽

C．电磁屏蔽　　D．机箱接大地

4．考核计算机的电磁兼容是否达标是指________。

A．计算机能在规定的电磁干扰环境中正常工作的能力

B．该计算机不产生超出规定数值的电磁干扰

C．两者必须同时具备

5．建筑工地的打桩机一开动，附近数字仪表的显示值就乱跳，这种干扰属于

________，应采取________措施。

A．电磁干扰，将机箱用橡胶-弹簧垫脚支撑

B．固有噪声干扰，关上窗户

C．机械振动干扰，将机箱用橡胶-弹簧垫脚支撑

D．热干扰，关上窗户

6．校准力敏传感器时，发现输出信号的线性度偏差较大，以下哪种方法可以优化结果？（　　）

A．增加校准点，建立分段线性化补偿模型

B．更换传感器的信号处理单元

C．减少校准点，只校准关键负载范围

D．提高施加载荷的速度

7．欲测量动态应力，应选用________A/D 转换器。

A．双积分型　　B．逐位比较型　　C．串行　　D．V/F 型

8．某带微机的检测系统对 32 路模拟信号进行巡回检测，共需________条地址连接线。

A．5　　B．6　　C．8　　D．32

9．在以下几种传感器中，________属于自发电型传感器。

A．电容式　　B．电阻式　　C．压电式　　D．电感式

10．发现某检测仪表机箱有触电感，必须采取________措施。

A．接地保护环　　B．将机箱接大地　　C．抗电磁干扰

11．在存在尘埃、油污、振动等干扰的恶劣环境下测量时，传感器的选用必须首先考虑（　　）因素。

A．响应特性　　B．灵敏度　　C．稳定性　　D．精确度

12．有定值电阻、热敏电阻、光敏电阻三只元件分别接入如图 7.15 所示电路中的 A、B 两点间，用黑纸包住元件置入热水中，观察欧姆表的示数，下列说法中正确的是（　　）。

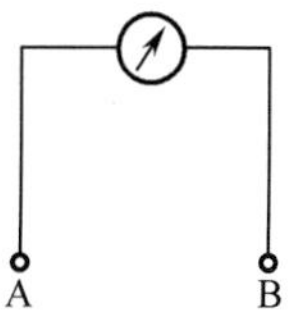

A　　B

图 7.15　电阻测试

A．置入热水与不置入热水相比，欧姆表示数变化较大，这只元件一定是热敏电阻

B．置入热水与不置入热水相比，欧姆表示数不变化，这只元件一定是定值电阻

C．用黑纸包住与不用黑纸包住相比，欧姆表示数变化较大，这只元件一定是光敏电阻

D．用黑纸包住与不用黑纸包住相比，欧姆表示数相同，这只元件一定是定值电阻

二、计算分析题

1．风靡一时的“机器狗”实际上是一台玩具机器人，当你喊它名字的时候，它会发出叫声；当你对它击掌时，它会向你跑来；当你抚摸它的头时，它会翘起尾巴；当你在它的前面一定距离放一个球时，它会走过去并抱住球……

（1）要实现上述这些功能，要用到哪些传感器？这些传感器分别安置在机器狗的什么部位？各自起什么样的作用？

（2）在机器狗上还可以开发哪些娱乐功能？相应的传感器是怎样的？

2．钻头进尺量（线位移）和平均钻速是衡量钻头质量、划分岩石级别和判断孔内工况的重要依据。但在硬地层中，瞬时钻速很小，分别说明用测速发电机和磁电脉冲原理测量时，可采取什么措施来提高硬地层钻进中的位移和瞬时钻速分辨率。

3．一汽车司机座的振动较大，试设计测试方案寻找振源。

（1）给出可能的振源；

（2）列出测试方案框图，并做简要说明；

（3）给出判断方法及判断原则。

图 7.16　人体身高和体重测量装置

4．图 7.16 所示为人体身高和体重测量装置，请根据所学知识描述其工作原理（组成结构、所用传感器及其作用、工作过程等）。

5．假设你应聘到某医疗仪器公司。现公司打算开发一个用于机场给所有登机旅客测量体温的手持便携式“快速体温计”。

现请你分析该体温计的原理及要求后填空。

（1）该体温计应属于________（接触/非接触）式测量；较为可行的完成测量的时间约为________（10s/1s/0.1s）。

（2）你认为该体温计应选用光学量传感器中的________测温传感器，使用________（380V 交流电源/220V 交流电源/5V 干电池）供电。

（3）显示器面板应采用________℃（8.88/88.8 /88.88）型较为合理。

（4）为了省电，显示器采用________（LCD/LED）为宜。

（5）报警元件选择________（8 寸低音喇叭/压电喇叭）较为合理。

（6）使用“快速体温计”的目的：________。

6．设计一自行车转速传感器，要求：

（1）能统计自行车速度、总里程；

（2）能实现速度低于或高于某一阈值的提示；

（3）画出设置图，并说明其工作原理；

（4）可以采用不同传感器，但尽量采用简单的结构完成。

7．有一台吸尘机器人，在沿地面行走的同时进行吸尘。当感知墙壁或障碍物时，它能自动避让或绕开；当判断蓄电量快用完时，它能自动返回充电座进行充电。从该吸尘机器人所用传感器的角度分析：

（1）自动避让或绕开障碍物，应采用哪种类型的传感器？为什么？

（2）设充电座所处位置为地面平面坐标系的原点，吸尘机器人须能从任意位置正确返回原点，该机器人会采用何种方式实现该功能？

（要求技术思路逻辑合理，变换流程清晰；可以是“奇思妙想”，但必须具有可行性。）

附　录

附表 A　铂佬$_{10}$-铂（S）热电偶分度表

分度号：S（参比端温度为 0℃）（20mV 电压）（热电动势/mV）

t/℃	0	-10	-20	-30	-40	-50				
0	-0.000	-0.053	-0.103	-0.150	-0.194	-0.236				
t/℃	0	+10	+20	+30	+40	+50	+60	+70	+80	+90
0	0.000	0.055	0.113	0.173	0.235	0.299	0.365	0.433	0.502	0.573
100	0.646	0.720	0.795	0.872	0.950	1.029	1.110	1.191	1.273	1.357
200	1.441	1.526	1.612	1.698	1.786	1.874	1.962	2.052	2.141	2.232
300	2.323	2.415	2.507	2.599	2.692	2.786	2.880	2.974	3.069	3.164
400	3.259	3.355	3.451	3.548	3.645	3.742	3.840	3.938	4.036	4.134
500	4.233	4.332	4.432	4.532	4.632	4.732	4.833	4.934	5.035	5.137
600	5.239	5.341	5.443	5.546	5.649	5.753	5.857	5.961	6.065	6.170
700	6.275	6.381	6.486	6.593	6.699	6.806	6.913	7.020	7.128	7.236
800	7.345	7.454	7.563	7.673	7.783	7.893	8.003	8.114	8.226	8.337
900	8.449	8.562	8.674	8.787	8.900	9.014	9.128	9.242	9.357	9.472
1000	9.587	9.703	9.819	9.935	10.051	10.168	10.285	10.403	10.520	10.638
1100	10.757	10.875	10.994	11.113	11.232	11.351	11.471	11.590	11.710	11.830
1200	11.951	12.071	12.191	12.312	12.433	12.554	12.675	12.796	12.917	13.038
1300	13.159	13.280	13.402	13.523	13.644	13.766	13.887	14.009	14.130	14.251
1400	14.373	14.494	14.615	14.736	14.857	14.978	15.099	15.220	15.341	15.461
1500	15.582	15.702	15.822	15.942	16.062	16.182	16.301	16.420	16.539	16.658
1600	16.777	16.895	17.013	13.131	17.249	17.366	17.483	17.600	17.717	17.832
1700	17.947	18.061	18.174	18.285	18.395	18.503	18.609			

附表 B　镍铬-镍硅（K）热电偶分度表

分度号：K（参比端温度为 0℃）（100mV 电压）（热电动势/mV）

t/℃	0	-10	-20	-30	-40	-50	-60	-70	-80	-90
-200	-5.891	-6.035	-6.158	-6.262	-6.344	-6.404	-6.441	-6.458		
-100	-3.554	-3.852	-4.138	-4.411	-4.669	-4.913	-5.141	-5.354	-5.550	-5.730
0	0.000	-0.392	-0.778	-1.156	-1.527	-1.889	-2.243	-2.587	-2.920	-3.243
t/℃	0	+10	+20	+30	+40	+50	+60	+70	+80	+90
0	0.000	0.397	0.798	1.203	1.612	2.023	2.436	2.851	3.267	3.682
100	4.096	4.509	4.920	5.328	5.735	6.138	6.540	6.941	7.340	7.739

续表

200	8.138	8.539	8.940	9.343	9.747	10.153	10.561	10.971	11.382	11.795
300	12.209	12.624	13.040	13.457	13.874	14.293	14.713	15.133	15.554	15.975
400	16.397	16.820	17.243	17.667	18.091	18.516	18.941	19.366	19.792	20.218
500	20.644	21.071	21.497	21.924	22.350	22.776	23.203	23.629	24.055	24.480
600	24.905	25.330	25.755	26.179	26.602	27.025	27.447	27.869	28.289	28.710
700	29.129	29.548	29.965	30.382	30.798	31.213	31.628	32.041	32.453	32.865
800	33.275	33.685	34.093	34.501	34.908	35.313	35.718	36.121	36.524	36.925
900	37.326	37.725	38.124	38.522	38.918	39.314	39.708	40.101	40.494	40.885
1000	41.276	41.665	42.053	42.440	42.826	43.211	43.595	43.978	44.359	44.740
1100	45.119	45.497	45.873	46.249	46.623	46.995	47.367	47.737	48.105	48.473
1200	48.838	49.202	49.565	49.926	50.286	50.644	51.000	51.355	51.708	52.060
1300	52.410	52.759	53.106	53.451	53.795	54.138	54.479	54.819		

附表 C　镍铬-铜镍合金（康铜）（E）热电偶分度表

分度号：E（参比端温度为 0℃）（100mV 电压）（热电动势/mV）

t/℃	0	−10	−20	−30	−40					
0	0.000	−0.582	−1.152	−1.709	−2.255					
t/℃	0	+10	+20	+30	+40	+50	+60	+70	+80	+90
0	0.000	0.591	1.192	1.801	2.420	3.048	3.685	4.330	4.985	5.648
100	6.319	6.998	7.685	8.379	9.081	9.789	10.503	11.224	11.951	12.684
200	13.421	14.164	14.912	15.664	16.420	17.181	17.945	18.713	19.484	20.259
300	21.036	21.817	22.600	23.386	24.174	24.964	25.757	26.552	27.348	28.146
400	28.946	29.747	30.550	31.354	32.159	32.965	33.772	34.579	35.387	36.196
500	37.005	37.815	38.624	39.434	40.243	41.053	41.862	42.671	43.479	44.286
600	45.093	45.900	46.705	47.509	48.313	49.116	49.917	50.718	51.517	52.315
700	53.112	53.908	54.703	55.497	56.289	57.080	57.870	58.659	59.446	60.232

附表 D　铁-铜镍合金（康铜）（J）热电偶分度表

分度号：J（参比端温度为 0℃）（50mV 电压）（热电动势/mV）

t/℃	0	−10	−20	−30	−40					
0	0.000	−0.501	−0.995	−1.482	−1.961					
t/℃	0	+10	+20	+30	+40	+50	+60	+70	+80	+90
0	0.000	0.507	1.019	1.537	2.059	2.585	3.116	3.650	4.187	4.726
100	5.269	5.814	6.360	6.909	7.459	8.010	8.562	9.115	9.669	10.224
200	10.779	11.334	11.889	12.445	13.000	13.555	14.110	14.665	15.219	15.773
300	16.327	16.881	17.434	17.986	18.538	19.090	19.642	20.194	20.745	21.297
400	21.848	22.400	22.952	23.504	24.057	24.610	25.164	25.720	26.276	26.834
500	27.393	27.953	28.516	29.080	29.647	30.216	30.788	31.362	31.939	32.519

续表

600	33.102	33.689	34.279	34.873	35.470	36.071	36.675	37.284	37.896	38.512
700	39.132	39.755	40.382	41.012	41.645	42.281	42.919	43.559	44.203	44.848

附表 E　工业用铂热电阻分度表

分度号：Pt_{100}（R_0=100.00，α=0.003850）（热电阻值/Ω）

t/℃	0	−10	−20	−30	−40	−50	−60	−70	−80	−90
−200	18.49									
−100	60.25	56.19	52.11	48.00	43.87	39.71	35.53	31.32	27.08	22.80
0	100.00	96.09	92.16	88.22	84.27	80.31	76.33	72.33	68.33	64.30
t/℃	0	+10	+20	+30	+40	+50	+60	+70	+80	+90
0	100.00	103.90	107.79	111.67	115.54	119.40	123.24	127.07	130.89	134.70
100	138.50	142.29	146.06	149.82	153.58	157.31	161.04	164.76	168.46	172.16
200	175.84	179.51	183.17	186.82	190.45	194.07	197.69	201.29	204.88	208.45
300	212.02	215.57	219.12	222.65	226.17	229.67	233.97	236.65	240.13	243.59
400	247.04	250.48	253.90	257.32	260.72	264.11	267.49	270.86	274.22	277.56
500	280.90	284.22	287.53	290.83	294.11	297.39	300.65	303.91	307.15	310.38
600	313.59	316.80	319.99	323.18	326.35	329.51	332.66	335.79	338.92	342.03
700	345.13	348.22	351.30	354.37	357.42	360.47	363.50	366.52	369.53	372.52
800	375.50	378.48	381.45	384.40	387.34	390.26				

附表 F　工业用铜热电阻分度表（1）

分度号：Cu_{50}（R_0=50.00，α=0.004280）（热电阻值/Ω）

t/℃	0	−10	−20	−30	−40	−50				
0	50.00	47.85	45.70	43.55	41.40	39.24				
t/℃	0	+10	+20	+30	+40	+50	+60	+70	+80	+90
0	50.00	52.14	54.28	56.42	58.56	60.70	62.84	64.98	67.12	69.26
100	71.40	73.54	75.68	77.83	79.98	82.13				

附表 G　工业用铜热电阻分度表（2）

分度号：Cu_{100}（R_0=100.00）（热电阻值/Ω）

t/℃	0	−10	−20	−30	−40	−50				
0	100.00	95.70	91.40	87.10	82.80	78.49				
t/℃	0	+10	+20	+30	+40	+50	+60	+70	+80	+90
0	100.00	104.28	108.56	112.84	117.12	121.40	125.68	129.96	134.24	138.52
100	142.80	147.08	151.36	155.66	159.96	164.27				

举报电话：（010）88254396；（010）88258888
传　　真：（010）88254397
E-mail：　dbqq@phei.com.cn
通信地址：北京市海淀区万寿路 173 信箱
　　　　　电子工业出版社总编办公室
邮　　编：100036